甘肃省水利科学研究院
灌溉试验研究成果汇编

Gansu Sheng Shuili Kexue Yanjiuyuan
Guangai Shiyan Yanjiu Chengguo Huibian

◎ 邓建伟 陈 文 主 编

甘肃科学技术出版社

甘肃·兰州

图书在版编目（CIP）数据

甘肃省水利科学研究院灌溉试验研究成果汇编 / 邓建伟，陈文主编. -- 兰州：甘肃科学技术出版社，2023.12
ISBN 978-7-5424-3170-7

Ⅰ. ①甘⋯ Ⅱ. ①邓⋯ ②陈⋯ Ⅲ. ①灌溉试验－研究成果－汇编－甘肃 Ⅳ. ①S274

中国国家版本馆CIP数据核字(2024)第006639号

甘肃省水利科学研究院灌溉试验研究成果汇编

邓建伟　陈　文　主编

| 责任编辑 | 刘　钊 |
| 封面设计 | 孙顺利 |

出　版	甘肃科学技术出版社		
社　址	兰州市城关区曹家巷1号	730030	
电　话	0931-2131572（编辑部）	0931-8773237（发行部）	
发　行	甘肃科学技术出版社	印　刷	甘肃华希翔印务传媒有限公司
开　本	880毫米×1230毫米　1/16	印　张　26.25　插　页　8　字　数　380千	
版　次	2024年3月第1版		
印　次	2024年3月第1次印刷		
印　数	1~300		
书　号	ISBN 978-7-5424-3170-7	定　价：78.00元	

图书若有破损、缺页可随时与本社联系：0931-8773237
本书所有内容经作者同意授权，并许可使用
未经同意，不得以任何形式复制转载

编委会

主 编

邓建伟　陈　文

编 委

丁　林　张育斌　刘文光　吴　婕

梁　川　梁仲锷　唐仲霞　王　瑞

前　言

灌溉试验是农田水利事业发展的一项十分重要的基础工作，是农业现代化、高标准农田建设与管理、提高灌溉用水效率、实现水资源优化配置和可持续利用、改善农村生态环境的重要科技支撑，对保障国家粮食安全和农产品有效供给具有十分重要的作用。

甘肃省水利科学研究院（甘肃省灌溉试验培训中心）是甘肃省灌溉试验中心站，几代人30年来在河西内陆区开展了大量的灌溉试验研究工作，主要包括灌溉作物需水规律、灌溉制度、灌水技术以及灌溉效益等试验，为灌溉用水管理、节水灌溉理论和节水技术模式研究积累了大量的宝贵资料，为了将这些成果系统化、科学化、理论化，为灌溉管理提供可靠依据，为农业灌溉的"定额管理"提供技术支撑，我们对甘肃省水利科学研究院近二十多年来的灌溉试验成果进行了系统的分析整理，编撰了该书。

本书是甘肃省水利科学研究院二十多年灌溉试验成果的结晶，感谢我院曾经参与过灌溉试验工作的所有同事，感谢与我们并肩作战的兄弟单位的大力支持，感谢灌溉试验成果汇编人员的辛勤劳动。

《甘肃省水利科学研究院灌溉试验研究成果汇编》的灌溉试验成果得到了国家科技攻关计划项目、国家科技支撑计划项目、国家自然基金地区基金、水利部公益性行业科研专项、甘肃省科技计划项目、甘肃省水利科技计划项目等项目的资助，得到了科技部、水利部、国家自然科学基金委员会、甘肃省科学技术厅、甘肃省水利厅及有关部门的大力支持与帮助。在此对给予我院灌溉试验工作大力支持的所有领导，以及与我们工作在灌溉试验一线的同事，表示最衷心的感谢！

书中不妥之处，敬请广大读者批评指正。

《甘肃省水利科学研究院灌溉试验研究成果汇编》编写组

2023 年 8 月 23 日

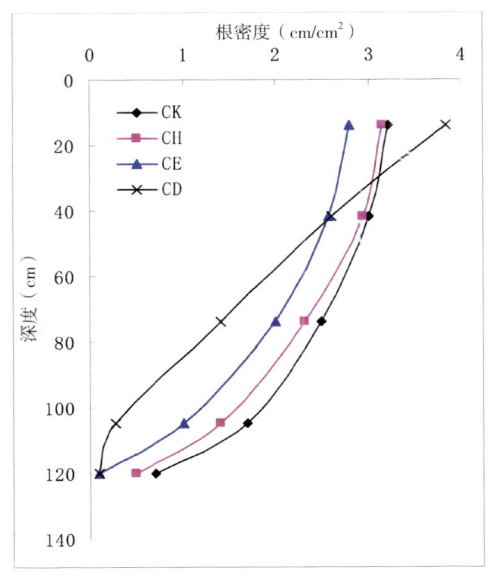 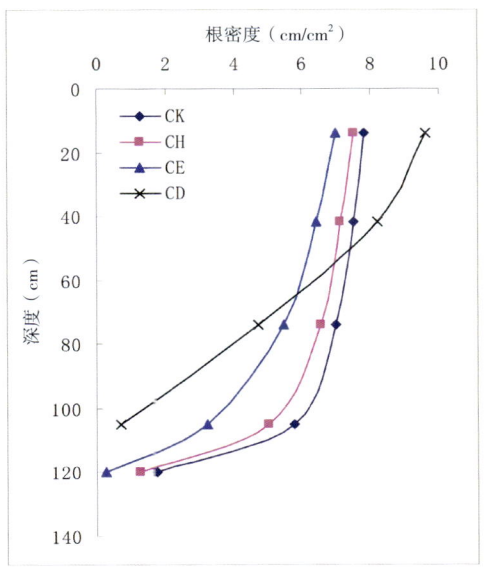

(a) 蕾期　　　　　　　　　　　　　　（b) 成熟期

彩图 23-1　不同栽培和灌溉方式下向日葵根长密度的动态变化

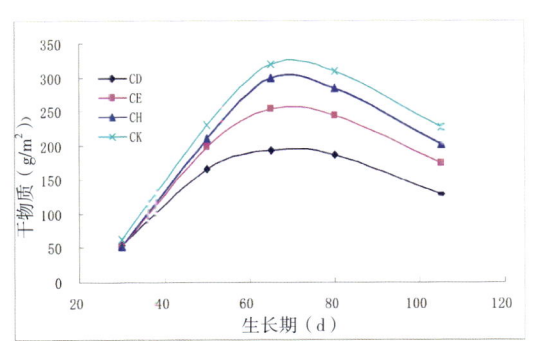

彩图 23-3　不同处理向日葵生育期叶片干物质积累图

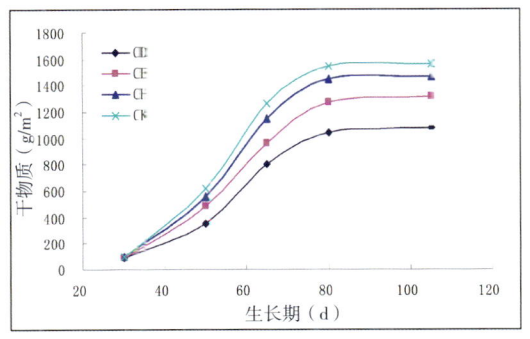

彩图 23-4　不同处理向日葵生育期茎干干物质积累图

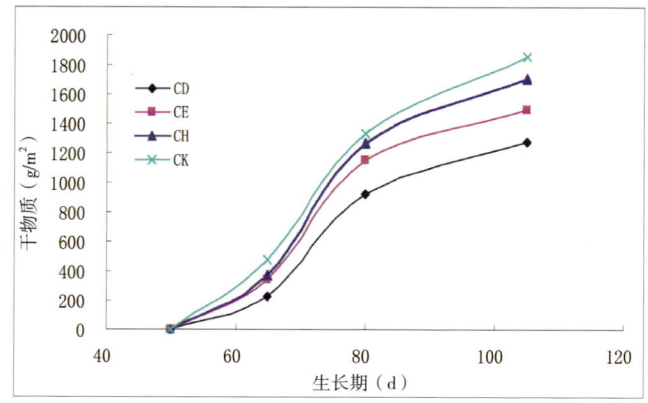

彩图 23-5　不同处理向日葵生育期花盘干物质积累图

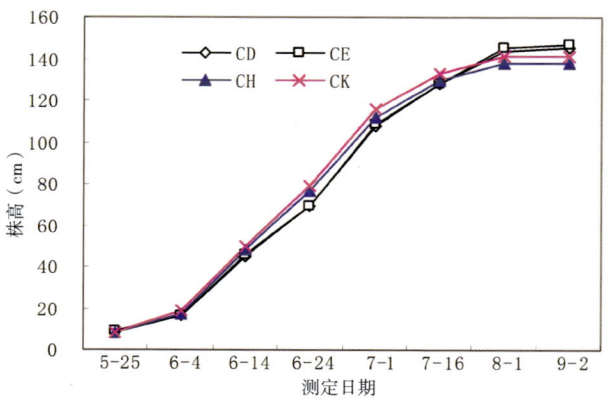

彩图 23-6　垄作沟播喷灌向日葵全生育期株高

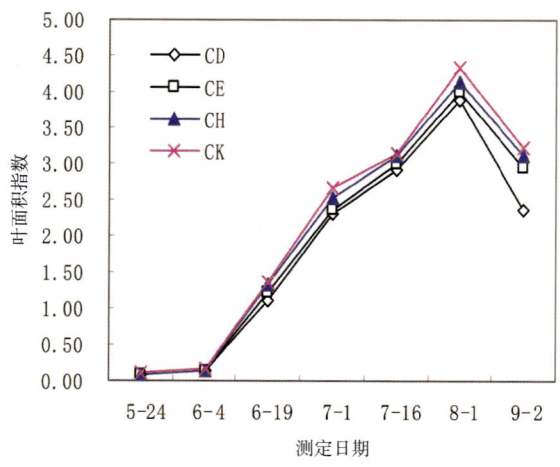

彩图 23-8　垄作沟播喷灌向日葵叶面积指数全生育期变化

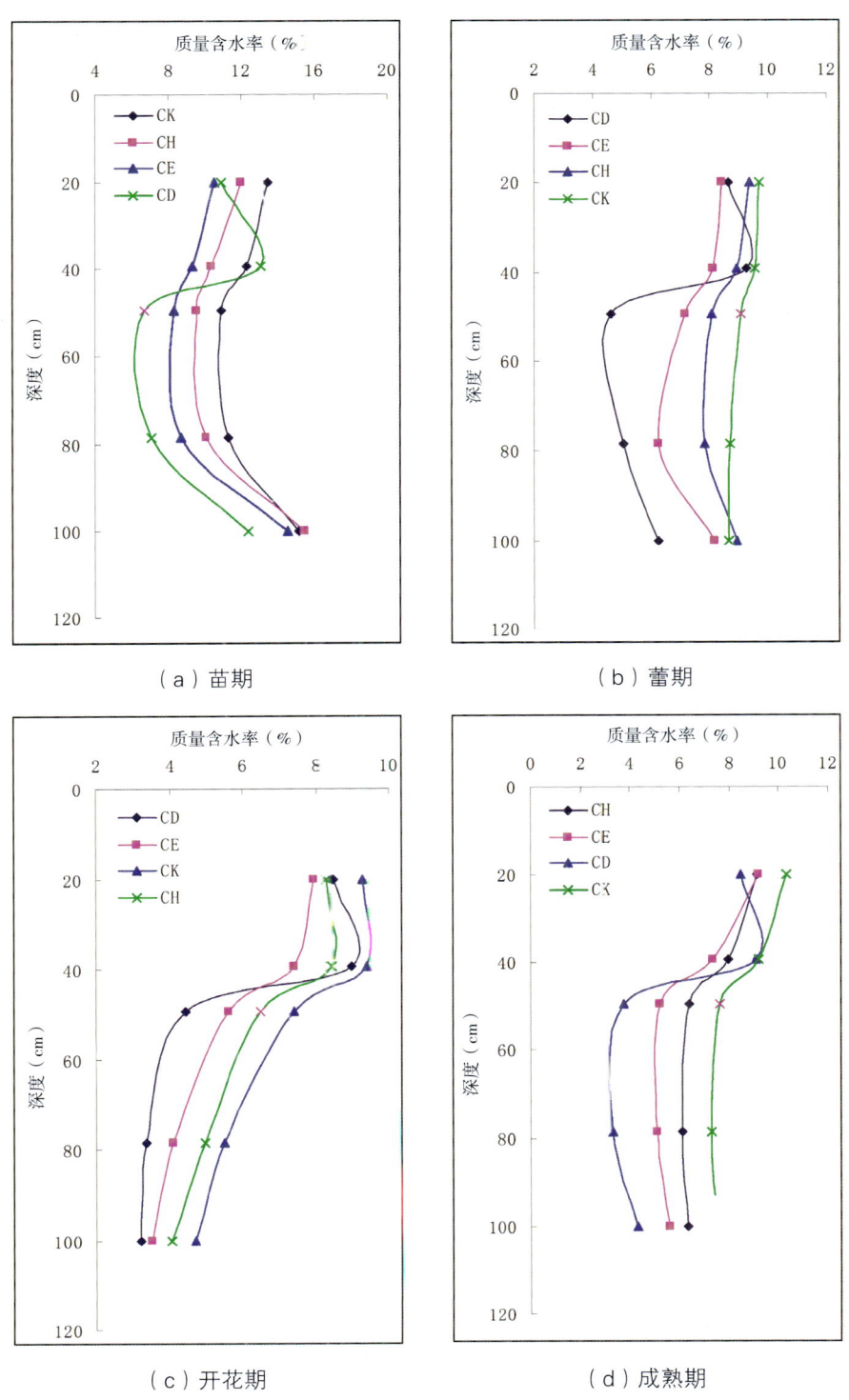

彩图 23-9　不同处理向日葵灌水前土壤含水量

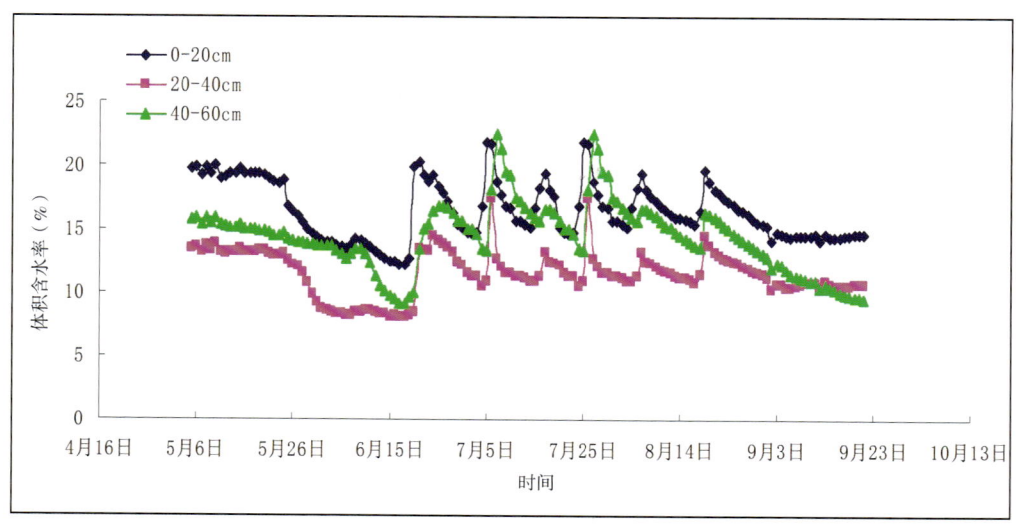

彩图 23-10　不同土层土壤含水量随时间变化情况

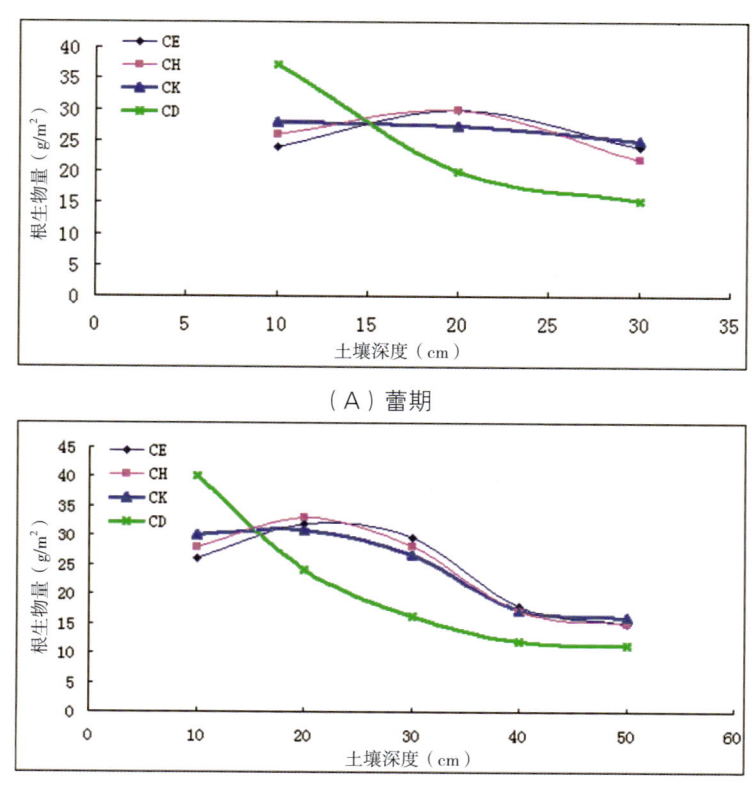

（A）蕾期

（B）花铃期

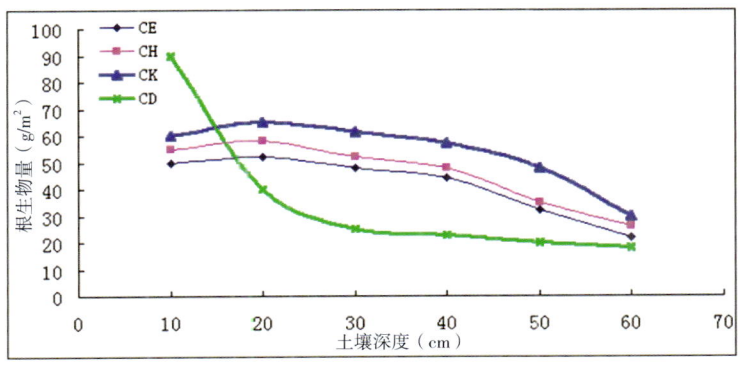

（C）盛铃期

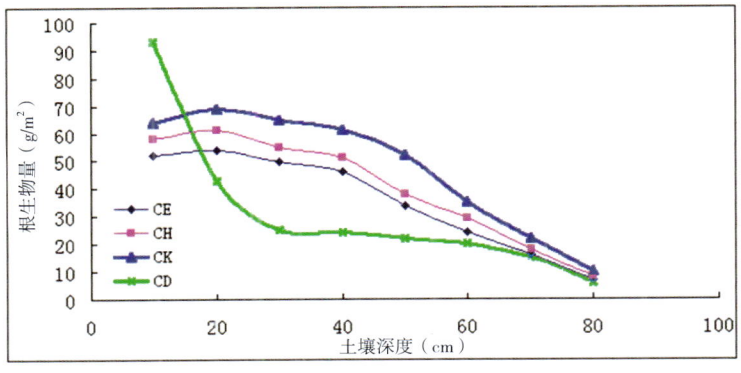

（D）吐絮期

彩图 24-1　不同栽培和灌溉方式下棉花根系生物量的垂直分布情况

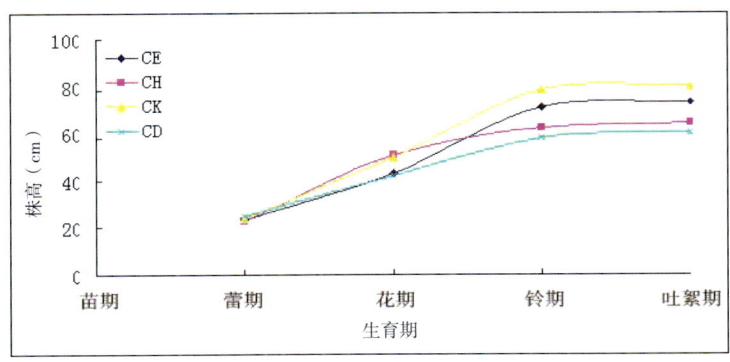

彩图 24-4　不同处理棉花全生育期株高

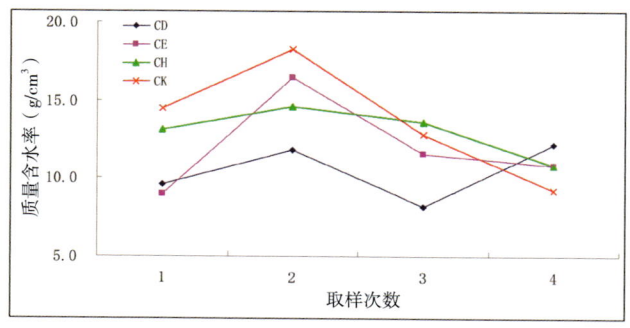

（A）棉花生育期 0~20 cm 土壤含水量变化情况图

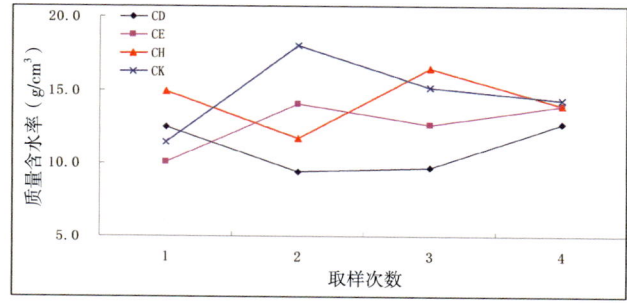

（B）棉花生育期 20~40 cm 土壤含水量变化情况图

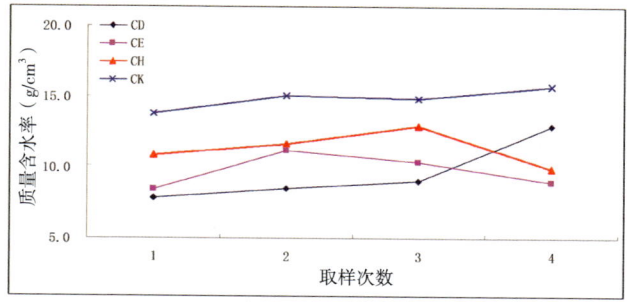

（C）棉花生育期 40~60 cm 土壤含水量变化情况图

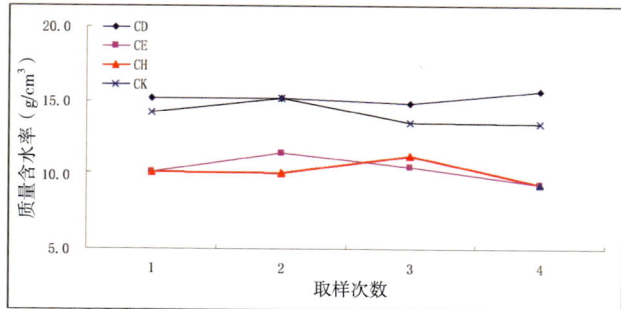

（D）棉花生育期 60~80 cm 土壤含水量变化情况图

彩图 24-6　不同处理棉花灌水前土壤含水量

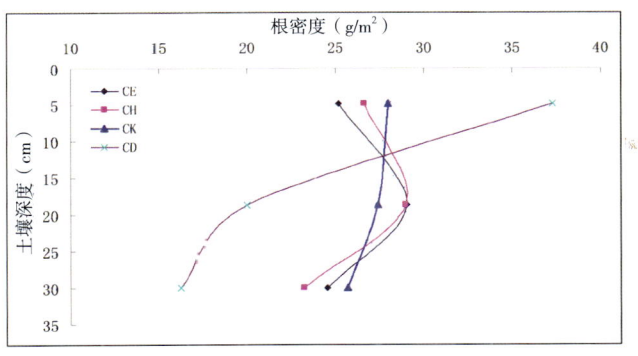

（A）蕾期

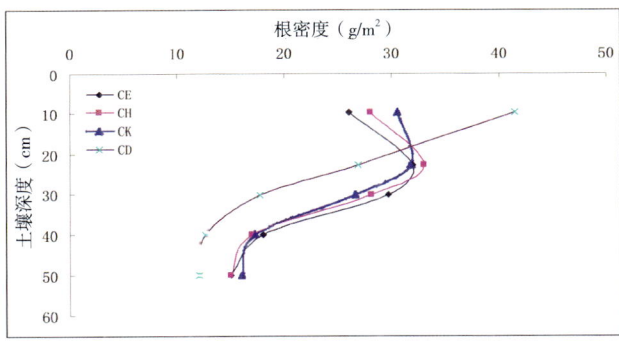

（B）花期

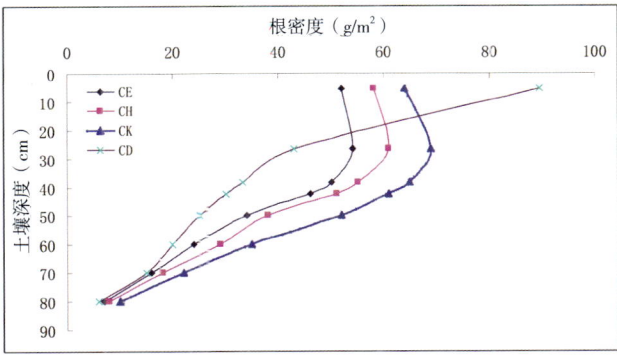

（C）成熟期

彩图 25-1　不同栽培和灌溉方式下茴香根系生物量垂直分布

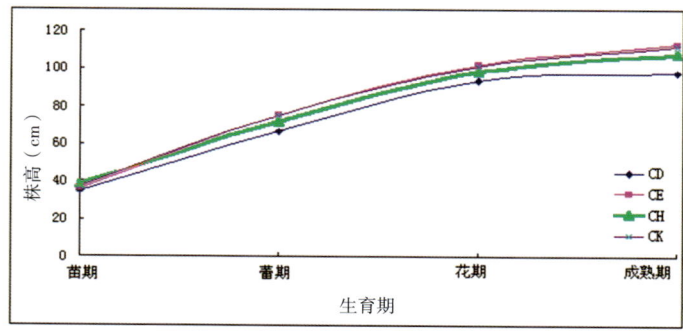

彩图 25-3　不同处理茴香全生育期株高

目 录

武威市黄羊灌区小麦水平畦灌需水规律及灌溉制度试验研究 …………… 001

民勤县花生垄作沟灌需水规律及灌溉制度试验研究 …………………… 006

民勤县小麦垄作沟灌需水规律及灌溉制度试验研究 …………………… 014

民勤县春小麦化学节水技术灌溉需水规律及灌溉制度试验研究 ……… 020

民勤县花生在不同覆盖条件下灌溉需水规律及灌溉制度试验研究 …… 026

武威市凉州区小麦免储水灌全膜覆盖穴播技术试验研究 ……………… 032

民勤县小麦免储水灌注水播种技术试验研究 …………………………… 038

民勤县玉米灌溉水消耗及水分利用效率试验研究 ……………………… 052

民勤县棉花膜下滴灌水分利用效率试验研究 …………………………… 060

民勤县葵花覆膜垄作沟灌水分利用效率试验研究 ……………………… 065

民勤县辣椒覆膜垄作沟灌水分利用效率试验研究 ……………………… 070

民勤县洋葱不同灌溉方式水分利用效率试验研究 ……………………… 075

武威市凉州区春小麦免冬季储水灌溉水分利用效率试验研究 ………… 081

小麦免储水灌注水播种技术试验研究 …………………………………… 092

春小麦注水播种生理生态试验研究 ……………………………………… 105

春小麦免储水灌全膜覆盖穴播技术试验研究 …………………………… 118

民勤县玉米免储水灌注水行播技术试验研究 …… 125

玉米免储水灌全膜覆盖膜孔注水播种技术试验研究 …… 150

辣椒免储水灌注水移栽技术试验研究 …… 155

民勤县制种玉米节水灌溉技术试验研究 …… 162

民勤县生物围墙低压滴灌灌溉制度试验研究 …… 192

民勤县生物围墙沟灌灌溉制度试验研究 …… 199

向日葵垄作沟播喷灌技术试验研究 …… 205

棉花垄作沟播喷灌技术试验研究 …… 220

小茴香垄作沟播喷灌技术试验研究 …… 232

小麦调亏灌溉标准化技术体系试验研究 …… 242

玉米调亏灌溉标准化技术体系试验研究 …… 248

西瓜调亏灌溉标准化技术体系试验研究 …… 254

棉花膜下滴灌标准化技术体系试验研究 …… 260

洋葱膜下滴灌标准化技术体系试验研究 …… 267

向日葵膜下滴灌标准化技术体系试验研究 …… 275

制种玉米膜下滴灌标准化技术体系试验研究 …… 280

辣椒膜下滴灌标准化技术体系试验研究 …… 286

辣椒垄作沟灌标准化技术体系试验研究 …… 292

小麦垄作沟灌标准化技术体系试验研究 …… 297

南瓜垄作沟灌标准化技术体系试验研究 …… 301

向日葵垄作沟灌标准化技术体系试验研究 …… 306

温室辣椒膜下滴灌标准化技术体系试验研究 …… 311

温室辣椒膜下调亏沟灌技术试验研究 …………………………………………… 315

温室番茄膜下调亏沟灌技术试验研究 …………………………………………… 322

温室番茄膜下沟灌水氮耦合技术试验研究 ……………………………………… 337

温室番茄膜下沟灌种植密度试验研究 …………………………………………… 347

温室西瓜膜下沟灌技术试验研究 ………………………………………………… 352

温室黄瓜膜下调亏沟灌技术试验研究 …………………………………………… 356

棉花基于ET的膜下滴灌灌溉制度试验研究 …………………………………… 360

棉花基于ET的全膜覆盖膜孔灌灌溉制度试验研究 …………………………… 369

棉花精细畦灌技术体系试验研究 ………………………………………………… 378

洋葱精细畦灌技术体系试验研究 ………………………………………………… 384

辣椒精细畦灌技术体系试验研究 ………………………………………………… 390

油葵精细膜垄沟灌技术体系试验研究 …………………………………………… 396

春小麦垄作沟灌技术试验研究 …………………………………………………… 403

武威市黄羊灌区小麦水平畦灌需水规律及灌溉制度试验研究

1 试验材料与方法

1.1 试验基本条件与情况

试验于 2003 年 5 月在武威黄羊灌区天桥试验区进行。

1.2 试验材料

试验作物为小麦,品种为"小麦 2014"。

1.3 试验方案

苗水灌溉试验区灌前 1 m 土层内平均土壤含水率 14.88%,田间持水率实测值 23.96%,土壤干容重平均值 1.45 g/cm³,计划湿润层深度取 0.8 m,据此设计灌水定额,结果为灌水深 10.5 cm,灌水定额 69.77 m³/亩[*],试验取 70 m³/亩,苗水试验灌水定额设计结果见表 1-1。

表 1-1 苗水灌溉试验灌水定额计算表

计划湿润层深度(m)	平均干容重(g/cm³)	灌前平均含水率(%)	田间持水率(%)	灌水深度(cm)	灌水定额(m³/亩)
0.8	1.45	14.88	23.96	10.5	69.77

---

1 亩约为 667m²。

试验依据各灌区的苗水灌溉土壤入渗性能与糙率,选择入渗模型,其中入渗参数 n=0.12,采用畦长 50 m,单宽流量 6 L/(s·m),利用研究开发的畦灌决策服务系统软件进行灌水技术参数优化,结果表明最优畦田坡度为 1/3000,试验设计利用这一优化结果,设计 2 组共 3 个试验进行灌水质量对照研究,即相同单宽流量情况下不同畦坡试验和相同畦坡情况下不同单宽流量试验,试验方案见表 1–2。

表 1-2 苗水灌溉试验灌水参数组合表

试验序号	设计纵坡	实际纵坡	畦长(m)	畦宽(m)	单宽流量(L/(s·m))
1	1/3000	1/2914	50	7	6
2	1/2000	1/1832	50	7	6
3	1/2000	1/1805	50	7	5
优化结果	1/3000	—	47	7	6

苗水灌溉试验除了开展与裸地灌溉试验相同的测试项目外,还增加了农作试验,主要是对畦田入口冲刷情况、作物产量、劳动用工、施肥、农药和种子等进行观测记录,结果用于分析所采用技术措施对作物产量的影响,进行投入产出分析。试验区产量测定采用单打单收的方法,对照区采用抽样估产的方法。

2 试验结果分析

2.1 土壤入渗参数

考虑到各试验区的土壤性质与灌前含水量差别,采用双环入渗仪分别在 3 个试验区各进行入渗 1 组试验,试验结果见表 1–3。由表中结果可以看出,由于试验区土壤质地黏重,灌前含水量较高,试验区土壤入渗性能较差。3 个试验区土壤性质存在较大差异,入渗性能也差别较大。

表1-3 土壤入渗参数试验结果表

试验号	1		2		3		平均	
参数	k	α	k	α	k	α	k	α
	0.4181	0.4234	0.3410	0.5998	0.2990	0.548	0.3527	0.5237

2.2 灌水效果评价

根据各试验的实测水流推进与消退时间，利用实测入渗参数计算灌水均匀度与灌水利用率、储水效率，结果见表1-4。

表1-4 灌水质量评价结果计算表

处理	地面坡度	单宽流量 (L/(s·m))	灌水时间 (min)	灌水定额 (m³/亩)	灌水效率 Ea	储水效率 En	均匀度 Ed
1	1/2914	6	14.58	70	0.91	0.98	0.97
2	1/1832	6	14.58	70	0.89	0.97	0.97
3	1/1805	5	17.50	70	0.83	0.90	0.92
优化结果	1/3000	6	14.58	70	100	100	100

* 优化结果畦长为47.8 m。

由表1-4中的结果可以看出，试验1的灌水技术参数与优化结果符合，灌水均匀度最高，对应的灌水效率也最高，试验3灌水技术参数与优化结果相差较大，因此灌水质量也最差。根据实测土壤含水量剖面，试验1、试验2灌水深度分布均匀，接近于矩形分布，因此灌水均匀度也高于试验3。

2.3 产量统计分析

试验过程中，对各生育阶段的作物性状进行了跟踪观测和记录，收割时按照灌溉试验规程要求，对作物株高、穗长、千粒重等指标进行了逐一统计，各小区产量单打单收，结果详见表1-5。可以看出，3个试验区产量比对照区略有增高，产量最高的为试验区1（488.0 kg/亩），较对照区产量高27.1 kg/亩，产量最低的为试验区2（481.0 kg/亩），较对照区产量高20.1 kg/亩。

表 1-5 畦水灌溉试验区产量与对照区产量表

试验区编号	作物品种	株高（cm）	穗长（cm）	亩株数（万株）	每穗粒数	小穗数	千粒重（g）	产量（kg/亩）	和对照产量对比（kg/亩）
1	小麦 2014	90	7.5	34.67	30	13	46.92	488.0	27.1
2	小麦 2014	85	7.4	34.53	29	11	48.03	481.0	20.1
3	小麦 2014	88	8.1	33.38	30	14	48.55	486.2	25.3
对照区	小麦 2014	83	7.1	34.12	29	16	46.58	460.9	—

2.4 投入产出分析

2.4.1 节水效果与效益

试验畦田 1 灌水技术参数和优化结果最为接近，且灌水效率、储水效率和均匀度最高，分别达到 0.91、0.98、0.97，试验区田间水的利用率也较高。黄羊灌区实际灌水定额应该在 85~90 m³/亩之间，若采用本研究所推荐的 70 m³/亩畦灌技术方案，将节约水量 15~20 m³/亩，一般水文年份生育期灌水 2 次，则年可节水 30~40 m³/亩，平均按 35 m³/亩计，如果小麦水分生产率按 1.20 kg/m³ 计算，则节约的水量可多生产粮食 42.0 kg/亩，2004 年小麦市场价格 1.5 元/kg，产生经济效益 63.0 元/亩，灌溉效益分摊系数按 0.5 计，亩节水效益 31.5 元/亩。

2.4.2 增产效果

由于灌水质量的提高，试验区产量较对照区有了一定幅度的增加。根据试验区和对照区产量统计结果，处理 1 和对照区相比，产量提高 6%，净增产 27.1 kg/亩，按 2004 年当地小麦市场价格计算，增产效益为 40.65 元/亩。

2.4.3 成本投入

实行水平畦田灌溉所增加投入主要为畦田改造费，根据对 2003 年试验畦田改造的用工分析，每亩需增加劳动工日 1.5 个，平田整地完成后，每次灌水的成本与现状情况完全相同。根据当地劳动力市场价格 20 元/工日，畦田改造成本投入为 30 元/亩。

根据上述灌水成本与效益初步分析，采用本研究推荐的水平畦灌技术，节水和增产两项可产生经济效益72.15元/亩，畦田改造用工投入为30.0元/亩，按三年1次计算，年投入10元/亩，因此年实际可产生净效益62.15元/亩。水平畦灌技术无需太多的投入，即可取得很好的经济效益，具有良好的推广价值。

[二]

民勤县花生垄作沟灌需水规律及灌溉制度试验研究

1 试验材料与方法

1.1 试验的基本条件和情况

2008年和2009年在甘肃省水利科学研究院民勤试验站开展花生垄作沟灌技术试验。

1.2 试验材料

"鲁花10号"花生。

1.3 试验方案

1.3.1 2008年试验设计

花生膜垄沟灌试验设置1个处理，2次重复，共2个小区，小区随机布置，在试验地四周按地形和小区布置情况留有保护行，小区面积3 m×15 m。播种方式是起垄覆膜穴播种植，播深2~3 cm，行距45 cm，株距25 cm，亩播种量3~4 kg。灌水方法采用沟灌，花生全生育期共灌水6次，每次灌水450 m³/hm²。

1.3.2 2009年试验设计

于4月22日起垄种植，垄宽45 cm、沟宽30 cm、沟深25 cm、株距35 cm、行距30 cm；4月23日灌坐塘水（灌水定额675 m³/hm²），4月27日种植。试验小区随机排列，共设3个处理，以起垄裸地种植为对照，处理分别为地膜覆盖、液态地膜覆盖（尚禾牌）、小麦秸秆覆盖（3750 kg/hm²）。各处理设3个重复，共 12 个小区，小区面积 6 m×9 m，小区周围设置保护行。

1.4 试验测定项目与方法

1.4.1 测定项目

灌水量、土壤水分含量、土壤温度、叶面积指数、干物质积累量、产量。

1.4.2 观测方法

灌水量：利用水表计量灌入试验区的灌水量。

土壤水分含量：花生种植前及种植后每 10 d 采用烘干法测定作物根区土壤水分含量，灌水前后加测 1 次。测定深度为 0~10 cm、10~20 cm、20~30 cm、30~40 cm、40~50 cm、50~60 cm、60~70 cm、70~80 cm。

土壤温度：灌水前后利用曲管温度计分别测量作物根区 5 cm、10 cm、15 cm、20 cm、25 cm 土层深度的土壤温度。

叶面积指数：利用钢尺测量花生叶片的长（a）和宽（b），其叶面积指数：

$$LAI = 0.75 \sum_{i=1}^{n} a_i b_i \qquad (2-1)$$

干物质积累量：利用烘干称重法测定作物不同生育时期的干物质量。

2 试验结果分析

2.1 垄作沟灌花生全生育期土壤储水量变化

土体贮水量的变化是在降水、灌溉、地下水的补给和土壤水的渗漏及蒸散失水共同支配下进行的，所以不同耕作方式间土体贮水量的变化态势基本一致。在 2008 年试验基础上，分析了垄作沟灌花生全生育期土壤储水量变化情况。

表 2-1　膜垄沟灌花生各生育期土壤贮水量（0~100 cm）（mm）

处理	播种	幼苗	开花结荚	荚果成熟	收获
HS1	230.75	190.73	163.66	164.55	237.22
HS2	232.05	208.29	163.13	178.62	214.05

2.2 膜垄沟灌花生耗水特性分析

分析 2008 年观测的田间土壤含水率，结果如图 2-1 所示。各处理耗水量均呈现前期小、中期大、后期小的变化规律，其耗水量分别为 HS1：361.33 mm、HS2：390.80 mm。花生全生育期内不同生育阶段，开花结荚期－荚果成熟期是群体结构最大、植株生长最旺盛、叶面积最大、蒸发和蒸腾都最大的时期，因而决定了该时期耗水强度最大，其耗水强度最大为 4.47 mm/d，耗水模数最大为 36.66%。

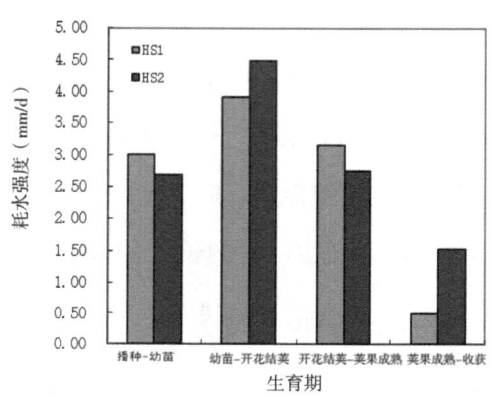

图 2-1 膜垄沟灌花生各生育期耗水强度

2.3 不同覆盖条件下土壤水分含量动态变化

为分析不同覆盖物对花生根区土壤水分动态变化的影响，试验采用"同流量－同时段－不同灌水量"的灌水方式进行灌溉。在第一次灌水（5月26日）前后分别观测了灌水前（5月25日）、灌水后（5月30日）及灌水10 d后作物根区 0~80 cm 深度的土壤水分含量，如图 2-2 至图 2-5 分别为各次观测的土壤水分含量随土层深度的变化情况。

采用"同水平－同时段－不同灌水量"的灌水方式进行灌溉后，由于地膜覆盖条件下水流推进速度快，膜孔入渗时单位时间内的水分入渗量较小，导致各层土壤水分含量的增加量最小；秸秆覆盖提高了地面粗糙度，水流推进速度较慢，同水平－同时段条件下灌水量小；地面喷洒液态地膜较裸地种植土壤表面孔隙度

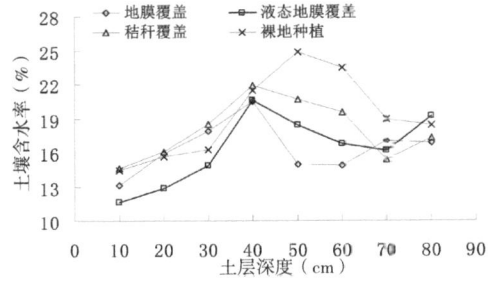

图 2-2 灌水前土壤水分含量

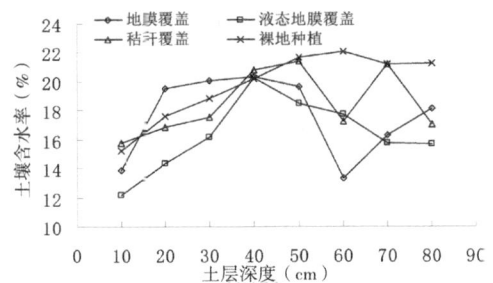

图 2-3 灌水 3 d 后土壤水分含量

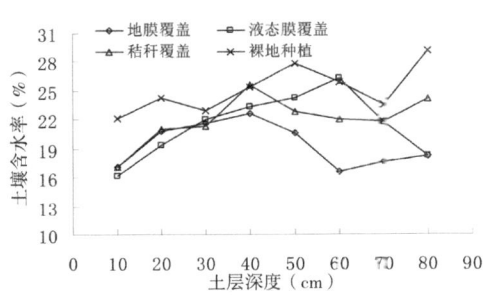

图 2-4 灌水 10 d 后土壤水分含量

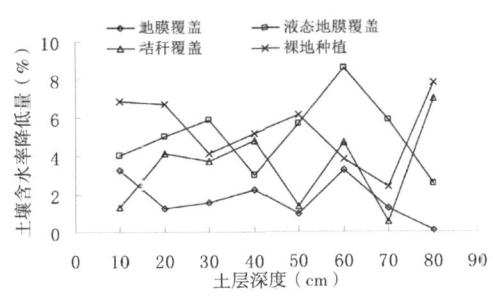

图 2-5 灌水 10 d 后土壤水分含量变化量

小，减少了土壤水分入渗量。灌水后 0~80 cm 土层深度内土壤水分含量增加值呈现裸地种植＞液态地膜覆盖＞秸秆覆盖＞地膜覆盖的趋势。各处理 50~80 cm 土层内的土壤水分含量增加量呈裸地种植＞秸秆覆盖＞液态地膜覆盖＞地膜覆盖的趋势，究其原因为裸地种植灌水量增大，单位时间内的入渗强度增加，导致深层土壤水分含量增加、深层渗漏严重，降低了灌溉水的利用率。

经过地表蒸发、作物蒸腾、深层渗漏三种土壤水分消耗方式，灌水 10 d 后 0~80 cm 土层深度内土壤水分含量减小值呈现裸地种植＞液态地膜覆盖＞秸秆覆盖＞地膜覆盖的趋势。各处理 0~30 cm 土层内的土壤水分含量减少值呈裸地种植＞液态地膜覆盖＞秸秆覆盖＞地膜覆盖的趋势，与裸地种植对比，三种覆盖的减蒸效率分别为：地膜覆盖 67.35%、秸秆覆盖 35.44%、液态地膜覆盖 5.1%。液态地膜喷洒后，在地面形成涂层，但只是减小了地表孔隙度，对土壤水分的减蒸性能效率影响较小。

2.4 覆盖条件下花生根区地温的时空变化

土壤温度是控制微生物活性和植物生长过程的重要因素之一，其表征土壤的热状况，不仅直接影响植物根系和幼苗的生长，还对土壤水分、养分的迁移和转化有直接或间接的影响。

从图2-6~11可以看出，花生根区各处理的土壤温度随时间平稳上升，在15:00达到最大，各层土壤的地温都为地膜覆盖最大，相比裸地增加3.8℃~7.3℃。

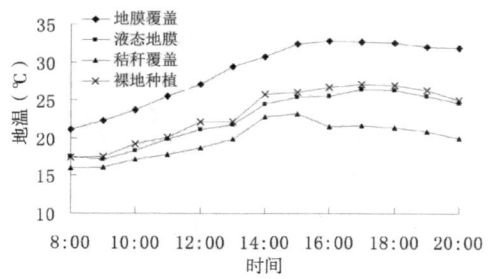

图2-6 0~25cm土层深度地温均值随时间的变化

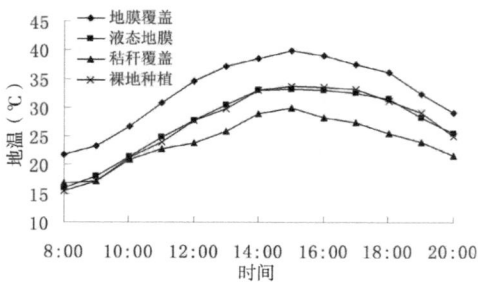

图2-7 5cm土层深度地温随时间的变化

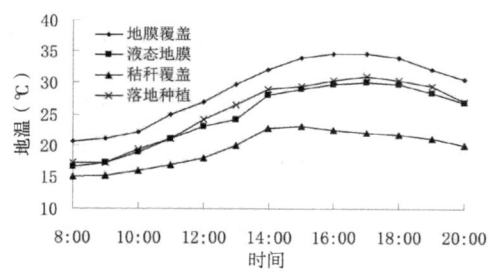

图2-8 10cm土层深度地温随时间的变化

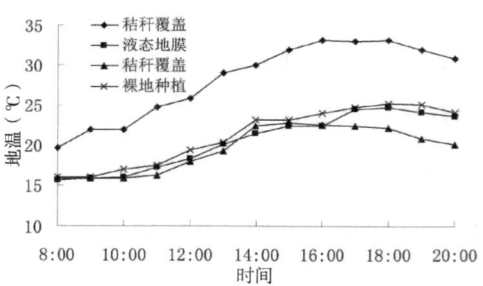

图2-9 15cm土层深度地温随时间的变化

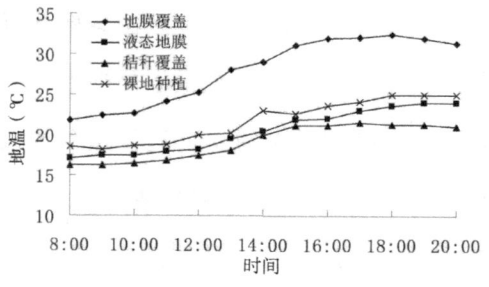

图2-10 20cm土层深度地温随时间的变化

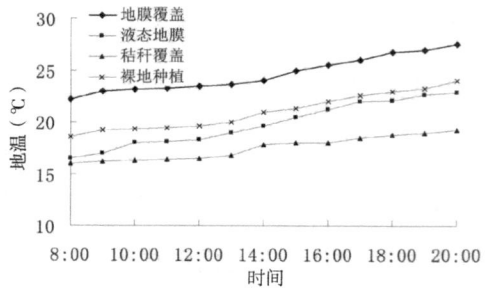

图2-11 25cm土层深度地温随时间的变化

秸秆覆盖最小，相比裸地降低 1.3℃ ~5.5℃，这是由于秸秆覆盖时秸秆覆盖材料阻碍了太阳对地表的直接辐射。受土壤导热性能的影响，5 cm 土层深度的地温在 15:00 达到最大，10 cm、15 cm、20 cm 土层深度的地温分别在 16:00、17:00、18:00 时最大，而 25 cm 土层温度自 8:00 至 20:00 一直在升高，这是由于 15:00 开始地表土壤温度开始下降。而 10~25 cm 土层温度仍在增加，自 18:00 开始 0~20 cm 范围内的土层温度开始全部下降，且土壤表层的热量散失和吸热向下传递有一个过程，表层土壤开始降温的同时，深层土壤处于增温的过程，因此 25 cm 土层温度在 8:00 至 20:00 始终处于增长状态。

2.5 不同覆盖条件对花生生理性状的影响

2.5.1 不同覆盖条件对花生出苗率的影响

花生出苗期不同覆盖条件下日均地温分别为：地膜覆盖 18.82℃、液态地膜覆盖 13.23℃、秸秆覆盖 12.5℃、裸地种植 13.8℃，通过观察不同覆盖条件下花生的出苗期，分别为：地膜覆盖 18 d、液态地膜 24 d、秸秆覆盖 26 d、裸地种植 26 d；地膜覆盖条件下花生出苗率达到 98%，液态地膜覆盖条件下为 91%，秸秆覆盖条件下只能达到 82%，裸地种植则为 80%。这是由于地膜覆盖条件下保证了花生根区的最优水热效应，促进了花生种子的萌发。裸地种植条件下地表裸露，民勤地区春季地表蒸发量大，地表土壤黏结，阻碍了花生萌发。

2.5.2 不同覆盖条件对花生干物质积累量的影响

各处理均在开花结荚期 – 结荚成熟期叶面积指数增加量达到最大，地膜覆盖条件下叶面积指数日均增加量为 12.94 cm^2/d。各处理地面干物质积累量均在荚果成熟期达到最大，地膜覆盖条件下的地面干物质积累量均大于其他处理。

2.6 不同覆盖条件对花生产量及水分利用效率的影响

地膜覆盖花生产量最高，其次为液态地膜覆盖和秸秆覆盖，其中地膜覆盖与裸地种植比较，增产率达到 167.07%，这是由于在花生出苗期，液态地膜覆盖和秸秆覆盖处理条件下地表土壤黏结，并且地温较秸秆覆盖降低 6℃ ~10℃，导致出苗期延长，花生生长速度较慢，叶面积指数和干物质积累量较小，单株分支

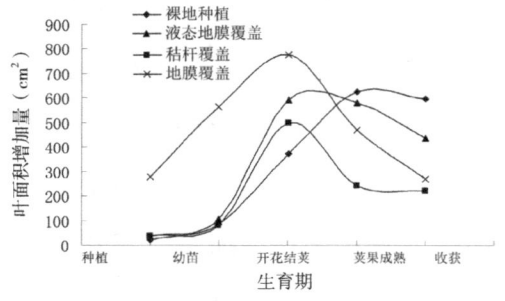
图 2-12　花生各生育期叶面积增加量

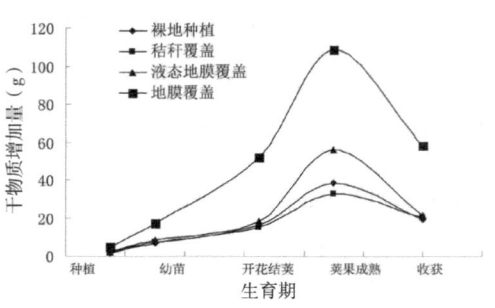
图 2-13　花生各生育期地面干物质增加量

数、单株荚果数、单株荚果重都比较低，所以液态地膜覆盖、秸秆覆盖、裸地种植条件下产量较低，水分利用效率较小。

表 2-2　不同覆盖条件下花生产量及水分利用效率

处理	灌水量（mm）	耗水量（mm）	产量（kg/hm²）	增产率（%）	节水率（%）	水分生产率（kg/m³）
地膜覆盖	243	385.9	4775	167.07	30.85	1.24
液态地膜覆盖	378	527.1	3116	74.24	5.55	0.59
秸秆覆盖	342	486.2	2736	53.02	12.87	0.56
裸地种植	405	558.1	1788	—	—	0.32

2.7　不同覆盖条件下花生的经济效益分析

经过试验观测，花生在民勤沙漠绿洲地区的生长时间为 147 d 左右，根据本试验对不同覆盖条件下花生的投入产出进行对比分析。

从统计结果看出，各处理投入为 9890 元/hm²~10 092 元/hm²，产出为 7510 元/hm²~20 055 元/hm²，三种覆盖条件下净产值为 1453 元/hm²~10 165 元/hm²，投入产出比为 1:1.14 至 1:2.03。由于民勤气候干旱，春季昼夜温差较大，液态地膜覆盖和秸秆覆盖条件下地温较低，影响了花生种植－苗期－分蘖期的叶面积系数增长量和地面干物质积累量，导致以上两种覆盖条件下花生的产量较低。由于民勤春季蒸发量较大，裸地种植条件下地表土壤水分降低较快，使得地表土壤黏结，影响了花生的出苗率和生长动态。因此，地膜覆盖条件下花生的净产值最大。

表 2-3 不同覆盖条件下花生投入、产出分析

处理	投入（元/hm²）种子、化肥、劳力机械费	产出（元/hm²）	净产值（元/hm²）	投产比
地膜覆盖	9890	20055	10165	1∶2.03
液态地膜覆盖	10092	13087	2995	1∶1.3
秸秆覆盖	10038	11491	1453	1∶1.14
裸地种植	10133	7510	-2623	1∶0.74

[三]

民勤县小麦垄作沟灌需水规律及灌溉制度试验研究

1 试验材料与方法

1.1 试验的基本条件和情况

2008年和2009年在甘肃省水利科学研究院民勤试验站开展小麦微垄作沟灌技术试验。

1.2 实验材料

小麦试验品种为"永良四号"。起垄播种机械为2BFL-3型小麦垄作播种机等。

1.3 试验方案

1.3.1 2008年试验设计

小麦微垄沟灌试验设置3个处理，各处理重复3次，共9个小区，小区面积3 m×15 m。小麦采用播种。一般垄埂底宽30 cm，垄埂高15~20 cm，两垄埂之间30~33 cm，种两行小麦，小麦行距20 cm左右。灌水方法采用沟灌法，分别在拔节期、抽穗期、开花期、灌浆期、成熟期各灌一次水，处理XT1灌溉定额为3000 m^3/hm^2，每次灌水600 m^3/hm^2；XT2灌溉定额为3750 m^3/hm^2，每次灌水750 m^3/hm^2；XCK灌溉定额为4500 m^3/hm^2，每次灌水900 m^3/hm^2。

1.3.2 2009年试验设计

小麦垄作沟灌试验品种为"永良四号"，于2009年3月15日翻地，3月16

日用青岛万农达花生机械有限公司研制的2BFL-3型小麦垄作播种机起垄播种，播种时根据试验要求对播种机的开沟深度、宽度、小麦播种行数进行调整（表3-1）。试验设置四个处理，每个处理3个重复，以平种常规灌溉为对照。小区面积30 m×6.5 m。

表3-1 小麦垄作沟灌参数及灌水量

处理	参数					灌水定额（m³/hm²）	灌水次数
	沟深（cm）	沟口宽（cm）	垄面宽（cm）	行距（cm）	行数		
1	18	25	45	10	3	525	6
2	12	25	45	10	3	450	6
3	18	25	45	8	4	525	6
4	12	25	45	8	4	450	6
对照	畦田灌溉					975	5

1.4 试验测定项目与方法

1.4.1 测定项目

灌水量、土壤水分含量、水流推进与消退过程、产量、株高、穗长、穗粒数。从畦首开始沿畦长方向每隔10 m设水尺一个，用于观测水流推进过程。

1.4.2 观测方法

灌水量：利用水表计量灌入试验区的灌水量。

土壤水分含量：花生种植前及种植后每10 d采用烘干法测定作物根区土壤水分含量，灌水前后加测1次。测定深度为0~10 cm、10~20 cm、20~30 cm、30~40 cm、40~50 cm、50~60 cm、60~70 cm、70~80 cm、80~90 cm、90~100 cm。

产量：各试验小区单打单收测定小区产量。

株高、穗长、穗粒数：采用样方法在各小区取1 m²，测定样方内的小麦平均株高、平均穗长、平均穗粒数及百粒重。

水流推进与消退过程：从畦首开始沿畦长方向每隔 10 m 设水尺一个，用于观测水流推进过程。

2 试验结果分析

2.1 微垄沟灌小麦生长动态

微垄沟灌小麦整个生育期株高、叶面积、干物质积累变化见图 3-1~3。由图 3-1 可得小麦在整个生育期各处理株高变化规律一致，三个灌水量情况下株高之间无明显差异。各处理在苗期生长缓慢，到拔节期后株高增长速度加快，此阶段株高日增长量最大为 1.63 cm/d，到抽穗期后小麦株高增长速度逐渐减缓，到灌浆期株高基本停止增长，此时小麦转入生殖生长期。

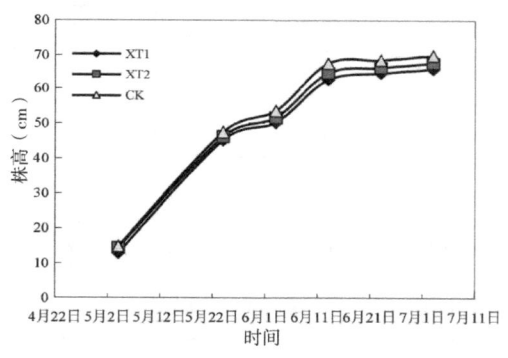

图 3-1 微垄沟灌小麦全生育期株高变化

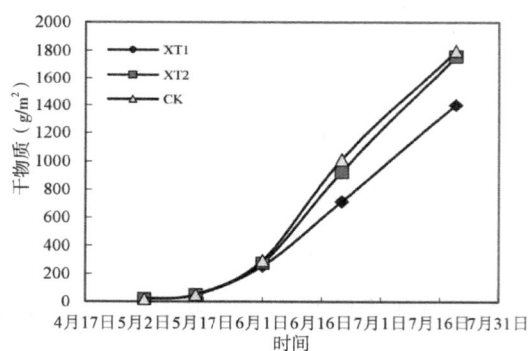

图 3-2 微垄沟灌小麦全生育期干物质积累情况

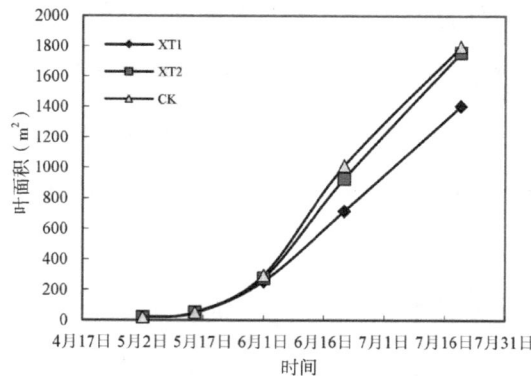

图 3-3 微垄沟灌小麦全生育期叶面积变化情况

由图 3-2 得 XT2 与 CK 的干物质积累在整个生育期无差异，处理 XT1 在苗期到拔节期干物质与 XT2 和 CK 无差异，到拔节期以后差异逐渐明显，其干物质量较 CK 最大降低 28.18%。

从图 3-3 可以看出，无论是在拔节期还是在开花期，灌水量越小，小麦单株叶面积越小，XT1 的单株叶面积较 CK 最大减少 58.3%，在整个生育阶段 XT1 和 XT2 的单株叶面积一直比 CK 小，主要是由于 CK 灌水充足，小麦生长旺盛，叶片较大。可以看出，灌水量的减少，不仅降低了最大叶面积指数，同时导致最大叶面积指数提前达到最大，使得后期早衰，指数下降快，叶面积持续期短，单茎叶面积大幅减少。

2.2 微垄沟灌小麦土壤储水量变化

土壤贮水量变化反应了土壤供需平衡状况，表 3-2 分析了不同处理在不同土层内贮水量的动态变化，不同灌溉处理土壤的贮水量变化不同，灌水对 0~20 cm 土层的影响最大，对 100 cm 以下土层贮水量的影响较小，观察发现不同土层贮水量的变化动态非常相似，但随着土层深度的增加，处理间土壤贮水量的变化幅度逐渐变小。各处理在拔节后由于灌溉的影响产生较为剧烈的波动，随着生育期的不断推进，水分曲线出现了几次高峰和低谷，高峰是因为灌溉造成，三次低谷出现在苗期、抽穗期、成熟期。从苗期到孕穗期贮水量呈下降趋势，说明农田耗水主要集中在小麦拔节以后；在拔节-成熟期土壤水量消耗较多，主要是因为小麦对水分的利用率高，其中变化最大的时期在孕穗到灌浆期，这一时期小麦耗水量最大。收获期土壤水分有所回升，是因为此时表层土壤中小麦根系大部分死亡，对水分吸收较少，加上降水补充，显出回升趋势。

表 3-2 不同处理下各生育期土壤贮水量（0~100 cm）（mm）

处理	播种	苗期	拔节期	抽穗期	灌浆期	成熟期	收获后
CK	254.8aA	221.6aA	237.2aA	201.4bB	215.6aA	162.2aA	234.7aA
XT1	245.0Aa	221.6aA	231.8aA	205.8bB	214.6aA	143.1bA	225.4aA
XT2	245.0Aa	216.7aA	230.8aA	231.8aA	204.3aA	163.2aA	226.87aA

2.3 微垄沟灌小麦全生育期耗水规律

通过田间土壤含水率的测定，利用水量平衡方程计算各个阶段和全生育期小麦的耗水量，结果如图3-4所示。各处理耗水量均呈前期小、中期大、后期小的变化规律，各处理灌溉定额越大，整个生育期耗水量越大，其耗水量分别为CK：514.7 mm、XT1：364.8 mm、XT2：437.7 mm。小麦全生育期内不同生育阶段，拔节期-灌浆期是小麦群体结构最大、植株生长最旺盛、叶面积最大、蒸发和蒸腾都最大的时期，因而决定了该时期耗水强度最大，其耗水强度最大为7.25 mm/d，耗水模数最大为47%。XT1处理由于灌水定额较小，其各生育阶段耗水量、耗水强度均小于CK及XT2，其最大耗水强度为5.24 mm/d，较CK及XT2分别降低38.4%和23.4%。

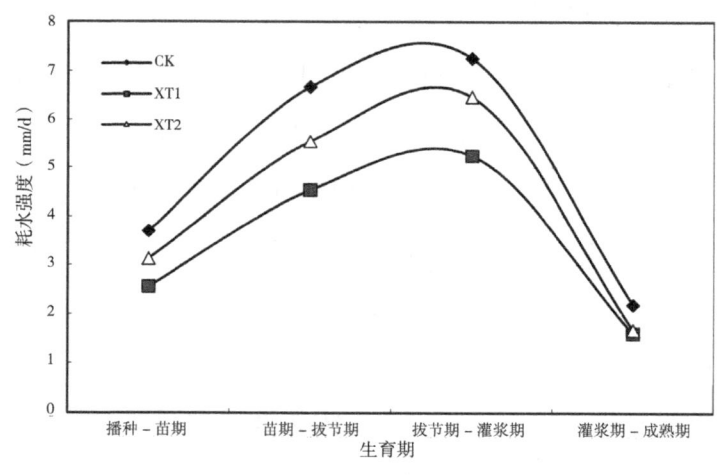

图3-4 微垄沟灌小麦各生育期耗水强度

2.4 垄作沟灌小麦产量及水分利用效率

试验过程中，对各生育阶段的作物形状进行了跟踪观测和记录，收割时按照灌溉试验规范要求，对作物株高、穗长、百粒重等指标进行了逐一统计，各小区产量单打单收，结果见表3-3~4。

小麦垄作沟灌条件下，垄沟的透光透气性较好，小麦株高、穗长、穗粒数、百粒重均较对照大，但产量与对照相比均有下降，这是由于垄作沟灌条件下灌水沟占种植面积的 36%，导致小麦播种面积减少。各处理节水率较对照均增大 40% 以上，水分生产率均高于对照，处理 4 的水分生产率较对照增加 64.3%。不同处理之间相比，处理 3 产量最高，处理 4 水分生产率最大。相同垄沟参数、灌溉制度、不同播种密度条件下，密度大的处理较密度小的处理产量增加 6.6%~8.3%，水分生产率提高 7.0%~8.4%。相同播种密度、不同灌溉制度的条件下，灌水定额大的处理较灌水定额小的处理产量增加 3.1%~4.6%，但灌溉水生产率降低 5.5%~6.7%。

表 3-3 垄作沟灌小麦产量对照表

试验编号	作物品种	株高（cm）	穗长（cm）	穗粒数	百粒重（g）	产量（kg/hm²）
1	永良四号	66.08	8.56	41.5	4.89	5542.50
2	永良四号	62.94	7.17	34	4.52	5284.50
3	永良四号	64.33	8	38.1	4.66	5931.00
4	永良四号	61.45	7.45	36.7	4.7	5746.50
对照	永良四号	61.8	6.85	32.8	4.35	8442.00

表 3-4 垄作沟灌小麦水分利用率对照表

处理	灌水量（mm）	耗水量（mm）	产量（kg/hm²）	增产率（%）	节水率（%）	水分生产率（kg/m³）
1	300	321.9	5842.5	−15.84	41.55	1.81
2	270	292.0	5584.5	−19.55	46.98	1.91
3	300	321.1	6231	−10.24	41.69	1.94
4	270	291.8	6046.5	−12.90	47.01	2.07
对照	487.3	550.7	6942	—	—	1.26

[四]

民勤县春小麦化学节水技术灌溉需水规律及灌溉制度试验研究

1 试验材料与方法

1.1 试验的基本条件和情况

试验地点选在甘肃省民勤县小坝口试验站。3月27日播种，7月16日收获，全生育期112 d。

1.2 试验材料

小麦参试品种为"永良四号"，保水剂采用唐山博亚生产的"黑金子"营养保水剂。

1.3 实验方案

保水剂拌种包衣，播前将 7.5 kg/hm² 清油与 375 kg/hm² 种子拌和，然后摊平（5 cm 厚），均匀撒上 0.75 g/m² 保水剂，再从不同方向人工拌和，直至全部保衣在小麦种子上，堆闷 3 h 后播种，小区播量 2.5 kg，分区条播，人工沟种边角。

试验设五个处理，分别为：保水剂拌种 0.75 g/m²、灌水次数 3 次、灌溉定额 2400 m³/hm²（CK_1）；保水剂拌种 0.75 g/m²、灌水次数 4 次、灌溉定额 2400 m³/hm²（CK_2）；保水剂拌种 0.75 g/m²、灌水次数 4 次、灌溉定额 3150 m³/hm²（CK_3）；保水剂拌种 0.75 g/m²、灌水次数 5 次、灌溉定额 3150 m³/hm²（CK_4）；保水剂拌种 0.75 g/m²、灌水次数 5 次、灌溉定额 3900 m³/hm²（CK_5）。设两个对照，分别为：不施加保水剂、灌水次数 4 次、灌溉定额 2400 m³/hm²（CK_{01}）；不施加保水剂、灌水次数5次、灌溉定额3150 m³/hm²（CK_{02}）。上述灌溉定额均不包括冬季储水。

1.4 试验测定项目与方法

测试内容包括土壤含水率测定、作物生理特性测定及产量测定。播前、出苗、各次灌水前后、收获后分别用土钻取土，烘干法测定0~20 cm、20~40 cm、40~60 cm、60~80 cm、80~100 cm各层土壤的含水率，测定点布设于小麦行间。当各处理中10%的作物达到其生育阶段时，记为该生育期初期；当各处理中50%的作物达到其生育阶段时，记为该生育期盛期。

各试验小区分别选出具有代表性的10株小麦，定点观测作物生长发育的株高、叶宽、叶长、小穗数等指标。

2 试验结果分析

2.1 施用保水剂对垂直方向土壤含水率变化情况的影响

由图4-1~4可知，种植前初始水分相同情况下，经过播种－出苗－一水前期间地表蒸发及作物需水观测，各处理各层土壤含水率变化规律相似，即从地表开始土壤含水率逐渐增大，在70 cm处土壤含水率达到最大值，然后逐渐降低。灌水前CK_2、CK_5各土层土壤含水率均大于CK_{01}、CK_{02}。灌水后仍表现为同一

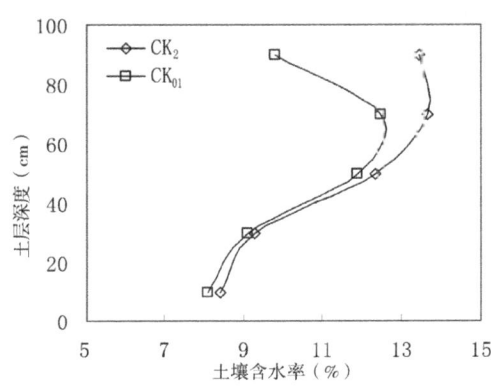

图4-1 灌水前CK_2与CK_{01}不同土层含水率

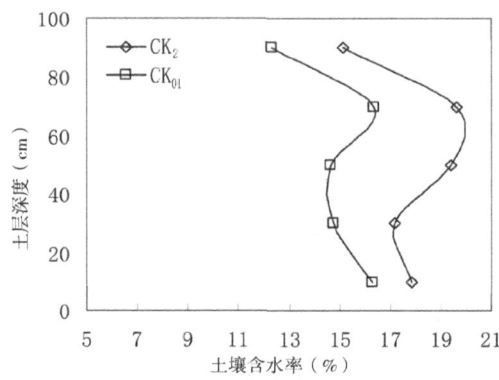

图4-2 灌水后CK_2与CK_{01}不同土层含水率

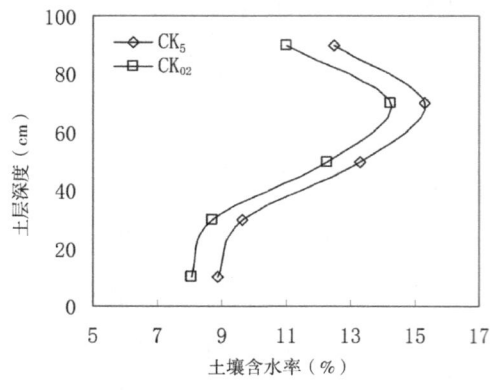
图 4-3 灌水前 CK_5 与 CK_{02} 不同土层含水率

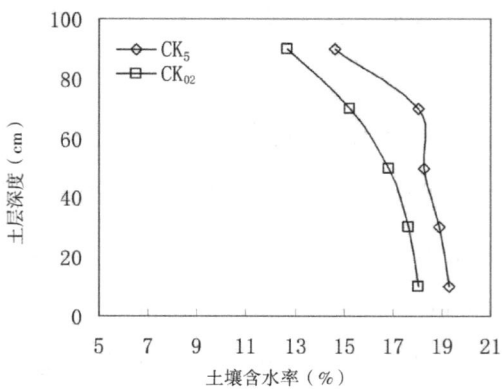
图 4-4 灌水后 CK_5 与 CK_{02} 不同土层含水率

趋势,但 0~30 cm 土层之间土壤含水率随土层增加呈递减趋势。与灌水前相比,CK_2、CK_5 较 CK_{01}、CK_{02} 在 10 cm、30 cm 土层深度的土壤含水率变化幅度大,说明保水剂主要影响 0~30 cm 土层的土壤含水率。

2.2 小麦生育期施用保水剂对土壤水分变化规律的影响

根据对小麦生长发育情况的观测,小麦各生育期分别为播种(3 月 17 日)–出苗(4 月 9 日)–分蘖(4 月 30 日)–拔节(5 月 13 日)–抽穗(5 月 31 日)–扬花(6 月 9 日)–灌浆(6 月 14 日)–乳熟(7 月 3 日)–成熟(7 月 11 日)–收获(7 月 14 日),全生育期 112 d。图 4-5~10 分别为两组灌溉制度完全相同、施用保水剂处理与不施用保水剂处理情况下,0~20 cm、20~60 cm、60~100 cm 各土层土壤含水率变化过程线对比。由图可知,用保水剂拌种与常规播种试验相比,在播种–出苗–拔节期间,土壤含水率没有明显差别,从第一次灌水前开始,其他因素、水平一致的情况下,每次灌水前的土壤含水率表现为保水剂拌种处理高于常规播种。由此说明,保水剂拌种包衣可保持土壤水分,提高水分利用率,且保水剂的吸水保水性能不会随着作物的生长而减弱。

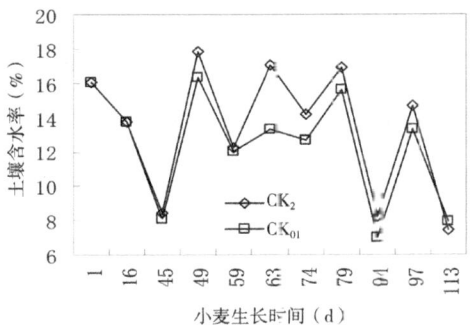

图 4-5　CK_2 与 CK_{01} 土壤含水率变化情况（0~20 cm）

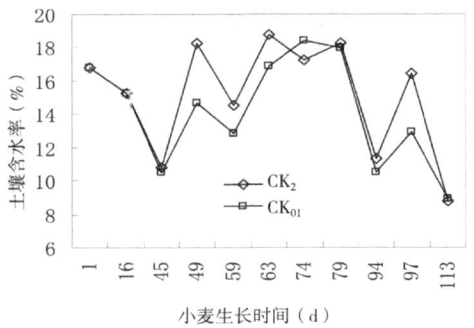

图 4-6　CK_2 与 CK_{01} 土壤含水率变化情况（20~60 cm）

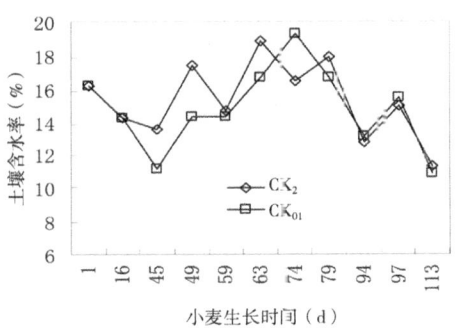

图 4-7　CK_2 与 CK_{01} 土壤含水率变化情况（60~100 cm）

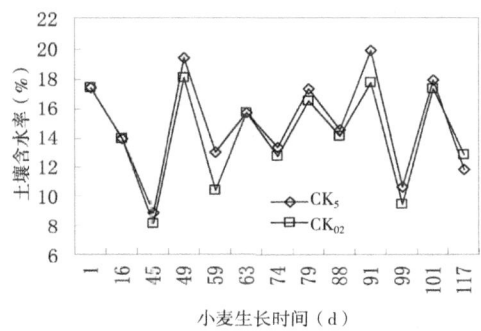

图 4-8　CK_5 与 CK_{02} 土壤含水率变化情况（0~20 cm）

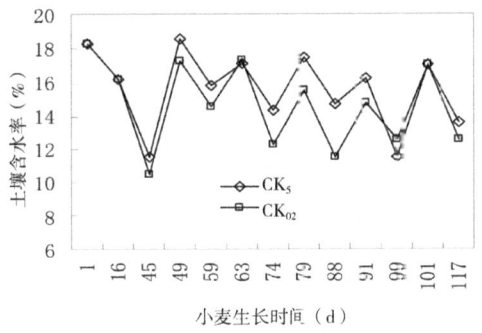

图 4-9　CK_5 与 CK_{02} 土壤含水率变化情况（20~60 cm）

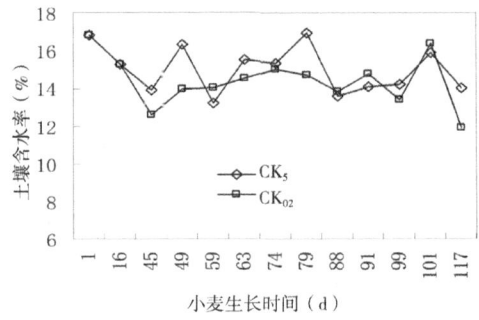

图 4-10　CK_5 与 CK_{02} 土壤含水率变化情况（60~100 cm）

2.3 施用保水剂对小麦产量与耗水量的影响

利用试验观测到的土壤含水率、降水、亩产量等结果，分别计算各处理的耗水量及耗水系数和单方水效益，其中耗水量根据播种前、各次灌水前后、作物收割后的土壤水分检测结果，结合灌溉定额及降水量计算。结果见表 4-1。

表 4-1 春小麦化学节水技术试验成果表

区号	保水剂拌种用量（g/m²）	灌水次数	灌溉定额（m³/hm²）	平均产量（kg/hm²）	耗水量（m³/hm²）	耗水系数（m³/kg）	水分利用效率（kg/m³）
CK_1	0.75	3	2400	3603.75	4644	1.29	0.78
CK_2	0.75	4	2400	4440.45	4602	1.04	0.96
CK_{01}	不拌种	4	2400	4302.45	4607	1.07	0.93
CK_3	0.75	4	3150	4763.55	5194	1.09	0.92
CK_4	0.75	5	3150	5638.05	4954	0.88	1.14
CK_5	0.75	5	3900	5976.45	5691	0.95	1.05
CK_{02}	不拌种	5	3900	5787.45	5846	1.01	0.99

在相同灌溉制度、农艺措施和田间管理条件下，使用保水剂拌种的各小区产量均不同程度的高于不拌种的对照区。其中，灌溉定额 2400 m³/hm² 的情况下，采用保水剂拌种的 CK_2 处理与对照处理 CK_{01} 相比，总耗水量相近，增产 138 kg/hm²，增产率为 3.2%，耗水系数低 0.03 m³/kg，水分利用效率提高 0.03 kg/m³；灌溉定额 3900 m³/hm² 的情况下，采用保水剂拌种的 CK_5 处理与对照处理 CK_{02} 相比，总耗水量低 156 m³/hm²，增产 189 kg/hm²，耗水系数低 0.065 m³/kg，水分利用效率提高 0.06 kg。分析可知，播前种子采用保水剂拌种，包衣可促进作物生长发育，增加作物产量，减少土壤水分蒸发，水效益明显增加。田间观测也表明，采用保水剂拌种包衣处理的作物在幼苗期的生长良好，苗齐、色正、植株壮、有较好的抗寒抗旱能力。

2.4 施用保水剂情况下的合理灌溉制度

不同的灌溉制度施用保水剂后产生不同的增产效果。对比分析不同灌溉定额和灌水次数组合五个处理的产量、耗水量、水分利用效率试验结果，绘制产量直方图（图4-11）。

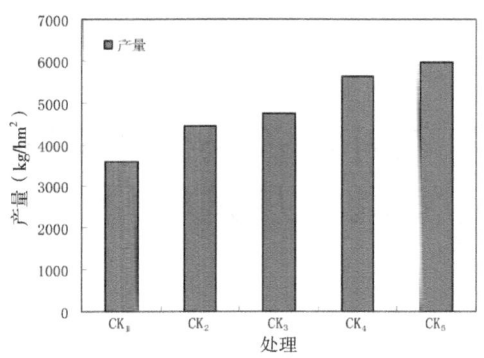

图4-11 不同灌溉制度下产量对比图

随着灌溉定额的加大及灌溉次数的增多，小麦产量也逐步增加。灌水次数相同，灌溉定额增大，亩产不断提高，耗水系数增大，水效益降低；灌溉定额相同，灌水次数增大，亩产不断提高，耗水系数降低，水效益增大。从水效益来讲，采用3150 m³/hm²的生育期灌溉定额，具有较高的水效益。

分析相同灌溉定额情况下不同灌水次数处理CK_1与CK_2、CK_3与CK_4的产量变化，CK_2较CK_1产量增加851.7 kg/hm²，增产率23.6%，耗水量减小42 m³/hm²，耗水系数减小0.25 m³/kg，水分利用效率增加0.25 kg/m³；CK_4较CK_3产量增加1024.5 kg/hm²，增产率21.5%，耗水量减小240 m³/hm²，耗水系数相应减小0.21 m³/kg，水分利用效率增加0.22 kg/m³。由此说明：相同的灌溉定额，施用保水剂情况下，可适当提高灌水次数。

[五]

民勤县花生在不同覆盖条件下灌溉需水规律及灌溉制度试验研究

1 试验材料与方法

1.1 试验的基本条件和情况

试验于2009年4月，在甘肃省水利科学研究院民勤试验基地进行。试验基地地处民勤绿洲和腾格里沙漠交界地带，地理坐标东经130°05′、北纬38°37′，属典型大陆性荒漠气候。气候干燥，降水稀少，蒸发量大，风沙多，自然灾害频繁。多年平均气温7.8℃，极端最高气温39.5℃，极端最低气温-27.3℃，平均湿度45%，多年平均降水110 mm，多年平均蒸发量2644 mm，年日照时数3028 h，光热资源丰富，≥0℃积温3550℃，10℃积温3145℃，无霜期150 d，最大冻土深115 cm。试验区土质0~60 cm为黏壤土，60 cm以下逐渐由黏壤土变为沙壤土，土壤平均容重为1.54 g/cm³。

1.2 试验材料

试验花生为"鲁花10号"。覆盖方式有地膜、液态地膜（北京金尚禾生物制品有限公司生产的粉剂液态地膜）和小麦秸秆。

1.3 试验方案

试验设计垄宽45 cm、沟宽30 cm、沟深25 cm、株距35 cm、行距30 cm。试验小区随机排列，共设3个处理，以起垄裸地种植为对照，处理分别为地膜覆盖、液态地膜覆盖、小麦秸秆覆盖，液态地膜采用北京金尚禾生物制品有限公司生产的粉剂液态地膜，使用时用水溶解，用喷雾器均匀喷洒于垄沟面上；小麦秸秆覆盖量采用 3750 kg/hm² 水平覆盖。各处理设 3 个重复，共 12 个小区，小区面积 6 m×9 m，小区周围设置保护行。

1.4 试验测定项目与方法

花生种植前及种植后每 10 d 采用烘干法测定作物根区土壤水分含量，灌水前后加测 1 次。测定深度为 0~10 cm、10~20 cm、20~30 cm、30~40 cm、40~50 cm、50~60 cm、60~70 cm、70~80 cm。灌水前后利用曲管温度计分别测量作物根区 5 cm、10 cm、15 cm、20 cm、25 cm 土层深度的土壤温度。利用水表分别测量各试验小区灌水量。

2 试验结果分析

2.1 不同覆盖条件下土壤水分含量动态变化

为分析不同覆盖物对花生根区土壤水分动态变化的影响，试验采用"同流量－同时段－不同灌水量"的灌水方式进行灌溉。在第一次灌水（5 月 26 日）前后分别观测了灌水前（5 月 25 日）、灌水后（5 月 30 日）及灌水 10 d 后（6 月 7 日）作物根区 0~80 cm 深度的土壤水分含量，图 5-1~4 分别为各次观测的土壤水分含量随土层深度变化情况。

对比图 5-1 和图 5-2 得出，采用"同水平－同时段－不同灌水量"灌水方式进行灌溉后，由于地膜覆盖条件下水流推进速度快，膜孔入渗时单位时间内的水分入渗量较小，导致各层土壤水分含量的增加量最小；秸秆覆盖提高了地面粗糙度，水流推进速度较慢，同水平－同时段条件下灌水量小；地面喷洒液态地膜较裸地种植土壤表面孔隙度小，减少了土壤水分入渗量。灌水后 0~80 cm 土层深度内土壤水分含量增加值呈现裸地种植＞液态地膜覆盖＞秸秆覆盖＞地膜覆盖的趋势。各处理 50~80 cm 土层内的土壤水分含量增加值呈裸地种植＞秸秆覆盖＞液态地膜覆盖＞地膜覆盖，这是因为裸地种植灌水量增大，单位时间内的入渗强度增加，导致深层土壤水分含量增加、深层渗漏严重，降低了灌溉水利用率。

如图 5-3、图 5-4，分析灌水后（5 月 30 日）及灌水 10 d 后（6 月 7 日）不同土层的土壤水分含量，发现经过地表蒸发、作物蒸腾、深层渗漏三种土壤水分消耗方式，灌水 10 d 后 0~80 cm 土层深度内土壤水分含量减小值呈现裸地种植＞液态地膜覆盖＞秸秆覆盖＞地膜覆盖的趋势。经过分析，各处理 0~30 cm 土层内的土壤水分含量减少值呈裸地种植＞液态地膜覆盖＞秸秆覆盖＞地膜覆盖的趋势，与裸地种植对比，三种覆盖的减蒸效率分别为地膜覆盖 67.35%、秸秆覆盖 35.44%、液态地膜 5.1%。液态地膜喷洒后，在地面形成涂层，但只是减小了地表孔隙度，对土壤水分的减蒸性能效率影响较小。

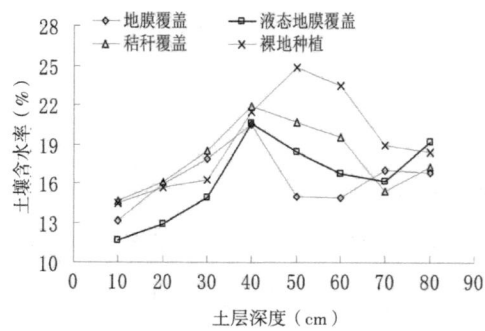

图 5-1　灌水前土壤水分含量

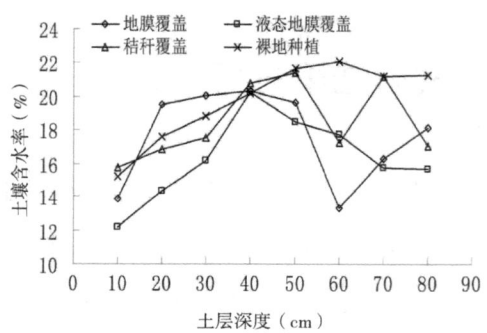

图 5-2　灌水 3 d 后土壤水分含量

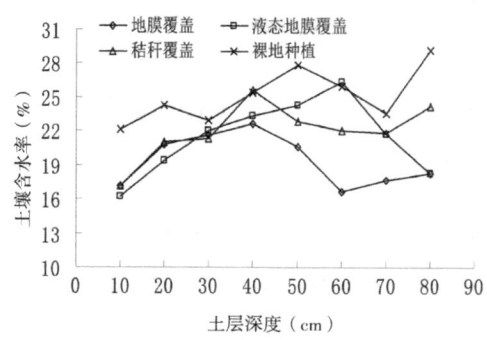

图 5-3　灌水 10 d 后土壤水分含量

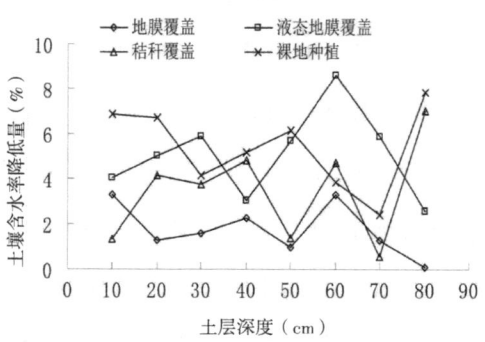

图 5-4　灌水 10 d 后土壤水分含量变化量

2.2 覆盖条件下花生根区地温的时空变化

土壤温度是控制微生物活性和植物生长过程的重要因素之一，是表征土壤热状况的重要指标，不仅直接影响植物根系和幼苗生长，还对土壤水分、养分的迁移和转化有直接或间接的影响。

图 5-5~8 为 6 月 7 日各处理不同土层深度地温随时间的变化情况。由此可知，花生根区 0~25 cm 土层深度内的地温均值随时间的变化情况表现为：各处理的土壤温度随时间平稳上升，在 15:00 达到最大，各层土壤的地温在地膜覆盖处理下最大，相比裸地增加 3.8℃~7.3℃，秸秆覆盖最小，相比裸地降低 1.3℃~5.5℃，这是由于秸秆覆盖时秸秆覆盖材料阻碍了太阳对地表的直接辐射。在 8:00~20:00 各处理 0~25 cm 土层深度内的温度均值大小为地膜覆盖 > 裸地种植 > 液态地膜 > 秸秆覆盖，其中地膜覆盖处理相比裸地种植地温高 5.6℃。受土壤导热性能的影响，5 cm 土层深度的地温在 15:00 时达到最大，10 cm、15 cm 和 20 cm 土层深度的地温分别在 16:00、17:00 和 18:00 时达到最大，而 25 cm 土层温度自 8:00 至 20:00 一直在升高，这是由于 15:00 开始地表土壤温度开始下降，但 10~25 cm 土层温度仍在增加，自 18:00 开始 0~20 cm 范围内的土层温度开始全部下降，但土壤表层的热量散失和吸热向下传递有一个过程。因此，在气温下降、表层土壤开始降温的同时，深层土壤仍处于不断增温过程，导致 25 cm 土层温度在 8:00~20:00 始终处于增长状态。

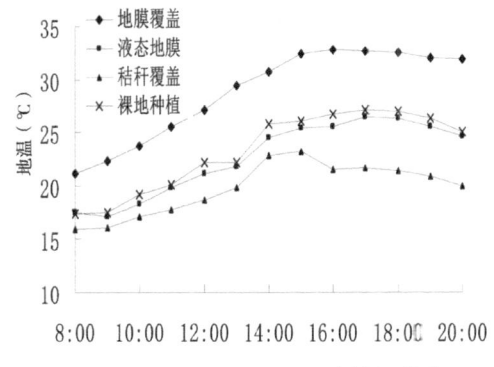

图 5-5　0~25 cm 土层深度地温均值
随时间的变化

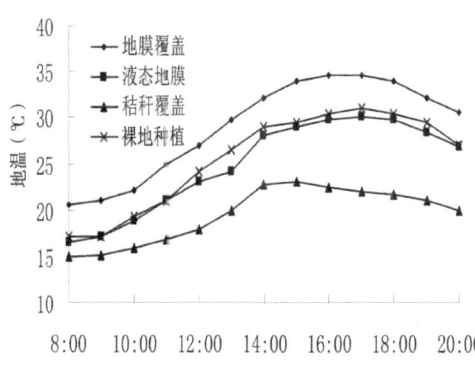

图 5-6　10 cm 土层深度地温随时间的变化

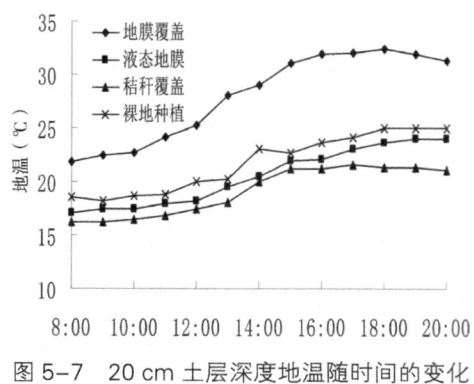

图 5-7　20 cm 土层深度地温随时间的变化

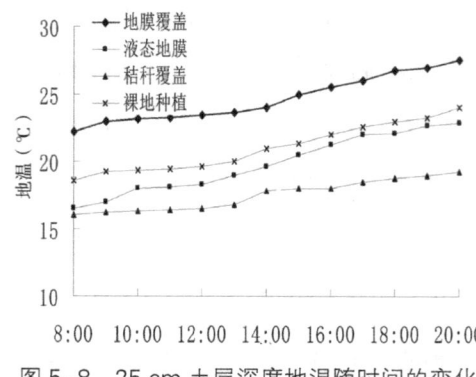

图 5-8　25 cm 土层深度地温随时间的变化

2.3 不同覆盖条件对花生产量及水分利用效率的影响

不同覆盖条件下花生各处理相对裸地种植处理的产量效应及水分生产力（水分生产力以花生籽粒计算，地表秸秆不进行计算）见表 5-1 所示。地膜覆盖产量最高，其次为液态地膜覆盖和秸秆覆盖，其中地膜覆盖增产量达到 167.07%，这是由于在花生出苗期，液态地膜覆盖和秸秆覆盖处理条件下地表土壤黏结，并且地温较地膜覆盖降低 5℃，导致出苗期延长，花生生长速度较慢，叶面积指数和干物质积累量较小，单株分支数、单株荚果数、单株荚果重都比较低。所以液态地膜覆盖、秸秆覆盖、裸地种植条件下产量较低，水分生产力小。

表 5-1　不同覆盖条件下花生产量及水分生产力分析表

处理	灌水量（m^3/hm^2）	耗水量（m^3/hm^2）	产量（kg/hm^2）	增产率（%）	节水率（%）	水分利用效率（kg/m^3）
地膜覆盖	2424	3849	4775	167.07	30.85	1.24
液态地膜覆盖	3771	5258	3116	74.24	5.55	0.59
秸秆覆盖	3411	4850	2736	53.02	12.87	0.56
裸地种植	4040	5567	1788	—	—	0.32

2.4 不同覆盖条件下花生的经济效益分析

经过试验观测，花生在民勤沙漠绿洲地区的生长时间为 147 d 左右，本试验同时对不同覆盖条件下花生的投入产出进行了对比分析。

不同覆盖条件下花生投入产出分析见表 5-2。从统计结果可以看出，各处理投入为 9890 元 /hm²~10 092 元 /hm²，产出为 7510 元 /hm²~20 055 元 /hm²，三种覆盖条件下净产值 1453 元 /hm²~10 165 元 /hm²，投入产出比为 1∶1.14 至 1∶2.03。

表 5-2　不同覆盖条件下花生投入、产出分析表

处理	投入（元 /hm²）种子、化肥、劳力机械费	产出（元 /hm²）	净产值（元 /hm²）	投产比
地膜覆盖	9890	20055	10165	1∶2.03
液态地膜覆盖	10092	13087	2995	1∶1.30
秸秆覆盖	10038	11491	1453	1∶1.14
裸地种植	10133	7510	-2623	1∶0.74

武威市凉州区小麦免储水灌全膜覆盖穴播技术试验研究

1 试验材料与方法

1.1 试验的基本条件和情况

试验于 2007 年在甘肃省武威市中心灌溉试验站进行,该站位于武威市凉州区城东,地理坐标为 37°52′N、102°52′E,海拔 1581 m,多年平均降水量 180.9 mm,蒸发量 1901.8 mm。年均降水天数 57 d。初霜日期为 10 月 5 日,终霜日期 5 月 3 日,无霜期 155 d,属典型大陆性温带干旱气候,呈平原地貌土壤类型以黏土、壤土和沙土为主。降水量年内分布极不均匀,4 月、6 月和 7 月、9 月降水量分别占年内降水量的 55.95% 和 19.79%。地下水埋深 40 m,相对湿度 53.26%。全年日照 2618.8 h,平均风速 2.68 m/s。土壤肥力状况主要包含有机质、N、P_2O_5、K 等。

1.2 试验材料

春小麦品种为"永良 4 号",保水剂采用唐山博亚生产的"黑金子"营养保水剂。

1.3 试验方案

小麦免储水灌全膜覆盖穴播技术试验,供试春小麦品种为"永良 4 号",于 3 月 25 日播种,7 月 20 日收获测产。试验设置 4 个处理,各处理设计及灌水方案见表 6-1、6-2 所示。本试验小区按试验地自然地形随机布置,每个处理设计 3 个重复,小区面积为 2.5 m×12 m。在各小区之间留有 30 cm 宽、20 cm 高的小埂以供试验灌溉和观测。试验地两侧各设 3 个保护区，一侧保护区面积为 11.5 m×3 m，另一侧为 11.5 m×2 m。保水剂采用唐山博亚生产的"黑金子"营养保水剂，施用量为 30 kg/hm², 对照春季灌水定额为 900 m³/hm²。

表 6-1 小麦播种及灌水方案

处理	T1	T2	T3	T4
耕地	春耕后灌水	灌水后耕地	春耕	春耕
覆膜	不覆	不覆	灌水后半覆膜	全覆膜
灌水	900 m³/hm²	900 m³/hm²	900 m³/hm²	播种后膜上灌 600 m³/hm²
播种	正常播种	正常播种	穴播机播种	保水剂拌种，穴播机播种，然后灌水

表 6-2 试验灌溉方案表

处理	灌溉时间	灌水定额（mm）			
		T1	T2	T3	T4
冬季储水灌溉	2007 年 11 月 20 日	0	0	0	0
春灌	2008 年 3 月 22 日	90	90	90	0
	2008 年 3 月 25 日	0	0	0	60
生育期第一水	2008 年 4 月 25 日	90	90	60	60
生育期第二水	2008 年 5 月 20 日	105	105	90	90
生育期第三水	2008 年 6 月 7 日	105	90	90	90
生育期第四水	2008 年 6 月 25 日	90	90	90	90
灌溉定额	—	480	465	420	390

1.4 试验测定项目与方法

（1）试验观测

在小麦生育期内观测记载气温、湿度、降水、蒸发、风速等气象因素，同时观测记载灾害性天气的变化过程和时间。主要记载小麦的生育期，观察、记录作物各个重要生育时期和该时期高峰出现的时间。对于防霜冻、防干热风危害等，还要调查作物受害的程度，记载不同灌水方法和不同水分状况下植株外部形态的变化。在播种前 2d、每次灌水前及小麦收获后，共分 5 层：0~20 cm、20~40 cm、40~60 cm、60~80 cm、80~100 cm 测定土壤含水率。2、6、8、11 小区中埋设蒸渗桶，观察各处理的田间蒸发量，蒸渗桶每天用电子秤称重。

（2）考种

收获时每个小区取 15~20 株小麦测定穗长、小穗数、穗重、穗粒数、穗粒重及百粒重。

（3）产量计算

产量（kg/hm^2）= 每公顷穗数 × 每穗粒数 × 千粒重，测总干物质。按各小区单打单收，分别计各小区籽粒产量。

2 试验结果分析

2.1 生育期土壤含水率动态变化

根据春小麦土壤棵间蒸发及作物根系吸水特点，将试验地 0~100 cm 土层划分为三层：①蒸发层（0~30 cm）；②灌溉及根系决定层（30~80 cm）；③传导层（80~100 cm）。图 6-1~2 分别为全生育期 0~100 cm、0~30 cm 土层土壤水分动态变化图。0~30 cm 的蒸发层土壤水分变化最为强烈，且与 0~100 cm 整个计划湿润层的变化趋势较为一致。图 6-1 中，由于未覆膜，T1 和 T2 两处理在生育期前期，0~30 cm 深度土壤水分远低于灌水后覆膜的 T3 处理，虽然 T4 覆膜后膜上灌

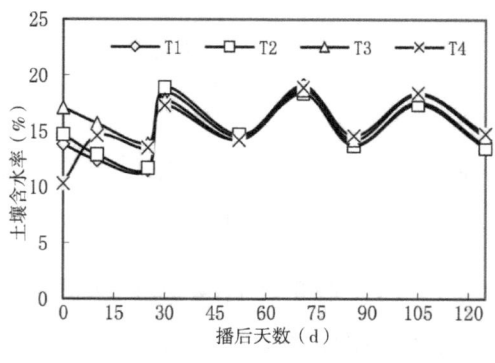

图 6-1 全生育期 0~100 cm 土层土壤水分动态图

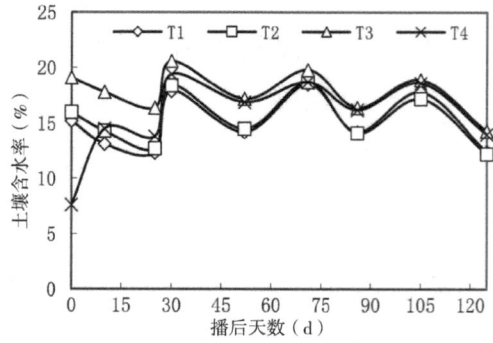

图 6-2 全生育期 0~30 cm 土层土壤水分动态

水量较少,但能较好地提高并保持 20~30 cm 的土壤含水率,到生育期后期经过数次灌溉,土壤含水率分布及变化趋势逐步一致;80~100 cm 传导层土壤水分变化最小,基本处在 9%~14% 之间,无剧烈变化。

2.2 全生育期春小麦耗水特性分析

从表 6-3 可以看出,春小麦整个出苗阶段,由于土壤含水率较低且在播种时使用保水剂,免冬季储水灌全膜覆盖处理很好地抑制了土壤棵间蒸发,比 T1 处理的耗水量下降了 65.2%。在拔节期,春小麦生长速率开始加快,对土壤水分要求进一步加大,如果水分亏缺,会对春小麦株高及叶面积造成极大的不利影响。在这一阶段,T3 和 T4 两处理虽然灌水量较少,但由于覆膜抑制了棵间蒸发,其土壤水分可以满足春小麦生长要求,耗水量与其他两处理没有差异。孕穗期与出苗至拔节期相比,春小麦开始进入营养生长阶段,植株生长旺盛,蒸腾作用强烈,对土壤水分消耗大,且以植物蒸腾为主。由于 T3 和 T4 两处理可抑制土壤蒸发,所以该阶段耗水量要略低于 T1 处理耗水量。灌浆期是春小麦获得最终产量的关键阶段,要求土壤水分要处于田间持水率的 60%~80%,才能较好地完成籽粒灌浆过程;如果含水量较低,就会使得未充分饱满的籽粒发生硬化,从而缩短籽粒的灌浆时间,春小麦千粒重发生较大降低,造成作物减产;所以,灌浆期耗水量可以从侧面反映作物灌浆过程中的水分充足程度。春小麦成熟期主要是完成小麦籽粒硬化,该阶段作物逐步完成营养和生殖生长,所以作物耗水量较小。由表 6-3 可以看出,四个处理间的耗水量无差异。就春小麦全生育期耗水情况来看:与 T1 处理相比,T4 处理生育期耗水量下降了 66 mm,日均耗水量分别减少 0.53 mm;而其他处理没有明显差别。

表 6-3 春小麦各生育期耗水量

生育期	耗水指标	T1	T2	T3	T4
苗期	耗水量(mm)	34.5	45.0	48.0	12.0
	耗水模数(%)	6.14	8.39	8.95	2.42
	耗水强度(mm/d)	1.38	1.80	1.92	0.48

续表 6-3

生育期	耗水指标	T1	T2	T3	T4
拔节期	耗水量（mm）	45.0	45.0	55.5	49.5
	耗水模数（%）	8.01	8.39	10.35	9.98
	耗水强度（mm/d）	1.67	1.67	2.06	1.83
孕穗期	耗水量（mm）	181.6	168.1	165.1	168.1
	耗水模数（%）	32.32	31.34	30.78	33.9
	耗水强度（mm/d）	9.56	8.85	8.69	8.85
灌浆期	耗水量（mm）	228	205.5	196.5	198
	耗水模数（%）	40.58	38.31	36.63	39.93
	耗水强度（mm/d）	6.51	5.87	5.61	5.66
成熟期	耗水量（mm）	72.8	72.8	71.3	68.3
	耗水模数（%）	12.96	13.57	13.29	13.77
	耗水强度（mm/d）	3.83	3.83	3.75	3.59
全生育期	耗水量（mm）	561.9	536.4	536.4	495.9
	耗水强度（mm/d）	4.50	4.29	4.29	3.97

2.3 春小麦产量及水分生产效率分析

免储水灌全膜覆盖穴播小麦各处理产量效应及水分利用效率见表 6-4~5。由试验结果可见，处理 T3 和 T4 较对照是增产的，产量分别为 6566.72 kg/hm² 和 6619.19 kg/hm²，增产率为 3.55% 和 4.37%。就节水率而言，T4 是最高的，其节水率为 11.75%。就水分利用效率而言，T1 处理的农田总供水利用效率最低，仅为 1.13 kg/m³；水分利用效率最高的处理是 T4，其水分利用效率为 1.33 kg/m³，较对照提高了 17.70%。

表 6-4 全膜穴播小麦各处理产量构成因素

处理	株高（cm）	穗长（cm）	小穗数（个）	单株重（g）	穗粒数（个）	穗粒重（g）	千粒重（g）
T1	75.6	8.9	15.76	3.15	33.00	1.52	43.58
T2	74.3	9.2	16.03	3.65	35.67	1.82	45.71
T3	79.9	9.3	16.08	3.88	36.67	1.88	48.86
T4	72.2	9.1	16.55	3.75	35.67	1.92	49.39

表 6-5 全膜穴播小麦各处理产量、增产率和节水率

处理	灌水量（mm）	耗水量（mm）	产量（kg/hm²）	增产率（%）	节水率（%）	水分利用效率（kg/m³）
T1	480	561.9	6341.83	—	—	1.13
T2	465	536.4	6386.81	0.71	4.54	1.19
T3	420	536.4	6566.72	3.55	4.53	1.22
T4	390	495.9	6619.19	4.37	11.75	1.33

2.4 免储水灌全膜覆盖穴播小麦经济效益

根据试验及灌区现状，结合当地市场调查对小麦生产成本进行估算，其投入产出分析见表6-6。从统计结果可以看出，T3、T4处理投入略大，主要是增加了地膜及保水剂的投入，产出（包括籽粒产出和秸秆产出）为13 952.62元/hm²~14 400.387元/hm²，净产值7717.62元/hm²~8105.38元/hm²，虽然T4投入略多，但其产量有所提高，净产值较对照增加364.72元/hm²。

表 6-6 全膜穴播小麦投入、产出分析

处理	投入（元/hm²）种子、化肥、劳力机械费	产出（元/hm²） 籽粒产量	秸秆产量	总计（元/hm²）	净产值（元/hm²）	投产比
T1	6235	12683.66	1292	13975.66	7740.66	1:2.24
T2	6235	12773.62	1179	13952.62	7717.62	1:2.24
T3	6275	13133.44	1168	14301.44	8026.44	1:2.28
T4	6295	13238.38	1162	14400.38	8105.38	1:2.29

[七]

民勤县小麦免储水灌注水播种技术试验研究

1 试验材料与方法

1.1 试验材料

保水剂采用唐山博亚生产的"黑金子"营养保水剂。

1.2 试验方案

试验采用冬季储水灌溉和免冬季储水灌溉两种形式，共设置4个处理，其中储水灌溉条件下设计传统灌溉定额和低定额灌溉两个灌溉水平处理；免储水灌溉处理条件下设计秋耕和春耕两种耕作处理，次年播种均采用注水播种施用保水剂方式，每个处理设3次重复，各处理具体措施见表7-1。

表 7-1 试验处理设计

处理	处理代号	储水灌溉定额（m^3/hm^2）	注水定额（m^3/hm^2）	耕作方式	保水剂施用方法
传统冬季储水灌溉	CI	1500	0	秋耕，翻耕深度30 cm；正常播种	—
低定额储水灌溉	LI	900	0	秋耕，翻耕深度30 cm；正常播种	—
秋耕+免储水灌溉次年施用保水剂注水播种	ANSW	0	67.5	秋耕，翻耕深度30 cm；注水播种	沟底播撒施用量为30 kg/hm^2
春耕+免储水灌溉次年施用保水剂注水播种	SNSW	0	67.5	春耕，翻耕深度30 cm；注水播种	沟底播撒施用量为30 kg/hm^2

由表 7-2 可以看出，对照冬季灌水定额为 1500 m³/hm²，低定额冬季储水灌定额为 900 m³/hm²，ANSW 及 SNSW 不进行冬灌，次年播种前进行施用保水剂注水播种，注水定额为 67.5 m³/hm²。本试验小区按试验地自然地形随机布置，各小区面积为 2.5 m×12 m。在各小区之间留有 30 cm 宽、20 cm 高的小埂以便试验灌溉和观测。

表 7-2 试验灌溉方案表

项目	灌溉时间	灌水定额（mm）			
		CI	LI	ANSW	SNSW
冬季储水灌溉	2007 年 11 月 20 日	150	90	0	0
注水灌溉	2008 年 3 月 25 日	0	0	6.75	6.75
生育期第一水	2008 年 4 月 20 日	—	—	90	80
	2008 年 4 月 25 日	70	75	—	—
生育期第二水	2008 年 5 月 20 日	105	105	100	100
生育期第三水	2008 年 6 月 7 日	110	110	110	110
生育期第四水	2008 年 6 月 25 日	110	110	110	110
灌溉定额	—	545	490	416.75	406.75

由于试验地块及播种机限制，小麦条播注水播种机操作较为困难，故采用人工注水播种，其操作方式为畜力开沟，人工沟底撒施保水剂，人工注水，人工覆土。保水剂采用唐山博亚生产的"黑金子"营养保水剂，施用量为 30 kg/hm²。

1.3 试验测定项目与方法

1.3.1 土壤含水量测定

在深度为 0~100 cm 的土层中每 10 cm 取一个土样，用烘干称重法测定并计算土壤质量含水量。休闲期及作物整个生育期内每隔 7 d 取一次土样，降雨及灌水前后进行加测，冬季土壤上冻后，用 diviner 2000 测定土壤含水率，每 10 d 进行一次观测。

1.3.2 容重及田间持水量测定

分 0~20 cm、20~40 cm、40~60 cm、60~80 cm、80~100 cm 五层进行取土，

用环刀法测定土壤干容重，用双环刀法测定田间持水量。

1.3.3 作物生长参数测定

作物出苗后记录植株密度，在每个小区随机选 3 个样方，每个样方为 1 m 长的 3 行小麦，测得 3 行小麦的宽度并做记录。小麦出苗后，在取样小区选取生长均匀一致的植株 20 株，每隔 15 d 定期记载株高，直到小麦各小区株高稳定为止。苗期用长宽系数法测定叶面积指数，后期用 SUNSCAN 叶面积仪测定。

1.3.4 考种

收获后进行考种、计产，在每个小区中随机选取两点，每点取样约 15 株，将两个点的样品合成一个样，进行考种。测定项目包括穗长、穗粒重、穗粒数、有效小穗数、总干物质、千粒重。

2 试验结果分析

2.1 生育期土壤水分变化及耗水规律研究

2.1.1 生育期土壤含水率动态变化

根据春小麦土壤棵间蒸发及作物根系吸水的特点，将试验地 0~100 cm 土层划分为三层：①蒸发层（0~30 cm），这一层由于受到降水及土壤蒸发影响，土壤含水率都有较大波动。②灌溉及根系决定层（30~80 cm），该层土壤水分变化主要取决于作物生长发育状况和灌溉条件。③传导层（80~100 cm），该层土壤水分只有在灌溉量较大时，才有一些变化。传导层通过地下水补给或水分深层渗漏，实现计划湿润层与地下水的水分交换。考虑到石羊河流域地下水位埋藏较深，深层渗漏成为其水分转化的唯一途径。图 7-1~4 分别反映了全生育期 0~30 cm、30~80 cm、80~100 cm 土层土壤水分动态变化情况。

从图 7-1~4 可以看出，0~30 cm 的蒸发层土壤水分变化最为强烈，且与 0~100 cm 整个计划湿润层的变化趋势较为一致。图 7-1 中，ANSW 和 SNSW 两个处理，由于未经过冬季储水灌溉，在生育期前期 0~30 cm 深度的土壤水分远

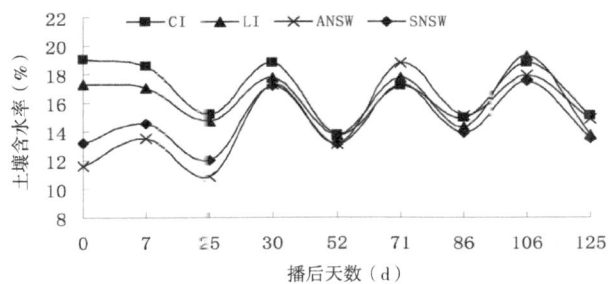

图 7-1　全生育期 0~100 cm 土层土壤水分动态

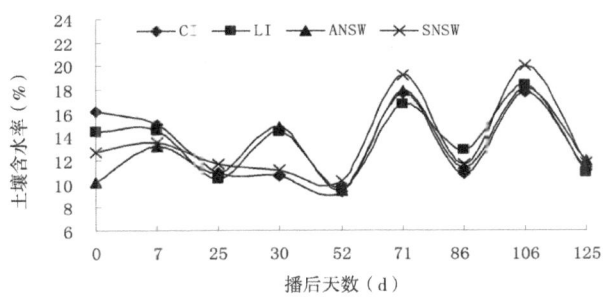

图 7-2　全生育期 0~30 cm 土层土壤水分动态

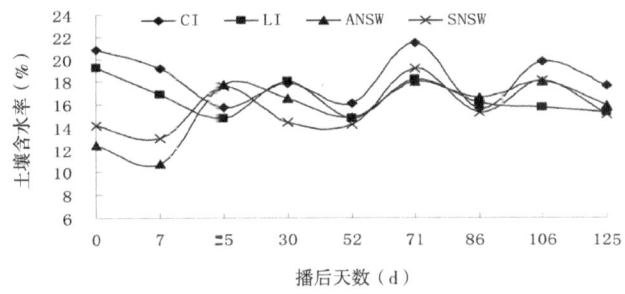

图 7-3　全生育期 30~80 cm 土层土壤水分动态

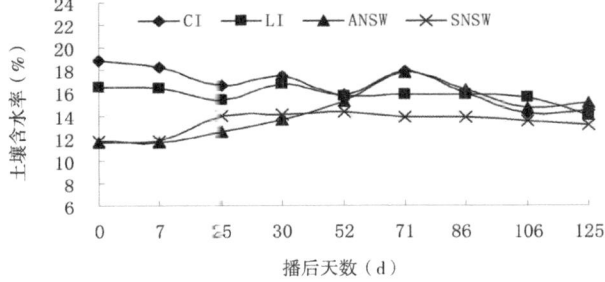

图 7-4　全生育期 80~100 cm 土层土壤水分动态

远低于 CI 和 LI 两处理，但经过注水播种后，ANSW 和 SNSW 两个处理较好地提高并保持了 20~30 cm 土层含水率，到生育期后期经过数次灌溉，土壤含水率分布及变化趋势逐步一致；30~80 cm 土壤水分变化生长前期较小，至中后期由于作物根系吸水量加大，其含水量变化也较为剧烈。从图 7-4 可以看出，ANSW 和 SNSW 两个处理，80~100 cm 传导层土壤水分变化最小，基本处在 14%~18% 之间。

2.1.2 全生育期春小麦耗水特性分析

春小麦在进行注水播种后，经过灌溉水分补充，0~30 cm 的土壤储水量得以增加，特别是 10~20 cm 土壤含水率提高尤为明显。春小麦播种后七天 0~50 cm 土壤水分分布情况见图 7-5。

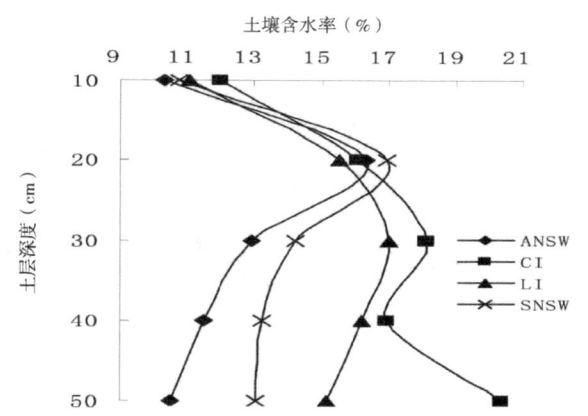

图 7-5 春小麦注水播种后土壤水分分布（2008 年 4 月 2 日）

由图 7-5 可以看出，通过对免冬季储水灌溉的两个处理进行注水播种，可以有效提高土壤表层 10~20 cm 土层含水量，其中 ANSW 和 SNSW 处理在 10~20 cm 的平均含水量分别提高 3.96% 和 5.18%，且 10~20 cm 土层平均含水量较 CI 还要高 0.3% 和 0.86%，从而为春小麦出苗提供了一个良好的环境，可以完全满足作物出苗的水分要求。

表 7-3　全生育期各处理耗水量

处理	播种（mm）	收获（mm）	灌水（mm）	≥5mm 降水（mm）	耗水量（mm）	日均耗水量（mm/d）
CI	270.80	214.73	394.86	31.7	607.18	4.86
LI	245.75	196.09	411.53	31.7	590.66	4.73
ANSW	164.78	211.74	412.83	31.7	560.11	4.48
SNSW	188.41	192.82	410.26	31.7	553.95	4.43

注：计算时间为 125d。

就春小麦全生育期耗水情况来看（表 7-3 和图 7-6）：与 CI 处理相比，ANSW 和 SNSW 两个处理生育期耗水量下降了 50~60 mm，日均耗水量分别减少 0.38 mm 和 0.43 mm；而 CI 处理则与 LI 处理没有明显差别。

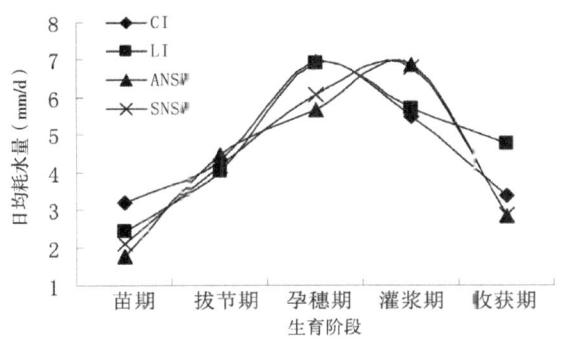

图 7-6　全生育期日均耗水量变化

由图 7-6 可以看出，对 ANSW 和 SNSW 两个处理，在苗期，由于采用注水播种并施用保水剂，可以很好地减少棵间蒸发，保持表层土壤水分，使得其日均耗水量明显降低。在拔节期，由于小麦生长并不是很快，作物需水量不是太大，ANSW 和 SNSW 两处理通过灌溉补充土壤储水量，可以满足小麦生长要求，并不会因土壤缺乏水分，而被迫降低作物生长，从而降低其日均耗水量。在拔节至孕穗期，CI 与 LI 两个处理的日均耗水量要明显高于 ANSW 和 SNSW，主要是因为采用注水播种的两个处理，其拔节期灌溉虽然补充了土壤水分，可以满足小麦生长，但土壤原始储水量有限，而小麦在孕穗期作物需水量较大，灌溉补充的水分并不能完全满足小麦生长，在一定程度上减缓了作物生长，造成其日均耗水量的降低，这种现象可称做是免储水灌溉注水播种这一灌水模式的后期效应或者是滞后效应。在灌浆期，农田经过三次灌溉的水量补充，四个处理的土壤储水量差异基本消除，土壤水分均可以满足小麦生长要求。但 ANSW 和 SNSW 两个处理由于在孕穗期的水分缺失，造成作物生长减缓，故作物通过在复水后的自身补偿生长效应，加快了小麦生长，从而消耗更多水分，增加了水分的日均消耗。

2.13. 生育期棵间蒸发规律

棵间蒸发是农田水量平衡计算中非常重要的因素，尤其在作物的生长前期，土壤处于裸露状态，棵间蒸发尤为严重。但是，在农田水量平衡的各种计算模型中，如何将棵间蒸发和植物蒸腾区分开来，一直是困扰人们的难题。只有在明确了作物各生育阶段棵间蒸发和植物蒸腾的比例关系后，才能准确地估算农田土壤水分动态，制订合理的灌溉制度，尽可能减少无效土壤水分散失，提高水分利用效率。利用 Micro-Lysimete 能准确地对作物各生育阶段的棵间蒸发进行测定。

春小麦农田相对土壤蒸发强度的高低主要受冠层下方表层土壤含水率和地表覆盖度（即叶面积指数）二者的共同影响。图 7-7 表明了各处理春小麦不同生育阶段的土壤日蒸发量。

从图 7-7 中可以看出，由于受到土壤含水率影响，春小麦苗期四个处理的日土壤蒸发量出现明显差异，表现为 CI>LI>SNSW>ANSW。在拔节和孕穗期，四个处理间的日蒸发差异则主要是因为处理间作物叶面积指数不同造成的，表现为 CI 和 LI 两个处理明显低于 ANSW 和 SNSW 两个处理。在春小麦灌浆期和成熟期，四个处理的土壤含水率和叶面积指数差异不大，其日土壤蒸发量也趋于一致。

表 7-4 列出了不同处理春小麦各生育阶段棵间土壤蒸发量与阶段耗水量的比例。苗期，由于四个处理间土壤水分存在差异，因此阶段耗水量与棵间土壤蒸发量差异较大，大小顺序为：CI>LI>SNSW>ANSW，其日平均棵间土壤蒸发量分别为 2.90、2.22、1.89 和 1.57 mm/d。拔节期，四个水分处理的棵间土壤蒸发量占阶段耗水量比例明显减小，分别为 41.81%、49.14%、55.78% 和 51.39%，植株

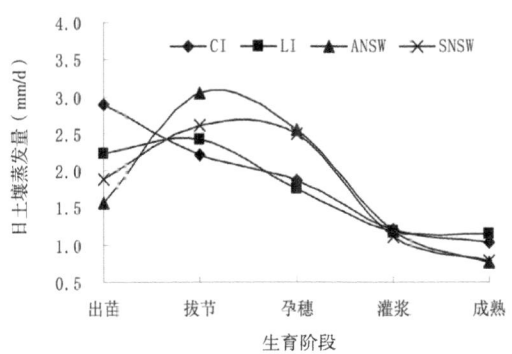

图 7-7 全生育期土壤日蒸发量变化

蒸腾耗水基本与棵间土壤蒸发耗水量持平；但四个处理棵间土壤蒸发耗水量差异较大，ANSW 和 SNSW 明显高于其他两个处理，这主要是由于两个处理作物生长较慢，叶面积指数较小造成的。孕穗期，田间耗水转向以植物蒸腾耗水为主，各水分处理的棵间土壤蒸发量占阶段耗水量的比例进一步减小，至灌浆阶段，降至最低，介于 16.38%~21.85% 之间。灌浆后随小麦的成熟，叶片开始衰老、变黄，植株蒸腾能力减弱。棵间土壤蒸发占阶段耗水量的比例又上升到 30% 左右。从全生育期来看，四个处理春小麦棵间土壤蒸发占总耗水量的比例大小顺序为：CI>LI>ANSW>SNSW，其比例分别为 42.89%、42.63%、38.32% 和 36.92%。

表 7-4 不同处理春小麦各生育阶段棵间土壤蒸发量及占阶段耗水量比例

处理	生育阶段	出苗	拔节	孕穗	灌浆	成熟	全生育期
CI	E（mm）	72.58	59.80	35.55	42.00	19.67	229.60
	ET（mm）	79.17	143.02	131.96	192.20	60.83	607.18
	E/ET（%）	91.68	41.81	26.94	21.85	32.34	42.89
LI	E（mm）	55.59	65.53	33.48	41.61	21.95	218.16
	ET（mm）	60.67	133.35	131.36	199.49	65.79	590.66
	E/ET（%）	91.62	49.14	25.49	20.86	33.36	42.63
ANSW	E（mm）	39.19	82.07	48.58	41.72	14.56	216.13
	ET（mm）	43.92	147.14	107.54	240.32	51.19	590.11
	E/ET（%）	89.24	55.78	45.17	17.36	28.45	38.32

续表 7-4

处理	生育阶段	出苗	拔节	孕穗	灌浆	成熟	全生育期
SNSW	E（mm）	47.25	70.51	47.53	38.92	15.06	219.26
	ET（mm）	52.17	137.20	115.29	237.60	51.69	593.95
	E/ET（%）	90.56	51.39	41.23	16.38	29.13	36.92

2.1.4 生育期叶面腾发规律

通过对春小麦耗水量及棵间蒸发量的分析，可以得出春小麦各生育阶段作物叶面腾发量，如图 7-8。

由图 7-8 可以看出，四个处理的叶面腾发量均呈单峰曲线。在生育中前期，免储水灌溉的两个处理作物生长相对较慢，其叶面腾发量较其他两个处理而言有一定程度的降低。到生育中后期，由于多次灌溉的水分补充，再加上作物复水后的补偿生长效应，使得春小麦的生长加快，所以其叶面腾发量显著提高，甚至要高于 CI 和 LI 两处理。

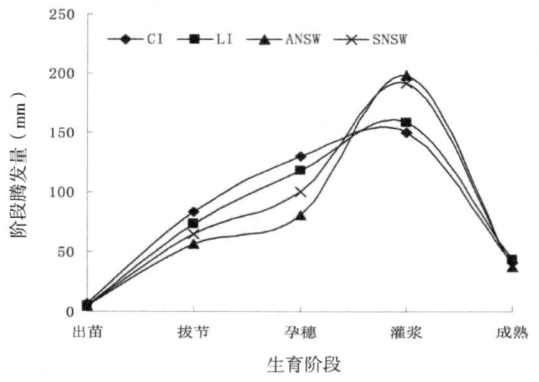

图 7-8 全生育期阶段腾发量变化

2.2 注水播种春小麦生理生态指标分析

2.2.1 不同处理出苗率分析

春小麦出苗率主要受到土壤墒情的影响，出苗率对其作物产量形成有着直接的作用。对免储水灌溉的处理进行注水播种并加施保水剂，可以有效地提高并保持表层土壤的土壤含水率，保证春小麦出苗率。春小麦各处理出苗率见表 7-5。

表 7-5 不同处理的春小麦出苗率

处理	CI	LI	ANSW	SNSW
基本苗数（万株）	35.22	34.55	34.30	34.47
出苗率	93.91%	92.13%	91.47%	91.93%

试验结果表明：四种处理出苗率高低依次为 CI>LI>SNSW>ANSW，其中 CI 处理出苗率 93.91%，LI 处理出苗率 92.13%，ANSW 处理和 SNSW 处理出苗率分别为 91.47% 和 91.93%。四种处理间的出苗率差异不大，表明减免灌水定额后，结合相应的农艺措施并不会对春小麦的出苗产生很大影响，但实施注水播种并不能完全满足春小麦苗期的水分需求，必须适当提前春小麦第一次灌水时间，才能满足春小麦的生长需求。

2.2.2 不同处理叶面积指数（LAI）分析

小麦叶面积指数变化的分段模型可描述为：

$$LAI = a + bt \tag{7-1}$$

$$LAI = a_1 + \ln(1 + a_2 \exp(a_3 t)) \tag{7-2}$$

式中：LAI 为小麦的叶面积指数（m^2/m^2）；t 为小麦出苗后的天数；a、b、a_1、a_2、a_3 为待定系数。

春小麦叶面积指数随取样天数的变化如表 7-6 所示。根据表 7-6 数据和式（7-1）、（7-2），分别对小麦三个生长阶段的叶面积指数进行拟合，结果如表 7-7。

表 7-6 春小麦叶面积指数观测

取样天数	小麦叶面积指数（m^2/m^2）			
	CI	LI	ANSW	SNSW
1	0.014	0.011	0.092	0.01
121	2.9	2.833	2.667	2.75

续表 7-6

取样天数	小麦叶面积指数（m^2/m^2）			
	CI	LI	ANSW	SNSW
6	0.155	0.139	0.12	0.148
16	0.307	0.264	0.182	0.196
31	1.2	1.133	0.933	1.017
46	3.6	3.333	2.617	3.1
61	4.512	4.025	3.975	4.078
68	4.9	4.85	4.54	4.6
76	4.636	4.458	4.215	4.354
91	3.9	3.833	3.717	3.783
121	2.9	2.833	2.667	2.75

从图 7-9 可以看出，四个处理的叶面积指数变化过程基本一致，大致可分为三个阶段。第一阶段：作物生长缓慢，叶面积变化较小。第二阶段：作物进入快速生长期，株高、叶长和叶宽急剧变宽，叶面积变化加大。第三阶段：作物的生殖生长基本结束，作物叶片逐渐发黄变干，叶面积指数缓慢下降。在拔节后期至孕穗期，由于水分缺乏，SNSW 和 ANSW 两个处理的叶面积指数变化趋势减缓，与其他两种处理的叶面积指数产生差距。而到孕穗期复水后两个处理的增长速率又开始提高，使得四个处理间的差距逐步缩小。

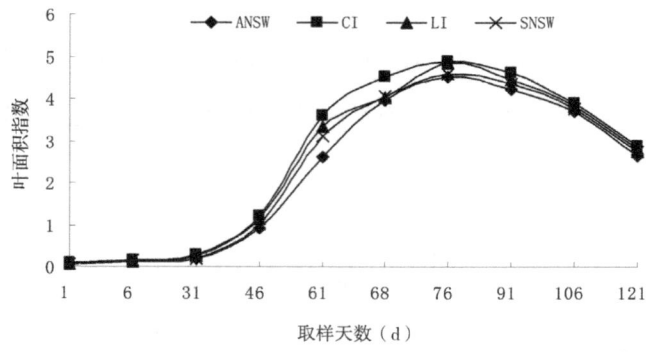

图 7-9 春小麦全生育期叶面积变化

通过数据分析，对不同处理叶面积指数进行分阶段的模型拟合，见表 7-7。其中时段 1 代表自小麦播种到出苗这段时间，此期间小麦生长缓慢，叶面积指数增长呈缓慢的线性关系；时段 2 代表拔节期到抽穗期，此期间小麦营养生长与生殖生长并进，叶面积指数增长呈近似 Logistic 形式；时段 3 代表自小麦抽穗到成熟这段时间，此期间小麦营养生长逐渐停止，叶面积指数缓慢下降，其变化也呈近似 Logistic 形式，但模型系数有所不同。经分析表明：模型可较好地说明小麦叶面积指数变化趋势。

表 7-7 春小麦叶面积指数的分阶段模型拟合

处理	时段	模型	模型检验
ANSW	1	LAI = −0.039+0.028t	*
	2	LAI = 1.58−ln（1+182858.37 exp（−0.058t））	**
	3	LAI = 3.798−ln（1+73.61 exp（−0.063t））	**
CI	1	LAI = 0.041+0.026t	**
	2	LAI = 6.615−ln（1+1167.44 exp（−0.063t））	**
	3	LAI = 4.067−ln（1+97.04 exp（−0.072t））	**
LI	1	LAI = 0.027+0.024t	**
	2	LAI = 11.516−ln（1+168854.15 exp（−0.062t））	*
	3	LAI = 3.943−ln（1+84.50 exp（−0.068t））	**
SNSW	1	LAI = 0.041+0.022t	**
	2	LAI = 11.467−ln（1+158244.52 exp（−0.06t））	*
	3	LAI = 3.86−ln（1+76.89 exp（−0.066t））	**

注：* 表示 5% 显著水平；** 表示 1% 显著水平。

2.2.3 不同处理春小麦株高分析

株高是冠层结构对水分响应的主要体现者，从各处理株高曲线（图 7-10）可以看出，曲线变化都是前期缓慢增长，拔节后快速增长，灌浆后期基本稳定。在春小麦的生育前期和中期，水分胁迫对株高的影响较大。由于 SNSW 和 ANSW 两个处理水分原始储存不多，故在拔节后期两个处理土壤含水率不能完全满足作物生长要求，故两处理的株高生长速率要比 CI 和 LI 处理低。

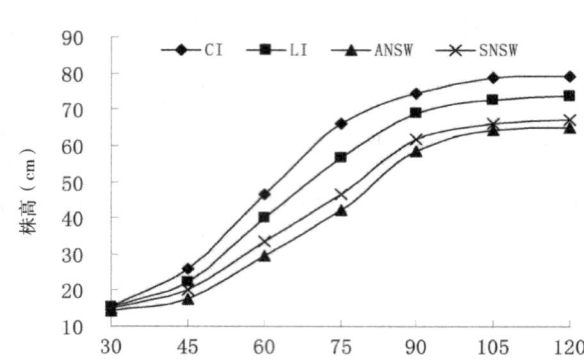

图 7-10　不同处理春小麦株高变化

应用回归分析，建立春小麦播后天数 t 与春小麦株高 Y 之间的关系，采用 Cubic 模型进行回归，模型可描述为：$Y=a+bt+ct^2+dt^3$，式中：a、b、c、d 为待定常数。

表 7-8　株高与生长时间的多项式回归模型及参数估计

处理	a	b	c	d	R^2
CI	11.696	−0.4751	0.0251	−0.0001	0.994
LI	12.109	−0.4877	0.0235	−0.0001	0.996
ANSW	38.399	−1.9224	0.042	−0.0002	0.992
SNSW	24.834	−1.1245	0.0312	−0.0002	0.998

2.2.4　不同处理春小麦主要经济性状指标及水分生产效率分析

水分生产效率是由水分利用效率和灌溉水利用效率两个指标来表示，分别由式 7-3 和式 7-4 进行计算。

$$WUE = \frac{Y}{ETQ} \quad (7-3)$$

式中，WUE 为水分利用效率（kg/mm）；Y 为单位面积上的经济产量（kg/

hm²）；ETQ 为单位面积上的实际蒸发蒸腾量或田间耗水量，用"mm"或"m³/hm²"表示，即消耗单位深度的水量所生产的产量。

$$\text{IWUE} = \frac{Y}{W} \tag{7-4}$$

式中，IWUE 为灌溉水生产效率［kg/（mm·hm²）］；Y 为单位面积上的经济产量（kg）；W 为单位面积灌溉水量（mm）。

式中，ETQ 并不是单纯的灌溉水量，而是农田作物所消耗的各种来水量，包括灌溉、有效降雨以及地下水的补给量，WUE 是作物生产中技术与管理综合作用的结果，本研究采用水分利用效率 WUE 和灌溉水生产效率 IWUE 指标来评价各处理的水分利用和灌溉水利用效果。反映灌溉水量与产量关系的灌溉水生产效率或单方水效益。表 7-9 列出了春小麦主要经济性状指标、水分利用效率和灌溉水生产效率。

表 7-9 不同处理春小麦的主要经济性状指标及水分生产效率

处理	产量（kg/hm²）	穗长（cm）	有效小穗数（个）	千粒重（g）	水分利用效率（kg/m³）	灌溉水利用效率（kg/m³）
CI	5919.22	9.2	14.25	45.81	0.81	0.87
LI	5798.29	9.1	13.93	48.16	0.83	0.92
ANSW	5327.28	8.8	13.90	41.58	0.85	0.98
SNSW	5449.50	8.7	13.92	42.39	0.90	1.00

从表 7-9 可见，LI、ANSW 和 SNSW 三个处理的产量有所降低，与 CI 处理分别相差 5.02%、10.87% 和 6.16%，而水分利用效率却分别提高了 0.02 kg/m³、0.04 kg/m³ 和 0.09 kg/m³，而灌溉水利用效率差异则更加明显，LI、ANSW 和 SNSW 三种处理的 IWUE 较 CI 处理分别提高了 0.05 kg/m³、0.11 kg/m³ 和 0.13 kg/m³。与 CI 相比，SNSW 处理的产量虽因作物生长前期的水分胁迫作用而有所降低，但水分利用效率和灌溉水利用效率却是最高的。

民勤县玉米灌溉水消耗及水分利用效率试验研究

1 试验材料与方法

1.1 试验方案

试验采用调亏灌溉、垄作沟灌、免储水灌注水播种、全膜覆盖膜孔灌溉和常规覆膜灌溉五种形式,共设置5个处理,每个处理随机布置,且各小区布置用于测定土壤蒸发量的蒸渗桶1个,蒸渗桶用0.75 mm厚的镀锌铁皮卷制而成,直径为20 cm,桶高为30 cm,底部封闭。各处理具体措施见表8-1、8-2。

表8-1 试验处理设计

处理	处理代号	灌水次数	灌水定额(m^3/hm^2)储水/生育期	耕作方式
常规覆膜灌溉	CK	6	1200/5400	秋耕,翻耕深度30 cm,正常播种
调亏灌溉	TK	5	1200/4500	秋耕,翻耕深度30 cm,正常播种
垄作沟灌	LG	6	1200/3600	秋耕,翻耕深度30 cm,垄作
免储水灌	MC	5	0/4740	春耕,翻耕深度30 cm,注水播种
全膜覆盖膜孔灌	QM	6	0/4500	春耕,翻耕深度30 cm,全膜孔灌

表 8-2 试验灌溉方案表

灌溉时间		灌水定额（mm）				
		CK	TK	LG	MC	QM
冬季储水灌溉	2007 年 11 月 20 日	120	120	120	0	0
注水灌溉	2008 年 4 月 21 日	0	0	0	24	75
生育期第一水	2008 年 4 月 21 日	90	90	60	0	0
	2008 年 6 月 1 日	0	0	0	90	75
	2008 年 6 月 10 日	90	0	60	0	0
生育期第二水	2008 年 6 月 15 日	0	90	0	90	75
	2008 年 6 月 20 日	0	0	0	0	0
	2008 年 7 月 1 日	90	0	60	0	0
生育期第三水	2008 年 7 月 5 日	0	90	0	0	0
	2008 年 7 月 10 日	0	0	0	90	75
	2008 年 7 月 20 日	90	0	60	0	0
生育期第四水	2008 年 7 月 25 日	0	90	0	0	0
	2008 年 8 月 21 日	0	0	0	90	75
	2008 年 8 月 5 日	90	0	60	0	0
生育期第五水	2008 年 8 月 15 日	0	90	0	0	0
	2008 年 8 月 25 日	0	0	0	90	75
生育期第六水	2008 年 8 月 25 日	90	0	60	0	0
灌溉定额	—	660	570	480	474	450

1.2 试验测定项目与方法

用 TDR 土壤水分速测仪，结合烘干称重法测定并计算土壤含水率，0~120 cm 的土层中每 10 cm 取一个土样，作物整个生育期内每隔 10 d 取一次土样，降雨及灌水前后进行加测；用蒸渗桶根据土壤容重及含水率向桶内装土，每天进行称重，根据两天重量差值换算出土壤蒸发量，且在有效降雨及灌水后立即换土；分 0~20 cm、20~40 cm、40~60 cm、60~80 cm、80~100 cm 五层，用环刀法测定土壤干容重，用双环刀法测定田间持水量；测定作物基本苗数、株高、叶面积、产量、气象数据等。

2 试验结果分析

2.1 土壤含水率动态变化

图 8-1~4 分别为全生育期 0~120 cm、0~30 cm、30~80 cm、80~120 cm 土层土壤水分动态变化。0~30 cm 的蒸发层土壤水分变化最为强烈，且与 0~120 cm 整个计划湿润层的土壤水分变化趋势较为一致。图 8-2 中，MC 和 QM 两个处理由于未经过冬季储水灌溉的水分补充，在生育期前期 0~30 cm 深度的土壤水分远远低于 CK 和 TK 两个处理，但经过免冬灌注水播种 MC 和 QM 两个处理，已经较好地提高并保持 20~30 cm 的土壤含水率，到生育期后期经过数次灌溉，土壤含水率分布及变化趋势逐步一致。图 8-3 中，30~80 cm 土壤水分变化生长前期较小，至中后期由于作物根系吸水量加大，其含水量变化也较为剧烈。图 8-4 可以看出，各处理 80~120 cm 传导层土壤水分变化最小，基本处在 11.2%~13.9% 之间，无剧烈变化。

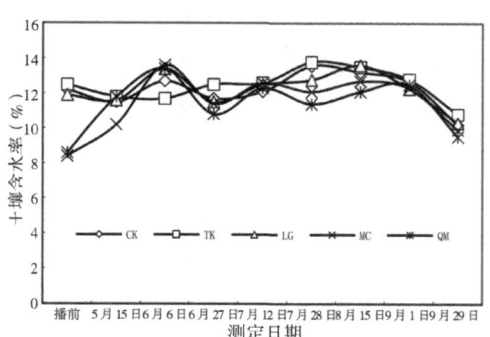

图 8-1 全生育期 0~120 cm 土层土壤水分动态

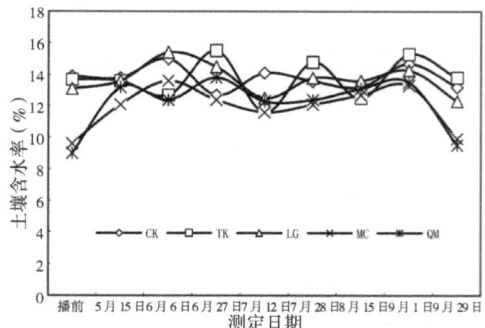

图 8-2 全生育期 0~30 cm 土层土壤水分动态

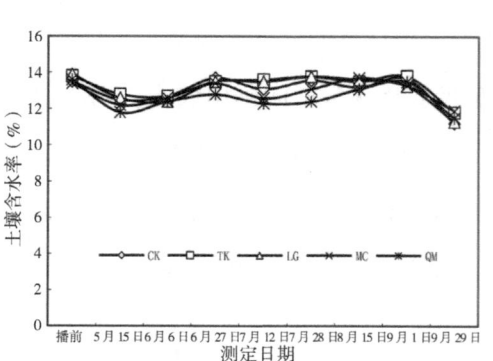

图 8-3 全生育期 30~80 cm 土层土壤水分动态

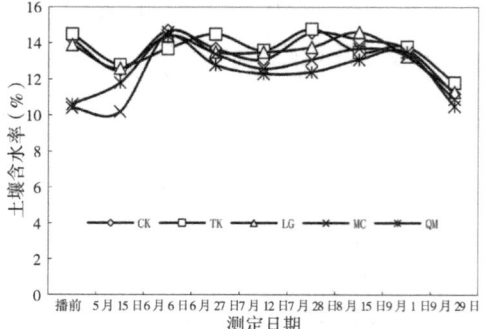

图 8-4 全生育期 80~120 cm 土层土壤水分动态

2.2 玉米耗水特性分析

玉米在播种后，MC 和 QM 处理经过灌溉水分补充，0~30 cm 的土壤储水量得以增加，特别是 10~20 cm 土壤含水率提高尤为明显。由图 8-5 看出，免冬季储水灌溉的两个处理进行注水播种和全膜覆盖膜孔灌，可以有效提高土壤表层 10~20 cm 深度的土壤含水量，MC 和 QM 在 10~20 cm 的平均含水量分别提高 10.71% 和 18.60%；由于 MC 无冬季储水灌溉，其 0~50 cm 含水量一直低于其他处理，而处理 QM 春灌定额较小，除表层含水量较小外，20~50 cm 含水量与 CK 已差别不大。由上可得，免储水灌注水播种和全膜覆盖低定额膜孔灌播种后土壤水分可以完全满足作物出苗的水分要求。

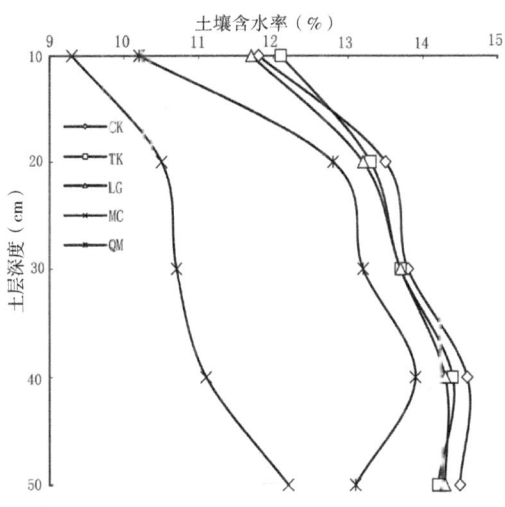

图 8-5 玉米播种后 10 d 土壤水分分布

表 8-3 玉米不同灌溉方式下耗水规律

生育期	耗水指标	常规灌溉（CK）	调亏灌溉（TK）	垄作沟灌（LG）	免储水注水播种（MC）	免储水全膜覆盖膜孔灌（QM）
播种－苗期	耗水量（mm）	110.8	55.8	73.1	44.5	73.8
	耗水模数（%）	16.20	9.54	14.70	7.97	12.25
	耗水强度（mm/d）	2.77	1.40	1.83	1.10	2.11
苗期－拔节期	耗水量（mm）	144.3	114.3	87.5	72.2	134.4
	耗水模数（%）	21.09	19.55	17.60	12.89	22.33

续表 8-3

生育期	耗水指标	常规灌溉（CK）	调亏灌溉（TK）	垄作沟灌（LG）	免储水注水播种（MC）	免储水全膜覆盖膜孔灌（QM）
拔节－抽穗期	耗水强度（mm/d）	5.15	4.08	3.13	2.89	5.38
	耗水量（mm）	102.0	104.6	85.3	170.9	92.2
	耗水模数（%）	14.91	17.89	17.16	30.10	15.31
抽穗－灌浆期	耗水强度（mm/d）	6.00	6.15	5.02	7.67	5.42
	耗水量（mm）	204.7	192.6	153.1	177.5	188.1
	耗水模数（%）	29.92	32.92	30.79	27.13	31.26
灌浆－成熟期	耗水强度（mm/d）	6.02	5.66	4.50	4.69	4.70
	耗水量（mm）	122.3	117.5	98.2	109.1	113.5
	耗水模数（%）	17.88	20.09	19.75	16.94	18.85
全生育期	耗水强度（mm/d）	2.72	2.61	2.18	2.76	2.70
	耗水量（mm）	684.1	584.8	497.2	574.1	601.9
	耗水强度（mm/d）	4.17	3.57	3.03	3.50	3.67

常规灌溉玉米从播种到苗期的土壤含水率较大，且远远高于免储水灌处理，主要是由于常规灌溉处理冬季储水量较大，使其各层土壤含水率都大于免储水灌处理。调亏灌溉玉米播前土壤水分与对照无差别，播种后由于调亏灌溉首次灌水时间推迟 10 d 左右，含水量也出现了差异，灌水后含水量峰值也相应向后推移，整个生育期常规玉米共灌水 6 次，而调亏灌溉只需灌水 5 次，虽然灌水次数减少，但基本不影响春小麦生长及产量形成，其耗水量为 584.8 mm，较 CK 减少 99.3 mm，耗水强度为 3.57 mm/d，降低 14.39%。垄作沟灌玉米播前－苗期土壤含水率与对照无差别，拔节后由于垄作沟灌玉米灌水定额较小，整个生育期灌水量及对照也小，其耗水量为 497.2 mm，较 CK 减少 186.9 mm。免储水灌注水播种玉米全生育期耗水量为 574.1 mm，较 CK 减少 110.0 mm，耗水强度为 3.5 mm/d，减少 16.08%。免储水灌全膜覆盖膜孔灌播种后由于全膜覆盖抑制了土壤蒸发，作物根区土壤均能维持较高的含水量，而对照组由于其田间蒸发较大，其土壤含水率在短期内就会下降到与全膜覆盖处理一致。膜孔注水玉米耗水量为 601.9

mm，较 CK 减少 82.2 mm，耗水强度为 3.67 mm/d，减少 12.0%。

2.3 生育期棵间蒸发规律

从图 8-6 中可以看出，各处理全生育期土壤蒸发规律均一致，玉米苗期日土壤蒸发量由于受到土壤含水率影响，出现明显差异，表现为 CK>TK>QM>LG>MC。在拔节和抽穗期，各处理间的日蒸发差异主要是因为处理间地膜覆盖程度不同造成的，表现为 LG 和 QM 两个处理的明显低于 CK、TK 和 MC 三个处理。在玉米灌浆期和成熟期，仍是 LG 和 QM 两个处理的明显低于其他处理。

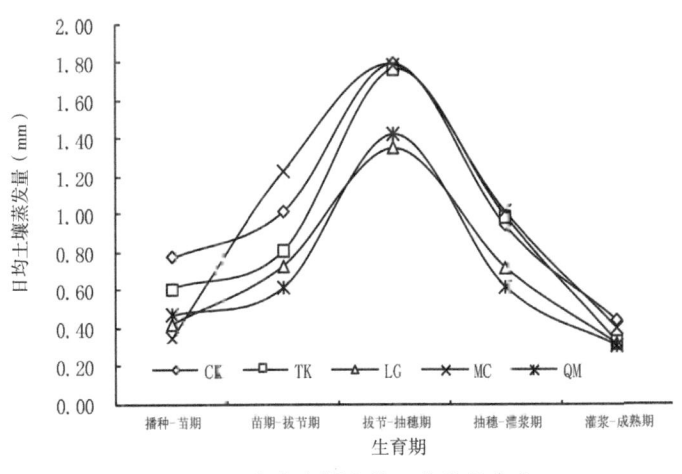

图 8-6 全生育期土壤日蒸发量变化

2.4 各生育阶段棵间蒸发量占阶段耗水量的比例

表 8-4 列出了不同处理玉米各生育阶段的棵间土壤蒸发量及其与阶段耗水量的比例。播种－苗期由于各处理间土壤水分存在差异，因此阶段耗水量与棵间土壤蒸发量差异较大，土壤蒸发量大小顺序为：CK>TK>QM>LG>MC，其日平均棵间土壤蒸发量分别为 0.77 mm、0.61 mm、0.47 mm、0.42 mm 和 0.35 mm。苗期－拔节阶段，由于 LG 处理覆全膜，其棵间蒸发与苗期无差别，MC 处理灌水后除棵间蒸发增加外，其余处理的棵间土壤蒸发量占阶段耗水量比例明显减小。各处理间棵间蒸发耗水量差异较大，TK 和 MC 明显高于其他处理，这主要是由于两个处理均覆半膜，裸地面积较大，因此棵间蒸发较大。在玉米抽穗

期，田间耗水转向以植物蒸腾耗水为主，各水分处理的棵间蒸发量占阶段耗水量的比例进一步减小，介于 7.86%~13.64% 之间。灌浆后随玉米的成熟，叶片开始衰老、变黄，植株蒸腾能力减弱，棵间蒸发占阶段耗水量的比例又上升到 20% 左右。从全生育期来看，各处理玉米棵间蒸发占总耗水量的比例大小顺序为：MC>TK>CK>LG>QM，其比例分别为 24.13%、22.64%、21.92%、21.14% 和 17.10%。

表 8-4 玉米各生育阶段棵间土壤蒸发占阶段耗水量的比例

处理	生育阶段	播种-苗期	苗期-拔节期	拔节-抽穗期	抽穗-灌浆期	灌浆-成熟期	全生育期
CK	E (mm)	30.88	28.37	48.46	22.5	19.75	149.96
	ET (mm)	110.8	144.3	102.0	204.7	122.3	684.1
	E/ET (%)	27.87	19.66	47.51	10.99	16.15	21.92
TK	E (mm)	24.26	22.5	47.64	23.59	14.38	132.37
	ET (mm)	55.8	114.3	104.6	192.6	117.5	584.8
	E/ET (%)	43.48	19.69	45.54	12.25	12.24	22.64
LG	E (mm)	16.84	20.39	36.38	17.23	14.25	105.09
	ET (mm)	73.1	87.5	85.3	153.1	98.2	497.2
	E/ET (%)	23.04	23.30	42.65	11.25	14.51	21.14
MC	E (mm)	13.85	34.35	48.24	24.21	17.89	138.54
	ET (mm)	44.5	72.2	170.9	177.5	109.1	574.1
	E/ET (%)	31.12	47.58	28.23	13.64	16.40	24.13
QM	E (mm)	18.65	17.17	38.53	14.79	13.76	102.9
	ET (mm)	73.8	134.4	92.2	188.1	113.5	601.9
	E/ET (%)	25.27	12.78	41.79	7.86	12.12	17.10

2.5 玉米水分利用效率

玉米各处理产量较对照均有所提高，其中增产幅度最大的处理为 TK，增产 4.64%，其次为 LG 处理，增产 3.69%。对水分利用效率而言，各处理均高于 CK，其中 TK 较 CK 节水 14.52%，水分利用效率为 2.26 kg/m^3，提高 22.05%；

LG较CK节水27.32%，水分利用效率为2.64 kg/m^3，提高42.48%；MC较CK节水16.08%，水分利用效率为2.27 kg/m^3，提高22.82%；QM较CK节水12.02%，水分利用效率为2.10 kg/m^3，提高13.59%。

表8-5 不同灌溉方式下玉米产量及水分利用效率

种植方式	灌水量（m^3/hm^2）	耗水量（m^3/hm^2）	产量（kg/hm^2）	增产率（%）	节水率（%）	水分利用效率（kg/m^3）
CK	5400	6841	12640	—	—	1.85
TK	4500	5843	13204	4.46	14.52	2.26
LG	3600	4972	13106	3.69	27.32	2.64
MC	4740	5741	13045	3.20	16.08	2.27
QM	4500	6019	12648	0.07	12.02	2.10

[九]

民勤县棉花膜下滴灌水分利用效率试验研究

1 试验材料与方法

1.1 试验方案

试验采用常规覆膜灌溉和膜下滴灌两种灌溉方式,共设置2个处理,每个处理随机布置,各小区布置用于测定土壤蒸发量的蒸渗桶1个,蒸渗桶用0.75 mm厚的镀锌铁皮卷制而成,直径为20 cm,桶高为30 cm,底部封闭。各处理具体措施见表9-1、表9-2。

表9-1 试验处理设计

处理	处理代号	灌水次数	灌水定额(m^3/hm^2)储水/生育期	耕作方式
常规覆膜灌溉	CK	4	1200/3600	秋耕,翻耕深度30 cm;正常播种
膜下滴灌	DG	7	1200/2100	秋耕,翻耕深度30 cm;正常播种

表9-2 试验灌溉方案表

灌水次数	灌溉时间常规/滴灌	灌水定额(mm)	
		CK	DG
冬季储水灌溉	2007年11月20日	120	120
生育期第一水	2008年4月22日	90	30
生育期第二水	2008年6月26日/6月12日	90	30
生育期第三水	2008年7月31日/6月29日	90	30

续表 9-2

灌水次数	灌溉时间常规/滴灌	灌水定额（mm）	
		CK	DG
生育期第四水	2008年8月13日/7月23日	90	30
生育期第五水	2008年8月3日	0	30
生育期第六水	2008年8月13日	0	30
生育期第七水	2008年8月29日	0	30

1.2 试验测定项目与方法

用TDR土壤水分速测仪结合烘干称重法测定并计算土壤含水率，0~100 cm的土层中每10 cm取一个土样，作物整个生育期内每隔10 d取一次土样，降雨及灌水前后进行加测；根据土壤容重及含水率向蒸渗桶内装土，每天进行称重，根据两天重量差值换算出土壤蒸发量，且在有效降雨及灌水后立即换土；分0~20 cm、20~40 cm、40~60 cm、60~100 cm四层，用环刀法测定土壤干容重，用双环刀法测定田间持水量；测定作物基本苗数、株高、叶面积、产量、气象数据等。

2 试验结果分析

2.1 土壤含水率动态变化

图9-1~4分别为全生育期0~100 cm、0~30 cm、30~80 cm、80~100 cm土层土壤水分动态变化。两个处理0~30 cm的蒸发层土壤水分变化最为强烈，且与0~100 cm整个计划湿润层的变化趋势较为一致。图9-1中，由于灌水定额较小，DG处理灌水后各峰值含水量均低于对照，而0~30 cm土壤含水率则与对照相差不大；在30~80 cm DG处理土壤含水率变化幅度较小，主要是由于滴灌条件下入渗到该层的灌溉水较少；到80~100 cm，其含水量变化趋近于直线，灌溉水基本渗不到该层，同样CK处理80~100 cm土层土壤水分变化最小，基本处在

12.4%~19.1% 之间。

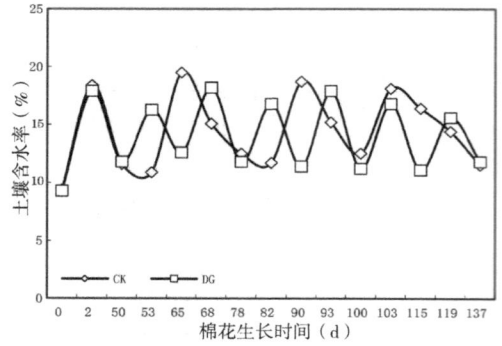

图 9-1　全生育期 0~120 cm 土层土壤水分动态

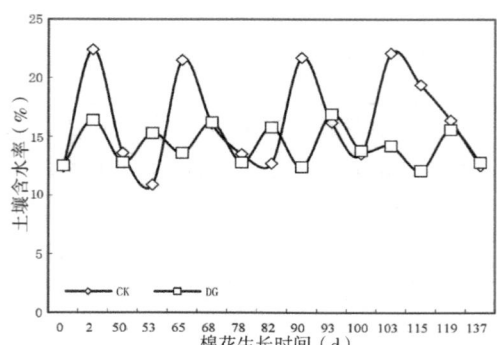

图 9-2　全生育期 0~30 cm 土层土壤水分动态

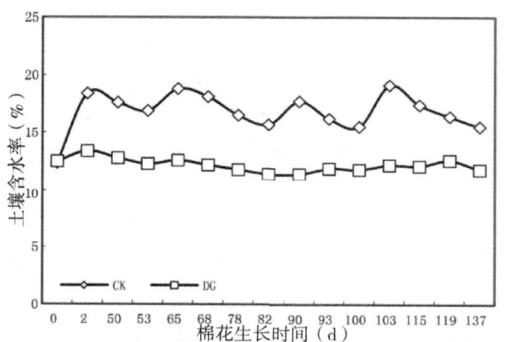

图 9-3　全生育期 30~80 cm 土层土壤水分动态

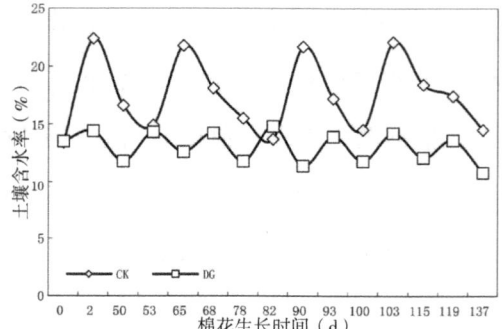

图 9-4　全生育期 80~100 cm 土层土壤水分动态

2.2 棉花耗水特性分析

两种灌溉方式下棉花播前土壤水分无差别，播种后由于膜下滴灌第二次灌水时间提前 10 d 左右，土壤含水率也出现了差异，灌水后含水量峰值也相应向前推移，整个生育期常规棉花共灌水 4 次，而膜下滴灌则灌水 7 次，虽然灌水次数增加，但每次灌水定额较小，不影响棉花生长及产量形成，其全生育期耗水量为 316.4 mm，较 CK 减少 156.2 mm，耗水强度为 1.99 mm/d，降低 33.05%。

表 9-3 棉花不同灌溉方式下的耗水规律

处理	播种-苗期 耗水量(mm)	播种-苗期 耗水模数(%)	播种-苗期 耗水强度(mm/d)	苗期-蕾期 耗水量(mm)	苗期-蕾期 耗水模数(%)	苗期-蕾期 耗水强度(mm/d)	蕾期-花铃期 耗水量(mm)	蕾期-花铃期 耗水模数(%)	蕾期-花铃期 耗水强度(mm/d)	花铃期-收获 耗水量(mm)	花铃期-收获 耗水模数(%)	花铃期-收获 耗水强度(mm/d)	全生育期 耗水量(mm)	全生育期 耗水强度(mm/d)
DG	64.2	0.20	1.57	98.7	0.20	2.14	119.7	0.38	3.33	33.8	0.11	0.94	316.4	1.99
CK	102.4	21.67	2.50	136.8	28.95	2.97	180.3	38.15	5.01	53.1	11.24	1.48	472.6	2.97

2.3 生育期棵间蒸发规律

从图 9-5 中可以看出,各处理全生育期土壤蒸发规律均一致,只是 DG 处理棉花日均蒸发量均低于对照,主要是因为 DG 处理减少了裸地土壤蒸发及灌水后地膜膜面水分蒸发。表 9-4 列出了不同处理棉花各生育阶段的棵间土壤蒸发量及其与阶段耗水量的比例。各生育阶段由于处理间土壤水分存在差异,因此阶段耗水量与棵间土壤蒸发量差异较大,土壤蒸发量大小顺序为:CK>MD,其日平均最大棵间土壤蒸发量分别为 1.93 mm 和 0.63 mm。各处理由于灌水定额的差异及灌溉方式的不同 CK 棵间土壤蒸发量占阶段耗水量的比例均在 30% 以上,而 MD 均低于 20%。

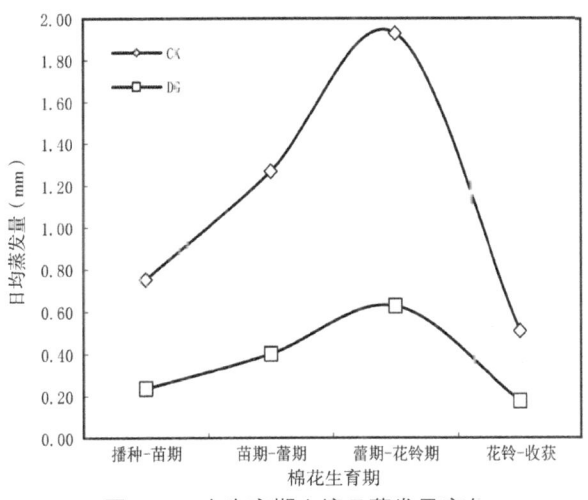

图 9-5 全生育期土壤日蒸发量变化

表 9-4 棉花各生育阶段棵间土壤蒸发占阶段耗水量的比例

处理	生育阶段	播种–苗期	苗期–蕾期	蕾期–花铃期	花铃–收获	全生育期
CK	E（mm）	30.88	58.37	69.46	18.34	177.05
	ET（mm）	102.4	136.8	180.3	53.1	472.6
	E/ET（%）	30.16	42.67	38.52	34.54	37.46
DG	E（mm）	9.68	18.50	22.64	6.38	57.20
	ET（mm）	64.20	98.70	119.70	33.80	316.40
	E/ET（%）	15.08	18.74	18.91	18.88	18.08

2.4 棉花水分利用效率

膜下滴灌棉花产量（皮棉产量）为 2249.8 kg/hm^2，较对照增产 3.2%；其水分利用效率为 0.73 kg/m^3，节水 35.00%，水分生产效益达 8.0 元/m^3，膜下滴灌棉花净效益 17 267 元/hm^2，较 CK 增加 708 元/hm^2。

表 9-5 棉花产量及水分利用效率

种植方式	灌水量（m^3/hm^2）	耗水量（m^3/hm^2）	产量（kg/hm^2）	节水率（%）	增产率（%）	水分利用效率（kg/m^3）
膜下滴灌	2100	3075.5	2249.8	35.00	3.2	0.73
常规地膜	3600	4726.0	2180.0	—	—	0.46

[十]

民勤县葵花覆膜垄作沟灌水分利用效率试验研究

1 试验材料与方法

1.1 试验方案

试验采用常规覆膜灌溉和覆膜垄作沟灌两种灌溉方式,共设置 2 个处理,每个处理随机布置,各小区布置用于测定土壤蒸发量的蒸渗桶 1 个,蒸渗桶用 0.75 mm 厚的镀锌铁皮卷制而成,直径为 20 cm,桶高为 30 cm,底部封闭。各处理具体措施见表 10-1、10-2。

表 10-1 试验处理设计

处理	处理代号	灌水次数	灌水定额（m^3/hm^2）储水/生育期	耕作方式
常规覆膜灌溉	CK	4	1200/3600	秋耕,翻耕深度 30 cm;正常播种
覆膜垄作沟灌	LG	5	1200/3000	秋耕,翻耕深度 30 cm;起垄,正常播种

表 10-2 试验灌溉方案

| 灌水次数 | 灌溉时间,常规/沟灌 | 灌水定额（mm） | |
		CK	LG
冬季储水灌溉	2007 年 11 月 20 日	120	120
生育期第一水	2008 年 4 月 22 日	90	60
生育期第二水	2008 年 6 月 26 日 / 6 月 14 日	90	60
生育期第三水	2008 年 7 月 12 日 / 6 月 26 日	90	60
生育期第四水	2008 年 7 月 24 日 / 7 月 8 日	90	60
生育期第五水	2008 年 7 月 24 日	0	60

1.2 试验测定项目与方法

用 TDR 土壤水分速测仪结合烘干称重法测定并计算土壤含水率，0~100 cm 的土层中每 10 cm 取一个土样，作物整个生育期内每隔 10 d 取一次土样，降雨及灌水前后进行加测；根据土壤容重及含水率向桶内装土，每天进行称重，根据两天重量差值换算出土壤蒸发量，且在有效降雨及灌水后立即换土；分 0~20 cm、20~40 cm、40~60 cm、60~100 cm 四层，用环刀法测定土壤干容重，用双环刀法测定田间持水量；测定作物基本苗数、株高、叶面积、产量、气象数据等。

2 试验结果分析

2.1 土壤含水率动态变化

图 10-1~4 分别是葵花全生育期 0~100 cm、0~30 cm、30~80 cm、80~100 cm 土层土壤水分动态变化。由此可以看出，两个处理 0~30 cm 的蒸发层土壤水分变化最为强烈，且与 0~100 cm 整个计划湿润层的变化趋势较为一致。图 10-1 中，LG 处理由于灌水定额较小，灌水后各峰值含水量均低于对照，而 0~30 cm 土壤含水率由于灌水时间不一致，使峰值出现差异，其他时段与对照相差不大；在 30~80 cm LG 处理含水量峰值均小于对照，主要是由于垄作沟灌条件下入渗到该层的灌溉水较少；到 80~100 cm 两个处理含水量变化幅度较小，趋近于直线，灌水后基本处在 16.5%~19.8% 之间。

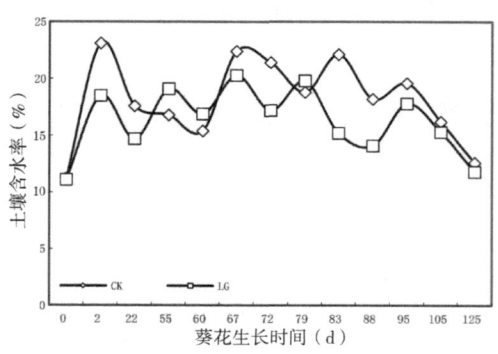

图 10-1 全生育期 0~100 cm 土层土壤水分动态

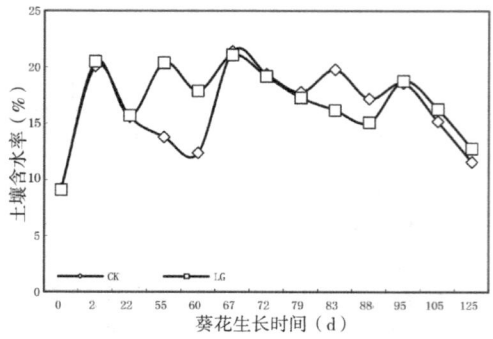

图 10-2 全生育期 0~30 cm 土层土壤水分动态

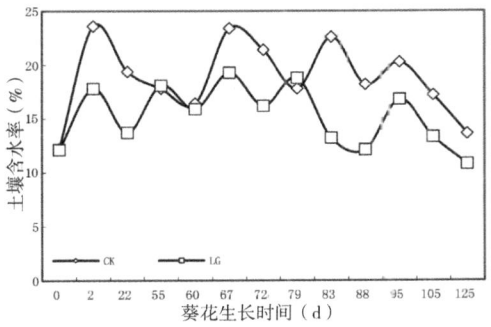

图 10-3 全生育期 30~80 cm 土层土壤水分动态

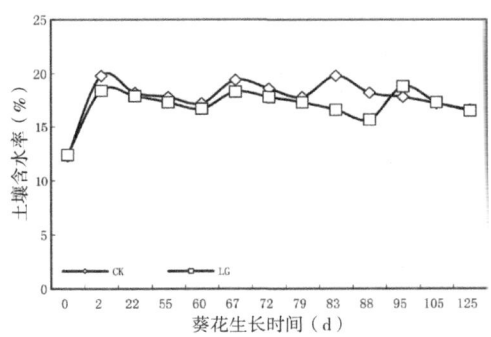

图 10-4 全生育期 80~100 cm 土层土壤水分动态

2.2 葵花耗水特性分析

采用垄作沟灌后灌水前后土壤水分含量较覆膜畦灌均有减小,这是由于垄作沟灌后灌溉定额减小,深层土壤水分含量变小,导致 0~100 cm 深度的平均土壤水分含量减小。葵花耗水量分别为垄作沟灌 370.19 mm、覆膜畦灌 469.61 mm。垄作沟灌葵花全生育期耗水量比对照减少 99.42 mm,较对照降低 21.17%,耗水强度为 3.62 mm/d,比对照降低 21.60%。

表 10-3 葵花不同灌溉方式下的耗水规律

种植方式	播种-初蕾			初蕾-盛花			盛花-乳熟			乳熟-收获			全生育期	
	耗水量(mm)	耗水模数(%)	耗水强度(mm/d)	耗水量(mm)	耗水模数(%)	耗水强度(mm/d)	耗水量(mm)	耗水模数(%)	耗水强度(mm/d)	耗水量(mm)	耗水模数(%)	耗水强度(mm/d)	耗水量(mm)	耗水强度(mm/d)
常规地膜	92.47	19.69	4.62	121.07	25.78	6.05	212.88	45.33	6.08	43.19	9.20	1.73	469.61	3.35
垄作沟灌	65.48	17.69	3.27	95.23	25.72	4.76	170.76	46.13	4.88	38.72	10.46	1.55	370.19	2.64

2.3 生育期棵间蒸发规律

图 10-5 为葵花不同生育阶段的日蒸发量,各处理全生育期土壤蒸发规律均

一致，只是LG日均蒸发量均低于对照，主要是因为LG处理灌水定额较小且减少了裸地土壤蒸发。表10-4列出了不同处理葵花各生育阶段的棵间蒸发量及其与阶段耗水量的比例。各生育阶段由于处理间土壤水分存在差异，因此阶段耗水量与棵间蒸发量差异较大，土壤蒸发量大小顺序为：CK>LG，其日平均最大棵间土壤蒸发量分别为2.30 mm和1.08 mm。各处理由于灌水定额的差异及灌溉方式的不同，CK棵间土壤蒸发量占耗水量的比例为35.57%，而LG只有21.66%。

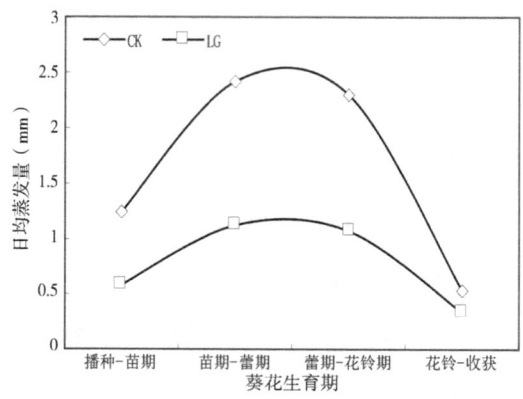

图10-5 葵花全生育期土壤日蒸发量变化

表10-4 葵花各生育阶段棵间土壤蒸发占阶段耗水量的比例

处理	生育阶段	播种－初蕾	初蕾－盛花	盛花－乳熟	乳熟－收获	全生育期
CK	E（mm）	24.88	48.37	80.46	13.34	167.05
	ET（mm）	92.47	121.07	212.88	43.19	472.6
	E/ET（%）	26.91	39.95	37.80	30.89	35.57
LG	E（mm）	11.68	22.5	37.64	8.38	80.2
	ET（mm）	65.48	95.23	170.76	38.72	370.19
	E/ET（%）	17.84	23.63	22.04	21.64	21.66

2.4 葵花水分利用效率

表10-5结果表明：葵花采用垄作沟灌技术后产量为7075 kg/hm^2，较对照增产3.02%；其水分利用效率为1.91 kg/m^3，提高30.68%，较覆膜畦灌节水21.17%；水分生产效益达5.92元/m^3，较对照提高30.68%，按2009年9~11

月石羊河流域的葵花收购均价计算,净效益为 15 413 元 /hm²,较覆膜畦灌增加 592.44 元 /hm²。

表 10-5 葵花产量及水分利用效率

种植方式	灌水量 (m³/hm²)	耗水量 (m³/hm²)	产量 (kg/hm²)	节水率 (%)	增产率 (%)	水分利用效率 (kg/m³)
常规地膜	3600	4696	6850	—	—	1.46
垄作沟灌	3000	3702	7057	21.17	3.02	1.91

[十一]

民勤县辣椒覆膜垄作沟灌水分利用效率试验研究

1 试验材料与方法

1.1 试验方案

试验采用常规覆膜灌溉和覆膜垄作沟灌两种灌溉方式,共设置2个处理,每个处理随机布置用于测定土壤蒸发量的蒸渗桶1个,蒸渗桶用0.75 mm厚的镀锌铁皮卷制而成,直径为20 cm,桶高为30 cm,底部封闭。各处理具体措施见表11-1、表11-2。

表11-1 试验处理设计

处理	处理代号	灌水次数	灌水定额(m^3/hm^2)储水/生育期	耕作方式
常规覆膜灌溉	CK	5	1200/4500	秋耕,翻耕深度30 cm;正常播种
覆膜垄作沟灌	LG	6	1200/3900	秋耕,翻耕深度30 cm;起垄,正常播种

表11-2 试验灌溉方案表

灌水次数	灌溉时间常规/沟灌	灌水定额(mm)	
		CK	LG
冬季储水灌溉	2007年11月20日	120	120
生育期第一水	2008年4月22日	90	65
生育期第二水	2008年5月20日/5月10日	90	65
生育期第三水	2008年6月10日/5月30日	90	65

续表 11-2

灌水次数	灌溉时间常规/沟灌	灌水定额（mm）	
		CK	LG
生育期第四水	2008年6月30日/6月20日	90	65
生育期第五水	2008年7月20日/08年7月10日	90	65
生育期第六水	2008年8月1日	0	65

1.2 试验测定项目与方法

用TDR土壤水分速测仪结合烘干称重法测定并计算土壤含水率，0~100 cm的土层中每10 cm取一个土样，作物整个生育期内每隔10 d取一次土样，降雨及灌水前后进行加测；根据土壤容重及含水率向桶内装土，每天进行称重，根据两天重量差值换算出土壤蒸发量，且在有效降雨及灌水后立即换土；分0~20 cm、20~40 cm、40~60 cm、60~100 cm四层，用环刀法测定土壤干容重，用双环刀法测定田间持水量；测定作物基本苗数、株高、叶面积、产量、气象数据等。

2 试验结果分析

2.1 土壤含水率动态变化

图11-1~4分别是辣椒全生育期0~100 cm、0~30 cm、30~80 cm、80~100 cm土层土壤水分动态变化。

由图可以看出，两处理0~30 cm的蒸发层土壤水分变化最为强烈，且与0~100 cm整个计划湿润层的变化趋势较为一致。LG处理由于灌水定额较小，灌水后各峰值土壤含水率均低于对照，而0~30 cm土壤含水率由于灌水时间不一致，使峰值出现差异外，其他时段与对照相差不大；在30~80 cm LG处理土壤含水率峰值均小于对照，主要是由于垄作沟灌条件下入渗到该层的灌溉水较少，到80~100 cm两个处理含水量变化幅度较小，趋近于直线，灌水后基本处在16.5%~19.8%之间。

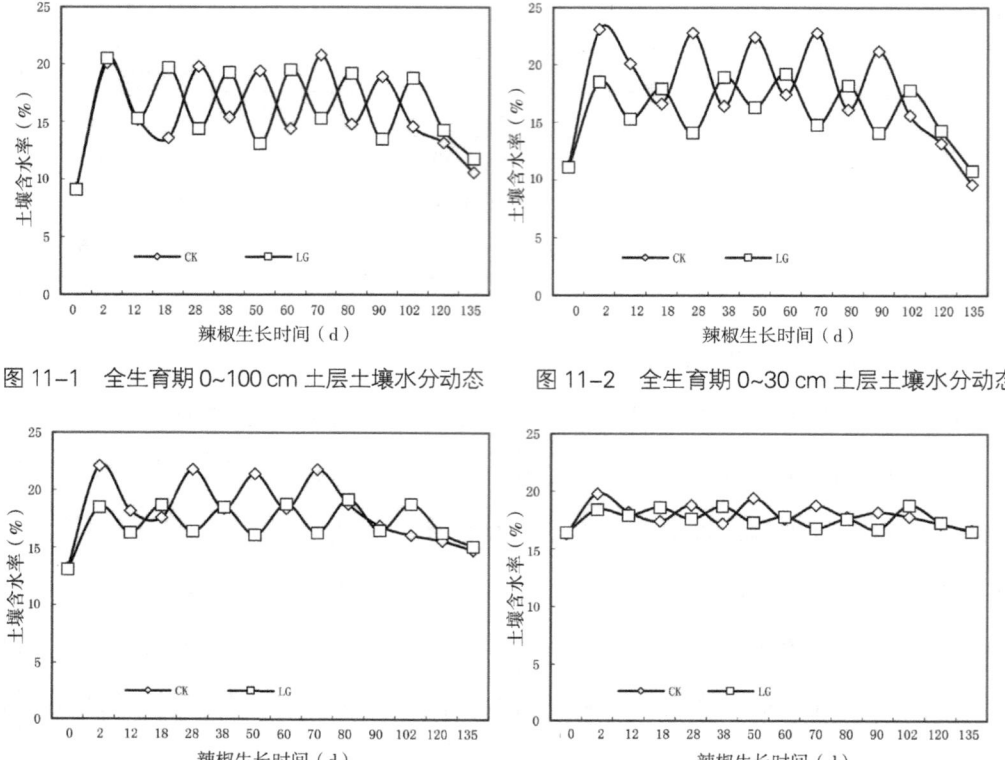

图 11-1　全生育期 0~100 cm 土层土壤水分动态　　图 11-2　全生育期 0~30 cm 土层土壤水分动态

图 11-3　全生育期 30~80 cm 土层土壤水分动态　　图 11-4　全生育期 80~100 cm 土层土壤水分动态

2.2 辣椒耗水特性分析

采用垄作沟灌后灌水前后土壤水分含量较覆膜畦灌均有减小，这是由于垄作沟灌后灌溉定额减小，深层渗漏量减小，深层土壤水分含量变小，导致 0~100 cm 深度的平均土壤水分含量减小。辣椒耗水量分别为垄作沟灌 401.4 mm、覆膜畦灌 477.8 mm。垄作沟灌辣椒全生育期耗水量较对照减少了 76.4 mm，降幅为 16.00%，耗水强度为 2.97 mm/d，比对照降低 15.99%。

表 11-3 辣椒不同灌溉方式下的耗水规律

种植方式	播种-苗期			苗期-开花结果			开花结果-结果盛期			结果盛期-收获			全生育期	
	耗水量(mm)	耗水模数(%)	耗水强度(mm/d)	耗水量(mm)	耗水模数(%)	耗水强度(mm/d)	耗水量(mm)	耗水模数(%)	耗水强度(mm/d)	耗水量(mm)	耗水模数(%)	耗水强度(mm/d)	耗水量(mm)	耗水强度(mm/d)
常规地膜	45.8	11.34	1.75	94.2	23.5	3.00	160.2	35	4.83	101.2	30.16	2.28	401.4	2.97
垄作沟灌	41.5	8.69	1.60	118.9	24.88	3.84	170.5	35.68	5.17	146.9	30.75	3.34	477.8	3.54

2.3 辣椒生育期棵间蒸发规律

图 11-5 为辣椒不同生育阶段的日蒸发量。由图可知，各处理全生育期土壤蒸发规律均一致，只是 LG 日均蒸发量低于对照，主要是因为 LG 处理灌水定额较小且减少了裸地土壤蒸发。表 11-4 列出了不同处理辣椒各生育阶段棵间蒸发量及其与阶段耗水量的比例。各生育阶段由于处理间土壤水分存在差异，因此阶段耗水量与棵间蒸发量差异较大，土壤蒸发量大小顺序为：CK>LG，其日平均最大棵间土壤蒸发量分别为 2.00 mm 和 1.11 mm。各处理由于灌水定额的差异及灌溉方式的不同，CK 棵间土壤蒸发量占耗水量的比例为 37.00%，而 LG 只有 21.15%。

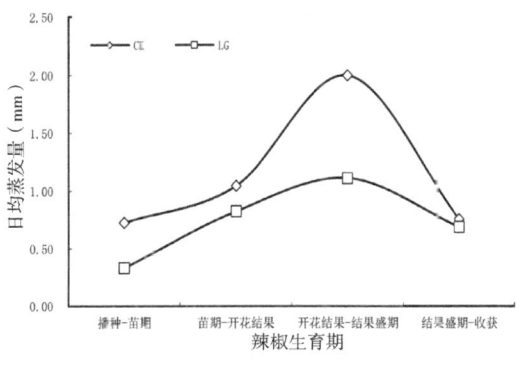

图 11-5 辣椒全生育期土壤日蒸发量变化

表 11-4 辣椒各生育阶段棵间蒸发占阶段耗水量的比例

处理	生育阶段	播种-苗期	苗期-开花结果	开花结果-结果盛期	结果盛期-收获	全生育期
CK	E（mm）	18.88	32.37	65.92	33.25	150.42
	ET（mm）	45.8	94.2	160.2	101.2	401.40
	E/ET（%）	41.22	34.36	41.15	32.86	37.00
LG	E（mm）	8.68	25.51	36.62	30.24	101.05
	ET（mm）	41.5	118.9	170.5	146.9	477.8
	E/ET（%）	20.92	21.46	21.48	20.59	21.15

2.4 辣椒产量及水分利用效率

监测结果表明（表 11-5），全膜垄作沟灌鲜辣椒产量为 22 268.7 kg/hm^2，较对照增产 0.6%，节水 16.00%，水利用效率为 5.55 kg/m^3，较对照提高 19.87%，水分生产效益达 5.30 元/m^3，净效益为 12 703.7 元/hm^2，较对照提高 1.83%。

表 11-5 辣椒产量及水分利用效率

种植方式	灌水量（m^3/hm^2）	耗水量（m^3/hm^2）	产量（kg/hm^2）	节水率（%）	增产率（%）	水分利用效率（kg/m^3）
垄作沟灌	3900	4014	22268.7	16.00	0.60	5.55
常规地膜	4500	4778	22130.6	—	—	4.63

[十二]

民勤县洋葱不同灌溉方式水分利用效率试验研究

1 试验材料与方法

1.1 试验方案

试验采用常规覆膜灌溉、膜下滴灌和喷灌三种灌溉方式,共设置3个处理,种植方式均为1膜9行,每个处理随机布置,各小区布置用于测定土壤蒸发量的蒸渗桶(Lysimeter),其中喷灌处理以喷头为中心,在距喷头6 m、4 m、2 m的地方各布置一个蒸渗桶。该蒸渗桶用0.75 mm厚的镀锌铁皮卷制而成,直径为20 cm,桶高为30 cm,底部封闭。各处理具体措施见表12-1、12-2。

表12-1 试验处理设计

处理	处理代号	灌水次数	灌水定额(m^3/hm^2)储水/生育期	耕作方式
常规覆膜灌溉	CK	7	1200/5250	秋耕,翻耕深度30 cm;正常播种
覆膜喷灌	PG	13	1200/3450	秋耕,翻耕深度30 cm;正常播种
膜下滴灌	DG	13	1200/2910	秋耕,翻耕深度30 cm;正常播种

表 12-2　试验灌溉方案表

灌水次数	灌溉时间常规（喷灌/滴灌）	灌水定额（mm）		
		CK	PG	DG
冬季储水灌溉	2008 年 11 月 20 日	120	120	120
生育期第一水	2009 年 5 月 10 日	75	75	75
生育期第二水	2009 年 5 月 30 日/6 月 2 日/6 月 1 日	75	22.5	18
生育期第三水	2009 年 6 月 15 日/6 月 7 日/6 月 8 日	75	22.5	18
生育期第四水	2009 年 6 月 30 日/6 月 12 日/6 月 15 日	75	22.5	18
生育期第五水	2009 年 7 月 10 日/6 月 18 日/6 月 22 日	75	22.5	18
生育期第六水	2009 年 7 月 25 日/6 月 22 日/6 月 30 日	75	22.5	18
生育期第七水	2009 年 8 月 15 日/6 月 27 日/7 月 7 日	75	22.5	18
生育期第八至十水	2009 年 7 月 4/12/20 日/7 月 15/23/30 日	0	22.5	18
生育期第十一至十三水	2009 年 8 月 1/11/20 日/8 月 5/12/17 日	0	22.5	18

1.2 试验测定项目与方法

用烘干称重法测定并计算土壤含水率，0~100 cm 的土层中每 10 cm 取一个土样，作物整个生育期内每隔 10 d 取一次土样，降雨及灌水前后进行加测，其中喷灌以喷头为中心，在距喷头 6 m、4 m、2 m 的地方选择三点测量土壤水分含量，滴灌选择滴灌带以下以及两条滴灌带中间两点测量土壤水分含量；根据土壤容重及含水率向桶内装土，每天进行称重，根据两天重量差值换算出土壤蒸发量，且在有效降雨及灌水后立即换土；分 0~20 cm、20~40 cm、40~60 cm、60~100 cm 四层，用环刀法测定土壤干容重，用双环刀法测定田间持水量；测定作物基本苗数、株高、叶面积、产量、气象数据等。

2 试验结果分析

2.1 土壤含水率动态变化

图 12-1~4 分别为洋葱全生育期 0~100 cm、0~30 cm、30~80 cm、80~100 cm 土层土壤水分动态变化。

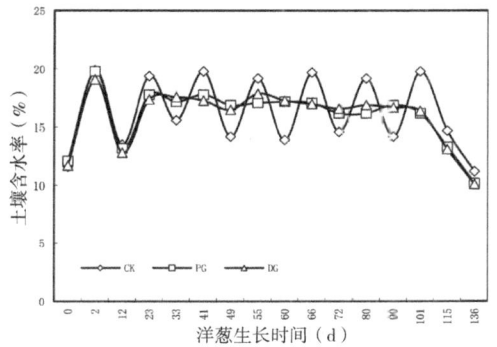
图12-1 全生育期0~100 cm土层土壤水分动态

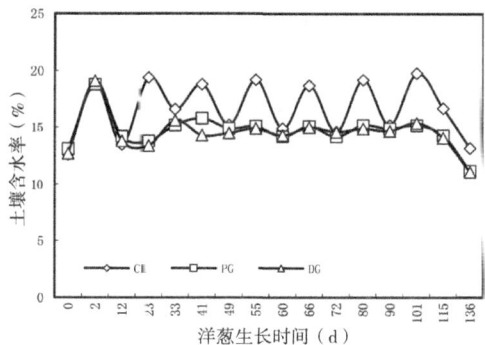
图12-2 全生育期0~30 cm土层土壤水分动态

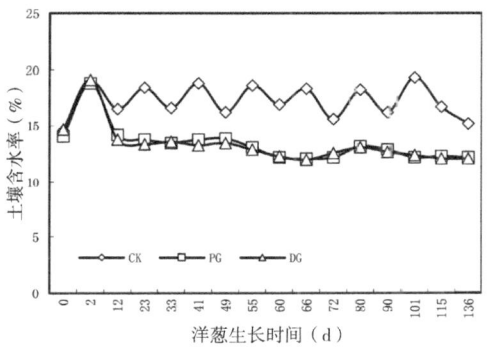
图12-3 全生育期30~80 cm土层土壤水分动态

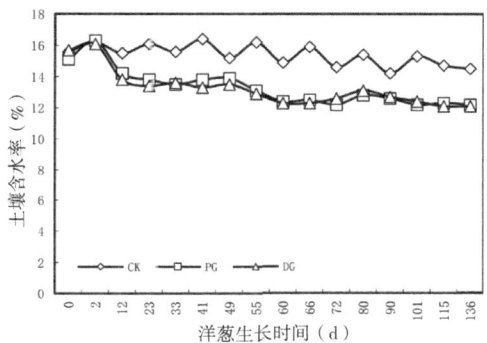
图12-4 全生育期80~100 cm土层土壤水分动态

可以看出，对照处理0~30 cm的蒸发层土壤水分变化最为强烈，且与0~100 cm整个计划湿润层的变化趋势较为一致。图12-1~4中PG和DG处理由于灌水次数多，灌水定额小，灌水时间间隔较小等原因，其土壤含水率在整个生育期变化都比较平稳，灌水后各峰值土壤含水率均低于对照，只有0~30 cm含水量与对照相差不大；在30~80 cm及80~100 cm土层深度中，处理PG和DG的土壤含水率均明显小于对照，主要是由于喷灌及滴灌条件下入渗到该层的灌溉水很少，两处理土壤含水率变化幅度趋近于直线，灌水后基本处在12.1%~13.9%之间。

2.2 洋葱耗水特性分析

由表12-3可知，采用覆膜喷灌和膜下滴灌后，灌水前后土壤水分含量较覆膜畦灌均有减小，这是由于这两种灌溉方式灌溉定额减小，深层渗漏量减小，深层土壤水分含量变小，导致0~100 cm深度的平均土壤水分含量减小。洋葱耗水量分别为常规覆膜畦灌 621.5 mm、覆膜喷灌 457.8 mm、膜下滴灌 397.2 mm。喷灌及滴灌两处理全生育期耗水量比对照分别减少 163.7 mm 和 224.3 mm，较对照分别降低 26.34% 和 36.09%，耗水强度为 3.37 mm/d 和 2.92 mm/d，比对照减少 1.20 mm/d 和 1.65 mm/d。

表 12-3　洋葱不同灌溉方式下的耗水规律

种植方式	移栽-缓苗期			缓苗期-旺长期			旺长期-膨大期			膨大期-收获期			全生育期	
	耗水量(mm)	耗水模数(%)	耗水强度(mm/d)	耗水量(mm)	耗水模数(%)	耗水强度(mm/d)	耗水量(mm)	耗水模数(%)	耗水强度(mm/d)	耗水量(mm)	耗水模数(%)	耗水强度(mm/d)	耗水量(mm)	耗水强度(mm/d)
常规灌溉	185.6	29.86	4.12	135.4	21.79	5.42	180.2	28.99	5.15	120.3	19.36	3.88	621.5	4.57
覆膜喷灌	136.3	29.77	3.03	94.6	20.66	3.78	125.4	27.39	3.58	101.5	22.17	3.27	457.8	3.37
膜下滴灌	116.4	29.31	2.59	84.3	21.22	3.37	111.1	27.97	3.17	85.4	21.50	2.75	397.2	2.92

2.3 洋葱生育期棵间蒸发规律

图 12-5 为洋葱不同生育阶段的日蒸发量。从图中可以看出，各处理全生育期土壤蒸发规律均一致，只是 PG 和 DG 日均蒸发量低于对照，主要是因为其灌水定额较小且减少了裸地土壤蒸发；由于喷灌飘逸和棵间蒸发损失较大，其各生育期日均蒸发均大于 DG 处理。表 12-4 列出了不同处理洋葱各生育阶段的棵间蒸发量及其与阶段耗水量的比例。各生育阶段由于处理间土壤水分存在差异，因此阶段耗水量与棵间蒸发量差异较大，土壤蒸发量大小顺序为：CK>PG>DG，其日平均最大棵间土壤蒸发量分别为 1.65 mm、0.77 mm 和 0.61 mm。各处理由于灌水定额的差异及灌溉方式的不同，CK 棵间土壤蒸发量占耗水量的比例为

30.09%，而 PG 为 19.79%，DG 为 16.80%。

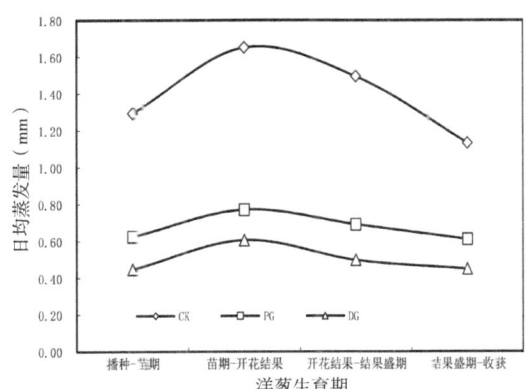

图 12-5 洋葱全生育期土壤日蒸发量变化

表 12-4 洋葱各生育阶段棵间土壤蒸发占阶段耗水量的比例

处理	生育阶段	移栽-缓苗期	缓苗-旺长期	旺长-膨大期	膨大-收获期	全生育期
CK	E（mm）	185.60	135.40	180.20	120.30	621.50
	ET（mm）	58.24	41.32	52.34	35.14	187.04
	E/ET（%）	31.38	30.52	29.05	29.21	30.09
PG	E（mm）	136.30	94.60	125.40	101.50	457.80
	ET（mm）	28.16	19.28	24.21	18.97	90.62
	E/ET（%）	20.66	20.38	19.31	18.69	19.79
DG	E（mm）	116.40	84.30	111.10	85.40	397.20
	ET（mm）	20.17	15.16	17.42	13.98	66.73
	E/ET（%）	17.33	17.98	15.68	16.37	16.80

2.4 洋葱产量及水分利用效率

监测结果表明（表 12-5），覆膜喷灌和膜下滴灌鲜葱产量为 40 714.6 kg/hm^2 和 42 635.8 kg/hm^2，较对照减产 11.25% 和 7.06%，节水 26.34% 和 36.09%；水利用效率为 8.89 kg/m^3 和 10.73 kg/m^3，较对照提高 20.51% 和 45.45%；水分生产效益达 10.33 元/m^3 和 12.45 元/m^3，净效益为 34 225.4 元/hm^2 和 27 000.4 元/hm^2。

表 12-5　洋葱产量及水分利用效率

种植方式	灌水量 (m^3/hm^2)	耗水量 (m^3/hm^2)	产量 (kg/hm^2)	节水率 (%)	增产率 (%)	水分利用效率 (kg/m^3)
常规地膜	5250	6215	45875.3	—	—	7.38
覆膜喷灌	3450	4578	40714.6	26.34	−11.25	8.89
膜下滴灌	2910	3972	42635.8	36.09	−7.06	10.73

[十三]

武威市凉州区春小麦免冬季储水灌溉水分利用效率试验研究

1 试验材料与方法

1.1 试验的基本条件与情况

试验点设在武威市中心灌溉试验站，该站位于武威市凉州区城区东南 30 km 的王景寨村，东经 102°52′，北纬 37°52′，海拔 1581 m。多年平均降水量 180.9 mm，蒸发量 1901.8 mm，年均降水天数 57 d。初霜日期为 10 月 5 日，终霜日期 5 月 3 日，无霜期 155 d，属典型的大陆性温带干旱气候。土壤类型以黏土、壤土和沙土为主，呈平原地貌。降水量年内分布极不均匀，4 月、6 月和 7 月、9 月降水量分别占年内降水量的 55.95% 和 19.79%。地下水埋深 40 m，相对湿度 53.26%。全年日照 2618.8 h，平均风速 2.68 m/s。土壤肥力状况主要包含有机质、N、P_2O_5、K 等。

1.2 试验方案

试验采用冬季储水灌溉和免冬季储水灌溉两种形式，共设置 4 个处理，其中储水灌溉条件下设计传统灌溉定额和低定额灌溉两个灌溉水平处理；免储水灌溉处理条件下设计进行秋耕和春耕两种耕作处理，每个处理随机布置用于测定土壤蒸发量的蒸渗桶 1 个，蒸渗桶用 0.75 mm 厚的镀锌铁皮卷制而成，直径为 20 cm，桶高为 30 cm，底部封闭。各处理具体措施见表 13-1、表 13-2。

表 13-1 试验处理设计

试验处理方式	处理代号	储水灌溉定额（m³/hm²）	注水定额（m³/hm²）	耕作方式
传统冬季储水灌溉	CI	1500	0	秋耕，翻耕深度 30 cm；正常播种
低定额储水灌溉	LI	900	0	秋耕，翻耕深度 30 cm；正常播种
秋耕+免储水灌溉，次年注水播种	ANSW	0	67.5	秋耕，翻耕深度 30 cm；注水播种
春耕+免储水灌溉，次年注水播种	SNSW	0	67.5	春耕，翻耕深度 30 cm；注水播种

表 13-2 试验灌溉方案表

灌水次数	灌溉时间	灌水定额（mm）			
		CI	LI	ANSW	SNSW
冬季储水灌溉	2007 年 11 月 20 日	150	90	0	0
注水灌溉	2008 年 3 月 25 日	0	0	6.75	6.75
生育期第一水	2008 年 4 月 20 日	—	—	90	80
	2008 年 4 月 25 日	70	70	—	—
生育期第二水	2008 年 5 月 20 日	100	100	100	100
生育期第三水	2008 年 6 月 7 日	115	115	110	110
生育期第四水	2008 年 6 月 25 日	110	110	110	110
灌溉定额	—	545	485	416.75	406.75

1.3 试验测定项目与方法

用烘干称重法测定并计算土壤含水率，0~100 cm 的土层中每 10 cm 取一个土样，整个作物生育期内每隔 10 d 取一次土样，降雨及灌水前后进行加测；用蒸渗桶根据土壤容重及含水率向桶内装土，每天进行称重，根据两次重量差值换算出日土壤蒸发量，且在有效降雨及灌水后立即换土；分 0~20 cm、20~40 cm、40~60 cm、60~80 cm、80~100 cm 五层，用环刀法测定土壤干容重，用双环刀法测定田间持水量；测定作物基本苗数、株高、叶面积、产量、气象数据等。

2 试验结果分析

2.1 土壤含水率动态变化

图 13-1~4 分别为全生育期 0~100 cm、0~30 cm、30~80 cm、80~100 cm 土层土壤水分动态变化。可以看出，0~30 cm 蒸发层土壤水分变化最为强烈，且与 0~100 cm 整个计划湿润层的变化趋势较为一致。图 13-2 中，SNSW 和 ANSW 两个处理由于未经过冬季储水灌溉的水分补充，在生育期前期 0~30 cm 深度的土壤水分远远低于 CI 和 LI 两处理。但经过免冬灌注水播种 SNSW 和 ANSW 两处理已经较好地提高并保持 20~30 cm 的土壤含水率，到生育期后期经过数次灌溉，土壤含水率分布及变化趋势逐步一致。图 13-3 中，30~80 cm 土壤水分变化生长前期较小，至中后期由于作物根系吸水量加大，其含水量变化也较为剧烈。图

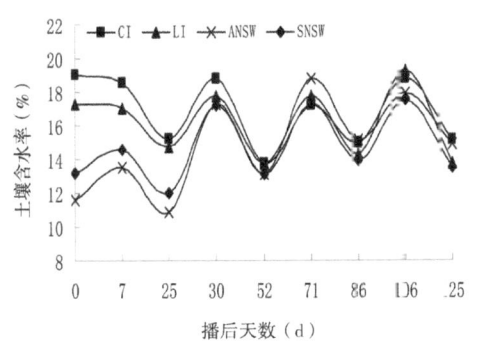

图 13-1 全生育期 0~100 cm 土层土壤水分动态

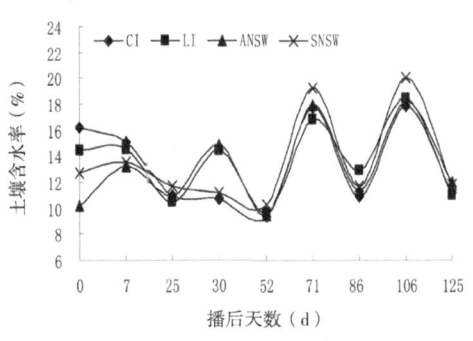

图 13-2 全生育期 0~30 cm 土层土壤水分动态

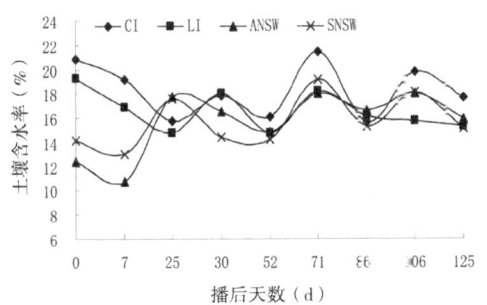

图 13-3 全生育期 30~80 cm 土层土壤水分动态

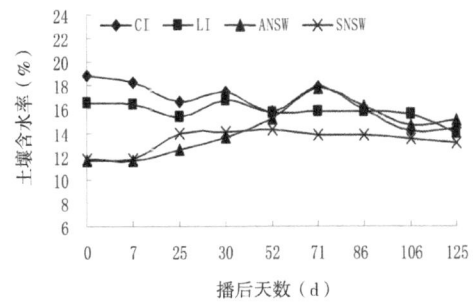

图 13-4 全生育期 80~100 cm 土层土壤水分动态

13-4可以看出,SNSW 和 ANSW 两个处理,80~100 cm 传导层土壤水分变化最小,基本处在14%~18%之间,无剧烈变化。

2.2 春小麦耗水特性分析

春小麦在播种后,经过灌溉水分补充,0~30 cm 的土壤储水量得以增加,特别是10~20 cm 土壤含水率提高尤为明显。图13-5为各处理播种后7 d 的土壤水分分布情况,对免冬季储水灌溉的两个处理进行注水播种可以有效提高土壤表层10~20 cm 深度的土壤含水率,其中 ANSW 和 SNSW 在10~20 cm 的平均土壤含水率分别提高3.96%和5.18%,ANSW 和 SNSW 的10~20 cm 平均土壤含水率较 CI 还要高0.30%和0.86%,从而为春小麦出苗提供一个良好的环境,可以完全满足作物出苗的水分要求。

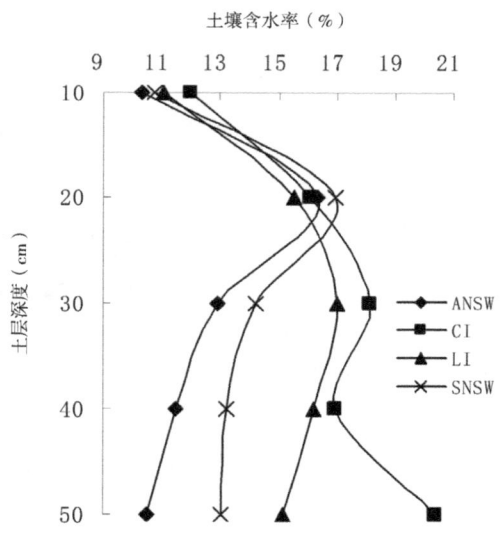

图 13-5 春小麦注水播种后土壤水分分布

由表13-3可以看出,春小麦整个出苗阶段,免冬季储水灌的两个处理由于土壤含水率较低,很好地抑制了棵间蒸发,分别比 CI 处理的耗水量下降了44.52%和34.10%。

表 13-3 春小麦苗期 0~100 cm 各处理土壤含水率与耗水量

处理	土壤含水率（%）			注水量及降雨量（mm）	耗水量（mm）	日均耗水量（mm/d）	日均耗水减少量（%）
	播前	出苗	播前-出苗				
CI	19.03	15.19	3.94	24.1	79.17	3.17	—
LI	17.27	14.7	2.57	24.1	60.67	2.43	23.37
ANSW	11.58	10.89	0.69	34.1	43.92	1.76	44.52
SNSW	13.24	11.97	1.27	34.1	52.17	2.09	34.10

注：计算天数 25 d。

由表 13-4 可以看出，通过灌溉补充可以满足春小麦生长要求，在这一阶段 SNSW 和 ANSW 两个处理耗水量与其他两个处理没有差异，但是其土壤含水率在拔节末期已经下降至 13%，处在较低土壤水分水平，需提前灌水来满足下一生育阶段的水分需求。

表 13-4 拔节期耗水量

耕作方式	出苗（mm）	拔节（mm）	灌溉水（mm）	≥5mm 降水（mm）	耗水量（mm）	日均耗水量（mm/d）
CI	267.46	196.23	71.79	0	143.02	4.33
LI	253.23	195.52	75.64	0	133.35	4.04
ANSW	246.23	186.27	87.18	0	140.14	4.26
SNSW	244.83	187.12	79.49	0	137.20	4.16

注：计算天数 27 d。

表 13-5 表明：由于 SNSW 和 ANSW 两个处理的原始水分储存较少，不能较好满足作物生长的水分要求，所以该阶段耗水量要略低于 CI 和 LI 两个处理的耗水量。

表 13-5 孕穗期耗水量

耕作方式	拔节（mm）	孕穗（mm）	灌溉水（mm）	≥5mm 降水（mm）	耗水量（mm）	日均耗水量（mm/d）
CI	196.23	244.83	107.69	0	131.96	6.95

续表 13-5

耕作方式	拔节（mm）	孕穗（mm）	灌溉水（mm）	≥5mm 降水（mm）	耗水量（mm）	日均耗水量（mm/d）
LI	195.52	253.23	105.38	0	131.36	6.91
ANSW	186.27	267.46	97.44	0	107.54	5.66
SNSW	187.12	246.23	102.56	0	115.29	6.07

注：计算时间为 19 d。

从表 13-6 中可以看出，ANSW 和 SNSW 两个处理在灌浆期的耗水量要远远高于其他两个处理，分析其原因，主要是因为孕穗期后期土壤原始储水量有限，在一定程度上对春小麦的生长造成了水分胁迫，灌浆期复水后，作物自身的补充生长特性使得其生长速率进一步加大，故造成较大的水分消耗，日耗水强度较高。

表 13-6 灌浆期耗水量

耕作方式	孕穗（mm）	灌浆（mm）	灌溉水（mm）	≥5mm 降水（mm）	耗水量（mm）	日均耗水量（mm/d）
CI	244.83	268.01	215.38	0	192.20	5.49
LI	253.23	274.25	220.51	0	199.49	5.70
ANSW	267.46	255.34	228.21	0	240.32	6.87
SNSW	246.23	236.84	228.21	0	237.60	6.79

注：计算时间为 35 d。

表 13-7 通过水量平衡原理计算出该阶段各处理的阶段耗水量和日耗水强度。由表可以看出，各处理间耗水量仍然有一定的差异，主要是由于土壤含水率高低造成棵间蒸发不同。

表 13-7 收获期耗水量

耕作方式	灌浆（mm）	收获（mm）	差值（mm）	≥5mm 降水（mm）	耗水量（mm）	日均耗水量（mm/d）
CI	268.01	214.78	53.23	7.5	60.83	3.38
LI	274.25	196.06	58.19	7.6	65.79	3.87
ANSW	255.34	211.75	43.59	7.6	51.19	2.84
SNSW	236.84	192.75	44.09	7.6	51.69	2.87

注：计算时间为 19 d。

就春小麦全生育期耗水情况来看（表 13-8 和图 13-6），与 CI 处理相比，SNSW 和 ANSW 两个处理生育期耗水量下降了 50~60 mm，日均耗水量分别减少 0.43 mm/d 和 0.38 mm/d；而 LI 处理则与 CI 处理没有明显差别。

表 13-8 全生育期各处理日均耗水量

处理	播种（mm）	收获（mm）	灌水（mm）	≥5mm 降水（mm）	耗水量（mm）	日均耗水量（mm/d）
CI	270.80	214.73	394.86	31.7	607.18	4.86
LI	245.75	196.09	411.53	31.7	590.66	4.73
ANSW	164.78	211.74	412.83	31.7	560.11	4.48
SNSW	188.41	192.82	410.26	31.7	553.95	4.43

注：计算时间为 125 d。

由图 13-6 可以看出，在苗期 ANSW 和 SNSW 两个处理，由于采用注水播种，可以很好地减少棵间蒸发，保持表层土壤的水分，使其日均耗水量明显降低。在拔节期，由于小麦需水量不大，ANSW 和 SNSW 两个处理通过灌溉补充水量，可以满足小麦生长要求，并不会因土壤缺乏水分，影响作物生长，从而降低其日均耗水量。在拔节至孕穗期，CI 与 LI 处理的日均耗水量要明显高于 ANSW 和 SNSW 处理，主要是因为拔节期灌溉补充土壤水分虽然可以满足注水播种两个处理的小麦生长，但土壤原始储水量有限，而小麦在孕穗期作物需水量较大，灌溉补充的水分并不能完全满足小麦生长，在一定程度上减缓了作物生长，造成其日均耗水量的降低，这种现象亦可称为免储水灌溉注水播种这一灌水模式的后期效应或者是滞后效应。在灌浆期，农田经过三次灌溉的水量补充，各处理的土壤储水量的差异基本消除，土壤水分可以满足小麦生长要求；但 ANSW 和 SNSW 两个处理由于在孕穗期的水分缺失造成作物生长减缓，在灌浆期通过复水后的补充效应，加快了小麦生长，从而消耗了更多的水分，增加了水分的日均消耗。

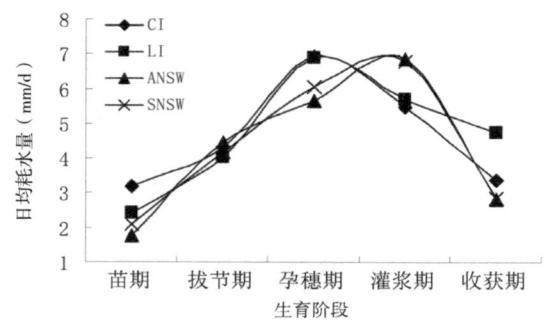

图 13-6 全生育期日均耗水量变化

2.3 生育期棵间蒸发规律

棵间蒸发是农田水量平衡计算的内容之一，尤其在作物的生长前期，土壤处于裸露状态，棵间蒸发尤为严重。但是，在农田水量平衡的各种计算模型中如何将棵间蒸发和植物蒸腾区分开来，一直是困扰人们的难题。只有在明确了作物各生育阶段棵间蒸发和植物蒸腾的比例关系后，才能准确地估算农田土壤水分动态，制订合理的灌溉制度，尽可能地减少无效的土壤水分散失，提高水分利用效率。利用 Micro-Lysimete（微型蒸渗桶）能准确地对作物各生育阶段的棵间蒸发进行测定。

春小麦农田相对土壤蒸发强度的高低主要受冠层下方表层土壤含水率和地表覆盖度（即叶面积指数）二者的共同影响，图 13-7 表明了各处理春小麦不同生育阶段的日蒸发量。

从图 13-7 中可以看出，春小麦苗期各处理的日土壤蒸发量由于受到土壤含水率影响，出现明显差异，表现为 CI>LI>SNSW>ANSW。在拔节和孕穗期日蒸发差异则主要是因为处理间作物叶面积指数不同造成的，表现为 CI 和 LI 两个处理的明显低于 SNSW 和 ANSW 两个处理。在春小麦灌浆期和成熟期，各处理的土壤含水率和叶面积指数差异不大，其日土壤蒸发量也趋于一致。

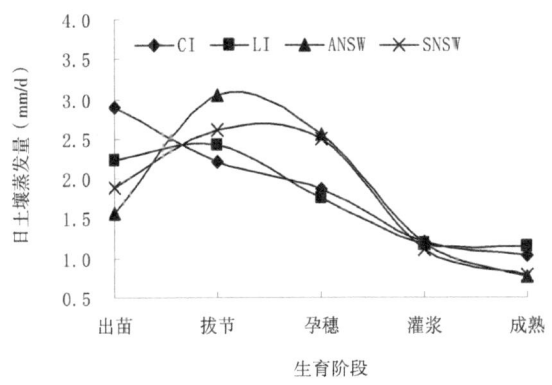

图 13-7　全生育期土壤日蒸发量变化

2.4 各生育阶段棵间蒸发量占阶段耗水量的比例

表 13-9 列出了不同处理春小麦各生育阶段棵间土壤蒸发量及其与阶段耗水量的比例。苗期由于处理间土壤水分存在差异，因此阶段耗水量与棵间蒸发量差异较大，大小顺序为：CI>LI>SNSW>ANSW，其日平均棵间土壤蒸发量分别为 2.90 mm、2.22 mm、1.89 mm 和 1.57 mm。拔节阶段棵间蒸发量占阶段耗水量比例明显减小，分别为 41.81%、49.14%、55.78% 和 51.39%，植株蒸腾耗水基本与棵间蒸发耗水量持平，但各处理间棵间蒸发耗水量差异较大，ANSW 和 SNSW 明显高于其他两个处理。这主要是由于两个处理作物生长较慢，叶面积指数较小造成的。在春小麦孕穗期，田间耗水转向以植物蒸腾耗水为主，各处理棵间蒸发量占阶段耗水量的比例进一步减小，至灌浆阶段，降至最低，介于 16.38%~21.85% 之间。灌浆后随玉米的成熟，叶片开始衰老、变黄，植株蒸腾能力减弱，棵间蒸发占阶段耗水量的比例又上升到 30% 左右。从全生育期来看，各处理春小麦棵间蒸发占总耗水量的比例大小顺序为：CI>LI>ANSW>SNSW，其比例分别为 42.89%、42.63%、38.32% 和 36.92%。

表 13-9 春小麦各生育阶段棵间土壤蒸发占阶段耗水量的比例

处理	生育阶段	出苗	拔节	孕穗	灌浆	成熟	全生育期
CI	E（mm）	72.58	59.80	35.55	42.00	19.67	229.60
	ET（mm）	79.17	143.02	131.96	192.20	60.83	607.18
	E/ET（%）	91.68	41.81	26.94	21.85	32.34	42.89
LI	E（mm）	55.59	65.53	33.48	41.61	21.95	218.16
	ET（mm）	60.67	133.35	131.36	199.49	65.79	590.66
	E/ET（%）	91.62	49.14	25.49	20.86	33.36	42.63
ANSW	E（mm）	39.19	82.07	48.58	41.72	14.56	216.13
	ET（mm）	43.92	147.14	107.54	240.32	51.19	590.11
	E/ET（%）	89.24	55.78	45.17	17.36	28.45	38.32
SNSW	E（mm）	47.25	70.51	47.53	38.92	15.06	219.26
	ET（mm）	52.17	137.20	115.29	237.60	51.69	593.95
	E/ET（%）	90.56	51.39	41.23	16.38	29.13	36.92

2.5 春小麦水分利用效率

水分利用效率是用来描述作物生长量与水分利用状况之间关系的指标，作物生育期外的灌溉水量也是必要的灌水量，它包括冬灌水量、春季播前灌水量以及灌溉洗盐水量。因此，在作物生产周期内，灌溉的目的不仅仅是为了供给作物生长需要的水分，还应当包括调节作物生长所需要的环境。本文采用水分利用效率WUE 和灌溉水生产效率IWUE 指标来评价各处理的水分利用和灌溉水利用的效果，反映灌溉水量与产量关系的灌溉水生产效率或单方水效益。

$$\mathrm{WUE} = \frac{Y}{ETQ} \qquad (13-1)$$

式中：Y 为单位面积上的经济产量（kg/hm^2）；ETQ 为单位面积上的实际蒸发蒸腾量或田间耗水量，用 mm 或 m^3/hm^2 表示；WUE 为水分利用效率，即单位面积上消耗的水量所生产的产量。

$$\mathrm{IWUE} = \frac{Y}{W} \qquad (13-2)$$

表 13-10 列出了春小麦的主要经济性状指标、水分利用效率和灌溉水利用效率。由表可知，LI、ANSW 和 SNSW 三个处理与 CI 处理产量相差分别为 10.87%、5.02% 和 6.16%。然而水分利用效率分别提高了 0.02 kg/m³、0.04 kg/m³ 和 0.09 kg/m³，而灌溉水利用效率则差异更加明显，LI、ANSW 和 SNSW 三个处理的 IWUE 较 CI 处理分别提高 0.05 kg/m³、0.11 kg/m³ 和 0.13 kg/m³，明显地提高了水分的有效利用。应该注意到，ANSW 处理的产量差异太过明显，主要是由于农田休闲期没有得到足够的水分补充，土壤储水量十分有限所致。在实际生产应用中，采用免冬季储水灌溉必须结合农田休闲期相应的农艺或化学节水措施。

表 13-10 不同处理春小麦的主要经济性状指标及水分利用效率

处理	产量（kg/hm²）	穗长（cm）	有效小穗数（个）	千粒重（g）	水分利用效率（kg/m³）	灌溉水利用效率（kg/m³）
CI	5919.22	9.2	14.25	45.81	0.81	0.87
LI	5798.29	9.1	13.93	48.16	0.83	0.92
ANSW	5327.28	8.8	13.90	41.58	0.85	0.98
SNSW	5449.50	8.7	13.92	42.39	0.90	1.00

[十四]

小麦免储水灌注水播种技术试验研究

1 试验材料与方法

2008年,试验采用冬季储水灌溉和免冬季储水灌溉两种形式,共设置4个处理,其中储水灌溉条件下设计传统灌溉定额和低定额灌溉两个灌溉水平处理;免储水灌溉处理条件下设计进行秋耕和春耕两种耕作处理,次年播种均采用注水播种施用保水剂方式,每个处理设3次重复,各处理具体措施见表14-1。

表14-1 试验处理设计

处理	处理代号	储水灌溉定额（m^3/hm^2）	注水定额（m^3/hm^2）	耕作方式	保水剂施用方法
传统冬季储水灌溉	CI	1500	0	秋耕,翻耕深度30 cm;正常播种	—
低定额储水灌溉	LI	900	0	秋耕,翻耕深度30 cm;正常播种	—
秋耕+免储水灌溉,次年施用保水剂注水播种	ANSW	0	67.5	秋耕,翻耕深度30 cm;注水播种	沟底播撒施用量为30 kg/hm^2
春耕+免储水灌溉,次年施用保水剂注水播种	SNSW	0	67.5	春耕,翻耕深度30 cm;注水播种	沟底播撒施用量为30 kg/hm^2

由表14-2可以看出,对照冬季灌水定额为1500 m^3/hm^2,低定额冬季储水灌溉的定额为900 m^3/hm^2,SNSW及ANSW不进行冬灌,次年播种前进行施用保水剂注水播种,注水定额为67.5 m^3/hm^2。本试验小区按试验地自然地形随机布置,

各小区面积为 2.5 m×12 m。在各小区之间留有 30 cm 宽、20 cm 高的小埂以供试验灌溉和观测，在试验地两侧设保护区，一侧保护区面积为 11.5 m×3 m，另一侧为 11.5 m×2 m。试验小区布置如图 14-1。

表 14-2 2008 年试验灌溉方案表

灌溉时间		灌水定额（mm）			
		CI	LI	ANSW	SNSW
冬季储水灌溉	2007 年 11 月 20 日	150	90	0	0
注水灌溉	2008 年 3 月 25 日	0	0	6.75	6.75
生育期第一水	2008 年 4 月 25 日	—	—	87.18	79.49
	2008 年 4 月 20 日	71.79	75.64	—	—
生育期第二水	2008 年 5 月 20 日	107.69	105.38	97.44	102.56
生育期第三水	2008 年 6 月 7 日	117.95	115.38	112.82	110.26
生育期第四水	2008 年 6 月 25 日	110.26	112.82	107.69	105.13
灌溉定额	—	557.69	499.22	415.13	407.44

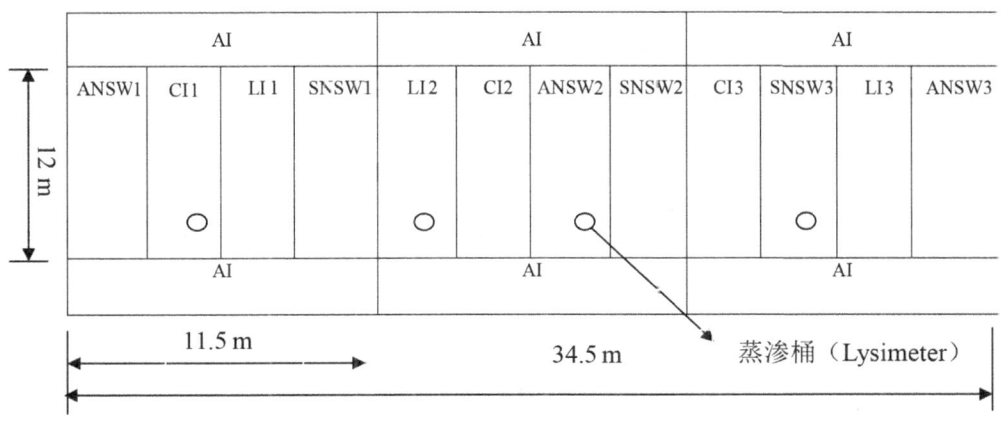

图 14-1 试验小区布置

1.1 田间管理

冬季储水灌溉时间为 2007 年 11 月下旬，对农田采用畦灌。春小麦播种期为 2008 年 3 月下旬，品种为永粮 4 号，播种量为 450 kg/hm² 左右，千粒重为 53

g，播前用旋耕机对表层土壤进行打碎碾磨。播前施底肥，施肥量为：尿素 300 kg/hm²，重过磷酸钙 450 kg/hm²；春小麦生育期期间施尿素进行追肥，施肥量为 300 kg/hm²，保证均匀施肥，田间肥力均一。生育期施用农药及除草与当地一致，收获期为 2008 年 7 月下旬。

由于试验地块及播种机限制，小麦条播注水播种机操作较为困难，故采用人工注水播种，其操作方式为畜力开沟，人工沟底撒施保水剂，人工注水，人工覆土。保水剂采用唐山博亚生产的"黑金子"营养保水剂，施用量为 30 kg/hm²。

1.2 试验方法

1.2.1 土壤水分含量测定

在深度为 0~100 cm 的土层中每 10 cm 取一个土样，用烘干称重法测定并计算土壤质量含水量。休闲期及作物整个生育期内每隔 7 d 取一次土样，降雨及灌水前后进行加测，冬季土壤上冻后，用 diviner 2000 测定土壤含水量，每 10 d 进行一次观测。

1.2.2 容重及田间持水量测定

分 0~20 cm、20~40 cm、40~60 cm、60~80 cm、80~100 cm 五层进行取土，用环刀法测定土壤干容重，用双环刀法测定田间持水量。

1.2.3 作物生长发育动态指标测定

基本苗数：作物出苗后记录植株密度，在每个小区随机选 3 个样方，每个样方为 1 m 长，3 行小麦，随后测得 3 行小麦的宽度并做记录；

株高：小麦出苗后，在取样小区选取生长均匀一致的植株 20 株，每隔 15 d 定期记载株高，直到小麦各小区株高稳定为止。

叶面积：苗期用长宽系数法测定叶面积指数，后期用 SUNSCAN 叶面积仪测定。

1.2.4 产量测定

收获后进行考种、计产，在每个小区中随机选取两点，每点取样约 15 株，将两个点的样品合成一个样，进行考种。测定项目包括穗长、穗粒重、穗粒数、有效小穗数、总干物质、千粒重。

1.2.5 气象数据由武威中心试验站观测提供

1.2.6 试验数据通过 DPS 7.05 和 EXCEL 2003 进行分析

2 生育期土壤含水率动态变化

根据春小麦土壤棵间蒸发及作物根系吸水的特点，将试验地 0~100 cm 土层划分为三层：①蒸发层（0~30 cm），这一层由于受到降水及土壤蒸发影响，土壤含水量都有较大的波动。②灌溉及根系决定层（30~80 cm），该层的土壤水分变化主要取决于作物生长发育状况和灌溉条件。③传导层（80~100 cm），该层土壤水分只有在灌溉量较大时，才有一些变化。传导层通过地下水补给或水分深层渗漏来实现计划湿润层与地下水的水分交换。考虑到石羊河流域地下水位埋藏较深，深层渗漏成为其水分转化的唯一途径。图 14-2 至图 14-5 分别为全生育期 0~100 cm、0~30 cm、30~80 cm、80~100 cm 土层土壤水分动态变化。

图 14-2~5 可以看出，0~30 cm 的蒸发层土壤水分变化最为强烈，且与 0~100 cm 整个计划湿润层的变化趋势较为一致。图 14-2 中，SNSW 和 ANSW 两个处理由于未经过冬季储水灌溉的水分补充，在生育期前期 0~30 cm 深度的土壤水分远远低于 CI 和 LI 两个处理，但经过注水播种 SNSW 和 ANSW 两个处理已经较好地提高并保持 20~30 cm 的土壤含水率，到生育期后期经过数次灌溉土壤含水率分布及变化趋势逐步一致；30~80 cm 土壤水分变化生长前期较小，至中后期由于作物根系吸水量加大，其含水量变化也较为剧烈。图 14-5 可以看出，SNSW 和 ANSW 两个处理，80~100 cm 传导层土壤水分变化最小，基本处在 14%~18% 之间，无剧烈变化。

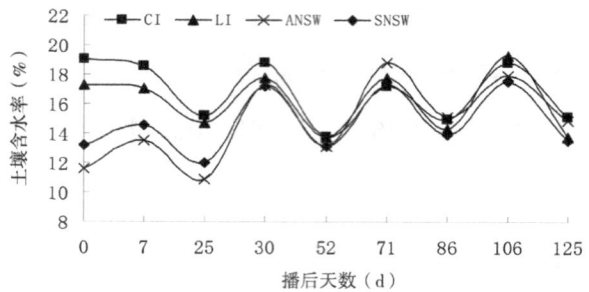

图 14-2　全生育期 0~100 cm 土层土壤水分动态

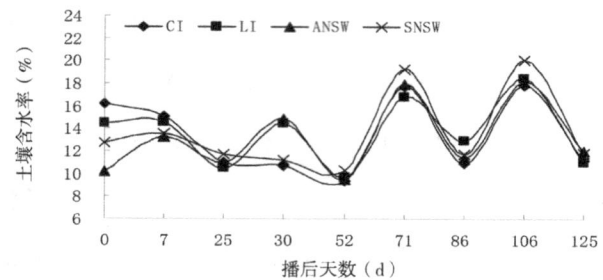

图 14-3　全生育期 0~30 cm 土层土壤水分动态

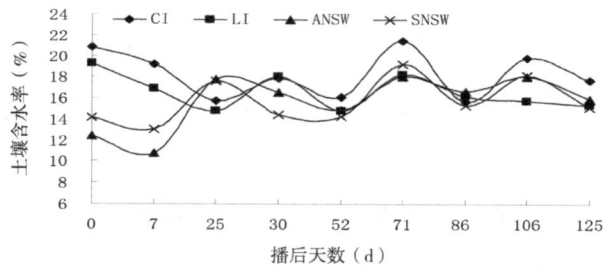

图 14-4　全生育期 30~80 cm 土层土壤水分动态

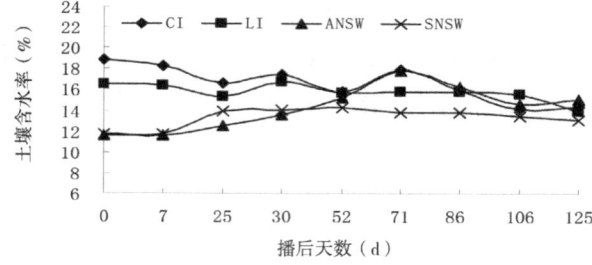

图 14-5　全生育期 80~100 cm 土层土壤水分动态

3 全生育期春小麦耗水特性分析

3.1 苗期土壤水分分布及耗水量变化规律

3.1.1 苗期土壤水分分布

春小麦在进行注水播种后,经过灌溉水分补充,0~30 cm 的土壤储水量得以增加,特别是 10~20 cm 土壤含水率提高尤为明显。春小麦播种后 7 天 0~50 cm 土壤水分分布,见图 14-6。

图 14-6 是各处理播种后 7 d 的土壤水分分布情况,通过对免冬季储水灌溉的两个处理进行注水播种,可以有效提高土壤表层 10~20 cm 深度的土壤含水率,其中 ANSW 和 SNSW 在 10~20 cm 的平均土壤含水率分别提高 3.96% 和 5.18%,从而为春小麦出苗提供了一个良好的环境,可以完全满足作物出苗的水分要求。

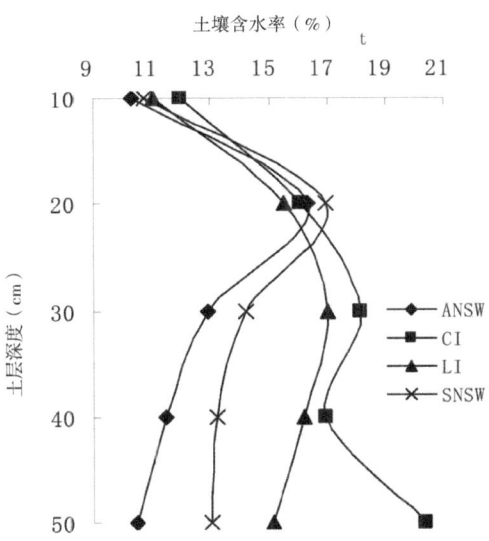

图 14-6 春小麦注水播种后土壤水分分布(2008 年 4 月 2 日)

3.1.2 苗期耗水量变化规律

在春小麦播种至出苗这一时间段内,土壤水分的消耗主要是土壤蒸发。土壤蒸发一般包括三个阶段：①稳定蒸发阶段，其主要受大气蒸发力控制。②蒸发率降低阶段，土壤蒸发主要受土壤导水率控制，理论上降低该阶段的土壤蒸发难度较大，但由于不同的耕作方式改变了土壤的空隙状况和土壤的导水率，导致这一阶段蒸发出现变化。③蒸发率最低阶段，该阶段主要是过于干旱导致土壤表层形成干土层，从而减少蒸发量。

从表14-3可以看出，春小麦整个出苗阶段，免冬季储水灌的两个处理由于土壤含水率较低而且在播种时使用保水剂，很好地抑制了土壤的棵间蒸发，分别比 CI 处理的耗水量下降了 44.52% 和 34.10%。

表 14-3　春小麦苗期 0~100 cm 各处理耗水量

处理	土壤含水率（%）			注水量及降雨量（mm）	耗水量（mm）	日均耗水量（mm/d）	耗水量下降率（%）
	播前	出苗	播前—出苗				
CI	19.03	15.19	3.94	24.1	79.17	3.17	—
LI	17.27	14.7	2.57	24.1	60.67	2.43	23.37
ANSW	11.58	10.89	0.69	34.1	43.92	1.76	44.52
SNSW	13.24	11.97	1.27	34.1	52.17	2.09	34.10

注：计算天数 25 d。

3.2 拔节期耗水量变化规律

在拔节期，春小麦生长速率开始加快，对土壤水分的要求进一步加大，若出现水分亏缺现象，会对春小麦的株高及叶面积造成极大的不利影响。

由表 14-4 可以看出，在这一阶段 SNSW 和 ANSW 两个处理，由于通过灌溉补充可以满足春小麦生长要求，耗水量与其他两个处理没有差异，但是 SNSW 和 ANSW 两个处理的土壤含水率在拔节末期已经下降至 13%，处在较低的土壤水分水平，需提前灌水来满足下一生育阶段的水分需求。

表 14-4 拔节期耗水量

耕作方式	出苗（mm）	拔节（mm）	灌溉水（mm）	≥5mm 降水（mm）	耗水量（mm）	日均耗水量（mm/d）
CI	267.46	196.23	71.79	0	143.02	4.33
LI	253.23	195.52	75.64	0	133.35	4.04
ANSW	246.23	186.27	87.18	0	140.14	4.26
SNSW	244.83	187.12	79.49	0	137.20	4.16

注：计算天数 27 d。

3.3 孕穗期耗水量变化规律

孕穗期与出苗至拔节期相比，春小麦开始进入营养生长阶段，植株生长旺盛，蒸腾作用强烈，对土壤中的水分消耗大，且以植物蒸腾为主。表 14-5 表明：由于 SNSW 和 ANSW 两个处理的原始水分储存较少，不能较好满足作物生长的水分要求，所以该阶段耗水量要略低于 CI 和 LI 两个处理的耗水量。

表 14-5 孕穗期耗水量

耕作方式	拔节（mm）	孕穗（mm）	灌溉水（mm）	≥5mm 降水（mm）	耗水量（mm）	日均耗水量（mm/d）
CI	196.23	244.83	107.69	0	131.96	6.95
LI	195.52	253.23	105.38	0	131.36	6.91
ANSW	186.27	267.45	97.44	0	107.54	5.66
SNSW	187.12	246.23	102.56	0	115.29	6.07

注：计算时间为 19 d。

3.4 灌浆期耗水量变化规律

灌浆期是春小麦获得最终产量的关键阶段，要求土壤水分要基本处于田间持水率的 60%~80%，才能较好地完成籽粒灌浆的过程。如果含水量较低，就会使得未充分饱满的籽粒发生硬化，从而缩短籽粒的灌浆时间，春小麦千粒重发生较大的降低，造成作物减产。所以该阶段的耗水量可以从侧面反映作物灌浆过程中的充足程度。

从表 14-6 中可以看出，ANSW 和 SNSW 两个处理在灌浆期的耗水量要远远高于其他两个处理，分析其原因，主要是在孕穗期后期土壤原始储水量有限，在一定程度上对春小麦的生长造成了水分胁迫，灌浆期复水后，作物自身的补充生长特性使得其生长速率进一步加大，故造成较大的水分消耗，日耗水强度较高。

表14-6 灌浆期耗水量

耕作方式	孕穗（mm）	灌浆（mm）	灌溉水（mm）	≥5mm降水（mm）	耗水量（mm）	日均耗水量（mm/d）
CI	244.83	268.01	215.38	0	192.20	5.49
LI	253.23	274.25	220.51	0	199.49	5.70
ANSW	267.46	255.34	228.21	0	240.32	6.87
SNSW	246.23	236.84	228.21	0	237.60	6.79

注：计算时间为35 d。

3.5 成熟期耗水量变化规律

春小麦成熟期主要是完成小麦籽粒硬化，该阶段作物逐步完成营养和生殖生长，所以作物耗水量较小。表14-7通过水量平衡原理计算出该阶段各处理的阶段耗水量和日耗水强度。由表可以看出，四个处理间的耗水量仍然有一定的差异，主要是由于土壤含水量高低造成的棵间蒸发不同而造成的。

表14-7 收获期耗水量

耕作方式	灌浆（mm）	收获（mm）	差值（mm）	≥5mm降水（mm）	耗水量（mm）	日均耗水量（mm/d）
CI	268.01	214.78	53.23	7.6	60.83	3.38
LI	274.25	196.06	58.19	7.6	65.79	3.87
ANSW	255.34	211.75	43.59	7.6	51.19	2.84
SNSW	236.84	192.75	44.09	7.6	51.69	2.87

注：计算时间为19 d。

就春小麦全生育期耗水情况来看（表14-8和图14-7）：与CI处理相比，SNSW和ANSW两个处理生育期耗水量下降了50~60 mm，日均耗水量分别减少

0.43 和 0.38 mm；而 LI 处理与 CI 处理没有明显差别。

表 14-8　全生育期各处理日均耗水量

处理	播种（mm）	收获（mm）	灌水（mm）	≥5mm 降水（mm）	耗水量（mm）	日均耗水量（mm/d）
CI	270.80	214.73	394.86	31.7	607.18	4.86
LI	245.75	196.09	411.53	31.7	590.66	4.73
ANSW	164.78	211.74	412.83	31.7	560.11	4.48
SNSW	188.41	192.82	410.26	31.7	553.95	4.43

注：计算时间为 125 d。

由图 14-7 可以看出，在苗期 ANSW 和 SNSW 两个处理，由于采用注水播种并施用保水剂，可以很好地减少棵间蒸发，保持表层土壤的水分，使得其日均耗水量明显减低。在拔节期，由于小麦生长并不是很快，作物需水量不是太大，ANSW 和 SNSW 两个处理通过灌溉补充土壤储水量，可以满足小麦生长要求，并不会因土壤缺乏水分，而被迫降低作物生长，从而降低其日均耗水量。在拔节至孕穗期，CI 与 LI 两个处理的日均耗水量要明显高于 ANSW 和 SNSW 两个处理，主要是因为拔节期灌溉补充土壤水分虽然可以满足注水播种两个处理的小麦生长，但土壤原始储水量有限，而小麦在孕穗期作物需水量较大，灌溉补充的水分并不能完全满足小麦生长，在一定程度上减缓了作物生长，造成其日均耗水量降低，这种现象可称作是免储水灌溉注水播种这一灌水模式的后期效应或者是滞后效应。在灌浆期，农田经过三次灌溉的水量补充，四个处理的土壤储水量的差异基本消除，土壤水分可以满足小麦生长要求。但 ANSW 和 SNSW 两个处理，由于孕穗期的水分缺失造成了作物生长减缓，故作物通过自身的复水补充效应，加快了小麦生长，从而消耗了更多的水分，增加了水分的日均消耗。

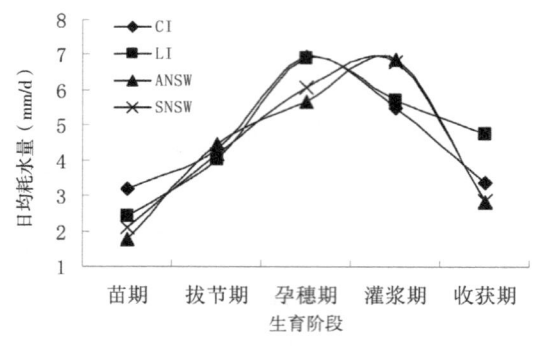

图 14-7　全生育期日均耗水量变化

4 生育期棵间蒸发规律

棵间蒸发是农田水量平衡计算中非常重要的因素，尤其在作物的生长前期，土壤处于裸露状态，棵间蒸发尤为严重。但是，在农田水量平衡的各种计算模型中，如何将棵间蒸发和植物蒸腾区分开来，一直是困扰人们的难题。只有在明确了作物各生育阶段棵间蒸发和植物蒸腾的比例关系后，才能准确地估算农田土壤水分动态，制订合理的灌溉制度，尽可能地减少无效的土壤水分散失，提高水分利用效率。利用 Micro-Lysimete 能准确地对作物各生育阶段的棵间蒸发进行测定。

4.1 各生育期的土壤蒸发量日变化

春小麦农田相对土壤蒸发强度的高低主要受冠层下方表层土壤含水率和地表覆盖度（即叶面积指数）二者的共同影响，图 14-8 表明了各处理春小麦不同生育阶段的日蒸发量。

从图 14-8 可以看出，春小麦苗期四个处理的日土壤蒸发量由于受到土壤含水量影响而出现明显差异，表现为 CI>LI>SNSW>ANSW。在拔节和孕穗期，四个处理间的日蒸发差异主要是因为处理间作物叶面积指数不同造成的，表现为 CI 和 LI 两个处理的明显低于 SNSW 和 ANSW 两个处理。在春小麦灌浆期和成熟期，四个处理的土壤含水率和叶面积指数差异不大，其日土壤蒸发量也趋于一致。

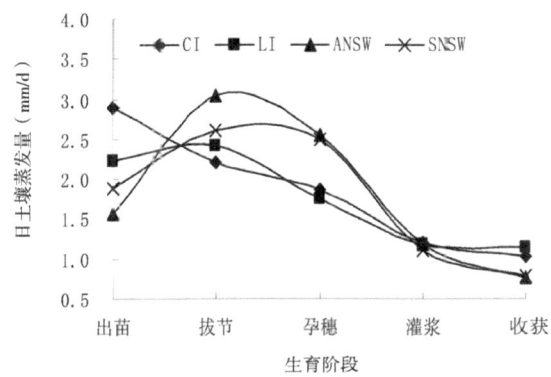

图 14-8 全生育期土壤日蒸发量变化

4.2 各生育阶段棵间蒸发量占阶段耗水量的比例

表 14-9 列出了不同处理春小麦各生育阶段的棵间土壤蒸发量及其与阶段耗水量的比例。苗期由于四个处理间土壤水分存在差异，因此阶段耗水量与棵间土壤蒸发量差异较大，大小顺序为：CI>LI>SNSW>ANSW，其日平均棵间土壤蒸发量分别为 2.90、2.22、1.89 和 1.57 mm。拔节阶段，四个水分处理的棵间土壤蒸发量占阶段耗水量比例明显减小，分别为 41.81%、49.14%、55.78% 和 51.39%，植株蒸腾耗水基本与棵间土壤蒸发耗水量持平，任四个处理间棵间土壤蒸发耗水量差异较大，ANSW 和 SNSW 明显高于其他两个处理，这主要是由于两个处理作物生长较慢，叶面积指数较小造成的。在春小麦孕穗期，田间耗水转向以植物蒸腾耗水为主，各水分处理的棵间土壤蒸发量占阶段耗水量的比例进一步减小，至灌浆阶段，降至最低，介于 16.38%~21.85% 之间。灌浆后随着玉米的成熟，叶片开始衰老、变黄，植株蒸腾能力减弱，棵间土壤蒸发占阶段耗水量的比例又上升到 30% 左右。从全生育期来看，四个处理春小麦棵间土壤蒸发占总耗水量的比例大小顺序为：CI>LI>ANSW>SNSW，其比例分别为 42.89%、42.63%、38.32% 和 36.92%。

表14-9　不同处理春小麦各生育阶段棵间土壤蒸发占阶段耗水量的比例

处理	生育阶段	出苗	拔节	孕穗	灌浆	成熟	全生育期
CI	E（mm）	72.58	59.80	35.55	42.00	19.67	229.60
	ET（mm）	79.17	143.02	131.96	192.20	60.83	607.18
	E/ET（%）	91.68	41.81	26.94	21.85	32.34	42.89
LI	E（mm）	55.59	65.53	33.48	41.61	21.95	218.16
	ET（mm）	60.67	133.35	131.36	199.49	65.79	590.66
	E/ET（%）	91.62	49.14	25.49	20.86	33.36	42.63
ANSW	E（mm）	39.19	82.07	48.58	41.72	14.56	216.13
	ET（mm）	43.92	147.14	107.54	240.32	51.19	590.11
	E/ET（%）	89.24	55.78	45.17	17.36	28.45	38.32
SNSW	E（mm）	47.25	70.51	47.53	38.92	15.06	219.26
	ET（mm）	52.17	137.20	115.29	237.60	51.69	593.95
	E/ET（%）	90.56	51.39	41.23	16.38	29.13	36.92

4.3 生育期叶面腾发规律

通过对春小麦耗水量及棵间蒸发量的分析，就可以算出春小麦各生育阶段作物叶面腾发量，见图14-9。

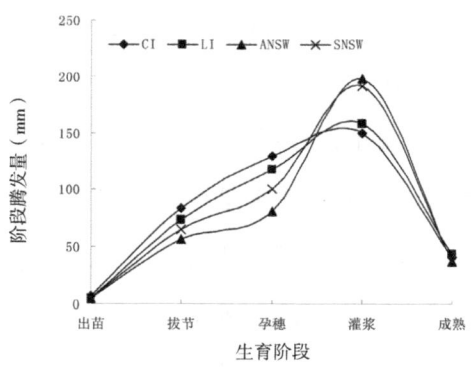

图14-9　全生育期阶段腾发量变化

由图14-9可以看出，四个处理的叶面腾发量均呈单峰曲线。在中前期，免储水灌溉的两个处理的作物生长相对较慢，其叶面腾发量较其他两个处理而言有一定程度的减低。到生育中后期，由于多次灌溉的水分补充及作物复水后的补充效应，使得春小麦的生长加快，所以其叶面腾发量显著提高，甚至要高于CI和LI两个处理。

[十五]

春小麦注水播种生理生态试验研究

1 试验材料与方法

同《小麦免储水灌注水播种技术试验研究》。

2 试验结果分析

2.1 不同处理的出苗率分析

春小麦出苗率对其作物产量形成有着直接的作用,而春小麦出苗率主要受到土壤墒情的影响。对免储水灌溉的处理进行注水播种并加施保水剂,可以有效地提高并保持表层土壤的土壤含水量,从而保证春小麦的出苗率。各处理的春小麦出苗率见表15-1。

表15-1 不同处理的春小麦出苗率

处理	ANSW	CI	LI	SNSW
基本苗数(万株)	34.30	35.22	34.55	34.47
出苗率	91.47%	93.91%	92.13%	91.93%

试验结果(表15-1)表明,四个处理出苗率高低依次为CI>LI>SNSW>ANSW,其中LI处理出苗率92.13%,CI处理出苗率93.91%,ANSW处理和SNSW处理的出苗率分别为91.47%和91.93%。四个处理间的出苗率差异不大,表明减免灌

水定额结合相应的农艺措施并不会对春小麦的出苗产生很大的影响,且实施注水播种并不能完全满足春小麦苗期的水分需求,必须适当提前春小麦第一次灌水的灌水时间才能满足春小麦的生长需求。

2.2 不同处理的叶面积指数(LAI)分析

叶片是小麦进行光合作用的主要器官,叶面积是作物生长状况的重要指标,群体叶面积发展变化基本反映了光合有效面积的大小和光能截获量的多少,最终影响经济产量的高低。过高或过低的叶面积指数均不利于作物冠层有效利用光能。土壤水分变化对小麦叶面积指数以及单茎叶面积有重要影响。

作物叶面积指数随生育期的变化,符合经典 Logistic 曲线(图 15-1)。小麦在生长前期,叶面积指数增长缓慢且呈线性关系;后期营养生长与生殖生长并进,叶面积指数增长迅速,呈 Logistic 形式;至小麦成熟,营养生长逐渐停止,叶面积指数缓慢下降,其变化也呈 Logistic 形式。根据分析,小麦叶面积指数变化的分段模型可描述为:

$$LAI = a+bt \tag{15-1}$$

$$LAI = a_1+\ln(1+a_2\exp(a_3 t)) \tag{15-2}$$

式中:LAI 为小麦的叶面积指数(m^2/m^2);t 为小麦出苗后的天数;a、b、a_1、a_2、a_3 为待定系数。

春小麦叶面积指数随取样天数的变化如表 15-2 所示。根据表 15-2 数据和式(15-1)、(15-2),分别对小麦三个生长阶段的叶面积指数进行拟合,结果如表 15-3。

表 15-2 春小麦叶面积指数观测

取样天数	小麦叶面积指数(m^2/m^2)			
	ANSW	CI	LI	SNSW
1	0.092	0.014	0.011	0.01
6	0.12	0.155	0.139	0.148
16	0.182	0.307	0.264	0.196

续表 15-2

取样天数	小麦叶面积指数（m^2/m^2）			
	ANSW	CI	LI	SNSW
31	0.933	1.2	1.133	1.017
46	2.617	3.6	3.333	3.1
61	3.975	4.512	4.025	4.078
68	4.54	4.9	4.85	4.6
76	4.215	4.636	4.458	4.354
91	3.717	3.9	3.833	3.783
121	2.667	2.9	2.833	2.75

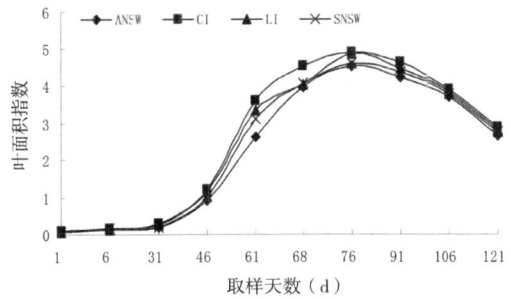

图 15-1　春小麦全生育期叶面积指数变化

从图 15-1 可以看出，四个处理的叶面积指数的变化过程基本一致，可分为三个阶段：第一阶段，作物生长缓慢，叶面积变化较小；第二阶段，作物进入快速生长期，株高、叶长和叶宽急剧变宽，叶面积变化加大；第三阶段，作物生殖生长基本结束，作物叶片逐渐发黄变干，叶面积指数缓慢下降。在拔节后期至孕穗期由于水分缺乏，SNSW 和 ANSW 两个处理的叶面积指数变化趋势减缓，与其他两个处理的叶面积指数产生差距，而到孕穗期复水后两个处理的增长速率又开始提高，使得四个处理间的差距逐步缩小。通过数据分析，对不同处理叶面积指数进行分阶段的模型拟合，可见表 15-3。

表 15-3 春小麦叶面积指数的分阶段模型拟合

处理	时段	模型	模型检验
ANSW	1	LAI = −0.039+0.028t	*
	2	LAI = 11.58−ln（1+182858.37 exp（−0.058t））	**
	3	LAI = 3.798−ln（1+73.61 exp（−0.063t））	**
CI	1	LAI = 0.041+0.026t	**
	2	LAI = 6.615−ln（1+1167.44 exp（−0.063t））	**
	3	LAI = 4.067−ln（1+97.04 exp（−0.072t））	**
LI	1	LAI = 0.027+0.024t	**
	2	LAI = 11.516−ln（1+168854.15 exp（−0.062t））	*
	3	LAI = 3.943−ln（1+84.50 exp（−0.068t））	**
SNSW	1	LAI = 0.041+0.022t	**
	2	LAI = 11.467−ln（1+158244.52 exp（−0.06t））	*
	3	LAI = 3.86−ln（1+76.89 exp（−0.066t））	**

注：*表示5%显著水平；**表示1%显著水平。

其中时段1代表自小麦出苗这段时间，此期间小麦生长缓慢，叶面积指数增长呈缓慢的线性关系。时段2代表拔节期到抽穗期，此期间小麦营养生长与生殖生长并进，叶面积指数增长呈近似Logistic形式。时段3代表自小麦抽穗到成熟这段时间，此期间小麦营养生长逐渐停止，叶面积指数缓慢下降，其变化也呈近似Logistic形式，但模型系数有所不同。经分析表明，模型可较好地说明小麦叶面积指数变化趋势。

2.3 不同处理的春小麦株高分析

株高是冠层结构对水分响应的主要体现者，从各处理株高曲线（图15-2）可以看出，曲线变化都是前期缓慢增长，拔节后快速增长，灌浆后期基本稳定。在春小麦的生育前期和中期，水分胁迫对株高的影响较大。由于SNSW和ANSW两个处理水分原始储存不多，故在拔节后期两个处理土壤含水率不能完全满足作物生长要求，故两个处理的株高生长速率要比CI和LI处理低。

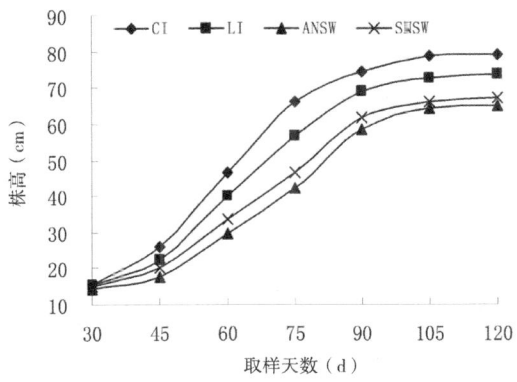

图 15-2 不同处理春小麦株高变化

应用回归分析,建立春小麦播后天数 t 和春小麦株高 Y 之间的关系(表 15-4),采用 Cubic 模型进行回归,建立 $Y=a+bt+ct^2+dt^3$。a,b,c,d 为待定常数。

表 15-4 株高与生长时间的多项式回归模型及参数估计

处理	a	b	c	d	R^2
ANSW	38.399	−1.9224	0.042	−0.0002	0.992
CI	11.696	−0.4751	0.0251	−0.0001	0.994
LI	12.109	−0.4877	0.0235	−0.0001	0.996
SNSW	24.834	−1.1245	0.0312	−0.0002	0.998

1.4 不同处理春小麦的主要经济性状指标及水分生产效率分析

水分利用效率是用来描述作物生长量与水分利用状况之间关系的指标,作物生产周期的灌溉水量包括作物生育期内的灌溉水量和生育期外的灌溉水量之和,不包括有效降雨量。作物生育期外的灌溉水量也是必要的灌水量,它包括冬灌水量、春季播前灌水量以及灌溉洗盐水量。因此,在作物生产周期内,灌溉的目的不仅仅是为了供给作物生长需要的水分,还应当包括调节作物生长所需要的环境。

$$\text{WUE} = \frac{Y}{ETQ} \quad (15-3)$$

式中：Y 为单位面积上的经济产量（kg/hm²）；ETQ 为单位面积上的实际蒸发蒸腾量或田间耗水量，用"mm"或"m³/hm²"表示，即消耗单位深度的水量所生产的产量。

$$\text{IWUE} = \frac{Y}{W} \quad (15-4)$$

式中：IWUE 为灌溉水生产效率（kg/hm²）；Y 为单位面积上的经济产量（kg）；W 为单位面积灌溉水量（m³/hm²）。

式中：ETQ 并不是单纯的灌溉水量，而是农田作物所消耗的各种来水量，包括灌溉、有效降雨以及地下水的补给量；WUE 是作物生产中技术与管理综合作用的结果。本文采用水分利用效率 WUE 和灌溉水生产效率 IWUE 指标来评价各处理的水分利用和灌溉水利用的效果，反映灌溉水量与产量关系的灌溉水生产效率或单方水效益。表 15-5 列出了春小麦的主要经济性状指标、水分利用效率和灌溉水生产效率。

表 15-5　不同处理春小麦的主要经济性状指标及水分利用效率

处理	产量 （kg/hm²）	穗长 （cm）	有效小穗数 （个）	千粒重 （g）	水分利用效率 （kg/mm）	灌溉水利用效率 （kg/hm²）
ANSW	5327.28	8.8	13.90	41.58	8.49	9.77
CI	5919.22	9.2	14.25	45.81	8.13	8.74
LI	5798.29	9.1	13.93	48.16	8.33	9.15
SNSW	5449.50	8.7	13.92	42.39	8.96	10.04

从表看出，ANSW、LI 和 SNSW 三个处理产量分别与 CI 处理相差 10.87%、5.02% 和 6.16%。然而水分利用效率分别提高了 0.36 kg/hm²、0.20 kg/hm² 和 0.63 kg/hm²，而灌溉水利用效率则差异更加明显，ANSW、LI 和 SNSW 三个处理的 IWUE 分别较 CI 处理提高 1.03 kg/hm²、0.41 kg/hm² 和 1.30 kg/hm²，明显地提高了水分的有效利用。应该注意到，ANSW 处理的产量差异太过明显，主要是由于农田休闲期没有得到足够的水分补充，土壤储水量十分有限所致。在实际生产应

用中,采用免冬季储水灌溉必须结合农田休闲期相应的农艺或化学节水措施,这样才能在不过分伤害农民利益的前提下,实现经济效益和环境效益的结合。

2.5 不同处理产量构成因子的主成分分析

由于不同耕作方式各处理之间产量变化不稳定的原因,对构成春小麦产量因子进行分析,从内在关系上找出导致产量不同的具体因子。

由表15-6可以看出,经方差分析,株高和千粒重两个因子在四个处理间的差异比较明显。CI的株高值最大,为79.3 cm,比LI、SNSW和ANSW分别提高了7.31%、18.01%和20.33%;LI的千粒重最大,为48.16 g,比CI、SNSW和ANSW分别提高了5.13%、13.61%和15.82%,四个处理在其他产量构成因子中都没有显著性差异。

表15-6 不同耕作灌溉模式下春小麦产量构成表

处理	株高(cm)	穗长(cm)	小穗数(个)	单株重(g)	穗粒数(个)	穗粒重(g)	千粒重(g)
ANSW	65.9^{bA}	8.8^{aA}	15.76^{aA}	3.15^{aA}	33.00^{aA}	1.52^{aA}	41.58^{bA}
CI	79.3^{aA}	9.2^{aA}	16.07^{aA}	4.11^{aA}	37.67^{aA}	1.92^{aA}	45.81^{abA}
LI	73.9^{abA}	9.1^{aA}	15.68^{aA}	3.68^{aA}	35.67^{aA}	1.78^{aA}	48.16^{aA}
SNSW	67.2^{abA}	8.7^{aA}	15.55^{aA}	3.25^{aA}	33.67^{aA}	1.62^{aA}	42.39^{bA}

将株高、穗长、小穗数、单株重、穗粒数、穗粒重和千粒重7个因子作主成分分析。特征值大于0.8的提出作为主成分分析。应用DPS7.05分析,见表15-7至表15-22。

表15-7 ANSW处理构成产量各因子相关系数矩阵

因子	穗粒数	穗粒重	单株重	株高	穗长	小穗数	千粒重
株高	1.0000	0.0673	0.2726	−0.0293	0.0538	−0.0989	0.1138
穗长	0.6361	1.0000	0.0848	0.3415	0.0695	−0.0238	−0.1480
单株重	0.7367	0.8319	1.0000	0.5904	−0.0952	−0.1359	0.0305
穗重	0.7058	0.8580	0.9511	1.0000	0.0898	0.3914	0.5619

续表 15-7

因子	穗粒数	穗粒重	单株重	株高	穗长	小穗数	千粒重
小穗数	0.4155	0.5365	0.5363	0.5988	1.0000	0.2884	−0.0401
穗粒数	0.5772	0.7461	0.8089	0.8814	0.6411	1.0000	0.0970
穗粒重	0.6930	0.7922	0.9070	0.9498	0.5625	0.8480	1.0000

表 15-8　ANSW 处理特征值及主成分贡献率

因子	特征值	百分率（%）	累计百分率（%）
株高	5.4108	77.2975	77.2975
穗长	0.6465	9.2354	86.5329
单株重	0.4230	6.0424	92.5753
穗重	0.2555	3.6498	96.2251
小穗数	0.1544	2.2057	98.4308
穗粒数	0.0830	1.1859	99.6167
穗粒重	0.0268	0.3833	100.0000

表 15-9　ANSW 处理主成分载荷矩阵

因子	第一主成分	第二主成分
株高	0.7735	−0.3487
穗长	0.8859	−0.0714
单株重	0.9496	−0.1534
穗重	0.9771	−0.0539
小穗数	0.6804	0.6802
穗粒数	0.9014	0.1571
穗粒重	0.9464	−0.0773

表 15-10　ANSW 处理因子得分系数矩阵

因子	第一主成分	第二主成分
株高	0.8428	0.0974
穗长	0.7971	0.3931
单株重	0.8939	0.3553
穗重	0.8665	0.4549
小穗数	0.2353	0.9329
穗粒数	0.6932	0.5971
穗粒重	0.8521	0.4190

表 15-11　CI 处理构成产量各因子相关系数矩阵

因子	穗粒数	穗粒重	单株重	株高	穗长	小穗数	千粒重
株高	1.0000	0.0135	0.6217	−0.4483	0.1087	−0.2967	0.2313
穗长	0.2162	1.0000	−0.0476	0.2925	0.6054	0.3426	−0.3547
单株重	0.5394	0.6665	1.0000	0.8731	−0.1077	0.1494	−0.3144
穗重	0.4149	0.7048	0.9720	1.0000	−0.0101	−0.2775	0.6453
小穗数	0.0697	0.6916	0.2907	0.3335	1.0000	0.1018	−0.0018
穗粒数	0.1503	0.7054	0.7415	0.8098	0.4513	1.0000	0.7315
穗粒重	0.3242	0.6423	0.8814	0.9375	0.3292	0.8985	1.0000

表 15-12　CI 处理特征值及主成分贡献率

因子	特征值	百分率（%）	累计百分率（%）
株高	4.5967	65.6670	65.6670
穗长	1.1637	16.6248	82.2918
单株重	0.7871	11.2446	93.5364
穗重	0.2350	3.3577	96.8941
小穗数	0.1603	2.2905	99.1846
穗粒数	0.0464	0.6635	99.8480
穗粒重	0.0106	0.1520	100.0000

表 15-13　CI 处理主成分载荷矩阵

因子	第一主成分	第二主成分
株高	0.4315	0.6512
穗长	0.8287	−0.3727
单株重	0.9316	0.2844
穗重	0.9565	0.1706
小穗数	0.5287	−0.6741
穗粒数	0.8878	−0.1596
穗粒重	0.9347	0.1046

表 15-14　CI 处理因子得分系数矩阵

因子	第一主成分	第二主成分
株高	0.7594	0.1831

续表15-14

因子	第一主成分	第二主成分
穗长	0.3531	−0.8372
单株重	0.8759	−0.4261
穗重	0.8166	−0.5264
小穗数	−0.0719	−0.8536
穗粒数	0.5414	−0.7214
穗粒重	0.7557	−0.5599

表15-15 LI处理构成产量各因子相关系数矩阵

因子	穗粒数	穗粒重	单株重	株高	穗长	小穗数	千粒重
株高	1.0000	0.3388	0.3288	−0.0595	0.3569	0.0440	−0.2180
穗长	0.3547	1.0000	−0.0835	−0.0167	0.0564	−0.0066	0.0819
单株重	0.2932	−0.0301	1.0000	0.7746	−0.0627	0.0715	−0.2282
穗重	0.2218	−0.0426	0.9822	1.0000	0.0797	0.0026	0.7168
小穗数	0.4926	0.2002	0.2861	0.2627	1.0000	0.2382	−0.1328
穗粒数	0.2273	−0.0186	0.9143	0.9308	0.3188	1.0000	0.3725
穗粒重	0.1534	−0.0491	0.9523	0.9817	0.2233	0.9353	1.0000

表15-16 LI处理特征值及主成分贡献率

因子	特征值	百分率（%）	累计百分率（%）
株高	4.0438	57.7684	57.7684
穗长	1.5862	22.6605	80.4289
单株重	0.7530	10.7569	91.1858
穗重	0.4828	6.8978	98.0836
小穗数	0.0934	1.3341	99.4177
穗粒数	0.0328	0.4691	99.8868
穗粒重	0.0079	0.1132	100.0000

表15-17 LI处理主成分载荷矩阵

因子	第一主成分	第二主成分
株高	0.3537	0.7645

续表 15-17

因子	第一主成分	第二主成分
穗长	0.0232	0.7160
单株重	0.9764	−0.0988
穗重	0.9786	−0.1537
小穗数	0.4059	0.6346
穗粒数	0.9571	−0.1055
穗粒重	0.9624	−0.2044

表 15-18 LI 处理因子得分系数矩阵

因子	第一主成分	第二主成分
株高	0.1641	0.8262
穗长	−0.1457	0.7014
单株重	0.9723	0.1334
穗重	0.9874	0.0806
小穗数	0.2453	0.7122
穗粒数	0.9551	0.1224
穗粒重	0.9835	0.0275

表 15-19 SNSW 处理构成产量各因子相关系数矩阵

因子	穗粒数	穗粒重	单株重	株高	穗长	小穗数	千粒重
株高	1.0000	−0.0587	−0.0279	0.1624	0.0744	−0.2211	−0.0321
穗长	−0.0145	1.0000	0.1231	−0.0356	0.2246	0.3707	0.1566
单株重	0.1805	0.6065	1.0000	0.9024	0.0655	−0.2812	−0.1481
穗重	0.1760	0.6323	0.9625	1.0000	−0.1944	0.5525	0.1072
小穗数	−0.0342	0.2971	0.0284	0.0315	1.0000	0.2493	0.0080
穗粒数	−0.0006	0.7236	0.7554	0.8243	0.2278	1.0000	−0.0368
穗粒重	−0.0537	0.1414	−0.0240	0.0157	0.0602	0.0628	1.0000

表 15-20 SNSW 处理特征值及主成分贡献率

因子	特征值	百分率（%）	累计百分率（%）
株高	3.3140	47.3422	47.3422

续表 15-20

因子	特征值	百分率（%）	累计百分率（%）
穗长	1.2282	17.5463	64.8886
单株重	0.9458	13.5119	78.4005
穗重	0.9260	13.2292	91.6296
小穗数	0.3573	5.1049	96.7346
穗粒数	0.2004	2.8633	99.5979
穗粒重	0.0281	0.4021	100.0000

表 15-21　SNSW 处理主成分载荷矩阵

因子	第一主成分	第二主成分	第三主成分	第四主成分
株高	0.1332	−0.5937	0.1243	0.7760
穗长	0.8171	0.2825	−0.0359	0.0106
单株重	0.9185	−0.2450	0.0418	−0.0817
穗重	0.9451	−0.2116	0.0706	−0.0820
小穗数	0.2192	0.6381	−0.4945	0.5125
穗粒数	0.9156	0.1032	−0.0491	−0.0943
穗粒重	0.0742	0.5229	0.8218	0.1971

表 15-22　SNSW 处理因子得分系数矩阵

因子	第一主成分	第二主成分	第三主成分	第四主成分
株高	0.0600	−0.0108	−0.0237	0.9917
穗长	0.7815	0.3258	0.1510	−0.0958
单株重	0.9365	−0.0897	−0.0608	0.1522
穗重	0.9611	−0.0796	−0.0188	0.1387
小穗数	0.0773	0.9777	0.0189	−0.0071
穗粒数	0.9074	0.1750	0.0334	−0.0710
穗粒重	0.0263	0.0240	0.9957	−0.0234

从上述表可以看出，在影响春小麦产量的 7 个因子中，不同的耕作方式各因子对产量具有不同的贡献率：在 ANSW 模式下，构成第一个主成分中的穗重、单株重和穗粒重对产量贡献率大，构成第二个主成分中的穗粒数和小穗数对产

量的贡献率大；在 CI 模式下，构成第一个主成分中的穗重、穗粒重和单株重对产量的贡献率大，构成第二个主成分中的只有株高对产量的贡献率大；LI 模式下，在构成第一个主成分中单株重、穗重、穗粒数和穗粒重四个因子对产量的贡献率大，在第二个主成分中株高、穗长和小穗数对产量的贡献率大；在 SNSW 模式下，在特征值取大于 0.8 的条件下，有四个主成分，构成第一个主成分中的单株重、穗重和穗长对产量贡献率大，构成第二个主成分中的只有小穗数对产量的贡献率大，构成第三个主成分中的只有穗粒重对产量的贡献率大，构成第四个主成分中的只有株高对产量的贡献率大。可见，播种及储水模式变化后，对构成春小麦产量各因子也有一定的影响，不同的模式具有不同的主成分和不同的贡献因子。SNSW 这一耕作灌溉模式可以优化春小麦的产量因子结构。

[十六]

春小麦免储水灌全膜覆盖穴播技术试验研究

1 试验设计

2009年小麦免储水灌全膜覆盖穴播技术试验设置4个处理，各处理随机布置，每个处理设计3个重复，小麦于3月25日播种，各处理播种及灌水方案见表16-1和表16-2。

表16-1 小麦播种及灌水方案

处理	T1	T2	T3	T4
耕地	春耕后灌水	灌水后耕地	春耕	春耕
覆膜	不覆	不覆	灌水后半覆膜	全覆膜
灌水	900 m³/hm²	900 m³/hm²	900 m³/hm²	播种后膜上灌 600 m³/hm²
播种	正常播种	正常播种	穴播机播种	保水剂拌种、穴播机播种、然后灌水

表16-2 2009年试验灌溉方案表

	灌溉时间	灌水定额（mm）			
		T1	T2	T3	T4
冬季储水灌溉	2007年11月20日	0	0	0	0
春灌	2008年3月22日	90	90	90	0
	2008年3月25日	0	0	0	60
生育期第一水	2008年4月25日	90	90	60	60
生育期第二水	2008年5月20日	105	105	90	90
生育期第三水	2008年6月7日	105	90	90	90
生育期第四水	2008年6月25日	90	90	90	90
灌溉定额	—	480	465	420	390

由表 16-1 可以看出，对照春季灌水定额为 900 m³/hm²，本试验小区按试验地自然地形随机布置，各小区面积为 2.5 m×12 m。在各小区之间留有 30 cm 宽、20 cm 高的小埂以供试验灌溉和观测，在试验地两侧设保护区，一侧保护区面积为 11.5 m×3 m，另一侧为 11.5 m×2 m。试验小区布置如图 16-1。

保护区				保护区				保护区			
T4	T1	T2	T3	T1	T4	T2	T3	T4	T3	T2	T1
保护区				保护区				保护区			

图 16-1 小麦小区布置情况

1.1 田间管理

本试验采用常规耕作施肥方法。施用化肥如下：小麦试验区施氮肥 300 kg/hm²（尿素，46%N），磷肥 150 kg/hm²（磷二铵，16%P_2O_5）。在抽穗期随水追肥 1 次，每次 225 kg/hm² 尿素。试验中作物的灌水定额参照小麦的适宜灌溉制度，定量如下：小麦试验区及对照处理的各小区灌水定额 900 m³/hm²（4 m³/小区），试验方法采用人工控制灌水，由水表测量灌水量。记录每次灌水量、灌水时间。

1.2 试验方法

在小麦生育期内观测记载气温、湿度、降水、蒸发、风速等气象因素，同时观测记载灾害性天气的变化过程和时间。

主要记载小麦的生育期，观察、记录作物各个重要生育时期和该时期高峰出现的时间。对于防霜冻、防干热风危害等，还要调查作物受害的程度，记载不同灌水方法和不同水分状况下，植株外部形态的变化。

在播种前 2 d、每次灌水前及小麦收获后，共分 5 层：0~20 cm、20~40 cm、40~60 cm、60~80 cm、80~100 cm 测定各处理土壤含水量。2、6、8、11 小区中

埋设蒸渗桶观察各处理的田间蒸发量，蒸渗桶每天用电子秤称重。

考种：收获时每个小区取 15~20 株小麦测定穗长、小穗数、穗重、穗粒数、穗粒重及百粒重。

产量计算：产量（kg/hm²）= 每公顷穗数 × 每穗粒数 × 千粒重，测总干物质。按各小区单打单收，分别计各小区籽粒产量。

2 试验结果分析

2.1 生育期土壤含水率动态变化

根据春小麦土壤棵间蒸发及作物根系吸水的特点，将试验地 0~100 cm 土层划分为三层：①蒸发层（0~30 cm）。②灌溉及根系决定层（30~80 cm）。③传导层（80~100 cm）。图 16-2 至图 16-3 分别为全生育期 0~100 cm、0~30 cm 土层土壤水分动态变化。

从图 16-2 至图 16-3 可以看出，0~30 cm 的蒸发层土壤水分变化最为强烈，且与 0~100 cm 整个计划湿润层的变化趋势较为一致。图 16-2 中，T1 和 T2 两个处理由于未覆膜，在生育期前期 0~30 cm 深度的土壤水分远远低于灌水后覆膜的 T3 处理，虽然 T4 覆膜后膜上灌水量较少，但能较好地提高并保持 20~30 cm 的土壤含水率，到生育期后期经过数次灌溉，土壤含水率分布及变化趋势逐步一致；80~100 cm 传导层土壤水分变化最小，基本处在 9%~14% 之间，无剧烈变化。

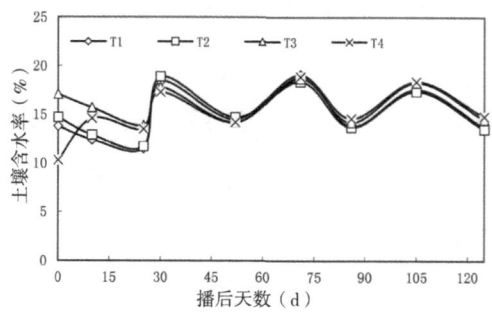

图 16-2　全生育期 0~100 cm 土层土壤水分动态

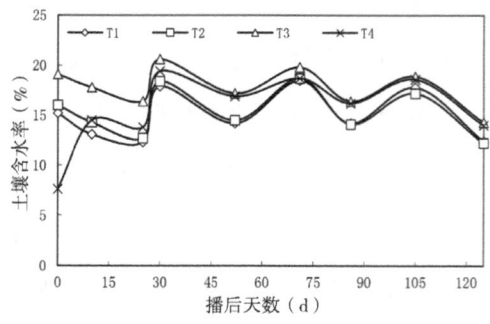

图 16-3　全生育期 0~30 cm 土层土壤水分动态

2.2 全生育期春小麦耗水特性分析

从表 16-3 可以看出，春小麦整个出苗阶段，免冬季储水灌全膜覆盖处理由于土壤含水率较低而且在播种时使用保水剂，很好地抑制了土壤的棵间蒸发，比 T1 处理的耗水量下降了 65.2%。

在拔节期，春小麦生长速率开始加快，对土壤水分的要求进一步加大，如果水分亏缺会对春小麦的株高及叶面积造成极大的不利影响。由表可以看出，在这一阶段 T3 和 T4 两个处理虽然灌水量较少，但由于覆膜抑制了棵间蒸发，其土壤水分可以满足春小麦生长要求，耗水量与其他两个处理没有差异。

孕穗期与出苗至拔节期相比，春小麦开始进入营养生长阶段，植株生长旺盛，蒸腾作用强烈，对土壤中的水分消耗大，且以植物蒸腾为主。由于 T3 和 T4 两个处理可抑制土壤蒸发，所以该阶段耗水量要略低于 T1 处理的耗水量。

灌浆期是春小麦获得最终产量的关键阶段，要求土壤水分要基本处于田间持水率的 60%~80%，才能较好的完成籽粒灌浆的过程。如果含水量较低，就会使得未充分饱满的籽粒发生硬化，从而缩短籽粒的灌浆时间，导致春小麦千粒重发生较大的降低，造成作物减产。所以该阶段的耗水量可以从侧面反映作物灌浆过程中的充足程度。T3 和 T4 两个处理在灌浆期的耗水量要略低于其他两个处理。

春小麦成熟期主要是完成小麦籽粒硬化，该阶段作物逐步完成营养和生殖生长，所以作物耗水量较小。由表可以看出，四个处理间的耗水量无差异。就春小麦全生育期耗水情况来看：与 T1 处理相比，T4 处理生育期耗水量下降了 66 mm，日均耗水量分别减少 0.53 mm；而其他处理没有明显差别。

表16-3 春小麦各生育期耗水量

处理	苗期			拔节期			孕穗期			灌浆期			成熟期			全生育期	
	耗水量(mm)	耗水模数(%)	耗水强度(mm/d)	耗水量(mm)	耗水模数(%)	耗水强度(mm/d)	耗水量(mm)	耗水模数(%)	耗水强度(mm/d)	耗水量(mm)	耗水模数(%)	耗水强度(mm/d)	耗水量(mm)	耗水模数(%)	耗水强度(mm/d)	耗水量(mm)	耗水强度(mm/d)
T1	34.5	6.14	1.38	45	8.01	1.67	181.6	32.32	9.56	228	40.58	6.51	72.8	12.96	3.83	561.9	4.50
T2	45	8.39	1.80	45	8.39	1.67	168.1	31.34	8.85	205.5	38.31	5.87	72.8	13.57	3.83	536.4	4.29
T3	48	8.95	1.92	55.5	10.35	2.06	165.1	30.78	8.69	196.5	36.63	5.61	71.3	13.29	3.75	536.4	4.29
T4	12	2.42	0.48	49.5	9.98	1.83	168.1	33.90	8.85	198	39.93	5.66	68.3	13.77	3.59	495.9	3.97

2.3 春小麦产量及水分生产效率分析

免储水灌全膜覆盖穴播小麦各处理产量效应及水分利用效率见表 16-4 和表 16-5。经试验数据计算可得，处理 T3 和 T4 较对照增产明显，其产量分别为 6566.72 kg/hm² 和 6619.19 kg/hm²，其增产率为 3.55% 和 4.37%。对于节水率来说，T4 的节水率是最高的，为 11.75%。就水分利用效率而言，T1 处理的农田总供水利用效率 1.13 kg/m³ 是最低的；水分利用效率最高的处理是 T4，为 1.33 kg/m³，较对照提高 17.70%。

表 16-4 全膜穴播小麦各处理产量构成因素

处理	株高 （cm）	穗长 （cm）	小穗数 （个）	单株重 （g）	穗粒数 （个）	穗粒重 （g）	千粒重 （g）
T1	75.6	8.9	15.76	3.15	33.00	1.52	43.58
T2	74.3	9.2	16.03	3.65	35.67	1.82	45.71
T3	79.9	9.3	16.08	3.88	36.67	1.88	48.86
T4	72.2	9.1	16.55	3.75	35.67	1.92	49.39

表 16-5 全膜穴播小麦各处理产量、增产率和节水率

处理	灌水量 （mm）	耗水量 （mm）	产量 （kg/hm²）	增产率 （%）	节水率 （%）	水分利用效率（kg/m³）
T1	480	561.9	6341.83	—	—	1.13
T2	465	536.4	6386.81	0.71	4.54	1.19
T3	420	536.4	6566.72	3.55	4.53	1.22
T4	390	495.9	6619.19	4.37	11.75	1.33

2.4 免储水灌全膜覆盖穴播小麦经济效益

通过本试验及灌区现状，结合当地市场调查，对小麦的生产成本进行估算。其投入产出分析见表 16-6。从统计结果中看出 T3、T4 处理投入略大，主要是由于增加了地膜及保水剂的投入，产出（包括籽粒产出和秸秆产出）为 13 952.62 元 /hm²~14 400.387 元 /hm²，净产值 7717.62 元 /hm²~8105.38 元 /hm²，虽然 T4 投入略多，但其产量有所提高，净产值较对照增加 364.72 元 / hm²。

表 16-6 全膜穴播小麦投入、产出分析

处理	投入（元/hm²）种子、化肥、劳力机械费	产出（元/hm²）籽粒产量	秸秆产量	总计（元/hm²）	净产值（元/hm²）	投产比
T1	6235	12683.66	1292	13975.66	7740.66	1∶2.24
T2	6235	12773.62	1179	13952.62	7717.62	1∶2.24
T3	6275	13133.44	1168	14301.44	8026.44	1∶2.28
T4	6295	13238.38	1162	14400.38	8105.38	1∶2.29

[十七]

民勤县玉米免储水灌注水行播技术试验研究

1 试验材料与方法

1.1 试验地点

试验点位于民勤县大滩乡东大村的甘肃省水利科学研究院民勤试验基地，示范辐射区位于大滩乡下全村，试验及示范辐射区地处民勤绿洲和腾格里沙漠交界地带，地理坐标东经103°05′，北纬38°37′，属典型的大陆性荒漠气候，气候干燥，降水稀少，蒸发量大，风沙多，自然灾害频繁。多年平均气温7.8℃，极端最高气温39.5℃，极端最低气温 -27.3℃，平均湿度45%，多年平均降水110 mm，多年平均蒸发量2644 mm，年日照时数3028 h，光热资源丰富，≥0℃积温3550℃，≥10℃积温3145℃，无霜期150 d，最大冻土深115 cm。试验区土质0~60 cm为黏壤土，60 cm以下逐渐由黏壤土变为沙壤土，土壤平均容重为 1.54 g/cm³（表17-1）。

表17-1 试验田土壤容重和田间持水量

土层 （cm）	播前容重 （g/cm³）	收获后容重 （g/cm³）	田间持水量	
			质量（%）	体积（%）
0~20	1.475	1.527	19.65	29.06
20~40	1.665	1.558	16.45	27.31
40~60	1.475	1.666	12.15	17.80

1.2 试验设计方案

2008年试验共设 6 个处理（表 17-2），以常规覆膜穴播膜上灌溉为对照处理，其余处理采用注水播种技术，保水剂为"白金子"，施用量分别为 2.5 g/m²、1.5 g/m²、0.5 g/m²、0 g/m² 以及保水剂拌种处理，以常规地膜玉米为对照。玉米播种前先人工开沟，沟宽 20 cm，沟深 10 cm，注水量为 240 m³/hm²，每个沟注水量按小区面积换算后用人工注水，注水后将保水剂拌土直接撒入播种时所开沟中，撒好保水剂后人工点播，播后人工将注水沟填平并覆膜，玉米生育期灌水 5 次，灌水定额 900 m³/hm²，灌溉定额 4500 m³/hm²（不包括播种时注水量及春灌水量）。

表 17-2　玉米 2008 年免储水灌施用保水剂注水播种技术试验设计

处理	春灌水 (m³/hm²)	注水量 (m³/hm²)	保水剂量 (g/m²)	各生育阶段灌水量 (m³/hm²)					
				播种—出苗期	拔节—大喇叭口期	大喇叭口—抽穗期	抽穗—灌浆期	灌浆—乳熟期	乳熟—收获期
CK	1200	0	0	0	900	900	900	900	900
YB0	0	240	0	0	900	900	900	900	900
YB0.5	0	240	0.5	0	900	900	900	900	900
YB1.5	0	240	1.5	0	900	900	900	900	900
YB2.5	0	240	2.5	0	900	900	900	900	900
YBH	0	240	拌种	0	900	900	900	900	900

2009 年试验设置 5 个处理（表 17-3），分别为保水剂施用量 2.5 g/m²，注水量 240 m³/hm²；保水剂拌种注水播种，注水量 240 m³/hm²；保水剂施用量 2.5 g/m²，注水量 120 m³/hm²；不加保水剂注水播种，注水量 240 m³/hm²；玉米播种前先人工开沟，沟宽 20 cm，沟深 10 cm，每个沟注水量按小区面积换算后用潜水泵从试验地附近蓄水池抽取，注水后将保水剂拌土直接撒入播种时所开沟中，撒好保水剂后人工点播，播后人工将注水沟填平并覆膜，以常规地膜玉米为对照处理，在各处理含水率达到设计水平时，即进行灌水，每次灌水 900 m³/hm²。

表 17-3 玉米 2009 年免储水灌施用保水剂注水播种技术试验设计

处理	注水量（m³/hm²）	保水剂量（g/m²）	各生育阶段灌水量（m³/hm²）					
			播种－出苗期	拔节－大喇叭口期	大喇叭口－抽穗期	抽穗－灌浆期	灌浆－乳熟期	乳熟－收获期
CK	0	0	0	900	900	900	900	900
YB2.5-120	120	2.5	0	900	900	900	900	900
YB2.5-240	240	2.5	0	900	900	900	900	900
YBH	240	拌种	0	900	900	900	900	900
YB0	240	0	0	900	900	900	900	900

1.3 田间管理

玉米按行距 45 cm，株距 30 cm 播种。播前进行试验田平整、施底肥、喷除草剂及选种等工作。底肥使用量为氮肥 300 kg/hm²（尿素，46%N），磷肥 150 kg/hm²（磷二铵，16%P$_2$O$_5$），播种后覆膜。在大喇叭口期、灌浆期、乳熟期随水追肥 3 次，每次 225 kg/hm² 尿素。

1.4 测试项目及方法

试验主要测定 0~120 cm 土壤水分含率、土壤水分扩散规律、土壤容重、田间最大持水量、灌水量、灌水时间、作物生长发育指标（包括基本苗数、密度、穗数及株高、叶面积、干物质等）、棵间蒸发、孔隙率、储水量、均匀度、产量及常规气象资料等。

2 试验结果分析

2.1 玉米注水行播后土壤水分扩散规律

2.1.1 注水行播后土壤水分横向扩散规律

各处理施用保水剂注水播种后不同时段注水原点（土表面以下 10 cm）土壤水分横向变化情况如图 17-1 和 17-2 所示。从图中可以看出，在注水播种后

24 h、72 h 时各处理注水原点含水量均高于其他测试点，其中以 YB2.5 最高，YB1.5 次之，主要是由于注水播种时采用的保水剂量较大，使注水原点周围含水量较离注水原点远的测点土壤含水率高；在离注水原点较远的地方，处理 YB0、YBH 和 YB0.5 的含水率却高于 YB2.5 及 YB1.5，这主要是因为使用保水剂量较大的处理使土壤水分聚集在注水原点周围，使其水分横向扩散较慢，而其他处理使用保水剂量较小，使水分横向扩散较快，到注水 72 h 后处理 YB0 和 YB0.5 在注水原点含水量与横向 20 cm 处已差别不大。

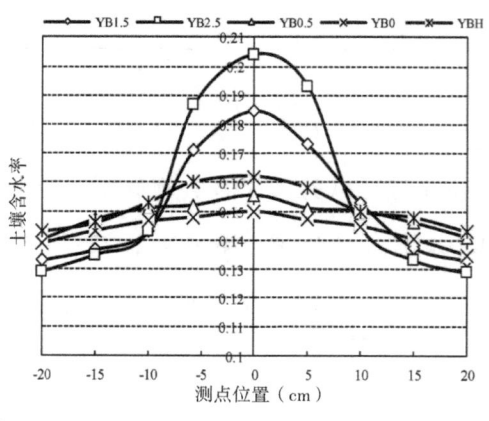 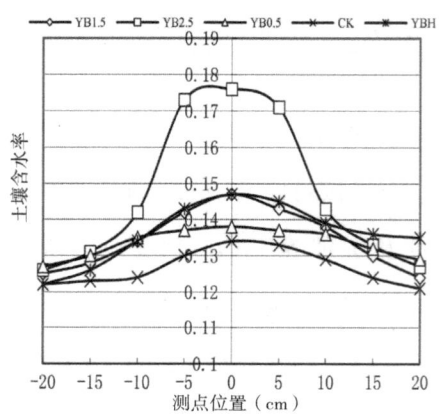

图 17-1　各处理 24 h 时注水原点（土表面以下 10 cm）土壤水分横向变化　　图 17-2　各处理 72 h 时注水原点（土表面以下 10 cm）土壤水分横向变化

2.1.2 注水行播后土壤水分纵向扩散规律

各处理施用保水剂注水播种后不同时段在注水原点（土表面以下 10 cm）的土壤水分纵向变化情况如图 17-3、17-4 所示。由图可知，在注水播种后 24 h、48 h、72 h 时各处理在注水原点含水量均高于纵向其他测试点，其中以 YB2.5 最高，YB1.5 次之，但处理 YB0、YBH 和 YB0.5 在注水原点含水量与注水点以下土壤含水率差别不大。同时也可以看出在上述时段离注水原点较深的地方，YB0、YBH 和 YB0.5 的含水量却高于 YB2.5 及 YB1.5，这主要是由于保水剂使 YB2.5 及 YB1.5 的土壤水分聚集在注水原点，使其水分纵向扩散较慢，而其余处理水分纵向扩散较快，另外也可看出各处理注水原点以上土壤含水量较注水原点以下小，主要是由于水分受重力作用向下扩散比向上扩散快。

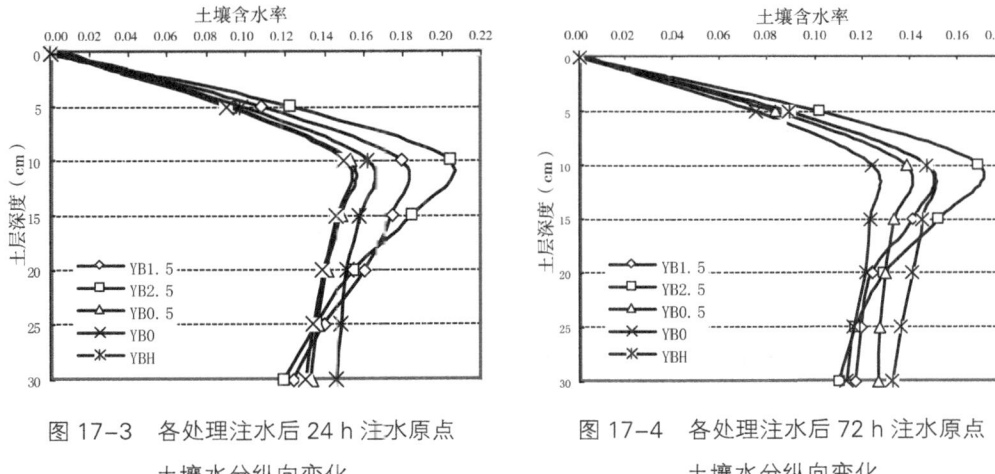

图 17-3 各处理注水后 24 h 注水原点
土壤水分纵向变化

图 17-4 各处理注水后 72 h 注水原点
土壤水分纵向变化

2.2 注水原点含水量随时间变化

各处理注水以点（X-0，Y-0）为中心向四周呈放射性浸润、扩散，且注水点处土壤含水率随水分的浸润、扩散历时的延长，其值也发生变化，呈逐渐降低的趋势。水分浸润、扩散的速度与土样初始土壤含水率有关，初始土壤含水率越小，水分浸润、扩散速度就越快。各处理注水原点土壤含水量随时间变化见图 17-5。

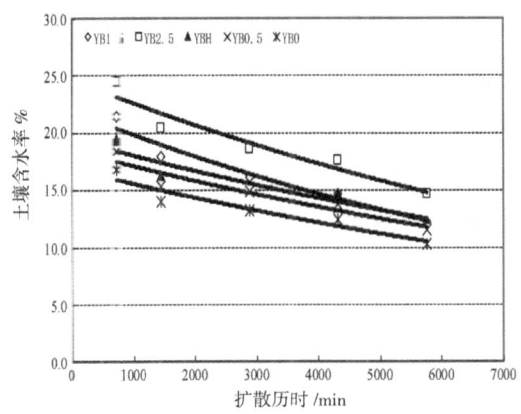

图 17-5 各处理注水原点土壤含水率随时间变化

由上图可知由于保水剂的保水作用，处理 YB2.5 在注水原点的含水量均高于其他处理，各处理在注水原点土壤水分变化符合指数形式，其拟合方程为：

YB2.5　　$Y=24.654e^{-9E-05X}$　　$R^2=0.9304$

YB1.5　　$Y=21.906e^{-1E-04X}$　　$R^2=0.957$

YB0.5　　$Y=18.505e^{-8E-05X}$　　$R^2=0.9041$

YBH　　$Y=19.449e^{-8E-05X}$　　$R^2=0.8972$

YB0　　$Y=19.906e^{-8E-05X}$　　$R^2=0.9184$

2.3 注水播种 72 h 内田间蒸发量变化规律

各处理注水后 72 h 内田间水分蒸发量按各处理注水量及保水剂使用方法在保护地同时进行模拟试验，土壤含水率测定按试验地所设定的网格进行，测定时间与试验地测定时间同步。各时段土壤储水量沿注水沟按 100 cm×60 cm×50 cm 长方体土体计算，计算边界离注水原点距离分别为左右两侧各 30 cm、向上 10 cm、向下 40 cm，沿注水沟长度方向取 100 cm 计算，测试结果见表 17-4 所示。

表 17-4　各处理 72 h 内田间水分蒸发量

处理	播前储水量（kg）	注水量（kg）	播后 24h 储水量（kg）	播后 48h 储水量（kg）	播后 72h 储水量（kg）	播后 24h 蒸发（mm）	播后 48h 蒸发量（mm）	播后 72h 蒸发量（mm）
YB1.5	50.03	11.93	60.57	57.457	55.08	2.29	5.22	3.96
YB2.5	50.49	11.93	61.51	58.852	55.82	1.52	4.22	5.05
YB0.5	48.28	11.93	56.92	54.862	52.82	5.49	3.42	3.40
YB0	49.11	11.93	56.46	53.785	50.95	7.64	4.45	4.73
YBH	49.57	11.93	58.75	56.416	54.28	4.58	3.89	3.56

由表 17-4 可以看出，各个处理播前土壤含水量相差不大，在相同注水量的情况下，各处理在各时段的蒸发量却不同，其中播种后 24 h 蒸发量以 YB2.5 的 1.52 mm 最小，以 YB0 的 7.64 mm 最大；注水后 48~72 h 则以 YB2.5 的 5.05 mm 最大，以 YB0.5 的 3.40 mm 最小。就各处理 72 h 后总体蒸发量而言，以 YB2.5

的 11.00 mm 最小，YB1.5 的 11.47 mm 次之，以 YB0 的 16.82 mm 最大。由上可得，保水剂在注水初期的保水作用较为明显，并且随保水剂施用量越大，保水效果越显著。

2.4 注水行播玉米干物质积累转运分析

2.4.1 注水行播玉米株高生长发育动态

株高是冠层结构对水分响应的主要体现者，从各处理株高曲线（图17-6）可以看出，曲线变化都是前期缓慢增长，拔节后快速增长，抽穗后期基本稳定。在整个玉米生长过程中，处理 CK 株高与 YB2.5、YBH 无差别，而与其他处理均有极显著差异（$P<0.01$），在玉米株高最高时，CK、YB2.5、YBH 平均株高分别为 264.0 cm、268.3 cm、253.7 cm，而不施加保水剂注水播种的处理 YB0 的株高仅为 184.7 cm，与处理 CK、YB2.5、YBH 相比，其株高相差 79.3 cm、83.6 cm、66.0 cm。以上说明施用保水剂量为 2.5 g/m² 或保水剂拌种处理与常规灌溉处理，在株高生长方面无差异，而保水剂施用量小于 2.5 g/m² 处理的株高均与常规灌溉有差异。

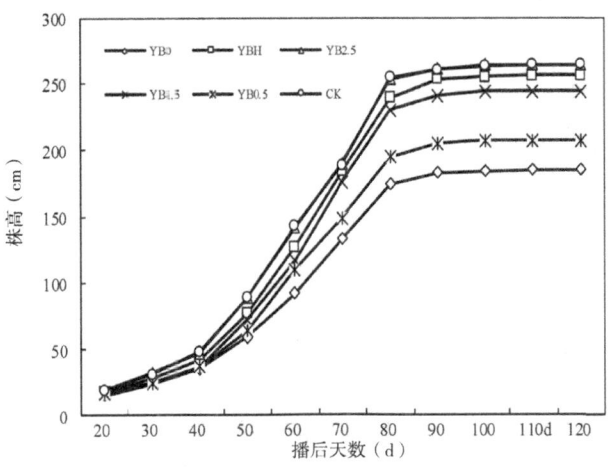

图 17-6　施用保水剂注水播种玉米各处理株高全生育期变化（cm）

在施用保水剂注水播种玉米生育前期，处理 YB0 和 YB0.5 由于没有施用或施用保水剂量小，在注水播种后水分扩散较快、蒸发较快，使这两个处理较早处于水分亏缺状态，其株高生长受阻加重，不同保水剂处理对株高的影响程度依次为 YB0>YB0.5>YB1.5>YBH>YB2.5。在播种后 20~30 d，各处理株高相差不大，到灌第一水时（6 月 1 日），各处理株高已有差别，其中处理 CK 和 YB2.5 与其余处理间达到极显著差异（$P<0.01$）。虽然灌水后的补偿效应使得各处理株高激增，但处理 YB0 和 YB0.5 由于苗期受旱时间较长，其株高在苗期后各生育阶段仍低于 CK、YB2.5、YBH、YB1.5 处理，并与之达到显著差异（$P<0.05$）。在收获时，处理 CK、YB2.5、YBH 和 YB1.5 的株高已非常接近，而处理 YB0 和 YB0.5 的株高一直是各处理中最低的，最终达到 184.7 cm 和 207.0 cm，显著小于平均值。

玉米各生育期生长速率变化见图 17-7。由图可知，玉米生长速率在整个生育期呈现小 – 大 – 小的变化规律，在苗期各处理生长速率较慢，其原因是苗期当地气温和有效积温都较低，作物生长缓慢，处理 YB2.5、YBH、YB1.5、YB0.5、YB0 和 CK 的生长速率分别为 1.84 cm/d、1.61 cm/d、1.49 cm/d、1.34 cm/d、1.24 cm/d 和 1.85 cm/d；拔节期 – 大喇叭口期是玉米生长最快的时段，此时玉米进入快速营养生长期，各处理生长速率平均达到 3.67~5.33 cm/d，虽然处理 YB0.5、YB0 在此阶段生长速率也达到最大，但由于苗期受旱情影响，其生长速率较其他处理都小。同时也可看出在玉米进入抽穗灌浆期以后生长速率已很小，这主要是因为进入抽穗期后玉米营养生长基本停止而转向生殖生长，所以株高基本不再增长。

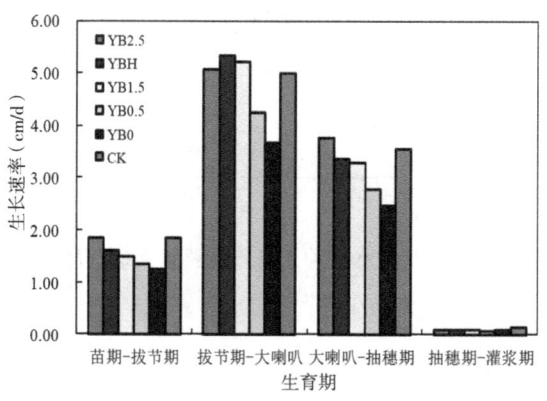

图 17-7 玉米各生育期生长速率

2.4.2 注水行播玉米叶面积指数分析

叶片是植物进行光合作用和蒸腾作用的重要器官，叶面积的消长是衡量作物个体和群体生长发育好坏的重要标志，叶面积大小将直接影响玉米光合面积的大小，进而影响到玉米产量的高低。

玉米叶面积指数随生育期的变化过程见图17-8，从图中可以看出，叶面积指数随生育期的推进，呈现出先增加、后稳定、最后又减小的趋势，玉米叶面积指数在苗期－拔节期增长速度较快，平均日增长 0.007~0.011 cm，拔节－抽穗期叶面积指数增长速度最快，平均日增长 0.102~0.125 cm，玉米抽穗－灌浆期叶面积指数基本不再增长，平均日增长仅为 0.011~0.017 cm；灌浆－成熟期玉米叶面积指数出现明显的下降趋势。由表可得，在苗期由于保水剂作用，YB2.5 和 YBH 出苗较早，受旱较轻，受旱时间较短，使其叶面积指数与其他处理呈极显著差异（$P<0.01$），灌水后各处理叶面积均较快增长，但 YB0、YB0.5、YB1.5 在苗期受旱时间较长，植株长势较弱，虽然在灌水后叶面积增长较快，但到叶面积指数最大时仍与 CK、YB2.5 和 YBH 有极显著差异（$P<0.01$）。

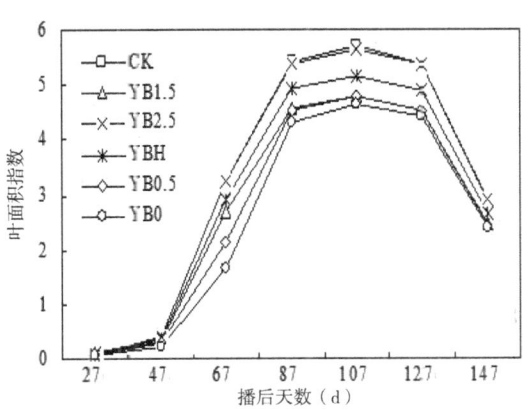

图 17-8 玉米各处理生育期叶面积指数变化

2.4.3 注水行播玉米单株绿叶面积变化

群体叶面积是反应作物生长发育及群体物质生产能力的重要指标，各保水剂施用量对单株绿叶片面积的影响如表 17-5 所示，保水剂施用量影响程度与绿叶面积递增呈正相关，YB0 及 YB0.5 处理的叶面积绝对值小，各处理最大叶面积以 YB2.5 和 CK 最大，达到 9839.67 cm²/株和 9855.33 cm²/株，YBH 次之，达 9012.67 cm²/株，YB0 及 YB0.5 最小，分别为 8114.00 cm²/株和 8315.67 cm²/株，最大与最小间相差 1725.67 cm²/株和 1741.33 cm²/株。对照和保水剂施用量大的处理与施用量小的处理均有显著性差异，从表 17-5 可以看出，无论是在拔节期还是在抽穗期，施用保水剂较不施用保水剂处理都使绿叶面积增加，抽穗期 YB2.5 和 YBH 叶面积分别比 YB0 增加 21.26% 和 11.08%，比 YB0.5 增加 18.33% 和 8.38%，这说明施用保水剂对叶片无明显不利影响，甚至有一定的促进作用。可以看出施用保水剂不仅增加了最大叶面积指数，而且使作物后期不早衰，叶面积下降较慢，叶面积持续期长，单茎绿叶面积大幅增加。

表 17-5　不同处理全生育期单株绿叶面积（cm²/株）

处理	苗期	拔节期	大喇叭期	抽穗期	灌浆期	成熟期
YB2.5	712.00^{aA}	5625.00^{aA}	9371.00^{aA}	9839.67^{aA}	9347.67^{aA}	5045.67^{aA}
YBH	647.67^{bAB}	5051.33^{abAB}	8583.67^{bB}	9012.67^{bB}	8562.00^{bB}	4623.33^{bB}
YB1.5	582.00^{cBC}	4668.67^{abAB}	7931.33^{cBC}	8327.67^{cBC}	7911.33^{cBC}	4272.00^{cBC}
YB0.5	520.00^{dC}	3723.67^{cBC}	7919.67^{cBC}	8315.67^{cBC}	7900.00^{cBC}	4266.00^{cBC}
YB0	411.33^{eD}	2885.33^{cC}	7728.33^{cC}	8114.00^{cC}	7709.00^{cC}	4162.67^{cC}
CK	718.00^{aA}	5631.33^{aA}	9372.33^{aA}	9855.33^{aA}	9375.67^{aA}	5057.67^{aA}

2.4.4 注水行播对玉米干物质积累的影响

植株地上部分干重反映了植株干物质积累和生长状况，且单株地上部干重为干物质向籽粒运转提供能源物质。玉米干物质的积累是一个连续的过程，抽穗前干物质在茎鞘的积累、花后灌浆期光合产物向籽粒的大量积累以及籽粒成熟期茎秆干物质向穗部的转移，这三个阶段是不同处理玉米干物质积累的主要过程。不同保水剂施用量的玉米其三个阶段所持续的时间长短不同，在各个阶段干物质积累的强度不同。玉米苗期（5月24日）到收获期（9月21日）不同处理对干物质的影响见表 17-6。从表中可以看出，玉米干物质积累在苗期已存在显著差异，且以 YB2.5 最大，为 39.46 g/m²，以 YB0 最小，为 24.65 g/m²，这说明保水剂的保水作用可为玉米苗期生长提供较为充足的水分，使玉米在苗期及后续生育阶段生长旺盛，且植株粗壮、高大，干物质积累较快；在玉米苗期，缺水使得 YB0 及 YB0.5 处理植株生长受抑制，其植株高度及粗壮程度远低于 CK、YB2.5、YBH，故其干物质积累较慢，且 YB0、YB0.5 的物质积累与 CK、YB2.5、YBH 间有极显著差异，这种差异一直到玉米收获时仍然存在，且随着保水剂使用量的增大，玉米干物质积累量也增大。

在出苗至拔节，由于气温较低，玉米生长缓慢，干物质积累缓慢，从拔节到灌浆期间，干物质迅速积累，之后积累速率减缓，甚至不再增加。干物质积累量在一定范围内与籽粒转化量呈正相关，与生物学产量、经济产量呈正相关，不同处理间后期的干物质积累量差异显著，说明水分是对玉米干物质的第一影响因子，玉米施用保水剂注水播种会对干物质动态变化产生显著影响。因此，可以通过合理保水剂施用量，配合其他农艺措施控制玉米干物质的形成。

表 17-6 注水行播玉米干物质积累分析（g/m²）

处理	苗期	拔节期	大喇叭期	抽穗期	灌浆期	成熟期
YB2.5	39.46	394.20	1040.10	1676.60	3331.35	3664.49
YBH	36.38	357.62	877.26	1312.44	2580.47	2838.52
YB1.5	32.65	302.87	714.97	1172.98	2294.04	2523.44
YB0.5	29.19	231.97	700.65	1079.89	2111.24	2322.36
YB0	24.65	171.28	610.91	959.72	1854.07	2039.48
CK	39.26	395.43	1039.56	1654.49	3370.07	3656.43

2.4.5 注水行播对玉米生育期干物质日积累量的影响

玉米从出苗到收获期干物质日增长量均呈现小-大-小的变化规律。玉米干物质积累与播后天数的关系见图 17-9。从图中可以看出，玉米在拔节前干物质积累量很小，进入拔节期后干物质积累速度很快，积累量也迅速增加，到成熟后期干物质积累速度有所减缓，到成熟期达到最大值。从拔节期到收获期各处理干物质积累量大小依次为 YB2.5>CK>YBH>YB1.5>YB0.5>YB0，即保水剂施用量与玉米干物质积累量呈正相关。

玉米单株叶干重随生育期的变化过程见图17-10。从图中可以看出，拔节期和抽穗期是玉米叶干重变化过程的重要分水岭。拔节期前叶干重很小，进入拔节期后叶干重迅速增加，到抽穗期后叶干重基本不再增加。因此可以进一步证实玉米在进入抽穗期后，营养生长基本停止，生殖生长开始占据主要地位，而且生殖生长随生育期的推进而呈现出不断增加的趋势，到成熟期时达到顶峰。

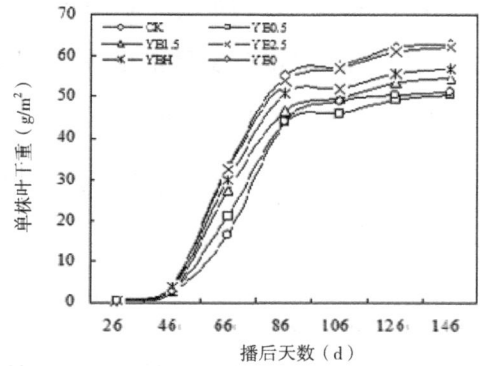
图17-9 玉米单株叶干重随时间变化趋势

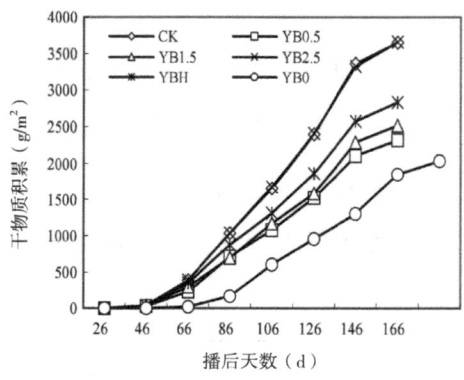
图17-10 注水播种玉米全生育期干物质积累情况

2.4.6 注水行播玉米抽穗后地上部分干物质的分配与转移

不同保水剂量注水播种影响了作物的生长状况，不同的长势导致器官功能发挥不同，干物质在植株各器官的分配情况也相应发生变化。不同处理间干物质分配的比例和增重的趋势不同，水分条件影响了光合产物的积累和分配，不同处理间因水分差异而表现出干物质在植株体内分配差异。本研究主要从地上器官加以分析，考察了叶、茎、穗三部分的干物质分配情况。干物质生产受土壤水分状况的影响较大，在土壤水分胁迫下，干物质积累降低，降低的程度与水分胁迫的程度呈正相关。叶、茎是玉米主要的源器官，从干物质器官的转移分配上看（图

17-11），成熟期穗＞茎＞叶。不同保水剂施用量影响了干物质在各器官间的分配，不同保水剂施用量下，茎分配比例为CK>YB2.5>YBH>YB1.5>YB0.5>YB0，叶片分配比例与茎分配比例相反。成熟期穗分配比例以YB2.5最高，为67.72%，以CK最小，为63.39%。施用保水剂处理的穗干物质比例均高于对照，而茎干物质比例均低于对照，说明施用保水剂在一定程度上可提高玉米穗的分配比例，使得光合产物能充分转移到籽粒中。

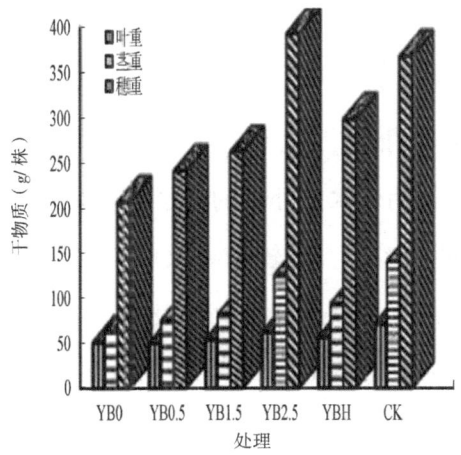

图17-11 各处理成熟期各器官干物质量

2.5 注水行播对土壤水分的影响

2.5.1 注水行播玉米全生育期土壤水分变化

土壤水分在很大程度上影响了玉米生长发育和地上部产量的形成。探求作物的生理生态需水规律对于确定作物各生育期土壤水分调控指标和灌溉制度具有关键性的作用。施用保水剂注水播种的玉米，农田小气候与传统的淹灌方式不同。保水剂使作物的棵间蒸发得到抑制，减少深层渗漏。本文就不同保水剂施用量注水播种对玉米土壤水分变化及施用保水剂注水播种条件下作物的需水规律及蒸腾蒸发进行研究，寻求适宜的保水剂施用量，为玉米生产提供理论依据。

从图17-12~14可以看出，从播种到苗期常规灌溉处理的含水量较大，且远远高于注水播种处理，主要是由于常规灌溉处理冬季储水量较大，使其各层含水量都大于免储水灌处理。免储水灌注水播种处理含水量均呈现表层高于深层，即随着深度的增加，含水量降低，随着每次灌水，各处理表层含水量均出现峰值。这是由于灌水使上层土壤含水量高于深层，而蒸发量大，上层土壤含水量较深层降低的快。灌水前各注水播种处理中玉米田土壤各层平均含水量都是 YB2.5 最高，主要是由于保水剂可以有效地控制蒸发，土壤水分蒸发减少，维持了较高的含水量；另外，保水剂不会破坏土壤结构，使得土壤有效持水孔隙比例增加，对增加灌水的入渗有一定的作用，因此，保水剂可增加土壤含水量，特别是在表层区域。从播种到 2008 年 5 月下旬，处理 YB2.5 土壤含水率与其他处理有极显著差异（$P<0.01$），随着时间的推移及灌水的实施，各处理间差异逐渐减小，到成熟时施用保水剂处理和不施用保水剂处理的表层含水量已无明显差异，这主要是因为玉米生育后期降水量较多、气温较低导致地表层水分蒸发较慢，损失水量小，水分有所增加。玉米田含水量差值最大在表层 0~20 cm，YB2.5 较 YB0 在播后 1~51 d 含水量高 0.026~0.060 mm，而在之后差距逐渐减小。

20~80 cm 土层的土壤含水量在整个生育期内变化趋势与 0~20 cm 土层的相同，但其变化幅度较小。各处理土壤含水量变化幅度为 28.8%~41.7%，与 0~20 cm 的变化幅度 50.8%~59.6% 差别较大，总体来说，对照处理和施用保水剂处理的土壤含水量高于 YB0 处理，且差异明显，以播种后 71 d 所测数据为例，YB2.5 和 YB0 的土壤平均含水量分别为 12.40%、7.90%。

在 80~120 cm 处，各处理在灌水后含水量有所上升，但上升幅度不大，总体来说，各处理在全生育期 80~120 cm 土壤含水量均较小，主要是由于试验田下层属沙土，保水性能较差。

随着土层加深，不同土层含水量受外界影响程度减弱，0~20 cm 土层的含水量变化明显大于 20~80 cm 和 80~100 cm 土层。在玉米苗期各处理下的各土层深度，施用保水剂处理的含水量高于不施用保水剂处理的土壤含水率。

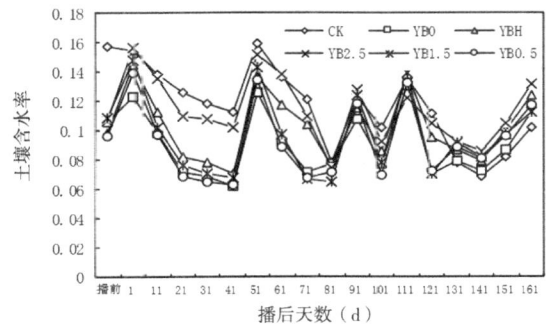

图 17-12 各处理 0~20 cm 全生育期土壤含水量变化

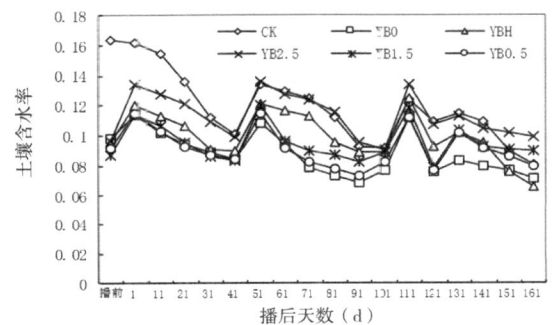

图 17-13 各处理 20~80 cm 全生育期土壤含水量变化

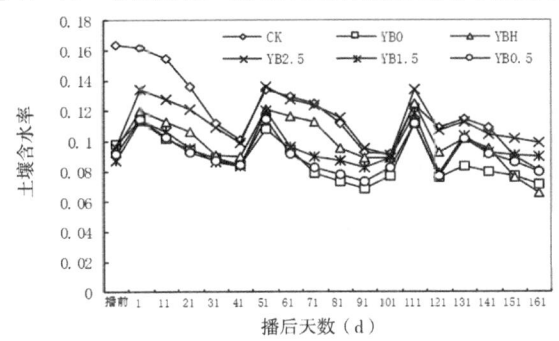

图 17-14 各处理 80~120 cm 全生育期土壤含水量变化

2.5.2 注水行播玉米耗水规律

通过田间土壤含水量的测定，利用水量平衡方程计算各个阶段和全生育期玉米的耗水量（表 17-7），经两年试验数据综合计算可得，各处理在全生育期以常规灌溉处理 CK 耗水量最大，平均为 658.11 mm，和保水剂拌种及保水剂施用量为 2.5 g/m² 的注水播种处理达到极显著差异（$P<0.01$），耗水量最小的是 YB0

表17-7 各处理玉米全生育期耗水量、耗水模数和耗水强度

年份	处理	播种—苗期 耗水量(mm)	播种—苗期 耗水模数(%)	播种—苗期 耗水强度(mm/d)	苗期—拔节期 耗水量(mm)	苗期—拔节期 耗水模数(%)	苗期—拔节期 耗水强度(mm/d)	拔节期—抽穗期 耗水量(mm)	拔节期—抽穗期 耗水模数(%)	拔节期—抽穗期 耗水强度(mm/d)	抽穗期—灌浆期 耗水量(mm)	抽穗期—灌浆期 耗水模数(%)	抽穗期—灌浆期 耗水强度(mm/d)	灌浆期—成熟期 耗水量(mm)	灌浆期—成熟期 耗水模数(%)	灌浆期—成熟期 耗水强度(mm/d)	全生育期 耗水量(mm)
2008	YB2.5	21.91	3.98	0.49	84.22	15.29	3.37	224.55	40.76	8.32	169.17	30.71	4.70	51.05	9.27	1.46	550.90
	YBH	55.13	9.44	1.23	65.38	11.20	2.62	218.90	37.50	8.11	179.95	30.83	5.00	64.39	11.03	1.84	583.75
	YB1.5	63.34	11.21	1.41	111.58	19.76	4.46	167.57	29.67	6.21	171.23	30.32	4.76	51.05	9.04	1.46	564.77
	YB0.5	59.75	10.39	1.33	108.50	18.87	4.34	188.10	32.71	6.97	162.50	28.26	4.51	56.18	9.77	1.61	575.03
	YB0	73.91	12.63	1.64	94.10	16.10	3.77	189.32	32.35	7.01	183.13	31.29	5.09	44.62	7.63	1.27	585.08
	CK	95.44	14.08	2.12	88.08	12.99	3.52	246.18	36.30	9.12	182.16	26.86	5.06	66.28	9.77	1.89	678.14
	YB2.5-240	38.40	7.09	1.10	118.98	18.87	4.76	101.40	16.09	5.96	172.74	27.40	4.32	151.98	24.11	3.62	630.38
	YBH	33.78	6.49	0.97	78.94	14.57	3.16	122.96	22.69	7.23	177.36	32.73	4.43	124.26	22.93	2.96	541.92
2009	YB0	85.28	13.53	2.44	80.48	15.47	3.22	113.72	21.85	6.69	183.52	35.27	4.59	108.86	20.92	2.59	520.36
	YB2.5-120	102.22	16.14	2.92	120.52	19.03	4.82	115.26	18.20	6.78	172.74	27.76	4.40	119.64	18.89	2.85	633.46
	CK	91.44	14.33	2.61	135.92	21.30	5.44	86.00	13.48	5.06	183.52	28.76	4.59	141.20	22.13	3.36	638.08

和 YBH，其平均耗水量分别为 552.72 mm 和 562.84 mm，较 CK 分别减少 105.39 mm 和 95.27 mm。在各个生育期，第一阶段 YB2.5-240 与 YBH 处理耗水量最小，与 CK 相差 63.28 mm 和 48.98 mm，阶段耗水模数比 CK 降低了 8.67 和 6.24 个百分点，日耗水强度比 CK 降低了 2.57 mm/d 和 1.27 mm/d；第二、三阶段是玉米的耗水高峰期，耗水量最大，主要以植株的蒸腾耗水为主，随着灌水的实施，各处理平均耗水量趋于一致，第四、第五阶段玉米进入生长后期，随着生长发育功能和各器官的衰退，对水分的需求逐渐降低，田间耗水量也随之减少。

2.6 注水行播玉米的产量效应

2.6.1 免储水灌注水行播玉米产量效应

免储水灌注水播种玉米各处理产量效应及水分利用效率见表 17-8 至 17-9 所示。经两年试验数据综合计算可得，处理 YB2.5-240 和 YBH 较对照是增产的，其平均产量分别为 13 565.9 kg/hm² 和 13 044.6 kg/hm²，平均增产率分别为 18.53% 和 13.96%，其平均节水率分别为 16.92% 和 16.19%。就水分利用效率而言，常规灌溉处理 CK 的农田总水分利用效率最低，为 1.74 kg/m³；YB2.5-240 和 YBH 的最高，分别为 2.49 kg/m³ 和 2.37 kg/m³，而施用保水剂量小和不施加保水剂的注水播种处理，水分利用效率与 CK 均无差异。

表 17-8 注水播种各处理产量构成因素分析

年份	处理	株高 (cm)	穗长 (cm)	穗行数 (行/穗)	秃尖长 (cm)	穗粒数 (粒/穗)	穗粒重 (g)	穗重 (g)	百粒重 (g)	产量 (kg)
2008	YB2.5	243.67	22.63	16.89	1.52	648.78	229.16	298.73	35.31	13749.5
	YBH	234.78	21.01	16.44	1.50	585.56	224.02	294.82	37.64	13440.9
	YB1.5	231.89	20.58	16.44	1.36	570.89	194.24	254.38	34.11	11654.2
	YB0.5	213.67	20.01	16.00	1.22	563.00	190.51	248.50	34.32	11430.7
	YB0	211.89	18.68	15.33	0.98	497.87	179.04	234.71	36.53	10710.2
	CK	244.15	20.71	16.57	1.43	574.38	196.98	258.95	34.76	11674.7
2009	YB2.5-120	243.33	19.25	16.00	1.50	586.00	186.84	232.66	31.88	10650.0
	YB2.5-240	242.50	19.92	17.67	0.75	624.47	234.78	295.52	37.73	13382.3
	YBH	256.67	17.92	17.33	0.92	606.40	221.90	257.86	36.75	12648.3

续表 17-8

年份	处理	株高(cm)	穗长(cm)	穗行数(行/穗)	秃尖长(cm)	穗粒数(粒/穗)	穗粒重(g)	穗重(g)	百粒重(g)	产量(kg)
	YB0	251.00	15.08	18.33	0.33	502.06	170.31	210.00	34.83	9707.6
	CK	267.33	17.58	17.33	0.85	542.04	196.83	241.87	36.14	11219.2

表 17-9 注水播种玉米各处理产量、增产率和节水率

年份	处理	灌水量(mm)	耗水量(mm)	产量(kg/hm²)	增产率(%)	节水率(%)	水分利用效率(kg/m³)
2008	YB2.5	474	550.90	13749.5	17.77	18.76	2.50
	YBH	474	583.75	13440.9	15.13	13.92	2.30
	YB1.5	474	564.76	11654.2	-0.18	16.72	2.06
	YB0.5	474	575.03	11430.7	-2.09	15.20	1.98
	YB0	474	585.17	10710.2	-8.26	13.71	1.83
	CK	570	678.14	11674.7	—	—	1.72
2009	YB2.5-120	552	630.38	10650.0	-5.07	12.07	1.69
	YB2.5-240	474	541.92	13382.3	19.28	15.07	2.47
	YBH	474	520.36	12648.3	12.74	18.45	2.43
	YB0	564	633.46	9707.6	-13.47	0.72	1.53
	CK	570	638.08	11219.2	—	—	1.76

2.6.2 注水行播玉米产量构成因素主成分分析

将玉米株高（X_1）、穗长（X_2）、穗行数（X_3）、秃尖长（X_4）、穗粒数（X_5）、穗粒重（X_6）、穗重（X_7）、百粒重（X_8）8个因素作为构成玉米产量的指标，进行主成分分析，如表17-10~13所示。分析结果显示，前三个主分量所构成的信息量为总信息量的94.48%，几乎反映了全部信息。这三个主分量中，第一主分量代表X_6、X_7、X_2，它的权重系数分别为0.455 54、0.45 52、0.439 51，第二个主分量代表X_5和X_1，它的权重系数分别为0.407 37、0.375 51，第三个主分量代表X_4、X_8、X_3。由上说明，穗粒重、穗重和穗长是构成玉米产量的主要因素，而玉米秃尖长、百粒重和穗行数的大小几乎不影响玉米产量。因此在玉米生育过程中要促进其穗的生长发育和灌浆充足。

表 17-10　玉米产量构成因素主成分分析

相关系数	X(1)	X(2)	X(3)	X(4)	X(5)	X(6)	X(7)	X(8)
X(1)	1	0.65399	0.13019	0.36915	0.67471	0.71327	0.71094	0.20991
X(2)	0.65399	1	-0.09998	0.51728	0.86444	0.87752	0.88013	0.26461
X(3)	0.13019	-0.09998	1	-0.31598	0.1648	0.06127	0.04978	-0.04595
X(4)	0.36915	0.51728	-0.31598	1	0.35175	0.31449	0.34282	-0.14765
X(5)	0.67471	0.86444	0.1648	0.35175	1	0.82008	0.78975	0.00763
X(6)	0.71327	0.87752	0.06127	0.31449	0.82008	1	0.99489	0.55919
X(7)	0.71094	0.88013	0.04978	0.34282	0.78975	0.99489	1	0.58243
X(8)	0.20991	0.26461	-0.04595	-0.14765	0.00763	0.55919	0.58243	1

表 17-11　规格化特征向量表

	因子1	因子2	因子3	因子4	因子5	因子6	因子7	因子8
X(1)	0.37551	-0.0074	0.19011	0.46911	-0.76825	0.10341	0.04076	0.01321
X(2)	0.43951	-0.14982	-0.01006	-0.27387	0.15602	0.82345	0.00098	-0.08281
X(3)	0.0126	0.504	0.68057	0.33508	0.39164	0.12841	0.00748	-0.02103
X(4)	0.21853	-0.63778	-0.0387	0.56444	0.43856	-0.12507	0.12704	0.03585
X(5)	0.40737	-0.08226	0.34069	-0.44365	0.0012	-0.34085	0.52113	0.35584
X(6)	0.45554	0.15258	-0.08381	-0.09125	0.08305	-0.34217	-0.03759	-0.79275
X(7)	0.4552	0.14551	-0.11293	-0.0252	0.11998	-0.204	-0.71386	0.43889
X(8)	0.19294	0.51527	-0.60269	0.2613	0.1358	0.06504	0.44671	0.20866

表 17-12　特征值及主成分贡献率表

No	特征值	百分率（%）	累计百分率（%）
1	4.55153	56.89408	56.89408
2	1.38671	17.33383	74.22791
3	1.1632	14.54001	88.76792
4	0.45725	5.71558	94.4835
5	0.36378	4.54721	99.03071

续表 17-12

No	特征值	百分率（%）	累计百分率（%）
6	0.06838	0.8547	99.88541
7	0.00807	0.10082	99.98623
8	0.0011	0.01377	100

表 17-13 主成分分析因子得分

No	$Y(i,1)$	$Y(i,2)$	$Y(i,3)$	$Y(i,4)$	$Y(i,5)$	$Y(i,6)$	$Y(i,7)$	$Y(i,8)$
$N(1)$	2.22635	−1.23882	−0.34841	−0.34611	−0.58155	0.14018	0.1463	0.05089
$N(2)$	2.69884	0.63359	0.2715	0.28118	−0.4889	0.20342	0.05665	0.00419
$N(3)$	1.87746	0.68585	2.00946	−1.151	−0.21127	−0.00468	0.01912	−0.01724
$N(4)$	−2.8657	−2.44706	1.53397	0.22536	−0.49146	−0.02002	−0.08129	0.01609
$N(5)$	1.08905	−0.16537	−1.18616	−1.12968	0.17095	0.22934	−0.08773	−0.02505
$N(6)$	0.31529	0.1182	0.44943	1.16233	−0.74239	−0.01024	−0.0048	−0.02472
$N(7)$	−0.61424	−0.056	0.86279	0.10991	1.71621	0.06695	0.06976	0.0445
$N(8)$	−1.34626	0.01482	0.08531	−1.01672	−0.0064	−0.39703	−0.08164	−0.01332
$N(9)$	−1.99952	0.51948	0.9474	0.56472	0.37857	0.37988	−0.02029	−0.04116
$N(10)$	4.40065	−0.67246	−0.76382	0.80892	0.52726	−0.14561	−0.17477	0.0068
$N(11)$	0.02975	−0.29998	−0.49897	0.34273	0.26744	−0.60191	0.16002	−0.04683
$N(12)$	−0.90643	2.81619	−0.2178	0.2147	−0.17652	0.04773	−0.00886	0.00953
$N(13)$	−2.61353	1.1011	−1.0173	0.05343	−0.41994	−0.21293	−0.04829	0.06386
$N(14)$	−2.2917	−1.00955	−2.12739	−0.11977	0.05799	0.32491	0.05582	−0.02752

2.6.3 注水行播处理玉米收获指数的差异

收获指数的大小可以反映在整个灌浆期和成熟期干物质在籽粒和茎叶中的分配情况。由表 17-14 可知，以处理 YB2.5 的产量 18 332.6 kg/hm² 最大，其次为 YBH 的 17 921.2 kg/hm²，最小的 YB0 为 14 280.3 kg/hm²。而生物量也以 YB2.5 最大，为 36 644.9 kg/hm²；CK 次之，为 35 697.3 kg/hm²；YB0 最小为

20 394.8 kg/hm²。

不同处理经济产量与生物产量之间的比例关系，反映出光合有机物质的分配效率，所有处理中以YB0最大为70.02%，其次为YB0.5>YBH>YB1.5>YB2.5>CK，最大收获指数和最小收获指数相差26.41%。虽然YB0的收获指数最高，但其产量却是最低的，说明玉米植株生长弱小，茎干较细，叶片较小。这在一定程度上减少了光合产物的形成，从而使玉米产量降低；处理YB2.5的收获指数较小，但其产量和生物量却是最高的，主要是由于施用保水剂使玉米在苗期生长旺盛，光合产物较多，在增加产量的同时，其光合副产品也大幅度增加。为了实现有限供水高效利用，捕捉作物需水关键期是实现高效供水的关键，在灌溉量相同的情况下，使用不同量的保水剂可使玉米在生育关键期不缺水，进而求得灌溉水的总体效益。不同处理对保水剂的反应不同，因地制宜选择适当保水剂量及不同灌水时期的增产效率，不但可以保持其较高的产量，还可以起到节约用水的作用。

表17-14 各处理玉米收获指数

处理	CK	YB0	YB2.5	YBH	YB1.5	YB0.5
籽粒产量（kg/hm²）	15566.2	14280.3	18332.6	17921.2	15538.9	15240.9
干物质（kg/hm²）	35697.3	20394.8	36644.9	28385.2	25234.4	23223.6
收获指数（%）	43.61	70.02	50.03	63.14	61.58	65.63

2.6.4 籽粒产量、生物产量、收获指数与产量构成要素的关系

分别以玉米籽粒产量（Y）、生物学产量（AB）和收获指数（HI）为因变量，玉米产量构成因素为自变量进行多元回归分析，株高、穗长、穗行数、秃尖长、穗粒数、穗粒重、穗重、百粒重代码分别为 x_1、x_2、x_3、x_4、x_5、x_6、x_7、x_8，则籽粒产量、生物学产量和收获指数与产量构成要素及株高间的多元回归方程分别为：

$Y=-3.1157-0.00582x_1-0.04279x_2-0.00375x_3+0.0473x_4+0.01031x_5+59.97303x_6+0.0089x_7+0.0744x_8$ （$R^2=1.000$）

$AB=216009+229.8846x_1+506.6783x_2-205.456x_3+1457.74x_4+283.2215x_5-138.625x_6-285.843x_7+3287.38x_8$ （$R^2=0.9081$）

$HI=5.11311-0.00563x_1-0.0149x_2-0.00252x_3-0.02475x_4-0.00543x_5+0.00146x_6+0.00811x_7-0.06183x_8$ （$R^2=0.7985$）

相关分析（表17-15）表明，施用保水剂注水播种条件下玉米籽粒产量与株高、穗长、穗粒数、穗粒重、穗重呈极显著正相关（$P<0.01$），与百粒重呈显著正相关（$P<0.05$），但与穗行数和秃尖长的相关性不显著，说明这两个因素对玉米籽粒产量的影响作用不大；玉米生物产量与株高和穗粒数呈极显著正相关（$P<0.01$），与穗长、穗粒重、穗重呈显著正相关（$P<0.05$），与穗行数、秃尖长、百粒重的相关性不显著，说明这三个因素对玉米生物产量的影响作用不大；玉米各产量构成因素与收获指数的相关性不显著，且收获指数与株高、穗长、穗行数、穗粒数呈现出一定的负相关关系。因此通过增加玉米株高、穗长、穗粒数、穗粒重、穗重是提高玉米籽粒产量和生物产量的可行途径。

表17-15 玉米产量构成要素与籽粒产量（Y）、生物产量（AB）、收获指数（HI）的相关关系

处理	株高	穗长	穗行数	秃尖长	穗粒数	穗粒重	穗重	百粒重
籽粒产量	0.71325**	0.87753**	0.06128	0.31448	0.8201**	1.0000**	0.99489**	0.55916*
生物产量	0.72571**	0.63027*	0.19314	0.08025	0.77707**	0.63457*	0.58562*	0.0693
收获指数	-0.35152	-0.05888	-0.29954	0.13757	-0.31133	0.02789	0.08636	0.4065

注：*表示0.05水平上差异显著，**表示0.01水平上差异显著，以下同。

2.6.5 注水行播玉米产量构成要素之间的关系

施用保水剂注水播种下玉米各产量要素之间的相关关系如表17-16。从表可以看出，玉米株高与穗粒数、穗粒重、穗重呈极显著正相关性（$P<0.01$），与穗

长呈显著正相关，说明通过适度增加玉米株高可显著增加穗粒数及穗粒重，从而有利于玉米增产；玉米穗粒数、穗粒重、穗重之间均呈极显著正相关性（$P<0.01$），说明这三个产量构成要素对玉米增产极为重要，其中任何一个要素的降低都会影响玉米产量；另外，玉米穗行数和秃尖长与百粒重呈一定的负相关关系，说明穗行数和秃尖长增加对产量构成影响不大。

表 17-16 玉米产量构成要素之间的相关关系

产量要素	株高	穗长	穗行数	秃尖长	穗粒数	穗粒重	穗重	百粒重
株高	1							
穗长	0.65399*	1						
穗行数	0.13019	−0.09998	1					
秃尖长	0.36915	0.51728	−0.31598	1				
穗粒数	0.67471**	0.86444**	0.1648	0.35175	1			
穗粒重	0.71327**	0.87752**	0.06127	0.31449	0.82008**	1		
穗重	0.71094**	0.88013**	0.04978	0.34282	0.78975**	0.99489**	1	
百粒重	0.20991	0.26461	−0.04595	−0.14765	0.00763	0.55919*	0.58243*	1

2.6.6 注水行播玉米产量与灌溉供水量的关系

作物产量与灌溉供水量的关系是最初的也是最直观的认识。在特定气候条件下，即降雨量、农业管理措施、作物品种等条件下，对作物供水越多，产量越高，但超过一定限度时，产量不再增加，有时甚至减产。作物产量与全生育期总腾发量的函数关系为二次抛物线形式，即：

$$Y=aET^2+bET+c \tag{17-1}$$

式中：Y——作物单位面积产量（kg/hm^2）；ET——作物耗水量（m^3/hm^2）；a、b、c——系数，通过试验资料确定。

根据试验资料，得到玉米耗水量和产量、水分利用效率之间的关系，如图 17-15 所示。由图建立产量、水分利用效率与蒸散耗水量的模拟方程：

$$Y=-0.1264ET^2+1438.5ET-(4\times 10^6) \quad R^2=0.9816 \quad (17-2)$$

$$W=10^{-5}ET^2+0.1692ET-481.63 \quad R^2=0.6155 \quad (17-3)$$

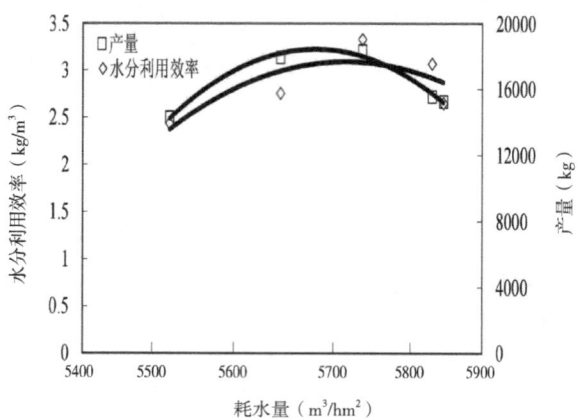

图 17-15 玉米产量与耗水量、水分利用效率之间关系

由二次抛物线可知，曲线上最高点即为作物最大产量，将式（17-1）两边取导数，可得：$b+2a/ET=0$，于是 $ET=-b/2a$。先计算出作物耗水量，再代入式（17-2）求出最大产量，对式（17-3）求导的结果为获得理论最高水分利用效率的蒸散耗水量。可求得作物最高产量为 18 545.19 kg/hm²，获得最大产量时所需的蒸散耗水量为 5690.27 m³/hm²。可看出玉米耗水量与产量及水分利用效率呈二次曲线关系，而水分利用效率的变化是产量与耗水关系的基础：当 $ET<5690.27$ m³/hm² 时，WUE 增加；当 $ET = 5690.27$ m³/hm² 时，WUE 达到最大，为 3.28 kg/m³，此时产量为 18 545.19 kg/hm²；当 $ET>5690.27$ m³/hm² 时，WUE 下降，可见随着耗水量的增加，作物水分利用效率要早于产量达到最大值，当产量达到最大值时，水分利用效率已经下降，对耗水而言，水分利用效率比产量更为敏感。

2.6.7 免储水灌注水行播玉米经济效益

玉米在石羊河流域生长时间为 170 d 左右，通过本试验并根据该灌区现状对玉米的生产成本进行了估算，其投入产出分析见表 17-17。从统计结果中看出，各处理投入相差不大，主要是由于保水剂用量不同和灌溉用水量不同所造成的。

产出（籽粒产出和秸秆产出）为 15 796.99 元 /hm²~22 214.72 元 /hm²，净产值 5889.74 元 /hm²~12 210.84 元 /hm²，投入产出比为 1∶1.59~1∶2.23。虽然施用保水剂处理增加了投入，但保水剂施用量大和保水剂拌种产量有所提高，投入产出比相应提高，对照处理的投入最小，但产量和净产值低，投入产出比小。

表 17-17　注水播种玉米投入、产出分析

年份	处理	投入（元/hm²）种子、化肥、劳力机械费	产出（元/hm²）			净产值（元/hm²）	投产比
			籽粒产量	秸秆产量	总计		
2008	YB2.5	9939.75	20624.25	1526.34	22150.59	12210.84	1∶2.23
	YBH	9939.75	20161.35	1223.69	21385.04	11445.29	1∶2.15
	YB1.5	10689.75	17481.3	2198.69	19679.99	8990.24	1∶1.84
	YB0.5	11289.75	17146.05	1703.11	18849.16	7559.41	1∶1.67
	YB0	10389.75	16065.3	1514.06	17579.36	7189.61	1∶1.69
	CK	10089.75	17512.05	1393.42	18905.47	8815.72	1∶1.87
2009	YB2.5-8	10059.25	15975.0	1377.78	17352.78	7293.53	1∶1.73
	YB2.5-16	10662.25	20073.45	2141.27	22214.72	11552.47	1∶2.08
	YBH	11262.25	18972.45	1802.15	20774.6	9512.35	1∶1.84
	YNB	9909.25	14561.4	1235.59	15796.99	5887.74	1∶1.59
	CK	9912.25	16828.8	1562.47	18391.27	8479.02	1∶1.86

[十八]

玉米免储水灌全膜覆盖膜孔注水播种技术试验研究

1 试验材料与方法

1.1 试验设计

试验设置4个处理，各处理膜上注水量分别为750 m^3/hm^2、600 m^3/hm^2、450 m^3/hm^2，以春灌常规覆膜种植为对照处理，玉米灌水定额为900 m^3/hm^2，按生育时期安排灌水，采用人工控制灌水，由管道进口处水表测量灌水量，作物生长发育过程中进行中耕，人工除草，必要时防治病虫害。试验处理设计见表18-1。

表18-1 玉米免储水灌全膜覆盖膜孔注水灌溉试验设计

处理	注水量 (m^3/hm^2)	灌水定额（m^3/hm^2）					
		播种—苗期	拔节期—大喇叭口期	大喇叭口期—抽穗期	抽穗期—灌浆期	灌浆期—乳熟期	乳熟期—收获期
CK	春灌1200	900	900	900	900	900	900
QM-50	750	900	900	900	900	900	900
QM-40	600	900	900	900	900	900	900
QM-30	450	900	900	900	900	900	900

1.2 田间管理

玉米播种按行距45 cm，株距30 cm播种。播前进行试验田平整、施底肥、喷除草剂及选种等工作。底肥使用量为氮肥 300 kg/hm²（尿素，46%N），磷肥 150 kg/hm²（磷二铵，16%P_2O_5），播种后覆膜。在大喇叭口、灌浆期、乳熟期随水追肥 3 次，每次 225 kg/hm² 尿素。

1.3 测试项目及方法

试验主要测定 0~120 cm 土壤水分含量、土壤水分扩散规律、土壤容重、田间最大持水量、灌水量、灌水时间、作物生长发育指标（包括基本苗数、密度、穗数及株高、叶面积、干物质等）、棵间蒸发、土壤质地、级配、比重、孔隙率、储水量、均匀度、产量及常规气象资料等。

2 试验结果分析

2.1 试验条件下玉米全生育期土壤水分变化

根据试验结果分析各处理土壤水分的变化过程（图 18-1），播前由于对照处理（CK）灌了冬水，含水量较高外，其他各处理含水量无差别；播种后各处理土壤含水率出现了差异。虽然 QM-30 含水量有所减少，但仍可满足玉米出苗及苗期生长；且播种后的各生育阶段，由于全膜覆盖抑制了土壤蒸发，作物根区土壤均能维持较高的含水量。此外，对照处理在灌水后含水量有较大提高，但由于田间蒸发较大，其含水量在短期内就会下降到与全膜覆盖处理一致。在生育旺盛期，由于耗水量增大，土壤含水率降低很快；到收获期，随着降雨量增多，土壤含水率有所提高。

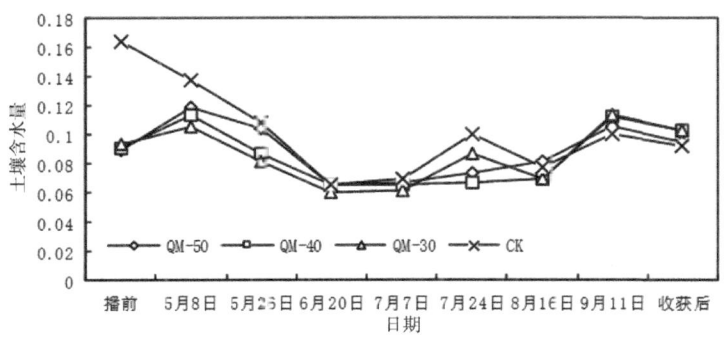

图 18-1 膜孔注水玉米土壤全生育期土壤水分变化规律

2.2 试验条件下玉米耗水规律

通过田间土壤含水率的测定，利用水量平衡方程计算各个阶段和全生育期玉米的耗水量可得（表18-2），各处理在全生育期以常规灌溉处理CK耗水量最大，为638.08 mm，耗水量最小的是QM-30和QM-40，其耗水量分别为590.00 mm和601.92 mm，较CK分别减少48.08 mm和36.16 mm。在各个生育期，第一阶段QM-30处理耗水量最小，与CK相差30.40 mm，阶段耗水模数比CK降低了3.83个百分点，日耗水强度比CK降低了0.87 mm/d；第二、三、四阶段是玉米的耗水高峰期，耗水量最大，主要以植株的蒸腾耗水为主，随着灌水的实施，各处理平均耗水量趋于一致；第五阶段玉米进入生长后期，随着生长发育功能和各器官的衰退，对水分的需求逐渐降低，田间耗水量也随之减少。

2.3 试验条件下玉米产量效应

免储水灌全膜覆盖膜孔注水播种玉米各处理产量效应及水分利用效率见表18-3、表18-4所示。经试验数据计算可得，处理是QM-50和QM-40，较对照是增产的，其产量分别为12 648.3 kg/hm^{2}和12 650.0 kg/hm^2，其增产率为12.75%和12.74%，而QM-30较对照是减产的，其减产率分别为13.47%。对于节水率来说，QM-30的节水率是最高的，其节水率为8.87%。就水分利用效率而言，QM-30处理的农田总供水利用效率1.76 kg/m^3，是最低的；水分利用效率最高的处理是QM-40，其水分利用效率为2.10 kg/m^3。

表18-2　各处理玉米全生育期耗水量、耗水模数和耗水强度

处理	播种—苗期			苗期—拔节期			拔节期—抽穗期			抽穗期—灌浆期			灌浆期—成熟期			全生育期
	耗水量(mm)	耗水模数(%)	耗水强度(mm/d)	耗水量(mm)	耗水模数(%)	耗水强度(mm/d)	耗水量(mm)	耗水模数(%)	耗水强度(mm/d)	耗水量(mm)	耗水模数(%)	耗水强度(mm/d)	耗水量(mm)	耗水模数(%)	耗水强度(mm/d)	耗水量(mm)
QM-50	69.54	10.93	1.99	159.02	25.00	6.36	92.16	14.49	5.42	172.74	27.15	4.32	142.74	22.44	3.40	636.20
QM-40	73.76	12.25	2.11	134.38	22.33	5.38	92.16	15.31	5.42	188.14	31.26	4.70	113.48	18.85	2.70	601.92
QM 30	61.04	10.50	1.74	134.38	23.11	5.38	90.62	15.58	5.33	183.52	31.56	4.59	111.94	19.25	2.67	581.50
CK	91.44	14.33	2.61	135.92	21.30	5.44	86	13.48	5.06	183.52	28.76	4.59	141.2	22.13	3.36	638.08

表 18-3 注水播种玉米各处理产量、增产率和节水率

处理	株高（cm）	穗长（cm）	穗行数（行/穗）	秃尖长（cm）	穗粒数（粒/穗）	穗粒重（g）	穗重（g）	百粒重（g）	产量（kg/hm²）
QM-50	267.33	17.58	17.33	0.85	542.04	196.83	241.87	36.14	12650.0
QM-40	260.33	18.08	17.67	1.33	507.52	183.57	231.61	36.89	12648.3
QM-30	261.67	20.25	17.67	1.17	532.27	203.70	265.45	38.37	9707.6
CK	289.50	15.25	15.67	1.00	372.74	139.40	174.95	38.27	11219.2

表 18-4 注水播种玉米各处理产量、增产率和节水率

处理	灌水量（mm）	耗水量（mm）	产量（kg/hm²）	增产率（%）	节水率（%）	水分利用效率（kg/m³）
QM-50	525	636.20	12650.0	12.75	0.29	1.99
QM-40	510	601.92	12648.3	12.74	5.67	2.10
QM-30	495	581.50	9707.6	-13.47	8.87	1.67
CK	540	638.08	11219.2	—	—	1.76

2.4 免储水灌全膜覆盖膜孔注水播种玉米经济效益

根据本试验及灌区现状，结合当地市场调查，对玉米生产成本进行估算，其投入产出分析见表 18-5。从统计结果中看出，各处理投入无差别，产出（包括籽粒产出和秸秆产出）为 15 929.52 元~21 051.797 元 /hm²，净产值 6004.27 元~11 123.54 元 /hm²，投入产出比为 1∶1.60~1∶2.12。虽然 QM-30 节水量较多，但其产量较低。

表 18-5 注水播种玉米投入、产出分析

处理	投入（元/hm²）种子、化肥、劳力机械费	产出（元/hm²）			净产值（元/hm²）	投产比
		籽粒产量	秸秆产量	总计		
QM-50	9931.25	15975.0	1792.36	17767.36	7836.11	1∶1.79
QM-40	9928.25	18972.5	2079.34	21051.79	11123.54	1∶2.12
QM-30	9925.25	14561.4	1368.12	15929.52	6004.27	1∶1.60
CK	9912.25	16828.8	1562.47	18391.27	8479.02	1∶1.86

[十九]

辣椒免储水灌注水移栽技术试验研究

1 试验材料与方法

1.1 试验设计

试验设置5个处理,注水移栽处理保水剂施用量分别为0 g/穴、0.1 g/穴、0.2 g/穴、0.3 g/穴,注水量0.8 kg/穴(120 m³/hm²),以常规覆膜平种为对照处理,辣椒按行距45 cm、株距20 cm移栽,注水移栽处理,移栽后共灌水5次,灌水定额600 m³/hm²,灌溉定额3000 m³/hm²,对照处理移栽后灌5次水,灌水定额900 m³/hm²,灌溉定额4500 m³/hm²,试验处理设计见表19-1。

表 19-1 辣椒免储水灌施用保水剂注水移栽技术试验设计

处理	保水剂用量（g/穴）	注水量（kg/穴）	各生育期灌水量（m³/hm²）			
			移栽—缓苗期	叶茂—长枝期	开花期—挂果期	挂果期—成熟期
T1	0	0.8	600	600	600	1200/2次
T2	0.1	0.8	600	600	600	1200/2次
T3	0.2	0.8	600	600	600	1200/2次
T4	0.3	0.8	600	600	600	1200/2次
CK	—	移栽后灌水 900 m³/hm²	900	900	900	900

1.2 田间管理

进行品种选择及育苗,在定植前10 d可露天炼苗,定植前施底肥:尿素300 kg/hm²,磷二氨225 kg/hm²,磷肥450 kg/hm²,在挂果期追肥一次,每次225 kg/

hm² 尿素，结合中耕每穴留 2 株进行培土，每亩保苗 5500 株，消灭杂草，增温保墒，采用人工控制灌水，由管道进口处水表测量灌水量，在生育中后期拔除行间杂草。根据当地杂草发生的实际情况，有针对性地及时除草。

1.3 测试项目

试验主要测定土壤水分含量、土壤水分扩散、土壤物理性质、灌水量、灌水时间、移栽成活率、作物指标（包括作物苗数、密度及收获时测定单株果实数、果实重量）、产量及常规气象资料。

2 试验结果分析

2.1 辣椒注水移栽后水分扩散规律

各处理施用保水剂注水移栽后不同时段注水原点（土表面以下 5 cm）土壤水分纵向及横向变化情况如图 19-1 和 19-2 所示。从图中可以看出，在注水播种后 24 h、72 h 各处理注水原点含水量均高于其他测试点，其中以 T4 最高，T3 次之，主要是由于注水移栽时采用保水剂量比较大，使注水原点周围含水量较离注水原点较远地方的含水量高，水分扩散较慢；在离注水原点较远的地方，处理 T1 的含水量却高于 T4 及 T3，主要是其水分纵向和横向扩散较快，到注水 72h 后处理 CK 注水原点含水量与纵向 25 cm 及横向 20 cm 处已差别不大。

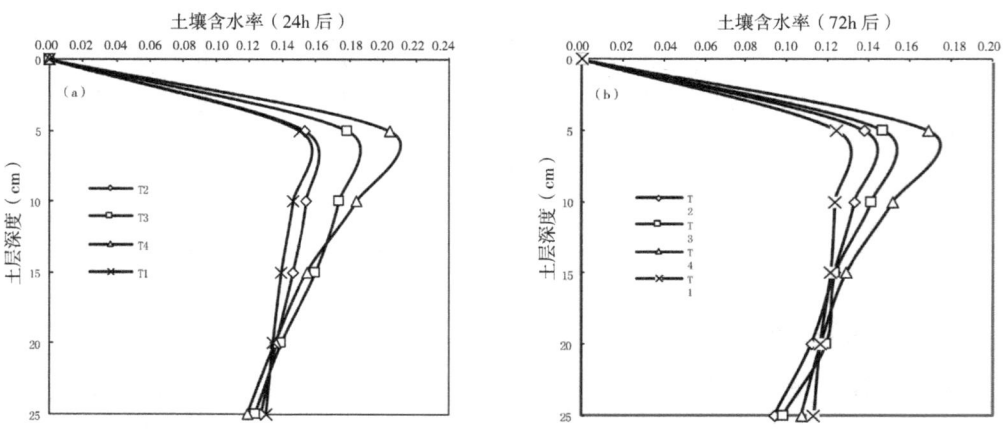

图 19-1 施用保水剂注水移栽辣椒土壤水分纵向扩散情况

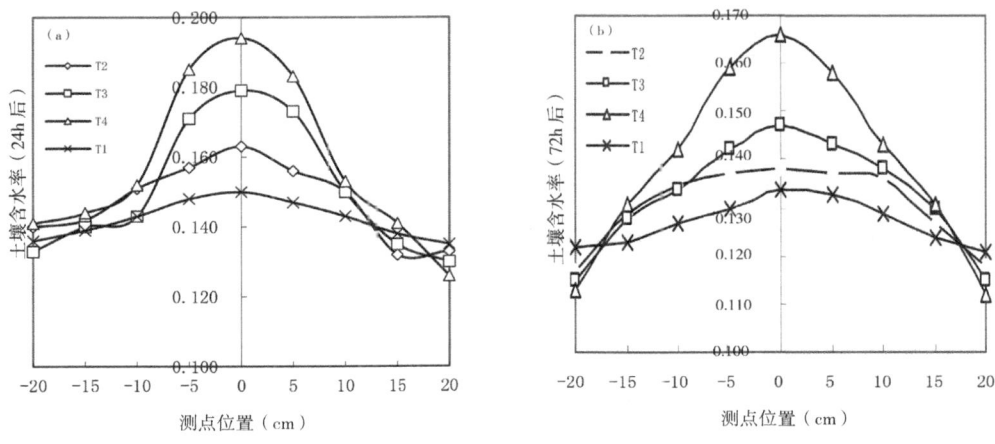

图 19-2 施用保水剂注水移栽辣椒土壤水分横向扩散情况

2.2 注水移栽辣椒全生育期土壤水分变化规律

根据试验结果分析各处理土壤水分的变化过程,施用保水剂能保持作物根部足够的水分含量,且移栽后的各生育阶段,由于保水剂抑制了土壤蒸发,使得作物根区土壤均能维持较高的含水量;此外,保水剂不会破坏土壤结构,使得土壤有效持水孔隙比例增加,对增加灌水的入渗有一定的作用。保水剂在辣椒移栽后的保水作用较为明显,并且随保水剂施用量越大,保水效果越显著。图 19-3 是辣椒移栽后土壤含水量全生育期变化图,各处理在移栽前土壤含水量基本一致。

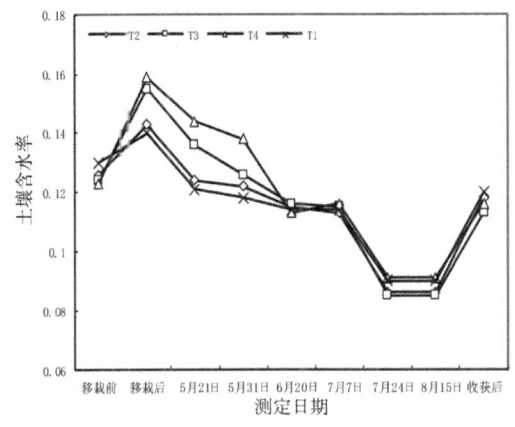

图 19-3 注水移栽辣椒土壤全生育期土壤水分变化规律

移栽后由于保水剂的影响，T4 及 T3 的土壤含水量较对照有所提高，分别较 T1 提高 19.01% 和 12.39%。随着灌水的实施，各处理含水量逐渐变化一致，且含水量之间的差距也逐渐消除；在生育旺盛期由于耗水量增大，土壤含水量降幅增大；到收获期，随着降雨量的增多，土壤含水量也有所提高。

2.3 不同处理辣椒全生育期耗水规律

通过田间土壤含水量的测定，利用水量平衡方程计算各个阶段和全生育期小麦的耗水量，结果如表 19-2 所示。各处理耗水量均呈现前期小、中期大、后期小的变化规律，各处理施用保水剂量越大，整个生育期耗水量越小，其耗水量分别为 CK：546.20 mm；T1：420.80 mm；T2：399.60 mm；T3：396.50 mm；T4：378.00 mm。T4 处理全生育期耗水量比 CK 减少 168.2 mm。辣椒移栽—开花期耗水强度最大，各处理最大为开花期 CK 的 5.33 mm/d，与 CK 相比最小的 T4 耗水强度较 CK 降低 37.34%；处理 T4 全生育期耗水强度为 3.41 mm/d，较对照降低 30.79%，由于施用保水剂量大，使其移栽后生长旺盛，在开花—结果期耗水量大于其他处理，而在其他生育阶段耗水量均小。

2.4 施用保水剂注水移栽辣椒产量及其水分利用效率

注水移栽辣椒产量及水分利用效率分析见表 19-3 和 19-4。结果表明：处理 T4 的产量及其构成因素均高于其他处理，其干辣椒产量为 6148.8 kg/hm^2，比 CK 增产 19.73%，较 CK 节水 30.79%，水分利用效率提高 42.33%。施用保水剂可减少水分无效蒸发，对节约有限水资源有利，具有明显的抗旱节水效果。

考虑到节水、增产和提高水分利用效率的综合效应，保水剂施用量为 0.3 g/穴，注水移栽辣椒是既增产又节水，还能提高水分利用效率的最佳处理，因此在实际生产中应采用全膜垄作沟灌注水移栽技术，同时使用适当的保水剂。

表 19-2 施用保水剂注水移栽辣椒耗水规律

处理	移栽—现蕾期			现蕾—开花期			开花—结果期			结果—成熟期			全生育期
	耗水量 (mm)	耗水模数(%)	耗水强度 (mm/d)	耗水量 (mm)	耗水模数(%)	耗水强度 (mm/d)	耗水量 (mm)	耗水模数(%)	耗水强度 (mm/d)	耗水量 (mm)	耗水模数(%)	耗水强度 (mm/d)	耗水量 (mm)
T4	69.44	18.37	4.08	123.72	32.73	3.34	123.56	32.69	3.17	61.28	16.21	3.40	378.00
T3	74.06	18.68	4.36	128.34	32.37	3.47	126.64	31.94	3.25	67.46	17.01	3.75	396.50
T2	75.60	18.92	4.45	139.12	34.81	3.76	112.78	28.22	2.89	72.10	18.04	4.01	399.60
T1	84.84	20.16	4.99	156.06	37.09	4.22	115.86	27.53	2.97	64.04	15.22	3.56	420.80
CK	82.69	15.44	4.89	197.25	36.11	5.33	183.21	33.54	4.70	83.05	15.21	4.61	546.20

表 19-3　施用保水剂注水移栽辣椒产量效应

处理	单株总重（g）	单株果数（个）	单株果鲜重（g）	单株茎鲜重（g）	单株果干重（g）	单株茎干重（g）	鲜产量（kg/hm²）	干产量（kg/hm²）
T1	368	14.78	253.58	116.25	60.05	28.54	24634.4	5321.7
T2	373	15.25	258.25	114.75	58.45	28.25	23242.5	5260.5
T3	472	18.00	336.25	135.50	66.56	29.35	30262.5	5990.4
T4	538	23.25	399.50	138.00	68.32	32.75	35955.0	6148.8
CK	315	13.25	247.00	115.25	57.06	28.50	22230.0	5135.4

表 19-4　施用保水剂注水移栽辣椒水分利用效率

处理	灌水量（m³/hm²）	耗水量（m³/hm²）	干产量（kg/hm²）	灌溉水利用效率（kg/m³）	农田水分利用效率（kg/m³）
T1	3120	4208	5183.6	1.55	1.23
T2	3120	3996	5260.5	1.69	1.32
T3	3120	3965	5990.4	1.92	1.51
T4	3120	3780	6148.8	1.97	1.63
CK	4500	5462	5135.4	1.14	0.94

2.1 施用保水剂注水移栽辣椒经济效益

辣椒移栽到收获生长时间约 110 d，根据本试验及灌区现状，结合当地市场调查对干辣椒的生产成本进行估算。

注水移栽辣椒投入产出分析见表 19-5。从统计结果中看出，各处理投入为 7825 元 /hm²~7940 元 /hm²，产出（包括干辣椒产出和秸秆产出）为 17 973.9 元 /hm²~23 713.2 元 /hm²，净产值 10 168.9 元 /hm²~13 580.8 元 /hm²，投入产出比为 1∶1.30~1∶1.71。虽然施用保水剂处理增加了投入，但施用保水剂处理，产量有所提高，每公顷可增收 3411.9 元，投入产出比相应提高，对照处理的投入最小，但产量和净产值低，投入产出比小。

表 19-5 辣椒经济效益分析

处理	投入（元/hm²）种子、化肥、劳力机械费	产出（元/hm²）			净产值（元/hm²）	投产比
		干果产量（kg/hm²）	茎产量（kg/hm²）	总计（元/hm²）		
T1	7825	5133.6	1725.8	18142.6	10317.6	1∶1.32
T2	7850	5260.5	2542.5	18411.8	10561.8	1∶1.35
T3	7895	5990.4	2641.5	20966.4	13071.4	1∶1.66
T4	7940	6148.8	2947.5	23713.2	13580.8	1∶1.71
CK	7805	5135.4	1665.0	17973.9	10168.9	1∶1.30

[二十]

民勤县制种玉米节水灌溉技术试验研究

1 试验材料与方法

1.1 研究区概况

研究区甘肃省水利科学研究院民勤试验基地位于民勤县城以北约 13.5 km 处的大滩乡东大村，地理坐标为东经 130°05′，北纬 38°37′。基地处于绿洲和腾格里沙漠交界地带，属典型的大陆性荒漠气候，气候干燥，降水稀少，蒸发量大，风沙多，自然灾害频繁。多年平均气温 7.8℃，极端最高气温 39.5℃，极端最低气温 -27.3℃，平均湿度 45%，多年平均降水 110 mm，多年平均蒸发量 2644 mm，年日照时数 3028 h，光热资源丰富，≥0℃积温 3550℃，≥10℃积温 3145℃，无霜期 150 d，最大冻土深 115 cm。试验区土质 0~60 cm 为黏壤土，60 cm 以下逐渐由黏壤土变为沙壤土，土壤平均容重为 1.54 g/cm³。试验田土壤理化性质及灌溉水质情况见表 20-1 至表 20-4。

表 20-1 试验田土壤物理性质

测定项目	土层深度（cm）					
	0~20	20~40	40~60	60~80	80~100	平均
干容重（g/cm³）	1.38	1.48	1.56	1.61	1.68	1.54
比重（g/cm³）	2.61	2.63	2.62	2.56	2.61	2.61
孔隙率（%）	49.81	45.94	41.21	38.75	38.63	42.8
田间持水率（%）	21.73	22.15	22.87	23.69	24.56	23.00

表 20-2 试验田土壤养分情况

土层	有机质（%）	全氮（N）（%）	全磷（P）（%）	全钾（K）（%）	碱解性氮（mg/kg）	速效磷（mg/kg）	速效钾（mg/kg）	pH 值
0~20	0.80	0.063	0.16	1.75	33.00	72.06	180	8.92
20~40	0.68	0.061	0.12	1.75	23.00	7.45	170	7.45
40~60	0.57	0.054	0.11	1.75	18.60	2.98	190	8.05
60~80	0.34	0.023	0.09	1.50	16.10	4.58	120	7.97
80~100	0.38	0.045	0.10	1.50	11.60	3.44	110	7.79
100~120	0.39	0.026	0.11	1.75	10.50	5.38	160	7.60

表 20-3 试验田土壤盐分情况

K^+（g/kg）	Na^+（g/kg）	Ca^{2+}（g/kg）	Mg^{2+}（g/kg）	Cl^-（g/kg）	SO_4^{2-}（g/kg）	HCO_3^-（g/kg）	CO_3^{2-}（g/kg）	全盐（g/kg）
0.05	0.20	0.10	0.11	0.03	0.13	0.45	0.14	1.21
0.03	0.39	0.03	0.16	0.06	0.30	0.48	—	1.45
0.03	0.48	0.04	0.22	0.09	0.50	0.50	0.03	1.89
0.03	0.36	0.03	0.27	0.10	0.68	0.38	0.03	1.88
0.03	0.40	0.03	0.31	0.12	0.90	0.38	0.02	2.19
0.03	0.61	0.04	0.36	0.18	1.04	0.36	—	2.61

表 20-4 试验区灌溉水质情况

试验区地下水	pH 值	矿化度（g/l）	K^+（mg/l）	Na^+（mg/l）	Ca^{2+}（mg/l）	Mg^{2+}（mg/l）	Cl^-（mg/l）	SO_4^{2-}（mg/l）	HCO_3^-（mg/l）	电导率（ms/cm）
	7.5	0.92	7.41	108.79	97.35	40.49	93.01	307.39	266.66	1.09

1.2 研究目标

本项目以农业高效用水技术为主，开展综合节水技术研究，旨在形成内陆河制种玉米水资源高效利用技术体系及相应技术规程。主要围绕基建与设备投资、灌水均匀度、节水效益、增产效应、经济效益及农户承担能力、掌握难易程度、农户采纳节水灌溉技术等指标，在河西地区开展节水灌溉技术对制种玉米的适应性综合评价。提出制种玉米适宜节水灌溉技术及灌溉规程，为建设河西内陆区制种玉米基地建设提供技术示范。

1.3 研究内容

1.3.1 节水灌溉技术在制种玉米上的应用研究

目前河西地区制种玉米采用的节水灌溉技术主要是膜上灌，诸如畦灌、沟灌、隔沟交替灌、调亏灌溉、膜下滴灌、喷灌、全膜覆盖膜孔灌、波涌灌、免冬灌等节水灌溉技术采用的较少。项目根据当地地理、气候等条件，选择沟灌、隔沟交替灌、调亏灌溉、膜下滴灌、全膜覆盖膜孔灌、波涌灌、免冬灌等 7 项节水灌溉技术对制种玉米进行应用研究，开展在配套农艺措施条件下制种玉米的生长状况、耗水规律、效益等研究，为选择制种玉米适宜节水灌溉方式提供理论依据。

1.3.2 节水灌溉技术在制种玉米上的适应性评价

根据农户承担能力、掌握难易程度、采纳节水灌溉技术的影响因素等指标，对节水灌溉技术在制种玉米上的适应性做综合评价，并提出评价结论。

1.3.3 适宜制种玉米的节水灌溉技术选择

根据所选 7 项节水灌溉技术运用后的应用效果比较、基建与设备投资、灌水均匀度、节水效益、增产效应、经济效益等指标，选择适合于制种玉米的节水灌溉技术并进行示范，示范面积 50 亩，结合应用效果、适应性评价、示范监测提出制种玉米的适宜节水技术及相应技术规程。

1.4 研究方法与技术路线

1.4.1 研究方法

在广泛调查研究的基础上，以改善灌水质量、减少单位灌溉面积用水量、减少农田土壤水分蒸发损失、有效利用天然降水和灌溉水资源为前提，采用技术集成、现场试验与应用示范相结合的研究方法，开展不同节水灌溉技术在制种玉米上的应用、适宜制种玉米的节水技术选择、节水灌溉技术适应性综合评价等研究。从储水灌溉、制种玉米不同灌溉方式下灌溉水消耗机理、田间水分利用率、主要节水技术的适应性、适宜制种玉米的节水灌溉技术等农业耗用水的关键环节，系统研究制种玉米节水新技术及其应用前景。

1.4.2 技术路线

项目以制种玉米为研究对象，针对河西内陆区节水灌溉技术在制种玉米上应用时存在的问题，开展各项节水灌溉技术的适应性研究，选择具有代表性的制种玉米品种，以制种玉米高产和节水为经济目标，以大田试验为基础，以提高产量和增加效益为目的，以采用连续动态测定制种玉米不同生长发育阶段的土壤水分和干物质生理特性指标为重点研究对象，系统地研究各项节水灌溉技术对制种玉米生长发育的影响，并分析产量及水分利用效率，结合专家打分与示范调查，对各项节水技术在制种玉米上的适应性进行评价，寻求适宜制种玉米种植的节水灌溉技术。

项目研究技术路线见图 20-1。

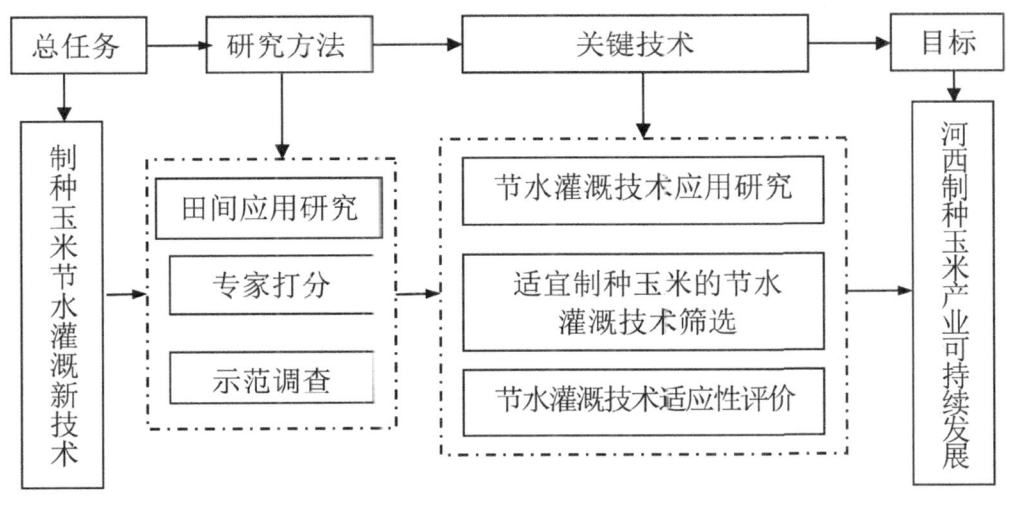

图 20-1 项目研究技术路线图

1.4.3 试验处理

试验不同处理设置如下：

[处理1] 垄作沟灌（LZGG）：试验地大小为 5 m×11.5 m，垄沟设计规则为垄幅 100 cm，垄面宽 60 cm，沟宽 40 cm，沟深 20 cm，设计灌水沟沟底比降

0.001，边坡系数1.0，沟中水深与沟深比为2∶3。试验地休闲期深翻，冬季储水定额80 m^3/亩，播前耙耱，起垄覆膜，播后灌水50 m^3/亩（每个小区灌水定额4.31 m^3，每个小区5条灌水沟，每沟灌水定额0.86 m^3）。灌水时间按制种玉米生育期：拔节期、大喇叭口期、抽穗期、灌浆期（2次）进行，对应时间分别为6月中旬、7月上旬、7月下旬、8月中旬、9月上旬。

［处理2］隔沟交替灌（GGJT）：试验地大小为5 m×11.5 m，垄沟设计规则为垄幅100 cm，垄面宽50 cm，沟宽40 cm，沟深20 cm，设计灌水沟沟底比降0.001，边坡系数1.0，沟中水深与沟深比为2∶3。试验地休闲期深翻，冬季储水定额80 m^3/亩，播前耙耱，起垄覆膜，播后灌水50 m^3/亩（每个小区灌水定额4.31 m^3，每个小区5条灌水沟，每沟灌水定额0.86 m^3），生育期灌水6次，按隔沟交替灌溉，每次灌水定额20 m^3/亩（2沟）和30 m^3/亩（3沟），每个小区灌水定额1.72 m^3或2.59 m^3，每个小区5条灌水沟，每次灌两条或三条，每沟灌水定额0.86 m^3。灌水时间按制种玉米生育期：拔节期、大喇叭口期、抽穗期（2次）、灌浆期（2次）进行，对应时间分别为6月上旬、6月下旬、7月中旬、7月下旬、8月中旬、8月下旬。

［处理3］调亏灌溉（TKGG）：试验地大小为3 m×11.5 m，设计畦田地面坡度0.001，试验地休闲期深翻，冬季储水定额80 m^3/亩，播前耙耱、覆膜，播后灌水60 m^3/亩，全生育期灌水5次，其中6月下旬、8月下旬灌水定额为50 m^3/亩，每个小区灌水定额2.59 m^3，其余每次灌水定额60 m^3/亩，每个小区灌水定额3.10 m^3。灌水时间按制种玉米生育期：播后、大喇叭口期、抽穗期、灌浆期（2次）进行，对应时间分别为4月下旬、6月下旬、7月中旬、8月上旬、8月下旬。

［处理4］膜下滴灌（MXDG）：试验地大小为3 m×11.5 m，设计田地面坡度0.001，滴头流量2.0 L/h，试验地休闲期深翻，冬季储水定额80 m^3/亩，每个小区灌水定额4.14 m^3，播前耙耱，铺滴灌带（一膜2带）、覆膜，全生育期灌水10次，每次灌水定额20 m^3/亩，每个小区灌水定额1.03 m^3。灌水时间按制种玉米生育期：播后、拔节期、大喇叭口期（2次）、抽穗期（2次）、灌浆期（4次）

进行，对应时间分别为 4 月下旬、6 月上旬、6 月下旬、7 月上旬、7 月中旬、7 月下旬、8 月上旬、8 月中旬、8 月下旬、9 月上旬。

［处理 5］全膜孔灌（QMKG）：试验地大小为 3 m×11.5 m，设计畦田地面坡度 0.001，试验地休闲期深翻，冬季储水定额 80 m³/亩，每个小区灌水定额 4.14 m³，播前碾压耙糖、覆膜，全生育期灌水 6 次，灌水定额 50 m³/亩，每个小区灌水定额 2.59 m³，灌水时间按制种玉米生育期：播后、拔节期、大喇叭口期、抽穗期、灌浆期（2 次）进行，对应时间分别为 4 月下旬、6 月中旬、7 月上旬、7 月下旬、8 月中旬、9 月上旬。

［处理 6］波涌灌溉（BYGG）：试验地大小为 3 m×11.5 m，设计畦田地面坡度 0.001，试验地休闲期深翻、耙糖，冬季储水灌溉定额 80 m³/亩，每个小区灌水定额 4.14 m³，全生育期灌水 6 次，每次灌水定额 50 m³/亩，每个小区灌水定额 2.59 m³，按 1/3 循环率灌溉。灌水时间按制种玉米生育期：播后、拔节期、大喇叭口期、抽穗期、灌浆期（2 次）进行，对应时间分别为 4 月下旬、6 月中旬、7 月上旬、7 月下旬、8 月中旬、9 月上旬。

［处理 7］免冬灌（MDG）：试验地大小为 3 m×11.5 m，设计田地面坡度 0.001，试验地休闲期深翻、耙糖，免冬（春）储水灌，播前碾压耙糖，覆膜播种，播后灌水 60 m³/亩，全生育期灌水 6 次，灌水定额 60 m³/亩，每个小区灌水定额 3.10 m³。灌水时间按制种玉米生育期：播后、拔节期、大喇叭口期、抽穗期、灌浆期（2 次）进行，对应时间分别为 4 月下旬、6 月中旬、7 月上旬、7 月下旬、8 月中旬、9 月上旬。

［处理 8］常规膜上灌（CKDM）：试验地大小为 3 m×11.5 m，设计畦田地面坡度 0.001，试验地休闲期深翻、耙糖，冬季储水灌水量 100 m³/亩，每个小区灌水定额 5.17 m³，播前碾压耙糖、覆膜，全生育期灌水 6 次，每次灌水定额 60 m³/亩，每个小区灌水定额 3.10 m³。灌水时间按制种玉米生育期：播后、拔节期、大喇叭口期、抽穗期、灌浆期（2 次）进行，对应时间分别为 4 月下旬、6 月中旬、7 月上旬、7 月下旬、8 月中旬、9 月上旬。

1.5 主要测试项目及方法

1.5.1 产量

干质量法测生物产量，制种玉米成熟季节，按各小区单打单收，分别计各小区籽粒产量。水分利用效率用作物单位耗水量所生产的籽粒来表示。

1.5.2 气候资料

所需气象资料由试验站 PC-2S 全自动气象站获得。

1.5.3 作物指标的测定

生育时期：观察、记录作物各个重要生育时期和该时期高峰出现的时间（注意对作物生育时期的准确判断），制种玉米生育期的划分阶段为：播种—苗期、拔节期—大喇叭口期、大喇叭口期—抽穗期、抽穗期—灌浆期、灌浆期—乳熟期、乳熟期—收获期六个阶段。

基本苗数：作物出苗后记录植株密度。在每个小区随机选 3 行，记录每行制种玉米株数，取 3 行平均数后根据行数计算每个小区株数。

植株分析：收获期时每个小区随机选 3 行，记录每行制种玉米穗数，取 3 行平均数后根据行数计算每个小区制种玉米穗数，进而计算亩穗数。

成熟期：在每个小区中随机选取两点，每点取样约 5 株，将两个点的样品合成一个样，进行考种。考种测定项目为：株高、穗长、穗行数、穗粒重、穗粒数、秃尖长、总干物质、百粒重等。

分别在苗期、拔节期、大喇叭口期、抽穗期、灌浆期、乳熟期和收获期测定叶面积指数（取 5~10 株，采用长宽系数法或采用叶面积仪测定）。

干物质测定：分别在出苗后及每个生育期测定干物质量（烘干，80℃，48 h），样本大小为 5 株，两次重复。

调查作物在霜冻、干热风危害下的受害程度，并记载不同灌水方法和不同水分状况下，植株外部形态的变化。

1.5.4 土壤水分含量的测定

在 2011 年 4 月播种前 2 天、作物整个生育期内，每隔 10 d 以及作物收获后,测定以下 6 层土壤水分含量:0~20 cm、20~40 cm、40~60 cm、60~80 cm、80~100 cm、100~120 cm,并在灌水前后进行加测。用烘干称重法(105℃,12 h)结合 TRIME-PICO-IPH 土壤水分测量仪测定,每个小区重复 2 次。

1.5.5 土壤物理性质的测定

在 2011 年 4 月播种前、抽穗期及收获后分三次在各小区取土,测量土层分别是 0~10 cm、10~20 cm、20~30 cm、30~40 cm,并用环刀法测定土壤干容重,绘制土壤容重沿深度方向的分布特征曲线;在播种前用围框淹灌法测定土壤的日间最大持水量。

1.6 田间管理

1.6.1 播种

制种玉米在 2011 年 4 月中下旬播种,其中垄作处理母本行距 40 cm,株距 20 cm,父本在母本两行中间插花式点种,株距 50 cm,其他平作处理畦田地面坡度 1/1000,按一膜 5 行播种,膜宽 1.45 m,其中 4 行母本,一行父本,按行距 25 cm,株距 20 cm 播种;所有处理父本的 2/3 迟于母本 5 d 播种,其余迟于母本 7 d 播种。父母本均每穴播种 2~3 粒种子,播深 4~5 cm,

1.6.2 施肥

本试验采用常规耕作施肥方法,可以施用农家肥。施用化肥如下:试验区施氮肥 450 kg/hm^2(尿素,46%N),磷肥 300 kg/hm^2(磷二铵,16%P$_2$O$_5$)。在大喇叭口期、灌浆期、乳熟期随水追肥 3 次,每次 300 kg/hm^2 尿素或硝铵。

1.6.3 灌水

本试验中各处理灌水均由管道输送,灌水定额、灌水时间、灌水次数严格按照试验设计进行,试验采用人工控制灌水,由支管处水表测量灌水量。

1.6.4 生育期管理

本试验于前茬作物收获后施用除草剂清除杂草,采用机械深翻、平整。作物生长发育过程中进行中耕,及时取杂、取雄、革除父本、人工除草,必要时防治病虫害,选择适宜的杀虫剂加以防治。收割时采用人工镰刀收割,记产时分小区单打单收小区籽粒产量，计算各种灌溉方式下的费用。

2 试验结果分析

2.1 节水灌溉技术对制种玉米干物质积累转运的影响

植株生长和干物质积累是作物光合作用产物的最佳表现形式，其积累和分配与经济产量有密切关系，也是人们揭示高产机理的重要方面。国内外关于露地和地膜栽培玉米，以及其他播种方式和灌溉方式下玉米干物质积累分配的进程、特点及开花后干物质积累与籽粒增重、营养器官贮藏物质对产量的贡献率已有大量研究，但制种玉米由于栽培方法与普通玉米有所不同，且采用不同节水技术后会明显改变其生长环境，因此，针对不同节水技术条件对制种玉米植株生长特性及干物质积累、运转、分配的影响及其与产量关系的研究并不多，所以有必要对其水分反应和增产机理进行更加深入地研究和探讨。

2.2 制种玉米株高生长发育动态

株高是冠层结构对水分响应的主要体现者，从各处理株高曲线（图20-2）可以看出，曲线变化都是前期缓慢增长，拔节后快速增长，抽穗后期基本稳定。在整个制种玉米生长过程中，各处理株高无明显差别，只有波涌灌溉和膜下滴灌处理略低于对照及其他处理。在制种玉米株高最高时，MDG、CKDM、LZGG 平均株高分别为 156.0 cm、152.0 cm、152.0 cm，而 MXDG 的株高为 148.0 cm，与处理 MDG、CKDM、LZGG 相比，株高相差 8.0 cm、4.0 cm、4.0 cm。以上说明各节水灌溉处理与常规灌溉处理在株高生长方面无差异。

制种玉米各生育期生长速率变化见图 20-3。由图可知制种玉米生长速率在整个生育期呈现小－大－小的变化规律，在苗期各处理生长速率较慢，其原因是苗期当地气温和有效积温都较低，作物生长缓慢，各处理的生长速率在 1.2~1.52 cm/d 之间，其中 GGJT 处理最小，MDG 最大；拔节期－大喇叭口期是制种玉米生长最快的时段，此时进入了快速营养生长期，各处理平均生长速率达到

2.08~2.42 cm/d，由于处理 GGJT 在苗期生长速率较小，经灌溉后，生长速率明显增大。此外，制种玉米进入抽穗灌浆期以后生长速率明显较小，这主要是因为进入抽穗期后营养生长基本停止，以生殖生长为主，所以株高基本不再增长。

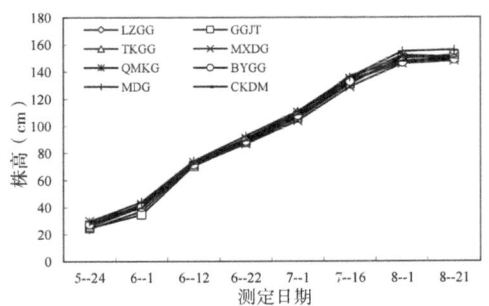

图 20-2 不同节水灌溉条件下制种玉米株高全生育期变化

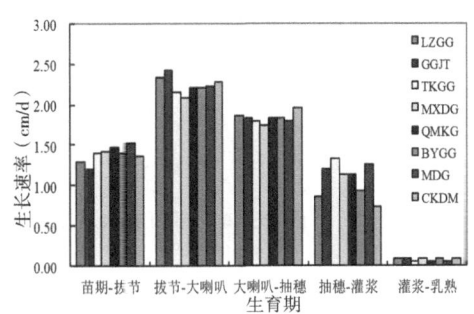

图 20-3 不同节水灌溉条件下制种玉米各生育期生长速率变化

2.3 制种玉米叶面积指数和单株绿叶面积分析

2.3.1 制种玉米叶面积指数变化

叶片是植物进行光合作用和蒸腾作用的重要器官，叶面积的消长是衡量作物个体和群体生长发育好坏的重要标志，叶面积大小将直接影响光合面积的大小，进而影响到制种玉米产量的高低。无论是粮食作物还是牧草，叶面积增长速度最快的阶段是营养生殖生长的最盛期，过高或过低的叶面积指数均不利于作物冠层有效利用光能。

制种玉米叶面积指数随生育期的变化过程见图20-4，从图中可以看出，叶面积指数随生育期的推进，呈现出先增加、后稳定、最后又减小的趋势，制种玉米叶面积指数在拔节—大喇叭口期增长速度最快，平均日增长 0.045~0.063，大喇叭口期—抽穗期增长速度次之，平均日增长 0.013~0.019，抽穗—灌浆期增长较缓慢，日平均增长仅为 0.010~0.018；灌浆—成熟期出现明显的下降趋势。

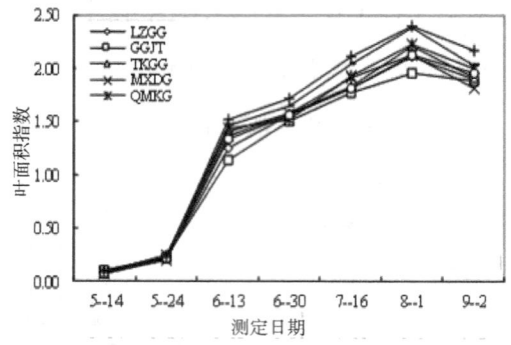

图20-4 不同节水灌溉条件下制种玉米叶面积指数全生育期变化

2.3.2 制种玉米单株绿叶面积变化

群体叶面积是反应作物生长发育及群体物质生产能力的重要指标,各节水灌溉技术对单株绿叶面积的影响如表20-5所示,各节水灌溉技术对绿叶面积递增的影响程度与对照相比均无明显差异。总体来看,各处理单株叶面积以MDG和CKDM最大,达到2703.34 cm^2/株和2537.50 cm^2/株,MXDG及GGJT最小,分别为2278.10 cm^2/株和2350.00 cm^2/株,最大与最小间相差425.24cm^2/株和353.34cm^2/株。从表20-5可以看出,在各个生育期,各节水灌溉处理对作物绿叶面积生长无明显不利影响,甚至有一定的促进作用。

表20-5 不同处理全生育期单株绿叶面积变化(cm^2/株)

处理	5月14日	5月24日	6月13日	6月30日	7月16日	8月1日	9月2日
LZGG	111.37	275.00	1552.48	1950.00	2261.22	2632.47	2369.22
GGJT	124.87	287.50	1417.48	1887.50	2212.50	2450.00	2350.00
TKGG	100.00	262.50	1754.98	1975.00	2294.97	2767.47	2399.60
MXDG	87.75	250.83	1700.00	1962.50	2396.22	2666.22	2278.10
QMKG	101.25	304.16	1800.00	1900.00	2412.50	2775.00	2490.72
BYGG	87.50	262.50	1662.50	1950.00	2275.00	2662.50	2450.00
MDG	111.37	290.91	1889.98	2150.00	2632.47	3003.71	2703.34
CKDM	108.00	300.00	1825.00	2062.50	2550.00	2975.00	2537.50

2.4 制种玉米干物质积累的影响

2.4.1 制种玉米干物质积累动态差异研究

植株地上部分干重反映了植株干物质积累和生长状况，且单株地上部干重为干物质向籽粒运转提供了能源物质。制种玉米干物质积累是一个连续的过程，抽穗前干物质在茎鞘积累、花后灌浆期光合产物向籽粒积累以及籽粒成熟期茎秆干物质向穗部的转移积累，这三个阶段是不同处理制种玉米干物质积累的主要过程。不同节水灌溉条件下制种玉米三个阶段所持续的时间长短不同，在各个阶段干物质积累的强度也不同。制种玉米苗期（5月20日）到收获期（9月21日）不同处理对干物质的影响及各生育期干物质日增长量见表2C-6。

出苗至拔节，由于气温较低，制种玉米生长缓慢，干物质积累也慢；从拔节到灌浆，干物质迅速积累，之后积累速率减缓甚至不再增加。干物质积累量在一定范围内与籽粒转化量、生物学产量和经济产量呈正相关，不同处理间后期的干物质积累量差异显著，说明水分是影响制种玉米干物质的第一因子，不同节水灌溉技术配合其他农艺措施，在缺水条件下可以通过合理分配灌溉用水，使制种玉米干物质积累及产量不受影响。

表2C-6 制种玉米干物质积累分析

处理	苗期—拔节	拔节—大喇叭口	大喇叭口—抽穗	抽穗—灌浆	灌浆—乳熟	全生育期	全生育期与对照相比（%）
LZGG	47.76	179.60	305.92	306.72	409.28	1429.3	-0.62
GGJT	52.52	178.12	236.88	276.48	442.48	1186.5	-17.50
TKGG	55.60	187.12	328.48	292.80	575.52	1439.5	0.09
MXDG	44.64	138.48	242.00	294.88	392.88	1212.9	-15.67
QMKG	54.00	166.00	325.60	342.4	535.36	1423.4	-1.03
BYGG	51.19	174.28	325.74	290.04	457.45	1298.7	-9.70
MDG	52.08	212.32	342.96	320.64	555.36	1483.4	3.14
CKDM	50.64	191.52	328.08	301.76	566.24	1438.2	—

2.4.2 制种玉米生育期干物质日积累量分析

制种玉米从出苗到收获期干物质日增长量呈小—大—小的变化规律,在拔节前干物质积累量很小,进入拔节期后干物质积累速度加快,积累量也迅速增加,到成熟后期,干物质积累速度有所减缓,到成熟期达到最大值。制种玉米单株干物质日增长量见表20-7。从表中可以看出,GGJT、MXDG、BYGG处理在部分生育期单株干物质日增长量较对照有较大差异,导致整个生育期总干物质积累量下降,其余处理间均无明显差异。在制种玉米干物质积累中,拔节期和抽穗期是叶干重变化过程的重要分水岭,拔节期前叶干重很小,进入拔节期后叶干重迅速增加,到抽穗期后叶干重基本不再增加;茎秆在抽穗期以前所有处理茎秆的干物质积累量占总生物量均为最大,在抽穗后持续减少,向营养器官转运,各处理在孕穗—灌浆期茎比重下降较慢,在灌浆—乳熟期茎比重迅速下降,主要是由于在此阶段干物质向籽粒转运,而到乳熟—成熟期时茎比重下降。

表20-7 各处理单株干物质日增长量(g/株)

处理	苗期—拔节	与对照相比(%)	拔节—大喇叭口	与对照相比(%)	大喇叭口—抽穗	与对照相比(%)	抽穗—灌浆	与对照相比(%)	灌浆—乳熟	与对照相比(%)
LZGG	0.20	-5.24	1.40	-6.46	1.59	-6.24	2.56	1.83	2.38	4.22
GGJT	0.22	4.21	1.39	-7.23	1.23	-27.27	2.30	-8.21	1.78	-21.75
TKGG	0.23	10.32	1.46	-2.54	1.71	0.63	2.44	-2.79	2.32	1.78
MXDG	0.19	-11.43	1.08	-27.88	1.26	-25.71	2.46	-2.10	1.99	-12.83
QMKG	0.23	7.14	1.30	-13.54	1.70	-0.24	2.85	13.68	2.16	-5.32
BYGG	0.21	1.57	1.36	-9.23	1.70	-0.20	2.42	-3.71	1.84	-19.10
MDG	0.22	3.33	1.66	10.58	1.79	5.04	2.67	6.45	2.24	-1.78
CKDM	0.21	—	1.50	—	1.71	—	2.51	—	2.28	—

2.5 不同节水灌溉技术对制种玉米土壤水分的影响

土壤水分在很大程度上影响了制种玉米生长发育和地上部产量的形成。探求作物的生理生态需水规律对于确定作物各生育期土壤水分调控指标和灌溉制度具有关键性的作用。节水灌溉技术与传统淹灌方式下制种玉米农田小气候不同，膜下滴灌及全膜孔灌使作物的棵间蒸发得到抑制，减少了深层渗漏量。本文就不同节水灌溉技术对制种玉米土壤水分变化、作物的需水规律及蒸腾蒸发进行研究，寻求适宜的节水灌溉技术，为制种玉米生产提供理论依据。

2.5.1 不同节水灌溉条件下土壤水分变化

土壤含水量是土壤重要的物理性状之一，土壤水分在很大程度上影响了制种玉米生长发育和地上部产量的形成。探求作物的生理生态需水规律对于确定作物各生育期土壤水分调控指标和灌溉制度具有关键性的作用。不同节水灌溉技术条件与传统的淹灌方式下的农田小气候不同，作物的需水规律亦发生了变化，对作物蒸腾及生长发育有何影响，都需要进行细致地研究。

（1）土层土壤水分的垂直变化特点

灌溉对土壤水分影响深度基本在 0~80 cm 土层内。0~20 cm 土层由于灌溉的影响变化较为剧烈，而 20~80 cm 变化相对较小。根据影响不同层次土壤水分变化的决定性因素，将田间 0~120 cm 土壤分为三层：

①降水及蒸发决定层（0~20 cm）

在制种玉米整个生育期，虽然不同处理 0~20 cm 土壤含水量都有较大的波动，但节水处理的变化振幅明显比对照处理小，总体来说蒸发是影响该层土壤水分变化的决定性因素。

②灌溉及根系决定层（20~80 cm）

该层次的土壤水分变化主要决定于作物生长发育状况和灌溉条件。各处理每次灌水后，补充于 20~60 cm 的水分占总灌水量的 30%~40%。在 60~80 cm，制种玉米根系已经很少，其土壤含水量降低的主要原因是靠毛管作用向上层供水。可见，不同层次土壤水分的变化并非孤立的，灌溉及作物根系分布造成的某一层次上土壤水分的变化，会影响到与之相邻的其他层次。

③相对稳定层（80~120 cm）

该层土壤水分只有在灌溉量较大时，才有一些变化，其余时间含水量相对稳定。

（2）全生育期各土层土壤含水量变化

从图 20-5、图 20-6、图 20-7 可以看出，在播种前除免冬灌处理含水量较小外，其他处理均有冬季储水灌溉，处理间含水量无明显差异；播后由于灌水补充，0~20 cm 土层含水量均有所增加，且大小无差异。各处理含水量均呈现表层高于深层，即随着深度的增加，含水量降低；且随着每次灌水，各处理表层含水量均出现峰值，这是由于灌水使上层土壤含水量高于深层，且上层土壤蒸发量大，其含水量较深层降低也快。从整个生育期来看，MXDG、GGJT、LZGG 等处理由于灌溉定额较小，其 0~20 cm 土层含水量均小于其他处理，到成熟时各处理的表层含水量均有所增加，这主要是因为生育后期降水量较多，气温较低导致地表层水分蒸发较慢，损失水量小，水分有所增加。

20~80 cm 土层的土壤含水量在整个生育期内变化趋势与 0~20 cm 土层的相同，但其变化幅度较小。各处理土壤含水量变化幅度为 24.3%~42.2%，与 0~20 cm 的变化幅度 31.9%~46.9% 差别较大，总体来说 MXDG、LZGG 处理的土壤含水量低于其他处理，且差异明显，以播种后 60 d 所测数据为例，MXDG、CKDM 的土壤平均含水量分别为 19.7% 和 11.9%。

在 80~120 cm 处，各处理在灌水后含水量有所上升，但上升幅度不大，总体来说各处理在全生育期 80~120 cm 土壤含水量均较小，主要是由于试验田下层属沙土，保水性能较差。随着土层深度加深，不同土层含水量受外界影响程度减弱，0~20 cm 土层的含水量变化明显大于 20~80 cm 和 80~100 cm 土层。

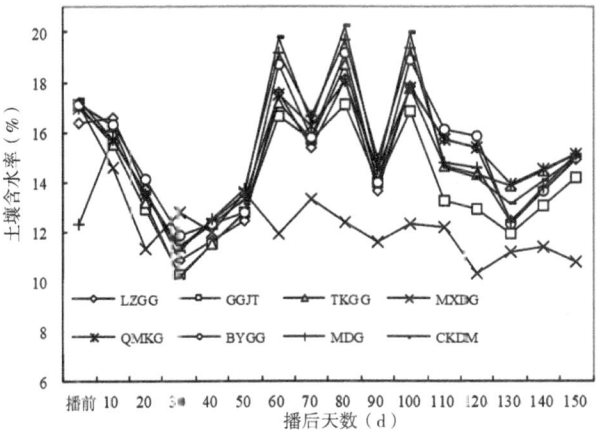

图 20-5 各处理 0~20 cm 全生育期土壤含水量变化

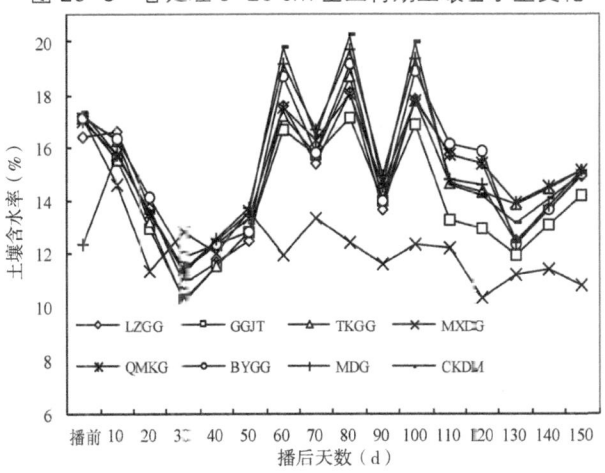

图 20-6 各处理 20~80 cm 全生育期土壤含水量变化

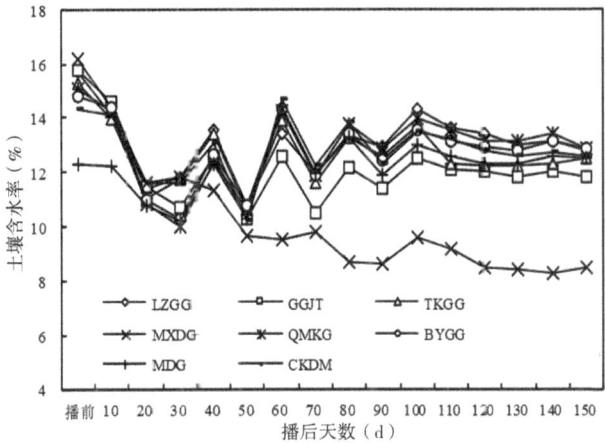

图 20-7 各处理 80~120 cm 全生育期土壤含水量变化

2.6 不同节水灌溉条件下土壤储水量变化

土体储水量变化是在降水、灌溉、地下水补给和土壤水渗漏及水分蒸散失的共同支配下进行的，所以不同耕作方式间土体储水量的变化态势基本一致。

土壤含水量的变化即为土壤储水量，可以根据公式（20-1）计算。

$$W=1000\gamma H(\theta_2-\theta_1) \quad (20\text{-}1)$$

其中：γ——计算层土壤容重，g/cm^3；H——计划湿润土层深度，m；θ_2，θ_1——计算时段末和时段初的土壤含水量（质量含水量）；W——储水量，mm。

土壤储水量变化反应了土壤供需平衡状况，表20-8分析了不同处理对不同土层储水量动态变化的影响。不同灌溉处理下土壤的储水量变化不同，灌水对0~20 cm土层土壤储水量的影响最大，对100 cm以下土层储水量的影响较小，观察发现，不同土层储水量的变化动态非常的相似，但随着土层深度的增加，处理间土壤储水量的变化幅度逐渐变小，有冬季储水灌各处理间土壤储水量在播前无显著性差异，但在播种后由于灌水定额及覆盖程度的不同，各处理间土壤储水量有所差异。

由表20-8分析可知，除MDG处理外，其余处理均有冬灌，0~100 cm储水量在播种前较大，处理之间无差异，随着播种后及各生育阶段灌水的实施，各处理储水量均有所增加。各处理在拔节后由于灌溉的影响，产生较为剧烈的波动，随着生育期的不断推进，水分曲线出现了几次高峰和低谷，高峰是因为灌溉造成的，三次低谷出现在苗期、大喇叭口期、蜡熟期，从苗期到抽穗期储水量呈下降趋势，说明农田耗水主要集中在制种玉米拔节以后。此外，不同时期灌溉供水持续期不同：拔节期灌水后（6月6日灌溉），土壤储水量先迅速增加后下降，到抽穗期（8月2日）土壤储水量已低于播种前水平，开花期灌水后（8月23日）到9月21日就降低到灌水前储水量，仅10 d左右，主要是因为这几个时期，制种玉米对水分的利用高，其中变化最大的时期在大喇叭口期到灌浆期，这一时期制种玉米耗水量最大。收获期土壤水分有所回升，是因为此时期表层土壤中根系大部分死亡，对水分吸收较少，加上降水补充，显出回升趋势。综上所述，

表 20-8 不同处理下各生育期土壤贮水量（0~100cm）变化（mm）

处理	生育期	播种 0 d	出苗 10 d	苗期 45 d	拔节期 70 d	大喇叭口期 85 d	抽穗期 97 d	开花期 111 d	灌浆期 133 d	蜡熟期 144 d	成熟期 170 d
	测定日期	5-4	5-14	6-3	6-23	7-13	8-2	8-15	9-1	9-10	10-5
LZGG		242.34	250.53	176.44	194.93	233.11	200.87	210.16	220.71	195.65	211.43
GGJT		246.14	243.98	165.11	187.21	214.94	183.03	177.48	190.53	183.08	200.71
TKGG		243.10	242.04	167.03	193.52	253.85	204.59	206.03	216.21	201.31	214.78
MXDG		248.97	242.54	201.73	194.58	175.22	163.38	190.39	151.38	165.22	177.10
QMKG		241.20	243.55	171.82	204.58	252.13	206.01	221.80	229.86	212.91	225.80
BYGG		243.29	249.99	170.68	200.77	259.13	195.73	219.76	226.96	201.80	225.26
MDG		180.18	234.72	166.67	201.76	259.05	200.20	208.11	221.25	202.71	217.71
CKDM		238.63	245.97	176.07	202.25	267.20	201.08	213.55	219.71	206.36	216.63

0~120 cm 土层储水量，随时间的推移，各处理最大值出现比上一层滞后一段时期，这是由于水进入土壤经历了由表层向深层下渗的过程。

2.7 不同节水灌溉条件下制种玉米耗水特性分析

2.7.1 作物耗水量的测定和计算

耗水量（ET）受许多因素的影响，其中最主要的是气象因子、土壤水分状况和作物状况。本试验研究的是施用保水剂注水播种条件下的作物耗水量，土壤水分已成为限制作物生长发育的主要因素。本试验用烘干法测定含水量；作物蒸发蒸腾量用水量平衡法计算，依据相邻两次土壤水分的测定结果，计算该时段内作物蒸发蒸腾量。其耗水量用下式计算：

$$ET_{1-2}= 10 \sum_{i=1}^{n} r_i H_i (W_{i1}-W_{i2}) +M+P+K-C \qquad (20-2)$$

式中：ET_{1-2} 为阶段耗水量（mm）；i 为土壤层次号数；n 为土壤层次总数目；r_i 为第 i 层土壤干容重（g/cm³）；H_i 为第 i 层土壤的厚度（cm）；W_{i1} 为第 i 层土壤在时段始的含水量（干土重的百分率）；W_{i2} 为第 i 层土壤在时段末的含水量（干土重的百分率）；M 为时段内的灌水量（mm）；P 为时段内的降雨量（mm）；K 为时段内的地下水补给量（mm）；有底蒸渗器 $K=0$；C 为时段内的排水量（地表排水与下层排水之和）（mm）。

由于地表水资源日益衰减，导致地下水位不断下降，民勤试验区地下水位埋深在 30 m 以下，所以地下水的补给量在计算作物耗水量时不予考虑，即 $K=0$；试验采用的是定点定时定量灌水，不会产生深层渗漏，所以不考虑地下水排水量，即 $C=0$；在民勤高强度长时间的大降雨基本很少，在计算作物耗水量时，一般将 5 mm 以下的降雨称为无效降雨，计算时不考虑，故式（20-2）变为：

$$ET_{1-2}= 10 \sum_{i=1}^{n} r_i H_i (W_{i1}-W_{i2}) +M+P \qquad (20-3)$$

2.7.2 制种玉米各处理全生育期耗水规律

通过田间土壤含水量的测定,利用上式水量平衡方程,计算各个阶段和全生育期制种玉米的耗水量,结果如表20-9所示。

各处理在全生育期以常规灌溉处理 CKDM 耗水量最大,为607.40 mm,和其他处理达到极显著差异($P<0.01$),耗水量最小的是 MXDG,其耗水量为387.27 mm。在各个生育期,第一阶段 MDG 处理耗水量最小,与其余处理有极显著差异,且最小与最大相差67.52 mm;第二阶段以 CKDM 最大,为117.97 mm,GGJT 最小84.27 mm;第三阶段以 CKDM、MDG 最大,分别为146.75 mm、144.04 mm,他们与其他处理有极显著差异;第四阶段以 CKDM、LZGG 最大,分别为155.44 mm、151.05 mm,他们与其他处理有极显著差异;第五阶段除 GGJT、MXDG 处理较小外,其他处理间无差异。

2.7.3 制种玉米全生育期各处理耗水强度变化规律

图20-8为全生育期各处理耗水强度的变化,各处理均表现为单峰曲线,处理 MXDG 和 GGJT 全生育期表现较平缓,在拔节—抽穗期达到最大值,分别为3.15 mm/d 和4.28 mm/d。处理 CKDM 在播种—拔节期耗水强度较小,与其他处理有极显著差异($P<0.01$),而在拔节期—抽穗期耗水强度迅速增加,峰值较陡,其最大值达到7.35 mm/d。

总体来说,制种玉米全生育期耗水强度均表现为前期小、中期大、后期小的变化规律,各处理耗水强度峰值均出现在拔节—抽穗期,在生长前期,各处理耗水强度变化较为明显,到生育后期各处理均表现为一致的下降趋势,且各处理间无差异。

表20-9 各处理制种玉米全生育期耗水量、耗水模数和耗水强度

处理	播种—苗期		苗期—拔节期		拔节—抽穗期		抽穗—灌浆期		灌浆—成熟期		全生育期	
	耗水量（mm）	耗水强度（mm/d）	耗水量（mm）	耗水强度（mm/d）	耗水量（mm）	耗水强度（mm/d）	耗水量（mm）	耗水强度（mm/d）	耗水量（mm）	耗水强度（mm/d）	耗水量（mm）	耗水强度（mm/d）
LZGG	74.90	2.50	92.43	2.31	86.05	4.30	151.05	5.03	91.88	2.63	496.32	3.20
GGJT	90.03	3.00	84.27	2.11	85.56	4.28	83.55	2.79	62.41	1.78	405.82	2.62
TKGG	85.07	2.84	107.28	2.68	140.92	7.05	141.11	4.70	99.04	2.83	573.42	3.70
MXDG	56.24	1.87	100.61	2.52	62.93	3.15	88.11	2.94	79.38	2.27	387.27	2.50
QMKG	78.37	2.61	98.80	2.47	108.43	5.42	108.54	3.62	101.67	2.90	495.80	3.20
BYGG	81.61	2.72	90.65	2.27	117.48	5.87	109.39	3.65	99.30	2.84	498.43	3.22
MDG	22.51	0.75	116.72	2.92	144.04	7.20	118.47	3.95	116.13	3.32	517.87	3.34
CKDM	71.55	2.39	117.97	2.95	146.75	7.34	155.44	5.18	115.68	3.31	607.40	3.92

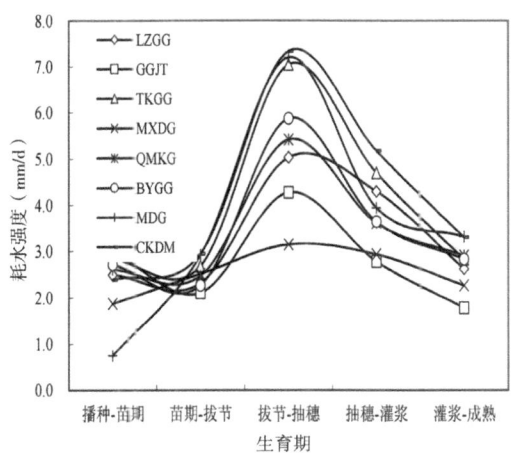

图 20-8 各处理全生育期耗水强度变化

2.7.4 各处理不同生育期耗水特性比较

制种玉米从播种到出苗阶段的耗水量基本上为地面土壤蒸发。在拔节以前，由于气温较低，植株幼小，生长发育较为缓慢，地面覆盖少，对土壤水分的需求量较少。因采用免冬灌和膜下滴灌，处理 MDG 及 MXDG 耗水量比 CKDM 低 49.04 mm 和 15.31 mm；日耗水强度为 0.75 mm/d 和 1.87 mm/d，比处理 CKDM 降低了 1.64 mm/d 和 0.52 mm/d。

拔节—抽穗期是制种玉米的耗水高峰期，即营养生长与生殖生长并进阶段，并且生长旺盛，根茎叶逐渐健全，叶面积达到全生育期最大，地面覆盖增大，生长发育所需要的土壤水分下限值急剧增高，要求的灌水次数和灌水量增多，而且随着气温的升高，作物的生理需水急剧增加。各处理植株生长健壮，群体大，蒸腾耗水高，因此耗水量最多主要以植株的蒸腾耗水为主。处理 GGJT 及 MXDG 耗水量比 CKDM 低 61.19 mm 和 83.82 mm；日耗水强度为 4.28 mm/d 和 3.15 mm/d，比处理 CKDM 降低了 3.06 mm/d 和 4.19 mm/d。

抽穗—灌浆期，为制种玉米生长发育对水分最为敏感的阶段，尤其灌浆期是临界需水期。这一阶段生长发育从营养生长和生殖生长并进，转入生殖生长旺盛阶段，植株高度和叶面积达到最大值，作物干物质转化合成机制增强，根系发达,光合强度加剧,需水量达到最高峰。由于群体较大,蒸腾耗水较大,各处理耗水量在 83.55~155.44 mm 之间。阶段耗水模数在 20.59%~30.43% 之间;日耗水强度在 2.94~5.18 mm/d 之间。

灌浆—成熟期,进入生长后期,随着生长发育功能和各器官的衰退,对水分的需求逐渐降低,田间耗水量也随之减少。各处理耗水量在 44.62~66.28 mm 之间,阶段耗水模数在 15.38%~22.43% 之间,日耗水强度在 1.78~3.31 mm/d 之间。

2.7.5 制种玉米生育期棵间蒸发规律

图 20-9 为各处理制种玉米不同生育阶段的日蒸发量。由图可知,各处理全生育期土壤蒸发规律均一致,在不同节水和灌溉条件下,制种玉米苗期各处理的日土壤蒸发量由于受到土壤含水量影响,出现明显差异,表现为 CKDM>TKGG>QMKG>BYGG>MDG>LZGG>GGJT>MXDG。在拔节和抽穗期,各处理间的日蒸发差异则主要是因为处理间地膜覆盖程度及灌水定额不同造成的,表现为 MXDG 和 GGJT 两个处理的明显低于 CKDM、TKGG 和 MDG 三个处理。在制种玉米灌浆期和成熟期,仍是 MXDG 和 GGJT 两个处理明显低于其他处理。

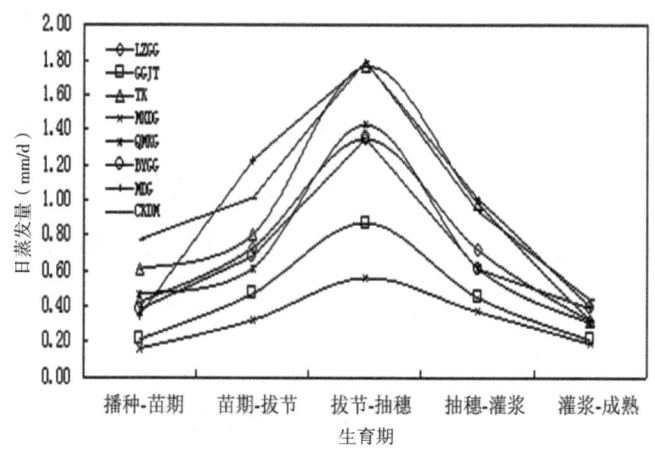

图 20-9 不同节水灌溉条件下制种玉米叶面积指数全生育期变化

2.7.6 各生育阶段棵间蒸发量占阶段耗水量的比例

表 20-10 列出了不同处理制种玉米各生育阶段棵间土壤蒸发量及其与阶段

耗水量的比例。播种—苗期由于各处理间土壤水分存在差异，因此阶段耗水量与棵间土壤蒸发量差异较大，土壤蒸发量最大为CKDM，最小为MXDG，其日平均棵间土壤蒸发量分别为1.03 mm和0.19 mm。苗期—拔节期，由于部分处理覆全膜，其棵间蒸发与苗期无差别，除MDG处理灌水后除棵间蒸发增加外，其余处理的棵间土壤蒸发量占阶段耗水量比例明显减小。各处理间棵间土壤蒸发耗水量差异较大，CKDM和MDG明显高于其他处理，这主要是由于两个处理均覆半膜，裸地面积较大，因此棵间蒸发较大。在制种玉米抽穗期，田间耗水转向以植物蒸腾耗水为主，各水分处理的棵间土壤蒸发量占阶段耗水量的比例进一步减小，介于11.41%~20.44%。灌浆后随制种玉米的成熟，叶片开始衰老、变黄，植株蒸腾能力减弱，棵间土壤蒸发占阶段耗水量的比例又上升到15%左右。从全生育期来看，各处理制种玉米棵间土壤蒸发占总耗水量的比例大小顺序为：MDG>BYGG>CKDM>TKGG>LZGG>QMKG>GGJT>MXDG，其比例分别为26.75%、25.43%、24.69%、23.08%、21.17%、20.75%、19.02%和15.34%。

表20-10 制种玉米各生育阶段棵间土壤蒸发量及其占阶段耗水量的比例

处理	耗水指标	播种—苗期	苗期—拔节期	拔节—抽穗期	抽穗—灌浆期	灌浆—成熟期	全生育期
CKDM	E（mm）	30.88	28.37	48.46	22.50	19.75	149.96
	ET（mm）	71.55	117.97	146.75	155.44	115.68	607.40
	E/ET（%）	43.16	24.05	33.02	14.48	17.07	24.69
TKGG	E（mm）	24.26	22.50	47.64	23.59	14.38	132.37
	ET（mm）	85.07	107.28	140.92	141.11	99.04	573.42
	E/ET（%）	28.52	20.97	33.81	16.72	14.52	23.08
LZGG	E（mm）	16.84	20.39	36.38	17.23	14.25	105.09
	ET（mm）	74.90	92.43	86.05	151.05	91.88	496.32
	E/ET（%）	22.48	22.06	42.28	11.41	15.51	21.17
MDG	E（mm）	13.85	34.35	48.24	24.21	17.89	138.54
	ET（mm）	22.51	116.72	144.04	118.47	116.13	517.87
	E/ET（%）	61.53	29.43	33.49	20.44	15.41	26.75

续表 20-10

处理	耗水指标	播种—苗期	苗期—拔节期	拔节—抽穗期	抽穗—灌浆期	灌浆—成熟期	全生育期
QMKG	E（mm）	18.65	17.17	38.53	14.79	13.76	102.90
	ET（mm）	78.37	98.80	108.43	108.54	101.67	495.80
	E/ET（%）	23.80	17.38	35.53	13.63	13.53	20.75
BYGG	E（mm）	23.47	26.54	42.31	20.19	14.23	126.74
	ET（mm）	81.61	90.65	117.48	109.39	99.30	498.43
	E/ET（%）	28.76	29.28	36.01	18.46	14.33	25.43
GGJT	E（mm）	10.24	13.31	30.05	14.57	8.97	77.14
	ET（mm）	90.03	84.27	85.56	83.55	62.41	405.82
	E/ET（%）	11.37	15.79	35.12	17.44	14.37	19.01
MXDG	E（mm）	5.64	7.21	27.34	12.02	7.21	59.42
	ET（mm）	56.24	100.61	62.93	88.11	79.38	387.27
	E/ET（%）	10.03	7.17	43.45	13.64	9.08	15.34

2.7.7 制种玉米生物产量水分利用效率变化特点

表 20-11 是制种玉米各生育期生物产量的水分利用效率，从表中可以看出，水分利用效率有两个峰值，一个在拔节—抽穗期，另一个在灌浆—成熟期，主要是由于拔节—抽穗期处于生长旺盛期，其生长速率、生长强度均达到最大，故水分利用效率较高；灌浆—成熟期灌水较少，气温较低，田间蒸发量小，且籽粒重量主要在此阶段形成，因而其水分利用效率较高。

2.8 不同节水灌溉条件下制种玉米的产量效应

2.8.1 不同节水灌溉技术对制种玉米产量的影响

（1）不同节水灌溉技术条件下制种玉米产量效应

不同节水灌溉方式下制种玉米产量及其构成因素见表 20-12、表 20-13。研究结果表明，按常规灌溉处理的产量并不是最高的，产量较高的处理是 TKGG 和 QMKG，其产量分别为 15 689.55 kg/hm² 和 15 463.20 kg/hm²；处理 GGJT 的产量 13 868.10 kg/hm² 是最低的；同样 TKGG 和 QMKG 的增产率也是最明显的，其增

表 20-11 制种玉米全生育期生物产量水利用效率

处理	播种—苗期			苗期—拔节期			拔节—抽穗期			抽穗—灌浆期			灌浆—成熟期		
	用水量 (mm)	干物质 (g/m²)	水分利用效率 (kg/m³)	用水量 (mm)	干物质 (g/m²)	水分利用效率 (kg/m³)	用水量 (mm)	干物质 (g/m²)	水分利用效率 (kg/m³)	用水量 (mm)	干物质 (g/m²)	水分利用效率 (kg/m³)	用水量 (mm)	干物质 (g/m²)	水分利用效率 (kg/m³)
LZGG	74.90	47.76	0.64	92.43	179.60	1.94	86.05	305.92	3.55	151.05	306.72	2.03	91.88	409.28	4.45
GGJT	90.03	52.52	0.58	84.27	178.12	2.11	85.56	236.88	2.77	83.55	276.48	3.31	62.41	442.48	7.09
TKGG	85.07	55.60	0.65	107.28	187.12	1.74	140.92	328.48	2.33	141.11	292.80	2.07	99.04	575.52	5.81
MXDG	56.24	44.64	0.79	100.61	138.48	1.38	62.93	242.00	3.85	88.11	294.88	3.35	79.38	392.88	4.95
QMKG	78.37	54.00	0.69	98.80	166.00	1.68	108.43	325.60	3.00	108.54	342.40	3.15	101.67	535.36	5.27
BYGG	81.61	51.19	0.63	90.65	174.28	1.92	117.48	325.74	2.77	109.39	290.04	2.65	99.30	457.45	4.61
MDG	22.51	52.08	2.31	116.72	212.32	1.82	144.04	342.96	2.38	118.47	320.64	2.71	116.13	555.36	4.78
CKDM	71.55	50.64	0.71	117.97	191.52	1.62	146.75	328.08	2.24	155.44	301.76	1.94	115.68	566.24	4.89

产率分别为 4.04% 和 2.54%，而 GGJT、MXDG 和 BYGG 较对照是减产的，其减产率分别为 8.04%、2.38% 和 3.22%。对于节水率来说，MXDG 的节水率是最高的，其节水率为 36.24%，TKGG 的节水率最低，为 5.59%。由上所述，采用节水灌溉措施节水效应明显，其节水率均在 5% 以上。

表 20-12　制种玉米各处理产量、增产率和节水率

处理	灌水量（mm）	耗水量（mm）	产量（kg/亩）	增产率（%）	节水率（%）
LZGG	360.00	496.32	15263.10	1.21	18.29
GGJT	255.00	405.82	13868.10	−8.04	33.19
TKGG	420.00	573.42	15689.55	4.04	5.59
MXDG	210.00	387.27	14721.00	−2.38	36.24
QMKG	375.00	495.80	15463.20	2.54	18.37
BYGG	375.00	498.43	14594.10	−3.22	17.94
MDG	450.00	517.87	15383.70	2.01	14.74
CKDM	540.00	607.40	15079.95	0.00	0.00

表 20-13　各处理产量构成因素分析

处理	株高（mm）	穗长（cm）	穗行数（行/穗）	秃尖长（cm）	穗粒数（粒/穗）	穗粒重（g）	穗重（g）	百粒重（g）
LZGG	144.38	12.38	12.00	1.42	220.34	98.54	120.34	45.34
GGJT	147.33	12.07	12.00	1.13	216.67	90.12	115.51	39.86
TKGG	145.00	13.57	12.00	1.53	224.00	102.46	128.13	46.12
MXDG	146.33	12.50	13.33	1.33	224.00	102.32	122.61	41.18
QMKG	141.67	13.60	12.33	1.03	245.67	110.34	126.30	44.92
BYGG	146.67	12.67	10.67	1.13	217.00	97.54	121.56	41.87
MDG	143.00	14.47	12.00	1.27	226.00	117.56	137.00	49.02
CKDM	144.33	13.63	11.67	1.13	204.33	99.80	125.60	48.38

考虑到节水和增产的双重效应，TKGG、LZGG、MDG 是既增产又节水的最佳处理。因此在实际生产中应采用垄作沟灌、调亏灌溉、冬季免储水灌等节水灌

溉方式。

（2）制种玉米各处理收获指数的差异

收获指数的大小可以反映在整个灌浆期和成熟期干物质在籽粒和茎叶中的分配情况。由表20-14可知，处理TKGG的产量15 689.55 kg/hm² 最大；QMKG其次，为15 463.20 kg/hm²；最小的是GGJT处理，为13 868.10 kg/hm²；而生物量也以TKGG最大，为30 841.95 kg/hm²；MDG次之，为30 224.70 kg/hm²，GGJT最小为25 738.80 kg/hm²。

表20-14 各处理制种玉米收获指数

处理	LZGG	GGJT	TKGG	MXDG	QMKG	BYGG	MDG	CKDM
籽粒产量（kg/hm²）	15263.10	13868.10	15689.55	14721.00	15463.20	14594.10	15383.70	15079.95
干物质（kg/hm²）	28212.15	25738.80	30841.95	25855.35	28403.40	27587.55	30224.70	29469.60
收获指数（%）	54.10	53.88	50.87	56.94	54.44	52.90	50.90	51.17

不同处理经济产量与生物产量之间的比例关系，反映出光合有机物质的分配效率，所有处理中以MXDG最大，为56.94%，其次为QMKG>LZGG>GGJT>BYGG>CKDM>MDG>TKGG，最大收获指数和最小收获指数相差6.07%。虽然MXDG的收获指数最高，但其产量却是最低的，说明制种玉米植株生长弱小，茎秆较细，叶片较小，这在一定程度上减少了光合产物的形成，从而使产量降低；处理MDG和TKGG的收获指数较小，但其产量和生物量却是较高的，主要是由于节水灌溉处理合理调配灌溉水量，使制种玉米生长旺盛，光合产物增多，在增加产量的同时，其光合副产品也大幅度增加。为了实现有限供水高效利用，捕捉作物需水关键期才是实现高效供水的关键，在灌溉量相同的情况下，采用节水灌溉技术可使生育关键期不缺水，进而求得灌溉水的总体效益。

2.9 不同节水灌溉技术对制种玉米水分利用效率(WUE)的影响

在农业生产活动中,作物消耗单位水量所产出的同化量对于最大限度节约水资源具有重要的理论和生产指导意义,水分利用效率的概念就是基于此而提出的。水分利用效率可定义为单位水量消耗所生产的经济产品数量,其有多种指标表示,其中本文采用的农田总供水利用效率(WUE)这一指标是把消耗的总水量定义为作物生长期间调用的灌溉水量与降水量之和,经济产品产出量则定义为农田上总的经济产量。如此计算的水分利用效率可以充分体现作为作物水分主要供应源的降水和灌溉水的利用情况,与生产实际具有较为密切的关系。

表 20-15　制种玉米各处理水分利用效率

处理	灌水量(mm)	耗水量(mm)	灌溉水利用效率(kg/m^3)	农田水分利用效率(kg/m^3)
LZGG	360.00	496.32	2.83	2.05
GGJT	255.00	405.82	3.63	2.28
TKGG	420.00	573.42	2.49	1.82
MXDG	210.00	387.27	4.67	2.53
QMKG	375.00	495.80	2.75	2.08
BYGG	375.00	498.43	2.59	1.95
MDG	450.00	517.87	2.28	1.98
CKDM	450.00	607.40	2.23	1.66

表 20-15 表明,常规灌溉处理 CKDM,其灌溉水利用效率 2.23 kg/m^3 及农田总供水利用效率 1.66 kg/m^3 都是最低的,而节水灌溉处理的灌溉水利用效率及农田总供水利用效率都是较高的,说明采用节水灌溉技术可提高作物水分利用效率。

2.10 不同节水灌溉技术对制种玉米经济效益的影响

制种玉米在河西内陆区生长时间为 160 d 左右,根据本试验及灌区现状,结合当地市场调查对 2011 年制种玉米的生产成本进行估算。

制种玉米的经济效益可用每单位灌溉面积的效益来反映，其表示形式为：

$$NB = P \cdot Y - C \quad (20-4)$$

式中：NB 为效益（元/hm²）；P 制种玉米单价（元/kg），Y 产量（kg/hm²），C 种植成本（元/hm²）。按目前市场价格计算制种玉米经济效益分析见表20-16。

从统计结果中看出，各处理投入为8250元/亩~12 000元/亩，净增产值21 487.65元/hm²~25 358.10元/hm²，投产比为1∶2.57~1∶4.00。虽然部分节水灌溉条件下投入较大，但由于产量的提高，使得投产比较高；对照处理的投入最小，但产量和净产值低，投产比小，实用但不经济，膜下滴灌处理由于一次性投入较高，虽然节水量最高，但不能增收，对大面积推广不利。处理TKGG、QMKG、MDG较CKDM在节水5.59%、18.37%和14.74%的情况下增收7.04%、7.78%和7.33%。采用适当的节水灌溉技术不但节水，而且产量和净产值高，既经济又高产，具有明显的抗旱节水效果。

表20-16　各处理经济效益比较

处理	节水效益（%）	投入（元/亩）种子、化肥、劳力机械费	产出（元/hm²）籽粒产量	产出（元/hm²）秸秆产量	产出（元/hm²）总计	净产值（元/hm²）	增收（元/hm²）	投产比
LZGG	1333.05	9300.00	31289.40	750.00	32039.40	24072.45	545.10	1∶3.45
GGJT	2418.90	9300.00	28429.65	712.20	29141.85	22260.75	-1266.60	1∶3.13
TKGG	407.70	8250.00	32163.60	864.15	33027.75	25185.45	1658.10	1∶4.00
MXDG	2641.50	12000.00	30178.05	668.10	30846.15	21487.65	-2039.70	1∶2.57
QMKG	1339.20	8475.00	31699.50	794.40	32493.90	25358.10	1830.75	1∶3.83
BYGG	1307.55	8250.00	29917.95	779.55	30697.50	23755.05	227.70	1∶3.72
MDG	1074.45	8250.00	31536.60	890.40	32427.00	25251.45	1724.10	1∶3.93
CKDM	—	8250.00	30913.95	863.40	31777.35	23527.35	—	1∶3.45

[二十一]

民勤县生物围墙低压滴灌灌溉制度试验研究

1 试验材料与方法

1.1 试验设计

为了便于对不同滴灌定额下沙枣林生长状况及耗水规律进行比较分析，试验设计了 3 个处理，滴灌定额分别为 25 m³/亩、30 m³/亩和 35 m³/亩，株距和行距均为 0.2 m，采用苗圃内一年生沙枣苗，平均高 40 cm，造林时间为 2010 年 4 月。

1.2 试验方法

在沙枣林生育期内观测记载温度、降水、蒸发、风速等气象因素。采用取土烘干法在沙枣苗移栽前及整个生育期内测定土壤含水量，取样时间每隔 15 d 测定 1 次，灌水前后及降雨前后进行加测；监测土层范围为 0~120 cm，取样间隔为 20 cm，即 0~20 cm、20~40 cm、40~60 cm、60~80 cm、80~100 cm 和 100~120 cm。

2 试验结果分析

2.1 一年生沙枣林围墙滴灌灌溉制度

2.1.1 一年生沙枣林生物围墙土壤含水率变化特点

一年生沙枣林生物围墙土壤含水量变化如图 21-1 所示。由图可知，含水率出现几次较大的峰值和谷值，其变化均由灌水引起。移栽期含水率较高是因为移栽前灌了安种水，移栽后灌了蹲苗水，水分变化随每次灌水有一个含水率高峰，随后急剧下降。由于生育阶段历时不同，所以灌水持续时间也不同，灌水次数较频繁时段出现在5月中旬到7月中旬，主要因为这段时间内沙枣林处于旺盛生长期，蒸腾蒸发较大，同时由于气温较高，棵间蒸发也较大，因此需水量较苗期和生育末期大。同样，各处理含水率之间差异均由灌水定额不同引起。

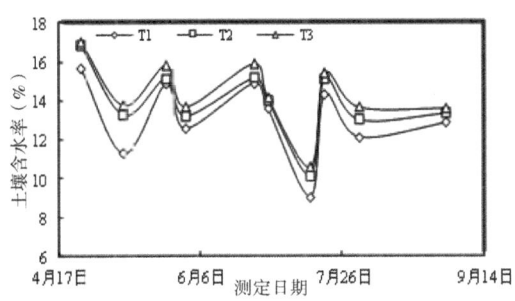

图21-1 一年生沙枣树围墙滴灌土壤含水率变化情况

2.1.2 一年生沙枣林生物围墙土壤储水量变化

土壤储水量变化反映了土壤供需平衡状况，表21-1分析了一年生沙枣林不同生育阶段土层内储水量的动态变化。观察发现不同土层储水量的变化动态非常相似，但随着土层深度的增加，土层壤储水量的变化幅度逐渐变小。各生育时期储水量与需水量表现一致，需水高峰期灌水量多，储水量就相应大。

表21-1 沙枣林生育期土壤储水量（0~100 cm）变化（mm）

生育时间		4-30~5-25	5-26~6-28	6-29~7-28	7-29~8-12	8-13~9-2
	T1	78.36	55.34	102.47	115.42	62.31
储水量	T2	84.23	61.21	108.34	121.29	68.18
	T3	90.44	67.42	114.55	127.5	74.39

2.1.3 一年生沙枣林生物围墙耗水强度变化特点

由表21-2可知，7~8月是一年生沙枣林生育期内群体结构较大、植株生长最旺盛、叶面积最大、蒸发和蒸腾都最大的时期,因而决定了该时期耗水强度最大,但由于一年生生物围墙覆盖度低,棵间蒸发较大,过大的灌水定额只会增加无效耗水,因此一年生生物围墙应选择低定额灌溉处理。

表21-2 沙枣林生物围墙滴灌耗水规律

处理	生育时间	4-30~5-25	5-26~6-28	6-29~7-28	7-29~8-22	8-23~10-2	全生育期
T1	耗水量（mm）	78.75	72.93	118.80	127.68	84.40	482.56
	耗水强度（mm/d）	3.15	2.21	3.96	5.32	2.11	3.17
T2	耗水量（mm）	85.21	80.32	123.35	135.12	90.97	514.97
	耗水强度（mm/d）	3.41	2.43	4.11	5.63	2.27	3.38
T3	耗水量（mm）	90.02	82.56	128.78	140.02	93.24	534.62
	耗水强度（mm/d）	3.60	2.50	4.29	5.83	2.33	3.51

2.1.4 一年生沙枣林生物围墙灌溉制度

通过连续动态测定一年生沙枣林生物围墙土壤含水量,并按设定含水量下限灌水,从4月到10月共计灌水7次,由于各生长阶段需水量不同,因此每次灌水定额亦不同,移栽后第1年（2010年）灌溉定额为225 m^3/亩。推荐灌溉制度为一个生长周期内灌水7次：4月移栽前灌安种水和蹲苗水各1次,灌水定额分别为60 m^3/亩和40 m^3/亩；5月1次,灌水定额25 m^3/亩；6月2次,灌水定额均为25 m^3/亩；7月1次,灌水定额25 m^3/亩；8月1次,灌水定额25 m^3/亩。总灌溉定额225 m^3/亩。

2.2 二年生沙枣林围墙滴灌灌溉制度

2.2.1 二年生沙枣林生物围墙土壤含水率变化特点

沙枣林生物围墙土壤含水量变化,如图21-2所示。由图可知,土壤含水率出现几次较大的峰值和谷值,其变化均由灌水引起。水分变化随每次灌水有一个含水率高峰,随后急剧下降。由于生育阶段历时不同,所以灌水持续时间也不同,灌水次数较频繁时段出现在 5 月中旬到 7 月中旬,主要是因为在这段时间内沙枣林处于旺盛生长期,蒸腾蒸发较大,因此需水量较苗期和生育末期大。

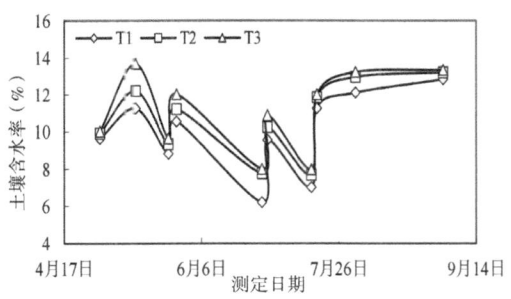

图 21-2 沙枣树围墙滴灌土壤含水率变化情况

2.2.2 二年生沙枣林生物围墙土壤储水量变化

土壤储水量变化反应了土壤供需平衡状况,表 21-3 分析了沙枣林不同生育阶段土层内储水量的动态变化。灌水对 0~20 cm 的土壤储水量影响最大,对 100 cm 以下土层储水量的影响不大,观察发现不同土层储水量的变化动态非常相似,但随着土层深度的增加,土壤储水量的变化幅度逐渐变小,随着灌水定额的变化,各处理土壤储水量也不同。

表 21-3 沙枣林生育期土壤储水量(0~100 cm)变化(mm)

生育时间		4-30~5-25	5-26~6-28	6-29~7-28	7-28~8-12	8-13~9-2
储水量	T1	54.29	75.36	116.61	120.71	81.43
	T2	57.82	77.63	122.52	122.34	88.82
	T3	59.25	80.21	128.72	125.34	94.39

2.2.3 二年生沙枣林生物围墙耗水强度变化特点

由表 21-4 可知,7~8 月是二年生沙枣林生育期内群体结构最大、植株生长最旺盛、叶面积最大、蒸发和蒸腾都最大的时期，因而决定了该时期耗水强度最大，由于灌水定额不同，低定额处理在第二年生长的株高、冠幅均低于其他处理，考虑到生态节水因素，二年生沙枣林生物围墙应选择中等灌水定额为宜。

表 21-4 沙枣林生物围墙滴灌耗水规律

处理	生育时期	4-30~5-25	5-26~6-28	6-29~7-28	7-29~8-22	8-23~10-2	全生育期
T1	耗水量（mm）	70.24	77.71	105.24	124.39	78.24	445.82
	耗水强度（mm/d）	2.81	2.36	3.51	5.19	1.96	2.93
T2	耗水量（mm）	75.76	80.81	127.83	139.38	72.79	496.57
	耗水强度（mm/d）	3.03	2.45	4.26	5.81	1.82	3.27
T3	耗水量（mm）	79.23	85.24	133.26	147.21	79.28	524.22
	耗水强度（mm/d）	3.17	2.58	4.44	6.14	1.98	3.45

2.2.4 二年生沙枣林生物围墙灌溉制度

通过连续动态测定沙枣林生物围墙土壤含水量，按设定含水量下限灌水，从 4 月到 10 月共计灌水 7 次，由于各生长阶段需水量不同，因此每次灌水定额亦不同，移栽后第 2 年（2011 年）灌溉定额为 210 m^3/亩。推荐灌溉制度为一个生长周期内灌水 7 次：5 月 1 次，灌水定额 30 m^3/亩；6 月 2 次，灌水定额 30 m^3/亩；7 月 2 次，灌水定额 30 m^3/亩；8 月 1 次，灌水定额 30 m^3/亩；9 月 1 次，灌水定额 30 m^3/亩。总灌溉定额 210 m^3/亩。

2.3 三年生沙枣林围墙滴灌灌溉制度

2.3.1 三年生沙枣林生物围墙土壤含水率变化特点

三年生沙枣林生物围墙土壤含水量变化如图 21-3 所示。由图可知，土壤含水率变化较为平稳，其变化均由灌水引起。每次灌水后含水率都有所提高，随后迅速下降，由于生育阶段历时不同，所以灌水持续时间也不同，灌水次数较频繁时段出现在5月中旬到7月中旬，主要是因为在这段时间内沙枣林处于旺盛生长期，蒸腾蒸发较大，同时由于气温较高，棵间蒸发也较大，因此需水量较苗期和生育末期大。

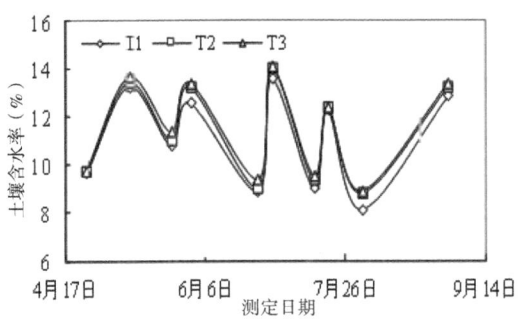

图 21-3 沙枣树围墙滴灌土壤含水率变化情况

2.3.2 三年生沙枣林生物围墙土壤储水量变化

土壤储水量变化反应了土壤供需平衡状况，表21-5分析了三年生沙枣林不同生育阶段土层内储水量的动态变化，灌水对0~20 cm的土壤储水量影响最大，对100 cm以下土层储水量的影响较小，观察发现不同土层储水量的变化动态非常相似，但随着土层深度的增加，土壤储水量的变化幅度逐渐变小。三年生沙枣林围墙由于耗水量增加，其灌水定额也做了相应调整，其土壤储水量也较前两年高。

表 21-5　沙枣林生育期土壤储水量（0~100 cm）变化（mm）

生育时间		4-30~5-25	5-26~6-28	6-29~7-28	7-29~8-12	8-13~9-2
储水量	T1	64.31	85.34	136.77	120.38	90.11
	T2	70.25	90.35	142.23	125.32	93.31
	T3	72.21	92.89	144.41	128.87	95.59

2.3.3 三年生沙枣林生物围墙耗水强度变化特点

由表21-6可知，7~8月是三年生沙枣林生育期内群体结构最大、植株生长最旺盛、叶面积最大、蒸发和蒸腾都最大的时期，因而决定了该时期耗水强度最大。由于灌水定额不同，低定额处理在第二年生长的株高、冠幅均低于其他处理，考虑到生物围墙三年后要修剪成型及生态节水等因素，三年生及以后灌溉中沙枣林生物围墙应选择较大灌水定额为宜。

表21-6 沙枣林生物围墙滴灌耗水规律

处理	生育时期	4-30~5-25	5-26~6-28	6-29~7-28	7-29~8-22	8-23~10-2	全生育期
T1	耗水量（mm）	73.54	88.59	125.25	131.21	70.31	488.90
	耗水强度（mm/d）	2.94	2.68	4.33	5.66	1.76	3.22
T2	耗水量（mm）	77.74	89.65	130.02	134.56	72.21	504.10
	耗水强度（mm/d）	3.11	2.71	4.49	5.80	1.81	3.32
T3	耗水量（mm）	82.31	93.17	132.82	140.27	79.27	527.84
	耗水强度（mm/d）	3.29	2.82	4.59	6.05	1.98	3.47

2.3.4 三年生沙枣林生物围墙灌溉制度

通过连续动态测定沙枣林生物围墙土壤含水量，按设定含水量下限灌水，从4月到10月共计灌水7次，由于各生长阶段需水量不同，因此每次灌水定额亦不同，移栽后第3年（2012年）灌溉定额为245 m^3/亩。推荐灌溉制度为一个生长周期内灌水7次：5月1次，灌水定额35 m^3/亩；6月2次，灌水定额35 m^3/亩；7月2次，灌水定额35 m^3/亩；8月1次，灌水定额35 m^3/亩；9月1次，灌水定额35 m^3/亩。总灌溉定额245 m^3/亩。

[二十二]

民勤县生物围墙沟灌灌溉制度试验研究

1 试验材料与方法

1.1 试验设计

为了便于对不同沟灌定额下沙枣林生长状况及耗水规律进行比较分析，试验设计了 3 个处理，沟灌定额分别为 40 m^3/亩、50 m^3/亩和 60 m^3/亩，株距和行距均为 0.2 m，采用苗圃内一年生沙枣苗，平均高 40 cm，造林时间为 2010 年 4 月。

1.2 试验方法

在沙枣林生育期内观测记载温度、降水、蒸发、风速等气象因素。采用取土烘干法在沙枣苗移栽前及整个生育期内测定土壤含水量，取样时间为每隔 15 d 测定 1 次，灌水前后及降雨前后进行加测；监测土层范围为 0~120 cm，取样间隔为 20 cm，即 0~20 cm、20~40 cm、40~60 cm、60~80 cm、80~100 cm 和 100~120 cm。

2 试验结果分析

2.1 一年生沙枣林围墙沟灌灌溉制度

2.1.1 一年生沙枣林生物围墙土壤含水率变化特点

一年生沙枣林生物围墙沟灌条件下土壤含水量变化如图 22-1 所示。由图可知，各处理土壤含水率变化表现一致，其变化均由灌水引起，每次灌水后含水率都有所提高,随后迅速下降。由于生育阶段历时不同,所以灌水持续时间也不同,灌水次数较频繁时段出现在6月中旬到7月下旬,主要是因为在这段时间内沙枣林处于旺盛生长期,蒸腾蒸发较大,同时由于气温较高,棵间蒸发也较大,因此需水量较苗期和生育末期大。

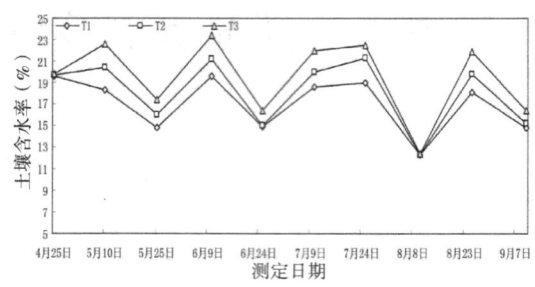

图22-1 沙枣树围墙沟灌含水率变化情况

2.1.2 一年生沙枣林生物围墙耗水强度变化特点

由表22-1可知,6~8月是一年生沙枣林生育期内群体结构最大、植株生长最旺盛、叶面积最大、蒸发和蒸腾都最大的时期,因而决定了该时期耗水强度最大。由于第一年沙枣林处于成活后生长期,生长较为缓慢,各处理在第一年生长的株高、冠幅均差别不大,考虑到生物围墙生态节水因素,一年生围墙沟灌灌溉中应选择较小灌水定额为宜,这样不仅可以提高水分利用效率,还可减少棵间蒸发。

表22-1 沙枣林生物围墙沟灌耗水规律

处理	生育时期	4-25~5-25	5-26~6-26	6-27~7-27	7-28~8-28	8-29~9-30	全生育期
T1	耗水量(mm)	53.57	68.52	125.25	81.21	70.31	398.86
	耗水强度 mm/d	2.17	2.05	4.22	3.95	1.77	2.74
T2	耗水量(mm)	67.14	69.95	131.12	94.37	82.21	444.79
	耗水强度 mm/d	2.72	2.09	4.41	4.59	2.06	3.05
T3	耗水量(mm)	81.30	94.38	136.35	124.27	98.76	535.06
	耗水强度 mm/d	3.29	2.82	4.59	6.05	2.48	3.67

2.1.3 一年生沙枣林生物围墙沟灌灌溉制度

通过连续动态测定沙枣林生物围墙沟灌条件下土壤含水量，按设定灌水定额灌水，从 4 月到 10 月共计灌水 6 次，由于各生长阶段需水量不同，因此每个生长阶段灌水次数亦不同，移栽后第 1 年（2010 年）灌溉定额为 260 m³/亩。推荐灌溉制度为一个生长周期内灌水 6 次：4 月移栽前灌安种水和蹲苗水各 1 次，灌水定额分别为 60 m³/亩和 40 m³/亩；5 月 1 次，灌水定额 40 m³/亩；6 月 1 次，灌水定额 40 m³/亩；7 月 1 次，灌水定额 40 m³/亩；8 月 1 次，灌水定额 40 m³/亩。总灌溉定额 260 m³/亩。

2.2 二年生沙枣林围墙沟灌灌溉制度

2.2.1 二年生沙枣林生物围墙土壤含水率变化特点

二年生沙枣林生物围墙沟灌条件下土壤含水量变化如图 22-2 所示。由图可知，各处理土壤含水率变化表现一致，其变化均由灌水引起。由于休闲期耗水较大，在次年发芽前沙枣林含水率较低，每次灌水后含水率都有所提高，随后迅速下降。由于生育阶段历时不同，所以灌水持续时间也不同，灌水次数较频繁时段出现在 6 月中旬到 7 月下旬，主要是因为在这段时间内沙枣林处于旺盛生长期，蒸腾蒸发较大，同时由于气温较高，棵间蒸发也较大，灌水后含水量迅速下降，以 7 月 25 日灌水后为例，15 天内含水率最大下降了 10.14 个百分点。

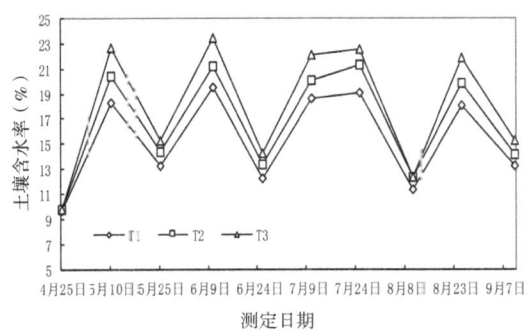

图 22-2 沙枣树围墙沟灌土壤含水率变化情况

2.2.2 二年生沙枣林生物围墙耗水强度变化特点

由表 22-2 可知，6~8 月是二年生沙枣林生育期内群体结构最大、植株生长最旺盛、叶面积最大、蒸发和蒸腾都最大的时期，因而决定了该时期耗水强度最大，由于第二年处于生长旺盛期，生长较为迅速，各处理在第二年生长的株高、冠幅均差别较为明显，低定额灌水处理生长情况明显不如其他处理，考虑到生物围墙生态节水及需水规律等因素，二年生围墙沟灌灌溉中应选择中等灌水定额为宜，这样不仅可以提高水分利用效率，还可减少棵间蒸发。

表 22-2 沙枣林生物围墙沟灌耗水规律

处理	生育时期	4-25~5-25	5-26~6-26	6-27~7-27	7-28~8-28	8-29~9-30	全生育期
T1	耗水量（mm）	42.15	70.06	127.87	93.24	72.26	405.58
	耗水强度（mm/d）	1.71	2.09	4.30	4.54	1.81	2.78
T2	耗水量（mm）	54.34	75.36	138.69	107.25	81.26	456.90
	耗水强度（mm/d）	2.20	2.25	4.67	5.22	2.04	3.13
T3	耗水量（mm）	56.25	85.59	142.52	118.87	92.76	495.99
	耗水强度（mm/d）	2.28	2.56	4.80	5.79	2.33	3.40

2.2.3 二年生沙枣林生物围墙沟灌灌溉制度

通过连续动态测定沙枣林生物围墙沟灌条件下土壤含水量，按设定灌水定额灌水，从 4 月到 10 月共计灌水 5 次，由于各生长阶段需水量不同，因此每个生长阶段灌水次数亦不同，移栽后第 2 年（2011 年）灌溉定额为 250 m^3/亩。推荐灌溉制度为一个生长周期内灌水 5 次：5 月 1 次，灌水定额 50 m^3/亩；6 月 1 次，灌水定额 40 m^3/亩；7 月 2 次，灌水定额 50 m^3/亩；8 月 1 次，灌水定额 40 m^3/亩。总灌溉定额 230 m^3/亩。

2.3 三年生沙枣林围墙沟灌灌溉制度

2.3.1 三年生沙枣林生物围墙土壤含水率变化特点

三年生沙枣林生物围墙沟灌条件下土壤含水量变化如图22-3所示。由图可知，各处理土壤含水率变化表现一致，其变化均由灌水引起。由于休闲期耗水较大，在次年发芽前沙枣林含水率较低，每次灌水后含水率都有所提高，随后迅速下降，由于生育阶段历时不同，所以灌水持续时间也不同，灌水次数较频繁时段出现在6月中旬到7月下旬，主要是因为在这段时间内沙枣林处于旺盛生长期，蒸腾蒸发较大，同时由于气温较高，棵间蒸发也较大，灌水后含水量迅速下降，以7月25日灌水后为例，15天内含水率最大下降了10.05个百分点。

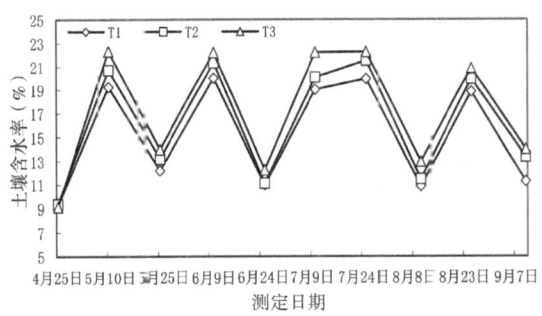

图22-3 沙枣树围墙沟灌含水率变化情况

2.3.2 三年生沙枣林生物围墙耗水强度变化特点

由表22-3可知，6~8月是三年生沙枣林生育期内群体结构最大、植株生长最旺盛、叶面积最大、蒸发和蒸腾都最大的时期，因而决定了该时期耗水强度最大，由于第三年处于生长旺盛期，生长较为迅速，各处理在第三年生长的株高、冠幅均差别较为明显，低定额灌水处理生长情况明显不如其他处理，考虑到生物围墙三年后修剪成型、生态节水及需水规律等因素，三年生围墙沟灌灌溉中应选择中等灌水定额为宜，这样不仅可以提高水分利用效率，还可减少棵间蒸发。

表 22-3 沙枣林生物围墙沟灌耗水规律

处理	生育时期	4-25~5-25	5-26~6-26	6-27~7-27	7-28~8-28	8-29~9-30	全生育期
T1	耗水量（mm）	52.15	80.24	125.24	96.36	74.25	428.24
	耗水强度（mm/d）	2.11	2.40	4.22	4.69	1.86	2.94
T2	耗水量（mm）	57.89	82.21	139.95	104.36	83.26	467.67
	耗水强度（mm/d）	2.34	2.46	4.71	5.08	2.09	3.21
T3	耗水量（mm）	60.06	88.82	138.85	115.56	96.67	499.96
	耗水强度（mm/d）	2.43	2.65	4.67	5.63	2.43	3.43

2.3.3 三年生沙枣林生物围墙沟灌灌溉制度

通过连续动态测定沙枣林生物围墙沟灌条件下土壤含水量，按设定灌水定额灌水，从4月到10月共计灌水5次，由于各生长阶段需水量不同，因此每个生长阶段灌水次数亦不同，移栽后第3年（2012年）灌溉定额为250 m^3/亩，推荐灌溉制度为一个生长周期内灌水5次：5月1次，灌水定额50 m^3/亩；6月1次，灌水定额50 m^3/亩；7月2次，灌水定额50 m^3/亩；8月1次，灌水定额50 m^3/亩。总灌溉定额250 m^3/亩。

[二十三]

向日葵垄作沟播喷灌技术试验研究

1 试验材料与方法

1.1 试验区概况

2012年和2013年试验"甘肃省水利科学研究院民勤试验站"进行。研究区位于民勤县城以北约13.5 km处的大滩乡东大村,地理坐标为东经130°05′,北纬38°37′。基地处于绿洲和腾格里沙漠交界地带,属典型的大陆性荒漠气候,气候干燥,降水稀少,蒸发量大,风沙多,自然灾害频繁。多年平均气温7.8℃,极端最高气温39.5℃,极端最低气温-27.3℃,平均湿度45%,多年平均降水110 mm,多年平均蒸发量2644 mm,年日照时数3028 h,光热资源丰富,≥0℃积温3550℃,≥10℃积温3145℃,无霜期150 d,最大冻土深115 cm。试验区土质0~60 cm为黏壤土,60 cm以下逐渐由黏壤土变为沙壤土,土壤平均容重为1.54 g/cm^3。试验田土壤理化性质及灌溉水质情况见表23-1~3。

表23-1 试验田土壤容重和田间持水量

土层(cm)	播前容重(g/cm^3)	收获后容重(g/cm^3)	田间持水量(质量%)	
0~20	1.475	1.527	19.65	29.06
20~40	1.665	1.558	16.45	27.31
40~60	1.475	1.666	12.15	17.80

表 23-2 试验田土壤养分情况

土层	有机质（%）	全氮（%）	全磷（%）	全钾（%）	碱解性氮（mg/kg）	速效磷（mg/kg）	速效钾（mg/kg）	pH 值
0~20	0.80	0.063	0.16	1.75	33.00	72.06	180	8.92
20~40	0.68	0.061	0.12	1.75	23.00	7.45	170	7.45
40~60	0.57	0.054	0.11	1.75	18.60	2.98	190	8.05
60~80	0.34	0.023	0.09	1.50	16.10	4.58	120	7.97
80~100	0.38	0.045	0.10	1.50	11.60	3.44	110	7.79
100~120	0.39	0.026	0.11	1.75	10.50	5.38	160	7.60

表 23-3 试验田土壤盐分情况

K^+（g/kg）	Na^+（g/kg）	Ca^{2+}（g/kg）	Mg^{2+}（g/kg）	Cl^-（g/kg）	SO_4^{2-}（g/kg）	HCO_3^-（g/kg）	CO_3^{2-}（g/kg）	全盐（g/kg）
0.05	0.20	0.10	0.11	0.03	0.13	0.45	0.14	1.21
0.03	0.39	0.03	0.16	0.06	0.30	0.48	—	1.45
0.03	0.48	0.04	0.22	0.09	0.50	0.50	0.03	1.89
0.03	0.36	0.03	0.27	0.10	0.68	0.38	0.03	1.88
0.03	0.40	0.03	0.31	0.12	0.90	0.38	0.02	2.19
0.03	0.61	0.04	0.36	0.18	1.04	0.36	—	2.61

1.2 试验布置

试验区面积为 60 m×60 m，种植方式采用全膜垄作沟播技术，灌溉方式采用半移动式喷灌，共布置四个喷头，喷嘴流量为 3 m³/h，射程为 15 m，喷头选择 15 m×15 m 的正方形布置。对照区（CD）面积为 30 m×15 m，种植方式采用全膜平铺技术，灌溉方式采用半移动式喷灌，共布置两个喷头，喷嘴流量为 3 m³/h，射程为 15 m。

1.3 前茬选择和机械整地

前茬作物以豆类、小麦和马铃薯为主，前茬农作物收获后采用机械进行深耕（耕深 50 cm 以上）。早春季节采用机械进行整地。

1.4 施肥

试验区、保护区以及对照区采用相同的农业措施,施用肥料及药剂的时间与用量完全一致。试验区初冬进行冬灌储水,定额 60 m³/亩。当年春季对土地进行平整耙糖镇压保墒,4 月中下旬播种,采用机械播,播前把准备好的肥料撒入"V"形沟,用开沟翻出的土覆盖肥料。施用过磷酸钙 100 kg/亩,硝酸铵 10 kg/亩,尿素 5 kg/亩,磷二铵 10 kg/亩,农家肥 4500 kg/亩做底肥,在开花期和灌浆期随灌水追施硝酸铵和尿素各 5 kg/亩,施用丁脂和燕麦灵各一次,人工除莠 3 次,中耕 1 次。生育期间加强田间管理,防止人畜侵害和自然灾害,提高栽培水平。

1.5 播种和覆膜

种子选择适合当地种植的品种。一般情况下,河西内陆区播种时间为 4 月中下旬。种子播在小垄沟内,每穴 1 粒,用沙土覆盖种子,覆盖厚度为 2~3 cm。采用宽窄行,平均行距为 40 cm,平均株距为 35 cm 左右,每穴留苗 1 株,理论保苗 6.4 万~7.2 万株/hm²。覆膜后要在地膜面上形成"W"形集雨沟。

1.6 灌溉制度设计

播后灌出苗水 60 m³/亩,生育期采用喷灌,试验区共 4 个喷头,喷头设计流量 3 m³/h。设计每次灌水定额 20 m³/亩(CE)、25 m³/亩(CH)、30 m³/亩(CK),对照(CD)60 m³/亩,灌溉制度设计案见表 23-4。

表 23-4 向日葵垄作沟播喷灌制度设计

灌水次数	灌溉时间	灌水定额(mm)			
		对照(CD)	垄作沟播(CE)	垄作沟播(CH)	垄作沟播(CK)
冬季储水灌溉	2011 年 11 月 20 日	60	60	60	60
生育期第一水	2012 年 5 月 2 日	60	20	25	30
生育期第二水	2012 年 5 月 25 日	0	20	25	30
生育期第三水	2012 年 6 月 15 日	60	20	25	30

续表23-4

灌水次数	灌溉时间	灌水定额（mm）			
		对照（CD）	垄作沟播（CE）	垄作沟播（CH）	垄作沟播（CK）
生育期第四水	2012年7月5日	0	20	25	30
生育期第五水	2012年7月25日	60	20	25	30
生育期第六水	2012年8月15日	60	20	25	30
生育期第七水	2012年9月1日	60	20	25	30
生育期第八水	2012年9月19日	0	20	25	30
灌溉定额	—	360	220	260	300

1.7 测定项目及方法

1.7.1 叶面积

每小区选5株有代表性、长势一致的植株进行挂牌标记，测定各处理下向日葵出苗后幼苗期、现蕾期、开花期和成熟期的单株叶面积。叶面积测定方法采用微电子面积测量仪法。

1.7.2 干物质积累量

在各处理的幼苗期、现蕾期、开花期和成熟期，每小区选有代表性的植株5株，取其地上部分，室内各器官分装，采用烘干称重法先以120℃杀青15 min，然后在85℃恒温下烘干至恒重，最后用精度为0.01 g的电子天平称重。

1.7.3 根系调查

在幼苗期、现蕾期、开花期和成熟期，每处理选取垄沟1个样点，采用大口径根钻（钻头长20 cm，直径10 cm）垂直向下钻120 cm，每30 cm取一个样本。将样本进行冲洗后捡出所有根系，分别测定根系长度及根干重密度，每期取5株，重复3次，计平均值，根系长度采用网格交差法测定。

1.7.4 土壤含水量

在玉米各生育时期测定不同处理下每小区0~100 cm土层的土壤含水量，取样方法为每 20 cm 取 1 个土样，取样位置为沟播种植区的垄上和垄沟，穴播平作种植区行中，采用烘干法测定。

1.7.5 产量及其构成因素

成熟后按小区测定各处理的实际产量，每小区取样 15 株，当向日葵籽粒水分低于 20% 时，进行室内考种，测定盘粒数、盘粒重、百粒重等产量构成因子指标。

2 试验结果分析

2.1 全膜双垄沟播向日葵生长发育变化特征

植株生长和干物质积累是作物光合作用产物的最佳表现形式，其积累和分配与经济产量有密切关系，也是人们揭示高产机理的重要方面。垄作沟播喷灌使向日葵灌溉方式及生长环境发生很大变化，因此，我们有必要对其水分反应和增产机理进行更加深入地研究和探讨。

2.1.1 不同栽培和灌水方式下根系的时空变化特征

由图 23-1 可见，向日葵全生育期采用全膜垄作沟播喷灌的根密度比采用全膜平铺喷灌条件下的总根长密度大。蕾期 0~30 cm 范围之内，全膜平铺喷灌的根密度比垄作沟播喷灌根密度大，30 cm 以下全膜平铺喷灌的根密度比垄作沟播喷灌根密度小。成熟期，0~50 cm 范围之内，全膜平铺喷灌的根密度比垄作沟播喷灌根密度大，50 cm 以下，全膜平铺喷灌的根密度比垄作沟播喷灌根密度小。垄作沟播喷灌全生育期内，随灌溉水量的增加根密度越大，CE 与 CK 之间的根密度差距较大，CK 与 CH 之间的根密度差距较小。全膜双垄沟播栽培方式具有良好的抑蒸保墒作用，能够有效地提高地温和自然降水的利用率，有利于根系向土壤深层的延伸。

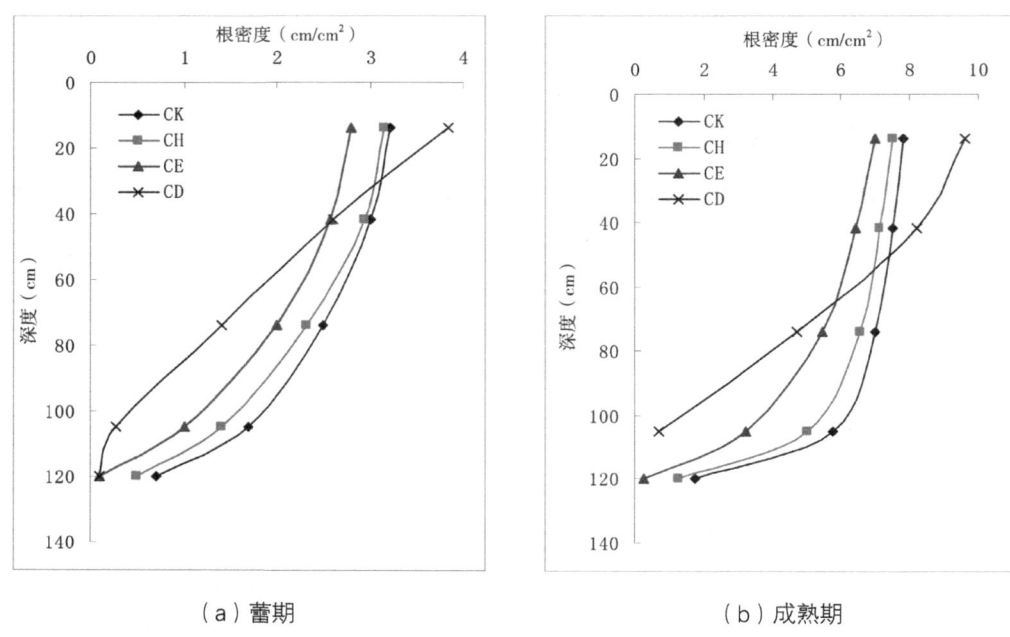

(a) 蕾期　　　　　　　　　　　　　(b) 成熟期

图 23-1　不同栽培和灌溉方式下向日葵根长密度的动态变化（见彩图）

由图 23-2 可见，不同栽培方式下向日葵根系在 0~120 cm 土层分布比例存在着明显差异，全膜垄作沟播深层根长占总根长的比例显著高于全膜平铺的处理。两年试验结果表明：在向日葵蕾期和成熟期，所有处理在 0~30 cm 土层根长占总根长的百分比最高，分别为 40.53%、41.76%、43.34% 和 52.69%，全膜垄作沟播所占比例小于全膜平铺，全膜垄作沟播条件下，随着灌水量的不同比例也不同，灌水量越大所占比例越小；在 90~120 cm 土层根长占总根长的百分比最高，分别为 20.33 %、21.72 %、21.90 % 和 12.88 %，全膜垄作沟播所占比例大于全膜平铺，全膜垄作沟播条件下，随着灌水量的不同比例也不同，灌水量越大所占比例越大。分析处理深层根长占总根长的百分比显著高于其他处理的原因，是由于全膜垄作沟播方式良好的集雨效果，能够将 5 mm 以下的无效降水转化为有效水分被作物吸收利用，此外，其良好的抑蒸保墒作用使深层土壤中的水分上移减缓，向日葵根系具有"趋水"特性，从而加大了向日葵根系向深层土壤下扎的力度。

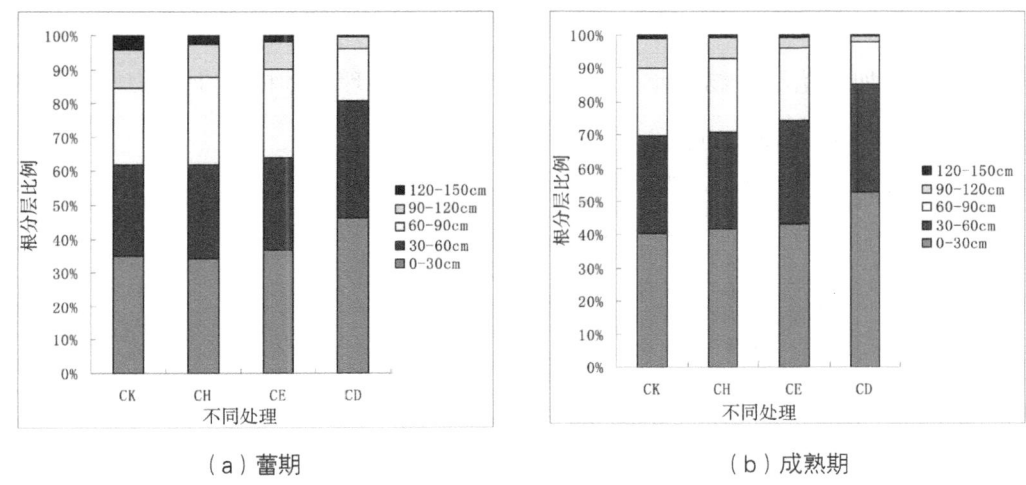

(a）蕾期　　　　　　　　　　　　（b）成熟期

图 23-2　不同处理方式下向日葵根长垂直分布状况

2.1.2 不同栽培和灌水方式下干物质变化特征

由图 23-3 可知，在向日葵全生育期叶片变化呈单峰曲线形式，即幼苗—现蕾—开花期叶片干物质呈增加的趋势，开花—成熟期向日葵叶片干物质呈减小趋势。全膜垄作沟播条件下，整个生育期向日葵叶干重大于全膜平铺，随着灌水量的增加，叶干重也增加。CE 与 CK 处理之间的叶干重差距较大，CH 与 CK 处理之间的叶干重差距较小。

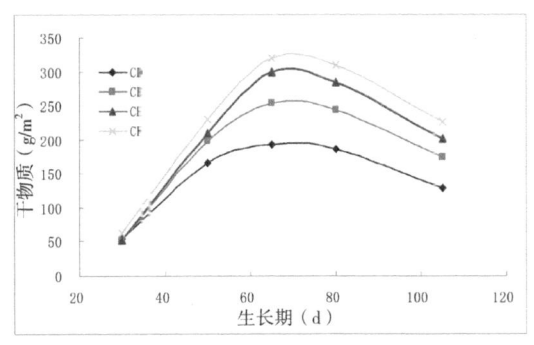

图 23-3　不同处理向日葵生育期叶片干物质积累图（见彩图）

由图 23-4 可知，在向日葵全生育期茎干变化呈 S 形曲线形式，即幼苗—现蕾—开花期茎干的干物质呈增加的趋势，开花—成熟期茎干的干物质基本保持不变。全膜垄作沟播条件下，整个生育期向日葵茎干干物质重大于全膜平铺，随着灌水量的增加，茎干干物质重也增加。CE 与 CK 处理之间的茎干干物质重差距较大，CH 与 CK 处理之间的茎干干物质重差距较小。

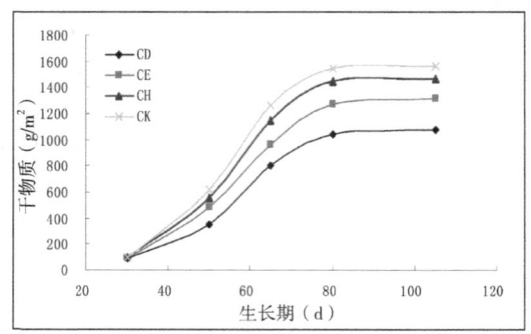

图 23-4　不同处理向日葵生育期茎干干物质积累图（见彩图）

由图 23-5 可知，在向日葵全生育期花盘的干物质变化呈线性曲线形式，幼苗—现蕾期花盘的干物质呈增加的趋势相对较缓，现蕾—开花期花盘的干物质呈增加的趋势较快，开花—成熟期花盘的干物质增长趋势又变缓。全膜垄作沟播条件下，整个生育期向日葵花盘干物质重大于全膜平铺，随着灌水量的增加，花盘干物质重也增加。CE 与 CH 处理之间的花盘干物质重差距较大，CH 与 CK 处理之间的花盘干物质重差距较小。

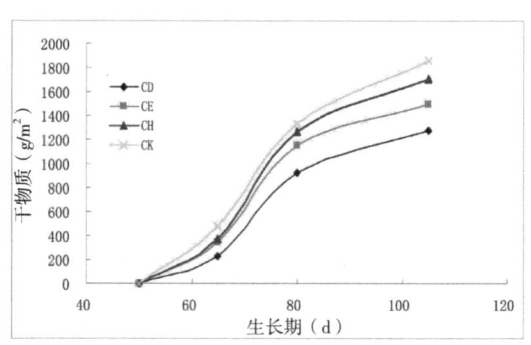

图 23-5　不同处理向日葵生育期花盘干物质积累图（见彩图）

2.2 垄作沟播喷灌向日葵株高生长发育动态

从向日葵株高曲线（图23-6）可以看出，曲线变化都是前期缓慢增长，拔节后快速增长，开花后期基本稳定；在整个向日葵生长过程中，各处理株高无明显差别。向日葵各生育期生长速率变化见图23-7，由图可知，向日葵生长速率在整个生育期呈现小—大—小的变化规律。苗期各处理生长速率较慢，其原因是苗期当地气温和有效积温都较低，作物生长缓慢，各处理的生长速率在1.33~1.34 cm/d之间；现蕾—开花期是向日葵生长最快的时段，各处理生长速率在3.92~3.93 cm/d之间；向日葵进入成熟期后由营养生长转向生殖生长，生长速率已很小。

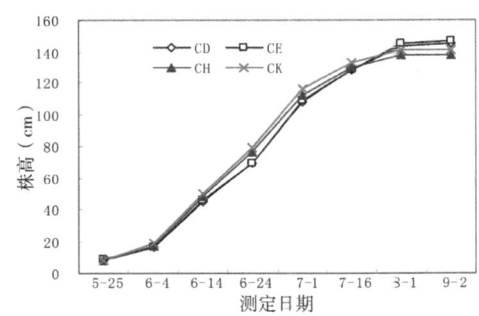 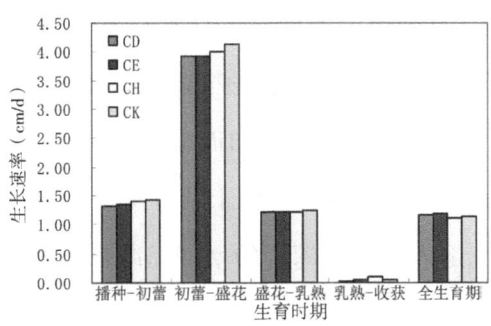

图23-6　垄作沟播喷灌向日葵全生育期株高（见彩图）　　图23-7　垄作沟播喷灌向日葵生育期生长速率

2.2.1 垄作沟播喷灌向日葵叶面积指数分析

向日葵叶面积指数随生育期的变化过程见图23-8。从图中可以看出，叶面

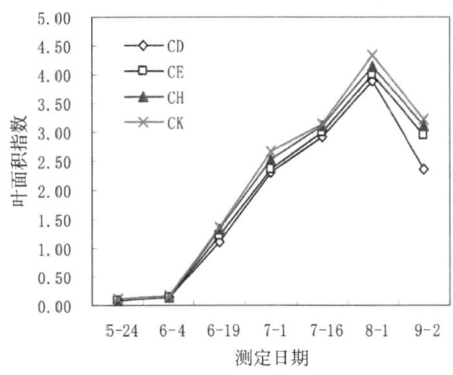

图23-8　垄作沟播喷灌向日葵叶面积指数全生育期变化（见彩图）

积指数随生育期的推进，呈现出先增加、后稳定、最后又减小的趋势。向日葵叶面积指数在现蕾—盛花期增长速度最快，平均日增长 0.080~0.083；盛花—乳熟期叶面积指数增长速度次之，平均日增长 0.059~0.061；灌浆—成熟期向日葵叶面积指数出现明显的下降趋势。

2.3 垄作沟播喷灌对向日葵耗水量的影响

2.3.1 不同生育期灌前土壤剖面水分

试验观测期，采用烘干法在每次灌水测定不同处理下向日葵 0~100 cm 的土壤含水量（质量含水量），图 23-9 分别为向日葵苗期、蕾期、花期和成熟期灌水前土壤含水率剖面图。由图 23-9（a）可以看出，全膜双垄沟播条件下，0~80 cm 范围内，苗期土壤含水量值变化很小且随深度的增加逐渐减小；全膜平铺条件下，0~40 cm 范围内苗期土壤含水量随着深度的增加而增大，40~50 cm 范围内则随着深度的增加而减小。由图 23-9（b）可以看出，全膜双垄沟播条件下，0~40 cm 范围内蕾期土壤含水量随着深度的增加，数值几乎保持不变，40~50 cm 范围内则随着深度的增加而减小；全膜平铺条件下，0~40 cm 范围内蕾期土壤含水量随着深度的增加而增大，40~50 cm 范围内则随着深度的增加而减小。由图 23-9（c）可以看出，全膜双垄沟播条件下，0~40 cm 范围内花期土壤含水量随着深度的增加而增加，40~50 cm 范围内则随着深度的增加而增加；全膜平铺条件下，0~40 cm 范围内，花期土壤含水量随着深度的增加而增加，40~50 cm 范围内则随着深度的增加而减小。由图 23-9（d）可以看出，全膜双垄沟播条件下，0~40 cm 范围内成熟期土壤含水量随着深度的增加数值几乎保持不变，40~50 cm 范围内则随着深度的增加而增加；全膜平铺条件下，0~40 cm 范围内成熟期土壤含水量随着深度的增加而增加，40~50 cm 范围内则随着深度的增加而减小。同时由图可以看出，在苗期、蕾期、花期和成熟期，0~50 cm 范围内采用全膜平铺喷灌的灌前土壤含水量小于或等于全膜垄作沟播的；50~100 cm 范围内采用全膜平铺喷灌的灌前土壤含水量远小于全膜垄作沟播的。

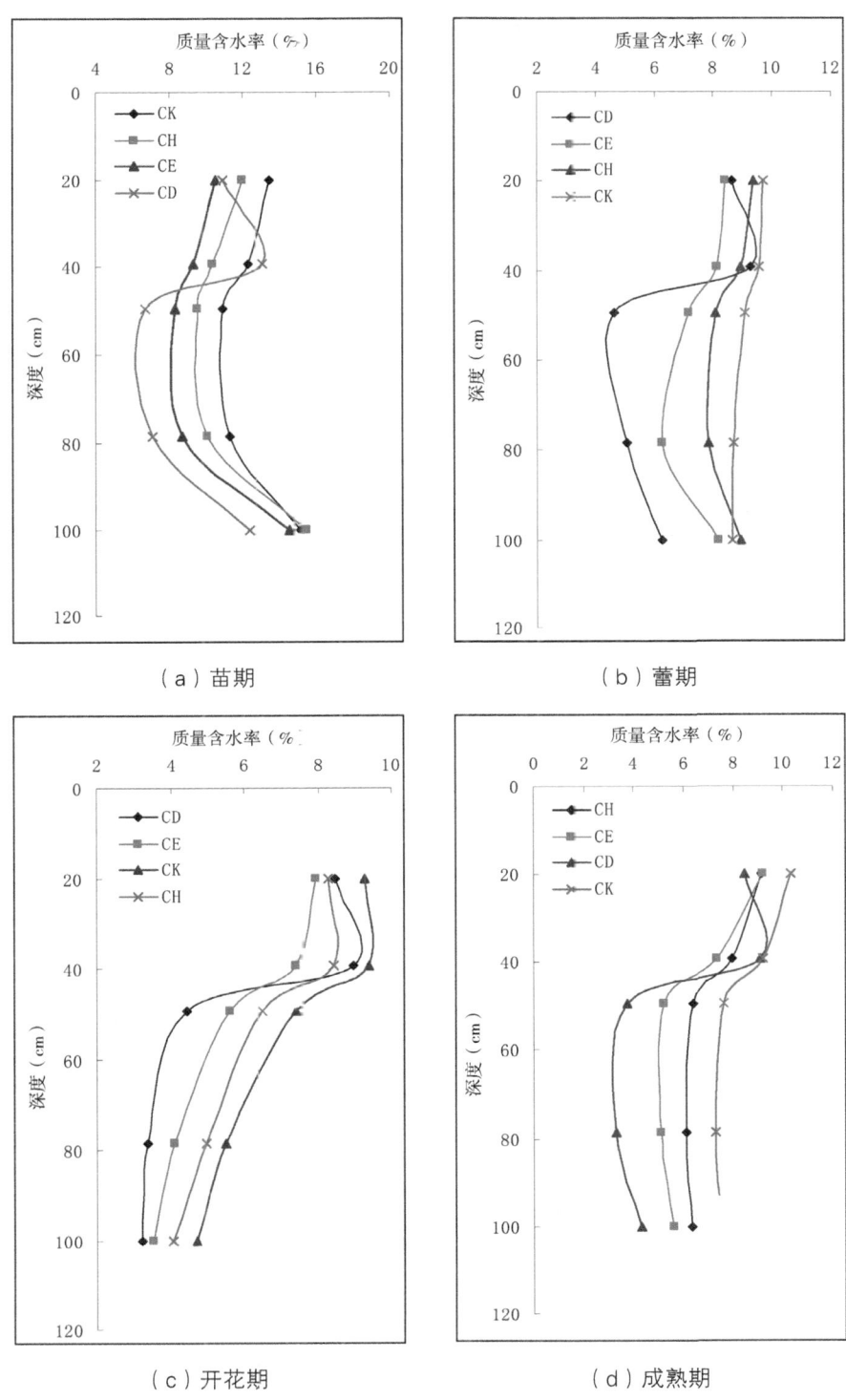

(a)苗期　　　　　　　　　　(b)蕾期

(c)开花期　　　　　　　　　(d)成熟期

图 23-9　不同处理向日葵灌水前土壤含水量（见彩图）

2.3.2 整个生育期内土壤水分变化规律

为了监测土壤含水量的详细变化过程，本次试验在试验田内埋设了土壤水分自动监测系统，根据 2012 年土壤墒情监测系统采集到的农田土壤水分动态观测资料，分别绘制了 0~20 cm、20~40 cm 和 40~60 cm 三个土层的土壤体积含水率随时间的变化曲线，见图 23-10。

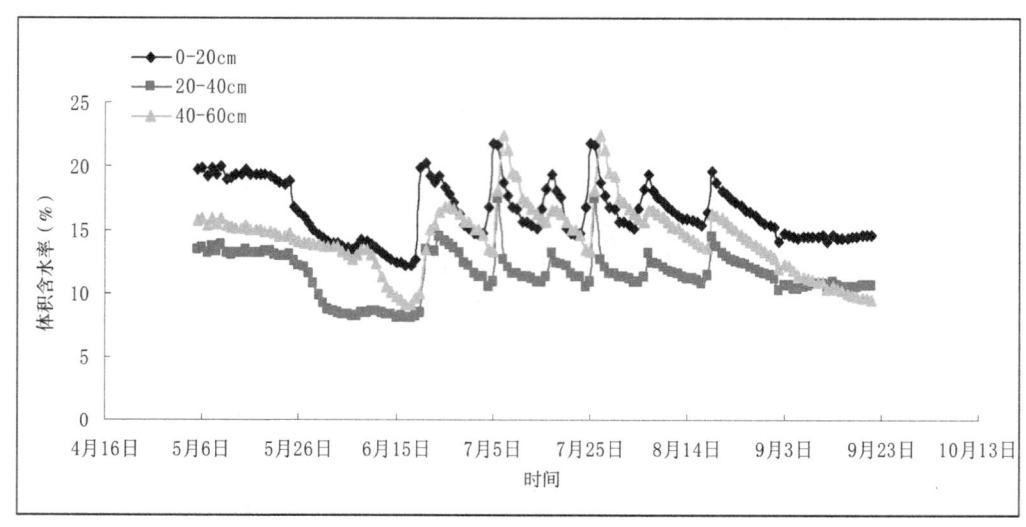

图 23-10　不同土层土壤含水量随时间变化情况（见彩图）

分析上图可得，土壤水分在辣椒整个生育期内的变化大致分为三个阶段。

（1）5 月初至 6 月初的波动阶段：这一时期温度开始上升，作物处于生长期，蒸发量逐渐增大，土壤水分迅速减少，同时地下水位较低。第一轮水后土壤含水量受灌溉水和蒸发的影响呈现波动趋势，在无灌水情况下作物蒸发量虽较少，但由于气温的上升，土体蒸发也较大，所以土壤含水率仍会大幅下降，灌溉后土壤含水率又迅速上升。

（2）6 月中旬至 8 月中旬的严重失墒阶段：这一阶段是灌区灌水量比较多的时期，但 0~60 cm 各层土壤水分都相对较低，因为这一时期气温较高，作物、土体的蒸发量都比较大，作物根系层吸水也多，土壤含水量大幅度下降，灌溉后又迅速上升。因此在土壤含水量时间变化曲线上下振动频繁，振幅也较大，但这一阶段土壤含水率总体上处于下降趋势。

（3）8月下旬至9月下旬的雨季蓄墒阶段：这一阶段作物趋于成熟，气温逐渐降低，蒸发量减少，土壤水分减少缓慢。

2.3.3 作物生育期内土壤水分的垂直变化规律

土壤水分在各层土壤中的分布受各层土壤性质、作物根系分布和气象因素的影响而不同，所以在不同季节不同层次土壤水分的垂直变化不同。通过生育期土壤水分变化曲线（图23-10）分析得出，土壤水分垂直变化大致可分为三个层次。

（1）表层急变层（0~20 cm）：这一土层土壤含水量受气象、灌溉和耕作措施的影响最为显著，且在不同生育时期内差距较大。在灌水及雨季蓄墒时期土壤含水量最大，为34.5%；5月、6月含水量较小，平均值为20.2%；7月降至最小，为13%~15%；但8月、9月的雨季，降水可使该层土壤水分含量增大。

（2）中间活跃层（20~40 cm）：此层为作物根系主要分布层，也是积蓄灌水的主要层次。受气候的影响相对0~20 cm土层要小，变化速率一般比较缓慢，当有明显的降雨补给或灌水时，土壤水分也会有明显的上升变化，不过在时间上有滞后。

（3）底部相对稳定层（40~60 cm）：由于根系分布越向下越少，所以水分消耗相对减少，且降水及其他气象因子的影响也在不断减小。

2.4 垄作沟播喷灌向日葵的产量效应

试验结果表明：垄作沟播喷灌条件下，CE、CH和CK处理分别较CD处理增产3.68%、5.88%和7.35%，而节水率却能达到13.16%、26.32%和39.47%，节水效果显著，见表23-5。

表 23-5 喷灌向日葵产量、增产率和节水率

处理	灌水量（m³/亩）	产量（kg/hm²）	增产率（%）	节水率（%）
CE	220	564	3.68	39.47
CH	260	576	5.88	26.32
CK	300	584	7.35	13.16
CD	360	544	—	—

2.4.1 垄作沟播喷灌对向日葵水分利用效率（WUE）的影响

向日葵常规灌溉处理的灌溉水利用效率 1.51 kg/m³ 和农田水分利用效率 1.41 kg/m³ 均较低，喷灌向日葵的上述两项指标比对照分别提高 0.44~10.05 kg/m³ 和 0.38~0.88 kg/m³，见表 23-6。

表 23-6 向日葵水分利用效率

处理	灌水量（m³/亩）	耗水量（m³/亩）	灌溉水利用效率（kg/m³）	农田水分利用效率（kg/m³）
CD	360	386	1.51	1.41
CH	260	286	2.22	2.01
CE	220	246	2.56	2.29
CK	300	326	1.95	1.79

2.5 向日葵需水量及适宜灌溉制度

选择常规小畦灌溉和垄作沟灌两种灌溉方式，根据灌溉统计资料、实地调查、实测资料（表 23-7）和试验示范资料计算向日葵不同生育阶段适宜需水量，如表 23-8 所示，根据适宜需水量制订的各灌溉方式下的向日葵灌溉制度如表 23-9 所示。

表 23-7 向日葵全生育期实测需水量

处理	播种—初蕾 需水量（mm）	初蕾—盛花 需水量（mm）	盛花—乳熟 需水量（mm）	乳熟—收获 需水量（mm）	全生育期 需水量（mm）
小畦灌	98.5	141.1	232.9	63.2	535.7
垄作沟播喷灌	65.5	95.2	170.8	38.7	370.2

表 23-8 向日葵全生育期适宜需水量

处理	播种—初蕾 需水量（mm）	初蕾—盛花 需水量（mm）	盛花—乳熟 需水量（mm）	乳熟—收获 需水量（mm）	全生育期 需水量（mm）
小畦灌	90~100	120~150	220~240	50~70	480~560
垄作沟播喷灌	60~70	90~100	170~180	40~50	360~400

表 23-9 向日葵适宜灌溉制度

处理	播种—初蕾 灌溉制度（m³/亩）	初蕾—盛花 灌溉制度（m³/亩）	盛花—乳熟 灌溉制度（m³/亩）	乳熟—收获 灌溉制度（m³/亩）	全生育期 灌溉制度（m³/亩）
小畦灌	60/1 次	60/2 次	60/2 次	60/1 次	360/6 次
垄作沟播喷灌	30/2 次	30/2 次	30/2 次	30/1 次	210/7 次

[二十四]

棉花垄作沟播喷灌技术试验研究

1 试验材料与方法

1.1 试验设计

1.1.1 试验区概况

试验于 2012 年和 2013 年在"甘肃省水利科学研究院民勤试验站"进行。甘肃省水利科学研究院民勤试验站位于民勤县大滩乡东大村,地理坐标为东经 130°05′,北纬 38°37′,处于绿洲和腾格里沙漠交界地带,属典型的大陆性荒漠气候。

1.1.2 试验布置

试验区面积为 36 m×36 m,种植方式采用全膜垄作沟播技术,灌溉方式采用半移动式喷灌,共布置四个喷头,喷嘴流量为 1 m³/h,射程为 6 m,喷头选择 12 m×12 m 的正方形布置。对照区(CD)面积为 12 m×36 m,种植方式采用全膜平铺技术,灌溉方式采用地面小畦灌。

1.1.3 前茬选择和机械整地

前茬作物以豆类、小麦和马铃薯为主。前茬农作物收获后采用机械进行深耕(耕深 50 cm 以上)。早春季节采用机械进行整地。

1.1.4 施肥

试验区、保护区以及对照区采用相同的农业措施,施用肥料及药剂的时间与用量完全一致。试验区初冬进行冬灌储水,定额为 60 m³/亩。当年春季对土地进行平整耙糖镇压保墒，4月中下旬播种，采用机械播。播前把准备好的肥料撒入"V"形沟，用开沟翻出的土覆盖肥料。施用过磷酸钙 100 kg/亩，硝酸铵 10 kg/亩，尿素 5 kg/亩，磷二氨 10 kg/亩做底肥，在开花期和花铃期随灌水追施硝酸铵和尿素各 5 kg/亩，人工除草 3 次，中耕 1 次。生育期间加强田间管理，防止人畜侵害和自然灾害，提高栽培水平。

1.1.5 播种和覆膜

种子选择适合当地种植的品种。一般情况下，河西内陆区播种时间为 4 月中下旬。种子播在小垄沟内，每穴 1 粒，用沙土覆盖种子，覆盖厚度为 2~3 cm。种植方式采用宽窄行，平均行距为 40 cm，平均株距为 35 cm 左右，每穴留苗 1 株，理论保苗 6.4 万~7.2 万株 /hm^2。覆膜后要在地膜面上形成"W"形集雨沟。

1.1.6 灌溉制度设计

播后生育期采用喷灌灌溉，试验区共设 3 个处理，每个处理 3 个重复。设计灌水定额 20 m^3/亩（CE）、25 m^3/亩（CH）、30 m^3/亩（CK），对照（CD）60 m^3/亩。棉花生育期灌水 7 次，灌水时间分别为 5 月上旬、6 月上旬、6 月下旬、7 月中旬、8 月上旬、8 月下旬、9 月上旬，设计灌水时间及灌水量见表 24-1。

表 24-1 棉花灌溉试验设计灌水时间及灌水量

灌水次数	灌溉时间	灌水定额（mm）			
		对照（CD）	垄作沟播（CE）	垄作沟播（CH）	垄作沟播（CK）
冬季储水灌溉	2011 年 11 月 20 日	60	60	60	60
生育期第一水	2012 年 5 月 1 日	60	20	25	30
生育期第二水	2012 年 6 月 2 日	0	20	25	30
生育期第三水	2012 年 6 月 25 日	60	20	25	30
生育期第四水	2012 年 7 月 18 日	60	20	25	30
生育期第五水	2012 年 8 月 4 日	60	20	25	30
生育期第六水	2012 年 8 月 25 日	60	20	25	30
生育期第七水	2012 年 9 月 8 日	0	20	25	30
灌溉定额	—	360	200	235	270

1.2 测定项目及方法

1.2.1 叶面积

每小区选 5 株有代表性、长势一致的植株进行挂牌标记，测定各处理下棉花出苗后幼苗期、现蕾期、花铃期和吐絮期的单株叶面积。叶面积测定方法采用微电子面积测量仪法。

1.2.2 干物质积累量

在各处理的幼苗期、现蕾期、开花期和成熟期，每小区选有代表性的植株 5 株，取其地上部分，室内各器官分装，采用烘干称重法先以 120℃ 杀青 15 min，然后在 85℃ 恒温下烘干至恒重，最后用精度为 0.01 g 的电子天平称重。

1.2.3 根系调查

在幼苗期、现蕾期、开花期和成熟期，每个处理选取垄沟 1 个样点，采用大口径根钻（钻头长 20 cm，直径 10 cm）垂直向下钻 100 cm，每 30 cm 取一个样本。将样本冲洗后捡出所有根系，分别测定根系长度及根干重密度，每期取 5 株，重复 3 次，计平均值，根系长度采用网格交差法测定。

1.2.4 土壤水分含量

分别在不同处理的各测定期测定每小区 0~100 cm 土层的土壤含水量，取样方法为每 20 cm 取 1 个土样，取样位置为沟播种植区的垄上和垄沟，穴播平作种植区行中，采用烘干法测定。

1.2.5 产量及其构成因素

成熟后按小区测定各处理的实际产量，每小区取样 15 株，当棉花完全吐絮且棉籽水分低于 20% 时，进行室内考种。

1.3 全膜双垄沟播棉花生长发育变化特征

植株生长和干物质积累是作物光合作用产物的最佳表现形式，其积累和分配与经济产量有密切关系，也是人们揭示高产机理的重要方面。垄作沟播喷灌使棉花灌溉方式及生长环境发生很大变化，其生育期划分见表 24-2，因此，我们有必要对其水分反应和增产机理进行更加深入地研究和探讨。

表 24-2 棉花主要生育期时段表

生育阶段	苗期	蕾期	花铃期	吐絮期	全生育期
起止时间	04-20~05-23	05-24~06-25	06-26~08-15	08-16~10-25	04-20~10-25
间隔天数	33 d	33 d	51 d	71 d	188 d

2 试验结果分析

2.1 不同栽培和灌水方式下根系的时空变化特征

由图 24-1 可见，各处理根系生物量随深度增加呈减小趋势，根据种植方式和灌溉方式的不同，棉花根密度分布也不同。棉花全生育期采用全膜垄作沟播喷灌的根密度比采用全膜平铺喷灌条件下的总根长密度大。蕾期根系主要分布在 0~15 cm 范围之内，全膜平铺地面灌的根密度比垄作沟播喷灌根密度大；15 cm 以下全膜平铺地面灌的根密度比垄作沟播喷灌根密度小。花铃期根系主要分布在 0~50 cm 土层内，其中 0~30 cm 根系分布较多，30~50 cm 根系分布相对较少，且垄作沟播喷灌增加了 20~50 cm 的根系生物量。盛铃期根系生物量主要分布在 0~60 cm 土层范围内，浅层全膜平铺地面灌的根密度较大，而深层则是全膜垄作沟播喷灌的根密度较大。棉花吐絮时，浅层根系几乎不变，深层根系却有所增加，且棉花根系下扎深度达到 80 cm。全膜双垄沟播栽培方式具有良好的抑蒸保墒作用，能够有效地提高地温和自然降水的利用率，有利于根系向土壤深层的延伸。

分析不同处理下深层根长占总根长的比例后发现，全膜垄作沟播的大于全膜平铺的。全膜垄作沟播条件下，随着灌水量的增加，深层根长占总根长的比例随之增大。究其原因可能是全膜垄作沟播方式具有良好的集雨效果，能够将 5 mm 以下的无效降水转化为有效水分被作物吸收利用；此外，其良好的抑蒸保墒作用使深层土壤中的水分上移减缓，且棉花根系具有"趋水"特性，从而加大了棉花根系向深层土壤下扎的力度。

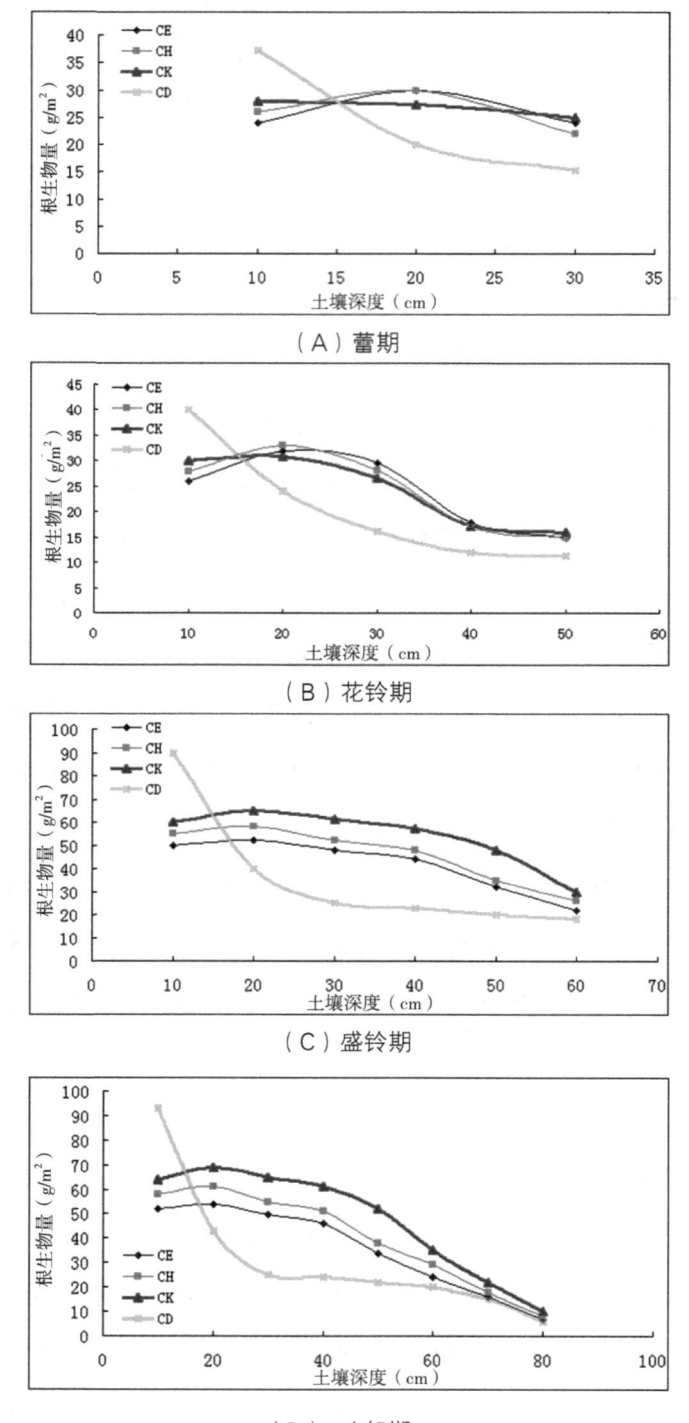

（A）蕾期

（B）花铃期

（C）盛铃期

（D）吐絮期

图 24-1　不同栽培和灌溉方式下棉花根系生物量的垂直分布情况（见彩图）

2.2 不同栽培和灌水方式下干物质变化特征

由图 24-2 可以看出，在苗期和蕾期各处理棉花干物质累积总量无明显差异。从蕾期开始，不同处理干物质累积总量存在显著差异，具体表现为：地面灌处理整体小于垄作沟播喷灌，而垄作沟播喷灌下的棉花干物质累积总量随着灌水量的增加而增加。

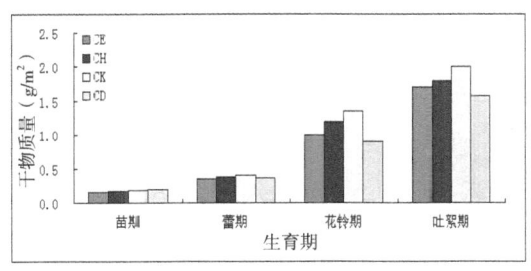

图 24-2　不同处理棉花干物质积累图

由图 24-3 可见，不同生育期棉花地上部分不同器官中的水分分配不仅影响各器官中干物质的积累，还影响干物质在不同器官中的分配比例。随生育进程的推进，各处理干物质在茎、叶中的分配比例逐渐减小，而在生殖器官中的分配比例逐渐增大，不同水分处理间棉花干物质在茎、叶、生殖器官中的分配比例差异显著。蕾期，干物质在叶中的分配比例随灌水量的增加而增大，在生殖器官中的分配比例随灌水量的增加而减小，茎中的分配比例在各处理间无明显差异；花铃期，干物质在叶和茎中的分配比例均以 CD 处理最大，而在生殖器官中的分配比例以 CK 处理最大，水分过量促进了这一阶段干物质在茎中的分配，却抑制了在生殖器官中的分配。棉花吐絮期，CE 和 CH 处理下干物质在营养器官中的分配比例小，在生殖器官中的分配比例大，这有利于经济产量的形成，是比较合适的水分处理。

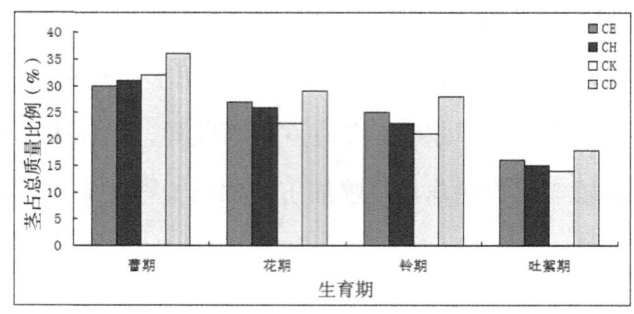

（A）茎所占干物质的比例

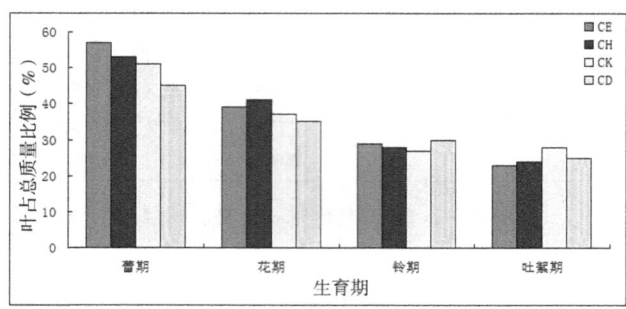

（B）叶所占干物质的比例

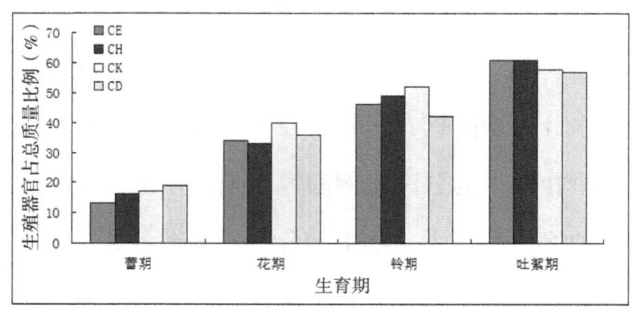

（C）生殖器官所占干物质的比例

图 24-3　棉花全生育期各器官干物质所占比例图

2.3 棉花株高生长发育动态

从棉花株高曲线（图 24-4）可以看出，在棉花整个生长过程中，不同处理间株高无明显差别，且曲线变化均呈前期缓慢增长、花期开始快速增长、铃期后期基本稳定的趋势。棉花各生育期生长速率变化见图 24-5，由图可知棉花生长速率在整个生育期呈现小－大－小的变化规律，现蕾－开花期是棉花生长最快的时段，而在铃期—成熟期则由营养生长转向生殖生长，生长速率已很小。

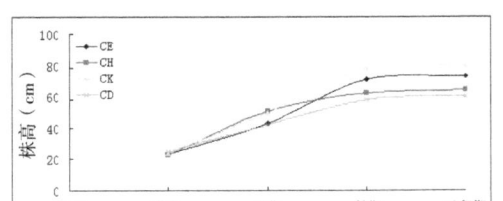

图 24-4　不同处理棉花全生育期株高（见彩图）

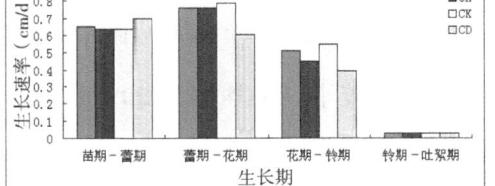

图 24-5　不同处理棉花生育期生长速率

不同的水分处理在促进地上部营养生长的同时，也促进了生殖生长，地面灌过量水分处理（CD）的结铃数显著大于其他处理，但过量的水分又增加了蕾铃脱落率，吐絮时结铃数反而小于其他处理（表 24-3）。垄作沟播喷灌是水分进入根系周围后进行的再分配，可有效降低蕾铃脱落率，吐絮时结铃数反而大于地面灌溉。

表 24-3　不同处理棉花果枝数、蕾铃数比较

处理		CE	CH	CK	CD
枝数		8.3	8.5	10.0	9
铃数	铃期	7.0	9.0	6.0	10
	盛铃期	8.0	8.5	9.5	12
	吐絮期	7.8	8.0	8.5	6.3

2.4 垄作沟播喷灌对棉花耗水量的影响

2012 年试验观测期，采用烘干法于每次灌水前测定不同处理下 0~100 cm 土层的土壤含水量（质量含水量）。土壤水分在各层土壤中的分布受各层土壤性质、作物根系分布和气象因素的影响而较大，所以其垂直变化在不同季节、不同层次表现不同。通过生育期土壤水分变化曲线图 24-6 分析得出，土壤水分垂直变化大致可分为四个层次。

（1）表层急变层（0~20 cm）

这一土层土壤含水量受气象因素、灌溉和耕作措施的影响最为显著，且在不同时期变化很大。在灌水及雨季蓄墒时期土壤含水量最大，为34.5%；5月、6月含水量较小，平均值为20.2%；7月降至最小，为13%~15%；但8月、9月的雨季，降水使该层土壤水分含量增大。

（2）中间活跃层（20~40 cm）

此层为作物根系的主要分布层，也是积蓄灌水的主要层次。受气候的影响相对0~20 cm土层要小，变化速率一般比较缓慢，当有明显的降雨补给或灌水时，土壤水分也会有明显的上升变化，不过在时间上有滞后。

（3）底部相对稳定层（40~60 cm）

由于根系分布越向下越少，所以水分消耗相对减少，且降水及其他气象因子的影响也在不断减小。

（4）底部相对稳定层（60~80 cm）

由于根系分布的减少及降水和其他气象因子影响的减小，水分消耗很少，且在整个生育期内土壤含水量变化相对不大。

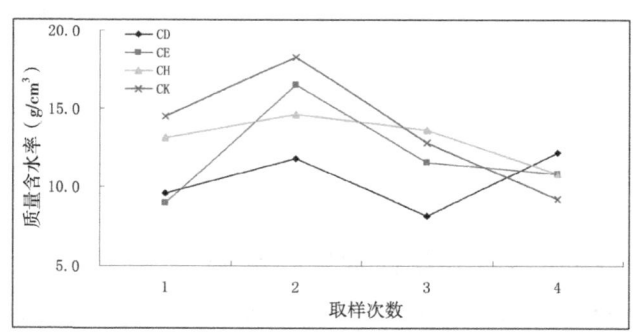

（A）棉花生育期0~20 cm土壤含水量变化情况图

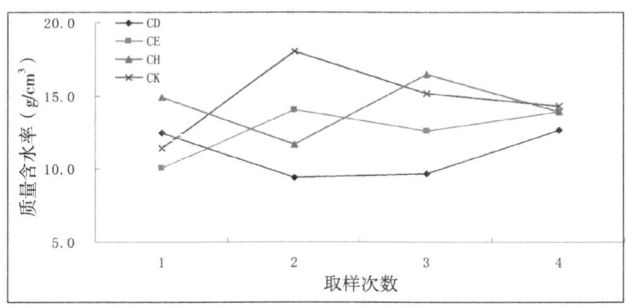

(B)棉花生育期 20~40 cm 土壤含水量变化情况图

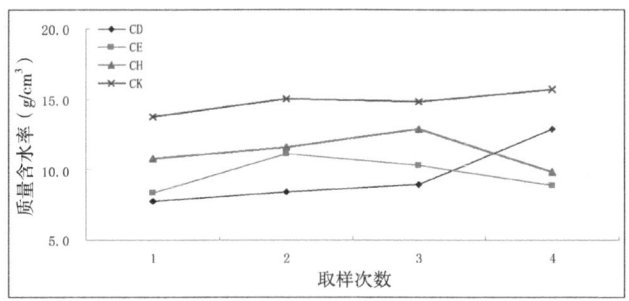

(C)棉花生育期 40~60 cm 土壤含水量变化情况图

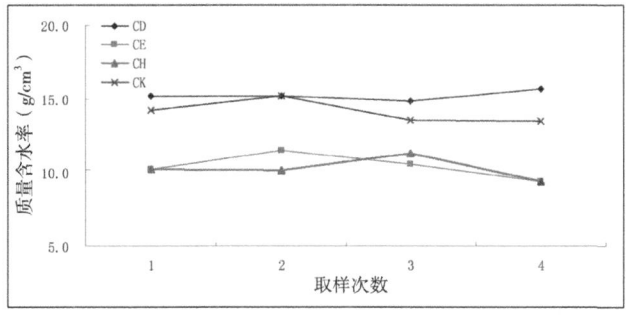

(D)棉花生育期 60~80 cm 土壤含水量变化情况图

图 24-6 不同处理棉花灌水前土壤含水量(见彩图)

2.5 垄作沟播喷灌棉花的产量效应

试验结果表明：垄作沟播喷灌条件下，CE、CH 和 CK 处理分别较 CD 处理增产 5.39%，12.79% 和 15.82%，而节水率却能达到 35.71%、44.05% 和 25.38%，节水效果显著，见表 24-4。

表 24-4　喷灌棉花产量、增产率和节水率

处理	灌水量（m³/亩）	产量（kg/亩）	增产率（%）	节水率（%）
CE	200	313	5.39	44.05
CH	235	335	12.79	35.71
CK	270	344	15.82	25.38
CD	360	297	—	—

2.5.1 垄作沟播喷灌对棉花水分利用效率（WUE）的影响

棉花常规灌溉处理的灌溉水利用效率 0.83 kg/m³ 和农田水分利用效率 0.77 kg/m³ 均较低，喷灌棉花的上述两项指标比对照分别提高 0.44~0.74 kg/m³ 和 0.39~0.61 kg/m³，见表 24-5。

表 24-5　棉花水分利用效率

处理	灌水量（m³/亩）	耗水量（m³/亩）	灌溉水利用效率（kg/m³）	农田水分利用效率（kg/m³）
CE	200	226	1.57	1.38
CH	235	261	1.43	1.28
CK	270	296	1.27	1.16
CD	360	386	0.83	0.77

2.5.2 棉花需水量及适宜灌溉制度

选择垄作沟播喷灌灌溉方式，根据灌溉统计资料、实地调查、试验示范资料计算棉花不同生育阶段适宜需水量，如表 24-6 所示。根据适宜需水量制订垄作沟播喷灌棉花灌溉制度如表 24-7 所示。

表 24-6　棉花全生育期适宜需水量（mm）

处理	播种—初蕾	初蕾—盛花	花铃期	吐絮期	全生育期
	需水量	需水量	需水量	需水量	需水量
垄作沟播喷灌	50~70	80~100	120~170	40~50	290~390

表 24-7 棉花垄作沟播喷灌适宜灌溉制度

生育阶段	灌水日期	灌水定额/（m³/亩）
苗期	05-1~05-23	35
蕾期	06-05~06-20	30
蕾期	06-21~07-10	30
花铃期	07-11~07-26	35
花铃期	07-27~08-10	35
花铃期	08-11~08-25	30
吐絮期	08-26~09-10	30
合计	—	225

[二十五]

小茴香垄作沟播喷灌技术试验研究

1 试验材料与方法

1.1 试验目的

在垄作沟播喷灌条件下，通过研究需水时期及需水量对小茴香生理及产量的影响，选择适宜的灌溉期和灌溉量，并与地面小畦灌进行对比。

1.2 试验布置

试验区面积为36 m×36 m，种植方式采用全膜垄作沟播技术，灌溉方式采用半移动式喷灌，共布置四个喷头，喷嘴流量为1 m^3/h，射程为6 m，喷头选择12 m×12 m的正方形布置。对照区（CD）的面积为12 m×36 m，种植方式采用全膜平铺技术，灌溉方式采用地面小畦灌。

1.3 选地整地

茴香根系强大，抗旱怕涝，应选择土层深厚、盐脱良好、通透性强、排水好的沙壤或轻沙壤土种植。茴香种子小，发芽后的幼苗顶土力弱，应精细整地，一般在早春3月土壤解冻后及时耕翻平整，铲高垫低，达到细碎松软，平整如镜，以备待播。

1.4 施基肥

茴香生育期长，需肥量大，喜磷钾肥，施肥应以基肥为主，播前结合整地施优质有机肥、稀土磷肥、尿素、硫酸钾，均匀混施于土壤深处做底肥，并结合喷施新高脂膜，增强肥效。

1.5 播种管理

选择籽粒饱满、色泽鲜艳、无病虫种子,进行人工精选,除去杂物,并于播种前用辛硫磷和新高脂膜拌种待播,驱避地下病虫,隔离病毒感染,加强呼吸强度,提高种子发芽率,播后拂平地表。一般情况下,河西内陆区播种时间为 4 月中下旬。种子播在小垄沟内,每穴 1 粒,用沙土覆盖种子,覆盖厚度为 2~3 cm。种植采用宽窄行,平均行距为 40 cm,平均株距为 35 cm 左右,每穴留苗 1 株,理论保苗 6.4 万 ~7.2 万株 /hm^2。覆膜后要在地膜面上形成"W"形集雨沟。

1.6 田间管理

茴香幼苗顶土力弱,苗期生长缓慢,出苗前后要及时破除板结,助苗出土,待幼苗出土显行后及时除草放苗,苗期应及时中耕除草,保持田间疏松干净,以利生长发育。间苗要早,定苗要狠,禁留双苗,以利形成壮苗。在茴香生长期喷施促花王 3 号,能有效抑制各种作物主梢、赘芽、旁心疯长,促进花芽分化,多开花、多坐果、防落果、促发育,并结合使用菜果壮蒂灵增强茴香花粉受精质量,加强循环坐果率,促进果实发育,无畸形、无秕粒,整齐度好、品质提高,使茴香连年丰产。

1.7 灌溉制度设计

播后生育期采用喷灌,试验区共设 3 个处理,每个处理 3 个重复。设计灌水定额 20 m^3/亩(CE)、25 m^3/亩(CH)、30 m^3/亩(CK),对照(CD)60 m^3/亩。茴香生育期灌水 7 次,灌水时间分别 5 月上旬、6 月上旬、6 月下旬、7 月中旬、8 月上旬、8 月下旬、9 月上旬。设计灌水时间及灌水量见表 25-1。

表 25-1 茴香灌溉试验设计灌水时间及灌水量

灌水次数	灌溉时间	灌水定额(mm)			
		对照(CD)	垄作沟播(CE)	垄作沟播(CH)	垄作沟播(CK)
冬季储水灌溉	2011 年 11 月 20 日	60	60	60	60
生育期第一水	2012 年 5 月 1 日	60	20	25	30

续表 25-1

灌水次数	灌溉时间	灌水定额（mm）			
		对照（CD）	垄作沟播（CE）	垄作沟播（CH）	垄作沟播（CK）
生育期第二水	2012年6月2日	0	20	25	30
生育期第三水	2012年6月25日	60	20	25	30
生育期第四水	2012年7月18日	60	20	25	30
生育期第五水	2012年8月4日	60	20	25	30
生育期第六水	2012年8月25日	60	20	25	30
生育期第七水	2012年9月8日	0	20	25	30
灌溉定额	—	360	200	235	270

1.8 测定项目及方法

1.8.1 干物质积累量

在各处理的幼苗期、现蕾期、开花期和成熟期，每小区选有代表性的植株5株，取其地上部分，室内各器官分装，采用烘干称重法先以120℃杀青15 min，然后在85℃恒温下烘干至恒重，最后用精度为0.01 g的电子天平称重。

1.8.2 根系调查

在幼苗期、现蕾期、开花期和成熟期，每个处理选取垄沟1个样点，采用大口径根钻（钻头长20 cm，直径10 cm）垂直向下钻100 cm，每30 cm取一个样本。将样本冲洗后捡出所有根系，分别测定根系长度及根干重密度，每期取5株，重复3次，计平均值，根系长度采用网格交差法测定。

1.8.3 土壤水分含量

分别在不同处理的各测定期测定每小区0~100 cm土层的土壤含水量，取样方法为每20 cm取1个土样，取样位置为沟播种植区的垄上和垄沟，穴播平作种植区行中，采用烘干法测定。

1.8.4 产量及其构成因素

成熟后按小区测定各处理的实际产量，每小区取样15株，当茴香水分低于20%时，进行室内考种。

2 试验结果分析

2.1 全膜双垄沟播喷灌茴香生长发育变化特征

植株生长和干物质积累是作物光合作用产物的最佳表现形式,其积累和分配与经济产量有密切关系,也是人们揭示高产机理的重要方面。垄作沟播喷灌使茴香灌溉方式及生长环境发生很大变化,其生育期见表25-2。因此,我们有必要对其水分反应和增产机理进行更加深入地研究和探讨。

表25-2 茴香主要生育期时段表

生育阶段	苗期	蕾期	花期	成熟期	全生育期
起止时间	5-01~06-08	06-09~07-18	07-18~08-16	8-17~10-10	05-01~06-08
间隔天数	39 d	40 d	30 d	56 d	165 d

2.2 不同栽培和灌水方式下根系的时空变化特征

由图25-1可见,各处理根系生物量随深度增加呈减小趋势,根据种植方式和灌溉方式的不同,茴香根密度分布也不同。茴香全生育期采用全膜垄作沟播喷灌的根密度比采用全膜平铺喷灌的总根长密度大。蕾期根系主要分布在0~15 cm范围之内,全膜平铺地面灌的根密度比垄作沟播喷灌根密度大;15 cm以下全膜平铺地面灌的根密度比垄作沟播喷灌根密度小。花期根系主要分布在0~50 cm土层内,其中0~30 cm的根系分布较多,30~50 cm的根系分布相对较少,且垄作沟播喷灌增加了20~50 cm的根系生物量。成熟期根系生物量主要分布在0~60 cm土层范围内,浅层全膜平铺地面灌的根密度较大,深层全膜垄作沟播喷灌的根密度较大。全膜双垄沟播栽培方式具有良好的抑蒸保墒作用,能够有效地提高地温和自然降水的利用率,有利于根系向土壤深层的延伸。

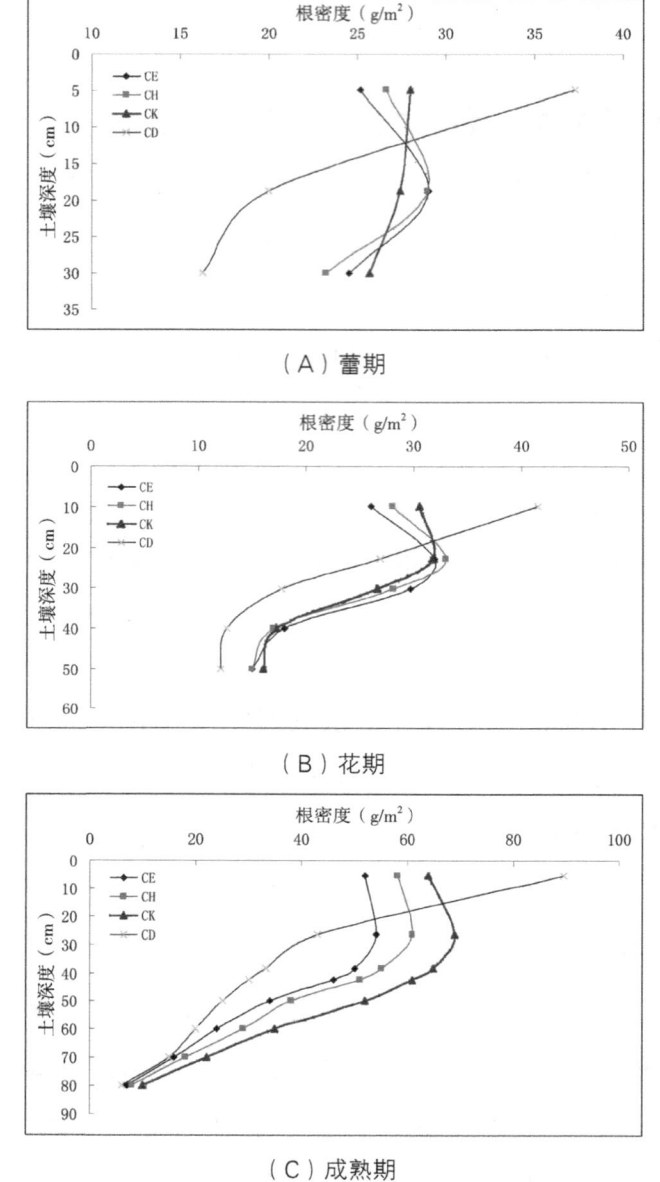

（A）蕾期

（B）花期

（C）成熟期

图 25-1 不同栽培和灌溉方式下茴香根系生物量垂直分布（见彩图）

2.3 不同栽培和灌水方式下干物质变化特征

由图 25-2 可以看出，在苗期和蕾期各处理茴香干物质累积总量无明显差异；从蕾期开始，干物质累积总量随着处理不同而出现显著差异，地面灌总量整体大于垄作沟播喷灌，且随着灌水量的变化茴香干物质累积总量变化不明显。

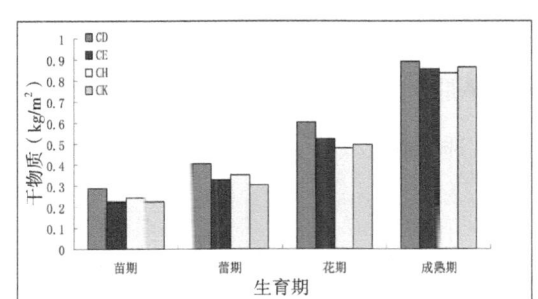

图 25-2　不同处理茴香干物质积累图

2.4 茴香株高生长发育动态

从茴香株高曲线（图 25-3）可以看出，曲线变化都是苗期缓慢增长，蕾期开始快速增长，花期后期基本稳定。在整个茴香生长过程中，各处理株高无明显差别。茴香各生育期生长速率变化见图 25-4。由图可知，茴香生长速率在苗期、蕾期和花期较快，花期-成熟期由营养生长转向生殖生长，生长速率已很小。

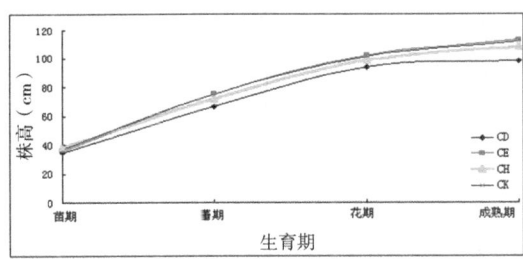

图 25-3　不同处理茴香全生育期株高（见彩图）

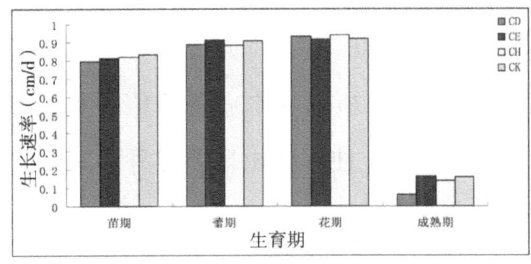

图 25-4　不同处理茴香生育期生长速率

由表 25-3 可知，不同水分处理在促进地上部营养生长的同时，也促进了生殖生长。地面灌过量水分处理（CD）的平均单株分枝数显著大于其他处理，但过量的水分又使小区通风透光性很差，平均单伞粒数反而小于其他处理，籽粒饱满度较差；垄作沟播喷灌是水分进入根系周围后进行分配，使得平均单株分枝数大幅减小，全生育期通风透光性较好，平均单伞粒数反而增大，籽粒饱满度较好。

表 25-3　不同处理茴香生长发育情况

处理	平均单株分枝	通风透光性	平均单伞粒数	籽粒饱满度
CD	32	差	96	不饱满
CE	22	最好	113	中等
CH	24	好	143	饱满
CK	25	较好	124	饱满

2.5 垄作沟播喷灌对茴香耗水量的影响

2012 年试验观测期，采用烘干法在每次灌水前测定不同处理茴香 0~100 cm 土层的土壤含水量（质量含水量）。土壤水分在各层土壤中的分布受各层土壤性质、作物根系分布和气象因素的影响较大，所以其垂直变化在不同季节、不同层次表现不同。通过生育期土壤水分变化曲线和底部相对稳定层（40~60）（图 25-5）分析得出，土壤水分垂直变化大致可分为 2 个层次，即表层急变层（0~20cm）、中间活跃层（20~40cm）和底部相对稳定层（40~60cm）。

图 25-5 分别是茴香全生育期 0~30 cm、30~60 cm、60~100 cm 土层土壤水分动态变化图。由此可以看出，0~30 cm 的蒸发层土壤水分变化最为强烈，由于垄作沟播处理的灌水定额较小，所以灌水后各峰值含水量均低于对照；而 0~30 cm 含水量由于灌水时间不一致，使峰值出现差异外，其他时段与对照相差不大。在 30~60 cm，垄作沟播处理含水量峰值均小于对照，主要是由于垄作沟灌条件下入渗到该层的灌溉水较少，到 60~100 cm，两个处理含水量变化幅度较小，趋近于直线，灌水后基本处在 16.5%~19.8% 之间。

采用垄作沟灌后，灌水前后土壤水分含量较覆膜畦灌均有减小，这是由于垄作沟灌后灌溉定额减小，水分沿着作物根系分布，导致 0~100 cm 深度的平均土壤水分含量减小。

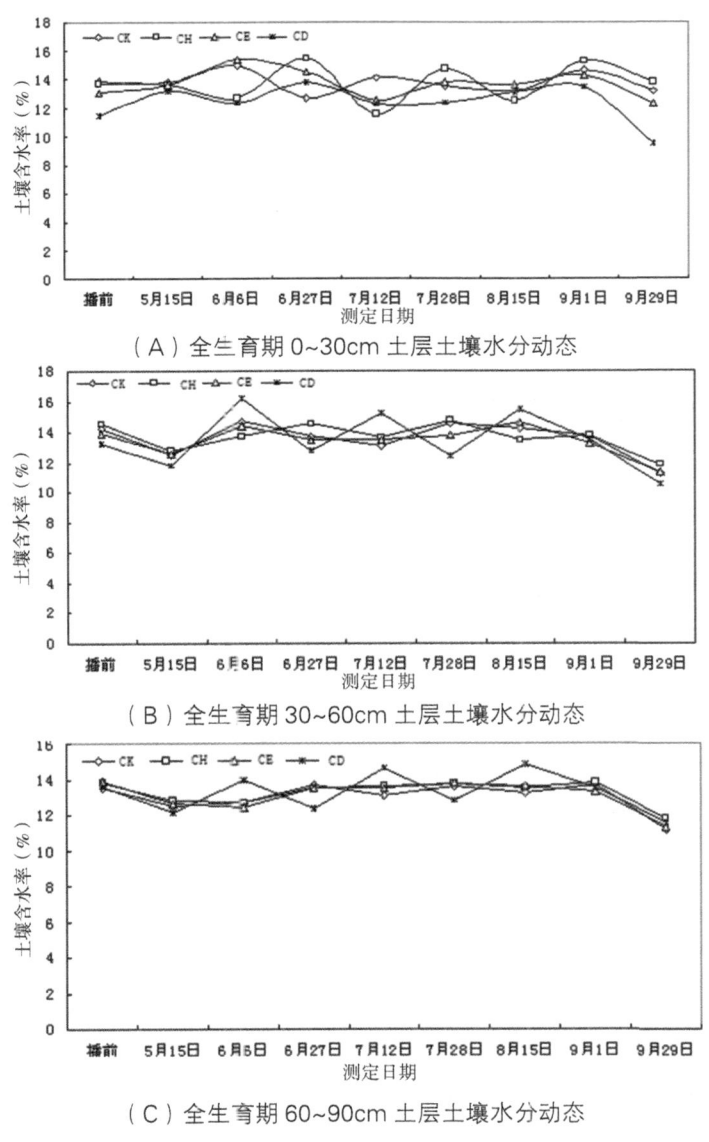

(A) 全生育期 0~30cm 土层土壤水分动态

(B) 全生育期 30~60cm 土层土壤水分动态

(C) 全生育期 60~90cm 土层土壤水分动态

图 25-5 不同处理小茴香灌水前土壤含水量

2.6 垄作沟播喷灌茴香的产量效应

试验结果表明，垄作沟播喷灌条件下，CE、CH 和 CK 处理分别较 CD 处理增产 9.56%、17.76% 和 12.98%，而节水率却能达到 35.71%、44.05% 和 52.38%，节水效果显著，见表25-4。

表25-4 喷灌茴香产量、增产率和节水率

处理	灌水量（m³/亩）	产量（kg/亩）	千粒重（g）	增产率（%）	节水率（%）
CE	200	214.11	7.06	9.56	52.38
CH	235	230.13	8.24	17.76	44.05
CK	270	220.80	7.76	12.98	35.71
CD	420	195.43	6.70	—	—

2.7 垄作沟播喷灌对茴香水分利用效率（WUE）的影响

小茴香常规灌溉处理的灌溉水利用效率 0.47 kg/m^3 和农田水分利用效率 0.44 kg/m^3 均较低，喷灌茴香的上述两项指标比对照分别提高 0.35~0.60 kg/m^3 和 0.31~0.51 kg/m^3，见表25-5。

表25-5 茴香水分利用效率

处理	灌水量（m³/亩）	耗水量（m³/亩）	灌溉水利用效率（kg/m³）	农田水分利用效率（kg/m³）
CE	200	226	1.07	0.95
CH	235	261	0.98	0.88
CK	270	296	0.82	0.75
CD	420	446	0.47	0.44

2.8 茴香需水量及适宜灌溉制度

选择垄作沟播喷灌灌溉方式，根据灌溉统计资料、实地调查、试验示范资料计算茴香不同生育阶段适宜需水量，如表25-6所示。根据适宜需水量制订垄作沟播喷灌茴香灌溉制度，如表25-7所示。

表 25-6　茴香全生育期适宜需水量（mm）

处理	播种－初蕾	初蕾－开花	花期	成熟	全生育期
	需水量	需水量	需水量	需水量	需水量
垄作沟播喷灌	50~70	60~90	110~150	35~50	255~360

表 25-7　茴香垄作沟播喷灌适宜灌溉制度

生育阶段	灌水日期（月－日）	灌水定额（m^3/亩）
苗期	05-1~05-23	30
蕾期	06-05~06-20	25
蕾期	06-21~07-10	25
花期	07-11~07-26	25
花期	07-27~08-10	25
花期	08-11~08-25	25
成熟期	08-26~09-10	25
合计	—	180

[二十六]

小麦调亏灌溉标准化技术体系试验研究

1 试验材料与方法

1.1 试验设计

调亏灌溉小麦生育阶段划分为苗期—拔节期、孕穗—抽穗期、灌浆—成熟期；土壤水分亏缺程度分别为无水分亏缺 F、轻度水分亏缺 L、中度水分亏缺 M、重度水分亏缺 H，对应土壤含水量分别为田间持水量的 65%~70%、60%~65%、50%~60%、45%~50%。本试验共设 8 个处理，分别是 LLL、LLM、MFL、MFM、MFH、HFF、HFM 等 7 个土壤水分调亏处理和 1 个充分供水对照处理 FFF。

1.2 测试内容及方法

在小麦播种前 2 d、整个生育期内每隔 10 d 以及收获后，采用 TDR 土壤水分测定仪测定作物根区土壤水分，测定深度为 0~20 cm、20~40 cm、40~60 cm、60~80 cm、80~100 cm，灌水前后及降雨前后进行加测，每个灌水处理重复 3 次。小麦成熟期在每个小区中随机选取三点，每点取样 1.0 m^2，将三个点的样品合成一个样，进行考种，按各试验小区单打单收，分别计算各小区产量；采用管道输水地面小畦灌溉，根据调亏程度及生育期需水情况确定灌水定额在 750~900 m^3/hm^2 之间，灌水量用水表量测，全生育期灌水过程根据试验设计含水量下限进行控制，并记录每次灌水时间、灌水量，在作物生育期内观测记载温度、降水、蒸发、风速等气象因素。

2 试验结果分析

2.1 调亏灌溉小麦产量效应

小麦产量构成因素见表26-1。由此可见，不同水分调亏处理春小麦籽粒产量与穗粒重、粒重、株高呈极显著正相关（$P<0.01$），但与穗长和穗粒数相关性不显著。说明水分调亏是提高小麦籽粒产量的可行途径，应在农业生产中加以推广应用。

表26-1 调亏灌溉小麦产量构成因素及生产效应计算结果表

处理	穗长（cm）	小穗数（个）	穗粒数（粒）	穗粒重（g）	千粒重（g）	株高（cm）	籽粒产量（kg/hm²）	增产率（%）	地上部生物产量（kg/hm²）	比对照增加（%）
FFF	7.6	13.3	34.3	1.73	47.8	78.5	6235	—	15602	—
LLL	7.6	13.1	32.2	1.73	50.1	79.1	5892	-5.5	16519	5.9
LLM	8.0	13.7	38.3	1.95	46.0	78.1	5824	-6.6	14382	-7.8
MFL	8.3	14.0	38.5	1.99	50.7	82.4	7058	13.2	18055	15.7
MFM	8.5	14.0	39.7	1.93	52.7	81.0	7057	13.2	18716	20.2
MFH	8.6	14.0	38.0	1.83	52.0	79.8	6440	3.3	17706	13.5
HFF	8.2	14.2	40.2	2.18	52.4	79.8	7263	16.5	20412	30.8
HFM	8.3	14.1	38.6	2.01	51.0	78.7	6167	-1.1	17418	11.6

分析小麦产量效应发现，春小麦拔节期和灌浆–成熟期中度或重度水分调亏处理（MFL，MFM，MFH，HFF）均可获得较高产量，表明某些生育期维持一定程度甚至较严重的水分亏缺亦能获得较高产量。此外，无论水分是否亏缺，小麦不同生育期连续恒水处理均会导致显著减产（FFF，LLL，LLM）（$P<0.05$）。春小麦收获时各处理间地上部生物量（即生物学产量）差异显著，且不同水分调亏处理与对照处理差异达显著水平，LLL处理地上部生物量比FFF显著增加。LLM处理地上部生物量比FFF对照显著降低，但其他五个调亏处理（MFL，MFM，MFH，HFF，HFM）生物量均比FFF显著提高。说明适度适时调亏灌溉对春小麦

地上部生物量的增加有利,特别是拔节期中度甚至重度调亏而孕穗－抽穗期恢复充分供水,地上部生物量的增幅更大。然而,并非任何调亏处理都有利于增加生物产量,要视水分控制是否适当而论。本研究中,拔节期、孕穗－抽穗期持续轻度水分调亏对地上部生物量产生的负面影响较大,有时甚至导致生物量降低达显著水平(LLM),说明持续水分亏缺会严重影响小麦地上部生物量。因此,在农业生产中应尽量避免作物遭受持续干旱。

2.2 调亏灌溉小麦水分生产效率

调亏灌溉能显著提高春小麦水分生产效率,各生育期调亏处理与对照FFF间均存在显著差异。在所有水分调亏处理中,水分生产效率以HFF处理最高,达到1.63 kg/m³;MFM次之,为1.63 kg/m³;MFH、MFL处理居第三,均为1.54 kg/m³;而全生育期始终充分供水处理FFF最低,只有1.24 kg/m³。具体分析结果见表26-2。

表26-2 调亏灌溉小麦水分生产效率

处理	灌水量（mm）	耗水量（mm）	水分生产效率（kg/m³）	节水率（%）
FFF	390	503	1.24	—
LLL	360	454	1.30	9.74
LLM	350	442	1.32	12.13
MFL	345	458	1.54	8.95
MFM	330	434	1.63	13.72
MFH	300	418	1.54	16.90
HFF	330	434	1.67	13.72
HFM	315	420	1.47	16.50

由此可见,试验条件下调亏灌溉春小麦水分生产效率表现与产量表现较为一致,这种表现缘于调亏处理下较高的产量和相对较低的蒸散量,即产量越高,蒸散量越低,则水分生产效率越高。

2.3 调亏灌溉小麦耗水规律

春小麦不同水分调亏处理耗水模数变化趋势基本一致，各调亏灌溉处理与对照处理差异不大（表26-3）。调亏灌溉春小麦阶段耗水量出现两个高峰，分别是拔节–孕穗期和抽穗–灌浆期，其耗水模数分别为28%和27%以上；其次为孕穗–抽穗期，耗水模数在17%以上；而分蘖–拔节期最小，耗水模数平均在5%以下。进一步分析可知，拔节–孕穗期耗水量大的原因是该阶段生育期长且作物日耗水强度较大，而抽穗–灌浆期耗水量大的原因则是因为该阶段日耗水强度大的缘故。

由此可见，由于不同水分调亏处理春小麦阶段耗水量、日耗水强度的差异以及各生育阶段耗水量的累积效应，小麦全生育期总耗水量存在明显差异，其中，HFM处理与FFF处理相差达83 mm。

2.4 调亏灌溉小麦经济效益

小麦调亏灌溉经济效益分析结果见表26-4。由此可知，各处理投入差别不大，但由于产量的提高，处理MFL、MFM、HFF较对照均可增收2000元/hm^2以上，说明在小麦适宜生育阶段实施水分调控，不仅能节水增产，增加收入，还有明显的抗旱节水效果。结合前述分析可知，HFF处理生育期灌溉定额较常规灌溉低60 mm，生育期耗水减少69mm，水分生产效率提高0.43。因此，在小麦适宜生育期实施调亏灌溉可有效节约水资源，提高水分生产效率，是实现农业增产、农民增收的实用灌溉技术。

表 26-3 调亏灌溉小麦耗水规律分析结果表

处理	播种-分蘖			分蘖-拔节			拔节-孕穗			孕穗-抽穗			抽穗-灌浆			灌浆-成熟			全生育期耗水量(mm)
	耗水量(mm)	耗水模数(%)	耗水强度(mm/d)	耗水量(mm)	耗水模数(%)	耗水强度(mm/d)	耗水量(mm)	耗水模数(%)	耗水强度(mm/d)	耗水量(mm)	耗水模数(%)	耗水强度(mm/d)	耗水量(mm)	耗水模数(%)	耗水强度(mm/d)	耗水量(mm)	耗水模数(%)	耗水强度(mm/d)	
FFF	24.3	4.8	0.66	26.0	5.2	2.17	142.5	28.3	6.48	97.1	19.3	4.86	138.8	27.6	7.31	74.3	14.8	5.31	503
LLL	23.2	5.1	0.73	23.1	5.1	1.93	133.0	29.3	6.05	85.7	18.9	4.29	135.6	29.9	7.14	53.4	11.8	3.81	454
LLM	22.6	5.2	0.61	22.5	5.0	1.88	129.5	29.4	5.89	83.4	18.9	4.17	132.0	29.9	6.95	52.0	11.9	3.71	442
MFL	23.5	5.1	0.64	21.0	4.6	1.75	131.2	28.6	5.96	80.3	17.5	4.02	140.4	30.7	7.39	61.6	13.4	4.40	458
MFM	21.7	5.0	0.59	18.0	4.1	1.50	135.0	31.1	6.14	74.5	17.2	3.73	133.4	30.7	7.02	51.4	11.8	3.67	434
MFH	21.2	5.1	0.66	18.1	4.3	1.51	123.7	29.6	5.62	72.5	17.3	3.63	129.5	31.0	6.82	53.0	12.7	3.79	418
HFF	21.0	4.8	0.66	19.0	4.5	1.58	129.3	29.9	5.88	75.3	17.4	3.77	134.4	30.8	7.07	55.0	12.7	3.91	434
HFM	21.3	5.1	0.67	18.4	4.4	1.53	125.3	29.8	5.70	72.7	17.3	3.64	130.1	31.0	6.85	5.2.2	12.4	3.73	420

表 26-4　调亏灌溉小麦经济效益分析结果表

处理	投入（元/hm²）种子、化肥、劳力机械等	产出（元/hm²）籽粒产出	产出（元/hm²）秸秆产出	产出（元/hm²）总计	净产值（元/hm²）	增收（元/hm²）	投产比
FFF	7635	14964	2340.3	17304.3	9669.3	—	1:2.27
LLL	7505	14140.8	2477.9	16618.7	9113.7	−555.6	1:2.21
LLM	7475	13977.6	2157.3	16134.9	8659.9	−1009.4	1:2.16
MFL	7460	16939.2	2708.3	19647.5	12187.5	2518.2	1:2.63
MFM	7375	16936.8	2807.4	19744.2	12369.2	2699.9	1:2.68
MFH	7285	15456	2655.9	18111.9	10826.9	1157.6	1:2.49
HFF	7375	17431.2	3061.8	20493	13118	3448.7	1:2.78
HFM	7330	14800.8	2612.7	17413.5	10083.5	414.2	1:2.38

2.5 小麦调亏灌溉技术体系

节水模式：秋耕冬灌 + 常规播种 + 调亏灌溉。

技术要求：前茬作物收割后，秋耕、冬灌。次年播种前深翻、耙磨、机械播种，定期监测土壤水分，适时进行第一次灌水。

技术指标：小麦苗期－拔节期、孕穗－抽穗期、灌浆－成熟期三个生育阶段土壤含水量下限分别控制在田间持水量的 45%~50%、65%~70%、65%~70%（HFF 处理）。播种行距 10 cm，播种量 375 kg/hm²，冬灌定额 1200 m³/hm²。

灌水：全生育期灌水 4 次，采用小畦灌溉，灌水定额控制在 750~900 m³/hm² 之间，灌溉总定额 3300 m³/hm²。

追肥：分别在拔节期、灌浆期结合灌水施肥 2 次，每次施尿素 225 kg/hm²。

[二十七]

玉米调亏灌溉标准化技术体系试验研究

1 试验材料与方法

1.1 试验设计

调亏灌溉夏玉米生育阶段划分为出苗－拔节、拔节－抽雄、抽雄－成熟；土壤水分亏缺程度分别为无水分亏缺 F、轻度水分亏缺 L、中度水分亏缺 M、重度水分亏缺 H，土壤含水量分别为田间持水量的 65%~70%、60%~65%、50%~60%、45%~50%。本试验共设 8 个处理，包括 LLL、LLM、MFL、MFM、MFH、HFF、HFM 等 7 个土壤水分调亏处理和 1 个充分供水对照处理 FFF。

1.2 测试内容及方法

在玉米播种前 2 d、整个生育期内每隔 10 d 以及收获后，采用 TDR 土壤水分测定仪测定作物根区土壤水分，测定深度为 0~20 cm、20~40 cm、40~60 cm、60~80 cm、80~100 cm、100~120 cm，灌水前后及降雨前后进行加测，每个灌水处理重复 3 次。玉米成熟期在每个小区中随机选取三点，每点取样 5~10 株，进行考种，按各试验区单打单收，分别计各试验区产量；采用管道输水地面小畦灌溉，根据调亏程度和作物生育期需水情况，确定灌水定额在 750~900 m^3/hm^2 之间，灌水量用水表量测，全生育期灌水过程根据试验设计含水量下限进行控制，并记录每次灌水时间、灌水量，并在作物生育期内观测记载温度、降水、蒸发、风速等气象因素。

2 试验结果分析

2.1 调亏灌溉玉米产量效应

玉米产量构成因素见表27-1。一方面，不同水分调亏处理玉米籽粒产量除与穗粒重、穗重、穗粒数呈极显著正相关外，同时也受百粒重影响，但与穗长和穗行数相关性不显著，说明通过水分调亏以增加穗粒重、穗重和穗粒数是提高玉米籽粒产量的可行途径。另一方面，玉米苗期、灌浆-成熟期中度或重度水分调亏处理（HFF，MFL，MFM）均获得较高产量，表明玉米某些生育期维持一定程度甚至较严重的水分亏缺亦能获得较高产量。此外，除LLL处理外，玉米收获时各处理间地上部生物量（即生物学产量）差异显著，且不同水分调亏处理与对照处理差异均达显著水平，其中HFF处理显著增加，HFM处理显著降低，说明适度适时调亏灌溉对玉米地上部生物量的增加有利，特别是苗期中度甚至重度调亏而孕穗和抽穗期恢复充分供水地上部生物量的增幅更大，这与玉米籽粒产量的表现极为相似。本研究灌浆成熟期中度以上水分调亏对地上部生物量产生的负面影响较大，有时甚至导致生物量降低达显著水平（HFM），说明玉米灌浆期持续水分亏缺会严重影响地上部生物量。

表27-1 调亏灌溉玉米产量构成因素及效应分析结果表

处理	株高（cm）	穗长（cm）	穗行数（行）	秃尖长（cm）	穗粒数（粒）	穗粒重（g）	穗重（g）	百粒重（g）	籽粒产量（kg/hm²）	增产率（%）	地上部生物产量（kg/hm²）	比对照增加（%）
FFF	189	18.5	16	1.5	488	205.6	264.4	41.61	12802.5	—	25244	—
LLL	182	19.2	20	1.8	494	233.3	301.1	41.37	13821.6	7.96	25511	1.06
LLM	189	21.5	14	1.4	507	224.0	294.4	42.34	12787.2	-0.12	26278	4.09
MFL	200	19.3	20	1.4	525	245.8	331.6	48.84	14094.3	10.09	27225	7.84
MFM	194	19.6	16	1.5	513	237.5	307.1	46.38	13614.4	6.34	27879	10.44
MFH	189	17.8	14	1.7	450	175.6	211.1	39.43	12565.0	-1.86	26066	3.26
HFF	204	20.1	16	0.7	528	241.1	323.1	45.12	15094.7	17.90	27837	10.27
HFM	182	19.2	14	1.7	464	223.3	297.0	40.93	12066.6	-5.75	24425	-3.25

2.2 调亏灌溉玉米水分生产效率

调亏灌溉能显著提高玉米水分生产效率,且调亏处理与对照 FFF 处理存在显著差异(表 27-2)。在所有水分调亏处理中,水分生产效率以 HFF 处理最高,为 2.63 kg/m^3;MFM、MFL 处理仅次于 HFF 处理,分别为 2.55 kg/m^3 和 2.53 kg/m^3;全生育期充分供水的 FFF 处理最低,只有 1.87 kg/m^3;次低为拔节、孕穗和抽穗期始终轻度调亏,而灌浆 - 生理成熟期中度调亏的 LLM 处理。由此可见,试验条件下调亏灌溉玉米水分生产效率表现与产量表现基本一致,这种表现缘于调亏处理较高的产量和相对较低的蒸散量,即产量越高,蒸散量越低,则水分生产效率越高。

表 27-2 调亏灌溉玉米水分生产效率

处理	灌溉定额（mm）	耗水量（mm）	水分生产效率（kg/m^3）	节水率（%）
FFF	540	684	1.87	—
LLL	470	584	2.37	14.62
LLM	455	576	2.22	15.79
MFL	440	558	2.53	18.42
MFM	430	534	2.55	21.93
MFH	420	518	2.43	24.27
HFF	480	574	2.63	16.08
HFM	415	520	2.32	23.98

2.3 调亏灌溉玉米耗水规律

玉米不同水分调亏处理耗水模数变化趋势基本一致,各调亏灌溉处理间及其与对照处理间差异均不大。本研究调亏灌溉玉米阶段耗水量出现两个高峰,分别是苗期 - 拔节期和孕穗 - 灌浆期,其耗水模数分别在 19% 和 23% 以上;其次为拔节 - 抽穗期和播种 - 苗期,耗水模数均在 14% 以上。拔节 - 孕穗期耗水量大的原因是该阶段生育期长且作物日耗水强度较大,而孕穗 - 灌浆期耗水量大的原因则是因为该阶段日耗水强度大。

表27-3 调亏灌溉玉米耗水规律分析结果表

处理	播种-苗期			苗期-拔节			拔节-孕穗			孕穗-灌浆			灌浆-成熟			全生育期
	耗水量 (mm)	耗水模数 (%)	耗水强度 (mm/d)	耗水量 (mm)	耗水模数 (%)	耗水强度 (mm/d)	耗水量 (mm)	耗水模数 (%)	耗水强度 (mm/d)	耗水量 (mm)	耗水模数 (%)	耗水强度 (mm/d)	耗水量 (mm)	耗水模数 (%)	耗水强度 (mm/d)	耗水量 (mm)
FFF	110.8	16.2	2.2	144.3	21.1	5.8	102.0	14.9	9.3	204.7	29.9	6.0	122.3	17.9	2.7	684.0
LLL	98.8	16.9	2.0	114.3	19.6	4.6	104.6	17.9	9.5	172.6	29.6	5.1	93.7	16.0	2.1	584.0
LLM	103.1	17.9	2.1	117.5	20.4	4.7	112.7	19.6	10.2	151.5	26.3	4.5	91.2	15.8	2.0	576.0
MFL	87.9	15.8	1.8	113.2	20.3	4.5	108.6	19.5	9.9	154.6	27.7	4.5	93.7	16.8	2.1	558.0
MFM	88.7	16.6	1.8	132.7	24.9	5.3	103.8	19.4	9.4	136.4	25.5	4.0	72.4	13.6	1.6	534.0
MFH	86.9	16.8	1.7	134.2	25.9	5.4	105.8	20.4	9.6	122.7	23.7	3.6	68.4	13.2	1.5	518.0
HFF	82.5	14.4	1.7	134.5	23.4	5.4	115.2	20.1	10.5	153.6	26.8	4.5	88.2	15.4	2.0	574.0
HFM	80.1	15.4	1.6	132.8	25.5	5.3	105.8	20.3	9.6	137.3	26.4	4.0	64.0	12.3	1.4	520.0

由于不同水分调亏处理玉米阶段耗水量、日耗水强度的差异以及各生育阶段耗水量的累积效应，小麦全生育期总耗水量还是存在明显差异，其中耗水量最小的 HFM 处理较对照减少 164 mm。

2.4 调亏灌溉玉米经济效益

玉米调亏灌溉经济效益分析结果见表 27-4。由此可见，各处理投入差别不大，但由于产量的提高，MFL、LLL、HFF 等调亏处理均有明显的增产作用，尤其 HFF 处理表现最为明显，较对照增收 5282.9 元 /hm²。结合前述分析可知，HFF 处理灌水量较常规灌溉降低 60 mm，生育期耗水降低 110 mm。说明在玉米适宜生育阶段实施水分调控，不但可节水，还可增产。

表 27-4　调亏灌溉玉米经济效益分析结果表

处理	投入（元 /hm²） 种子、化肥、劳力机械等	产出（元 /hm²） 籽粒产出	秸秆产出	总计	净产值 （元 /hm²）	增收 （元 /hm²）	投产比
FFF	8310	26885.3	2524.4	29409.7	21099.7	—	1∶3.54
LLL	8085	29024.8	2551.1	31575.9	23490.9	2391.2	1∶3.91
LLM	8040	26853	2627.8	29480.8	21440.8	341.1	1∶3.67
MFL	7995	29597.9	2722.5	32320.4	24325.4	3225.7	1∶4.04
MFM	7950	28590.2	2787.9	31378	23428	2328.3	1∶3.95
MFH	7920	26386.4	2606.6	28993	21073	-26.7	1∶3.66
HFF	8100	31698.9	2783.7	34482.6	26382.6	5282.9	1∶4.26
HFM	7905	25339.8	2442.5	27782.3	19877.3	-1222.4	1∶3.51

2.5 玉米调亏灌溉技术体系

节水模式：秋耕免冬灌 + 常规播种 + 调亏灌溉。

技术要求：前茬作物收割后，秋耕、免冬灌。次年播种前深翻、耙磨、人力机械播种，定期监测土壤水分，播后灌安种水。

技术指标：玉米出苗 – 拔节期、孕穗 – 抽穗期、灌浆 – 成熟期三个生育阶段土壤含水量下限分别控制在田间持水量的 45%~50%、65%~70%、65%~70%。播种行距 45 cm，株距 30 cm，播种量 52.5~67.5 kg/hm²。

灌水：全生育期灌水 5~6 次，采用小畦灌溉，灌水定额控制在 750~900 m³/hm² 之间，灌溉定额 4800 m³/hm²。

追肥：分别在拔节期、灌浆期结合灌水施肥 2 次，每次施尿素 225 kg/hm²。

[二十八]

西瓜调亏灌溉标准化技术体系试验研究

1 试验材料与方法

1.1 试验设计

由于西瓜是一种耗水量很大的作物，因此在制订灌水定额时应尽量避免发生重度亏水。以当地常用的灌水定额作为标准灌水定额（以下称标准水量），另以标准水量的 1/2、2/3、1/3 作为调亏灌水定额，共设置 7 个处理。标准水量依生育期而定，播种 – 开花期 450 m^3/hm^2，开花 – 坐果期 300 m^3/hm^2，坐果 – 膨大期 2250 m^3/hm^2（分 5 次灌，每次 450 m^3/hm^2），膨大 – 成熟期 225 m^3/hm^2。小区宽 4 m，长 16 m，各小区之间用输水沟隔开，设计沟深 25 cm，宽 50 cm。西瓜种植行距 1.6 m，株距 30~40 cm。每小区中有 100 棵西瓜。西瓜调亏灌溉试验设计见表 28-1。

表 28-1 调亏灌溉西瓜试验设计结果表

处理	播种 – 开花期	开花 – 坐果期	坐果 – 膨大期	膨大 – 成熟期
T1	1/2	标准	标准	标准
T2	标准	1/2	标准	标准
T3	标准	标准	1/2	标准
T4	2/3	标准	标准	标准
T5	标准	2/3	标准	标准
T6	标准	标准	2/3	标准
CK	标准	标准	标准	标准

1.2 测试内容及方法

在西瓜播种前 2 d、整个生育期内每隔 10 d 以及收获后，采用 TDR 土壤水分速测仪测定作物根区土壤水分，测定深度为 0~20 cm、20~40 cm、40~60 cm、60~80 cm、80~100 cm，灌水前后及降雨前后进行加测，每个灌水处理重复 3 次。记录播种、出苗及生育期开始和结束日期，每隔 5~7 d 用钢直尺或卷尺量其茎蔓长；收获时在每一个处理中随机选取 5 个西瓜，用游标卡尺测西瓜大小（包括横茎和纵茎），收获后获得最终总产量。采用管道输水地面沟灌，灌水量用水表量测，灌水定额及全生育期灌水次数根据试验设计进行，记录每次灌水时间、灌水量，并在作物生育期内观测记载温度、降水、蒸发、风速等气象因素。

2 试验结果分析

2.1 调亏灌溉西瓜产量效应

从西瓜产量可以看出（表 28-2），充分灌溉情况下的西瓜产量并非最高，产量最高的是在坐果 – 膨大期按 2/3 标准水量灌溉的 T6 处理，相比对照增产 3.81%，而按 1/2 标准水量灌溉的 T3 处理，产量却下降了 3.42%。这说明膨大期是果实的快速生长期，适度的水分亏缺有利于西瓜果实的生长，而严重的水分亏缺会导致减产，应避免重度亏水。在播种 – 开花期按 1/2 标准水量灌溉的 T1 处理减产率高于按 2/3 标准水量灌溉的 T4 处理；在开花 – 坐果期进行亏水的 T2 和 T5 处理分别减产 0.50% 和增产 2.94%，即在播种 – 开花期和开花 – 坐果期进行水分亏缺，适度亏水对产量影响不大，甚至有增产的现象。分析节水效率可知，处理 T5、T6 在产量增加的基础上，节水效率较对照提高 1.59% 和 9.71%。这说明西瓜虽然是一种耗水量极大的作物，但在适当阶段进行适宜亏水仍可以达到不减产，甚至实现增产。

表 28-2　调亏灌溉西瓜产量效应分析结果表

处理	灌溉定额(mm)	耗水量（mm）	产量（kg/hm²）	增产率（%）	节水率（%）
T1	300.0	356.9	56561.4	-5.90	5.36
T2	307.5	363.8	59805.0	-0.50	3.53
T3	205.0	301.1	58050.0	-3.42	20.15
T4	307.5	364.3	59781.0	-0.54	3.39
T5	312.5	371.1	61876.8	2.94	1.59
T6	247.5	340.5	62400.0	3.81	9.71
CK	322.5	377.1	60107.1	—	—

2.2 调亏灌溉西瓜水分生产效率

西瓜调亏灌溉水分生产效率见图 28-1。由图可知，随着西瓜生育期的递推，不同亏水处理的水分生产效率逐渐提高，除播种－开花期 T1 处理水分生产效率降低外，其他各处理均显著提高，结合前述分析可知，在开花－坐果期、坐果－膨大期适度亏水同时可以获得节水、增产的双重效果。

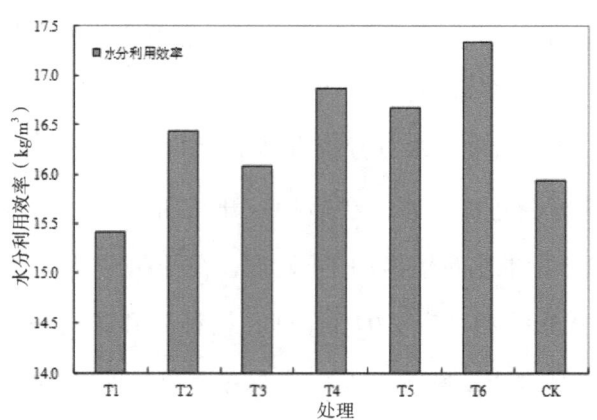

图 28-1　调亏灌溉处理西瓜水分生产效率图

2.3 调亏灌溉西瓜耗水规律

西瓜调亏灌溉耗水规律分析结果见表 28-3。由表可知，CK 处理耗水量最大为 377.1 mm，T3 处理最小为 301.1 mm。各处理耗水模数较大阶段为播种－开

表 28-3 调亏灌溉西瓜耗水规律分析结果表

处理	播种-开花			开花-坐果			坐果-膨大			膨大-成熟			全生育期
	耗水量(mm)	耗水模数(%)	耗水强度(mm/d)	耗水量(mm)	耗水模数(%)	耗水强度(mm/d)	耗水量(mm)	耗水模数(%)	耗水强度(mm/d)	耗水量(mm)	耗水模数(%)	耗水强度(mm/d)	耗水量(mm)
T1	118.9	32.41	1.83	38.8	10.58	5.54	147.3	42.87	6.29	51.9	14.15	5.19	356.9
T2	136.7	37.58	2.1	21.3	5.85	3.04	155.6	42.77	6.22	50.2	13.8	5.02	363.8
T3	125.1	37.41	2.08	39.4	10.91	5.63	98.7	35.64	5.15	37.9	16.03	5.79	301.1
T4	120.7	34.07	1.86	37.6	10.61	5.37	147.6	41.66	5.9	58.4	13.66	4.84	364.3
T5	139.8	37.67	2.15	30.3	8.16	4.33	148.2	39.94	5.93	52.8	14.23	5.28	371.1
T6	137.5	37.16	2.12	40.2	10.86	5.74	105.6	36.51	5.4	57.2	15.46	5.72	340.5
CK	140.3	37.2	2.16	44.6	10.5	5.66	155	42.43	6.4	37.2	9.86	3.72	377.1

花期和坐果－膨大期，前者持续时间较长（65 d），累计耗水量增加，而后者是处于需水高峰期耗水量较大所致，且坐果－膨大期耗水强度也最大，各处理在 5.15~6.40 mm/d 之间。西瓜不同生育期亏水灌溉导致该生育期耗水量相对降低，进而影响到全生育期的耗水量，从总的趋势来看，耗水量随着灌水量的增加而增加。

2.4 西瓜调亏灌溉经济效益

西瓜调亏灌溉经济效益分析结果见表 28-4。由此可见，各处理投入差别不大，且 T5、T6 处理均有明显的增产效果，较对照分别增收 2155.0 元 /hm² 和 2986.5 元 /hm²，其中 T6 处理西瓜灌溉定额较对照降低 75 mm，生育期耗水降低 36.6 mm，说明在西瓜坐果到膨大期实施中轻度水分调控，可有效提高西瓜产量。

表 28-4 调亏灌溉西瓜经济效益分析结果表

处理	投入（元 /hm²） 种子、化肥、劳力机械等	产出（元 /hm²）			净产值（元 /hm²）	增收（元 /hm²）	投产比
		西瓜产出	茎蔓产出	总计			
T1	12889.5	67873.7	0	67873.7	54984.2	-4184.3	1∶5.24
T2	12913.0	71766	0	71766	58853	-315.5	1∶5.54
T3	12591.8	69660	0	69660.0	57068.2	-2100.3	1∶5.38
T4	12913.0	71737.2	0	71737.2	58824.2	-344.3	1∶5.54
T5	12928.7	74252.2	0	74252.2	61323.5	2155.0	1∶5.73
T6	12725.0	74880	0	74880.0	62155.0	2986.5	1∶5.78
CK	12960.0	72128.5	0	72128.5	59168.5	—	1∶5.57

2.5 西瓜调亏灌溉技术体系

节水模式：秋耕免冬灌 + 垄沟播种 + 调亏灌溉。

技术要求：前茬作物收割后，秋耕、免冬灌。次年播种前深翻、耙磨、起垄覆膜、人力播种，定期监测土壤水分，播后灌安种水。

技术指标：西瓜坐果－膨大期按常规灌水定额的 2/3 进行灌溉。垄沟种植沟宽 0.5 m，垄宽 1.9 m，1 垄 2 行，株距 30~40 cm，大行距 170 cm，小行距 70 cm。

灌水：全生育期灌水 8 次，采用垄沟灌溉，灌水定额分别为 450 m³/hm²、300 m³/hm²、300 m³/hm²、300 m³/hm²、300 m³/hm²、300 m³/hm²、300 m³/hm²、225 m³/hm²，灌溉定额 2475 m³/hm²。

追肥：分别在开花期、膨大期结合灌水施肥 2 次，每次施尿素 150 kg/hm²+磷酸二铵 75 kg/hm²。

[二十九]

棉花膜下滴灌标准化技术体系试验研究

1 试验材料与方法

1.1 试验设计

试验地休闲期秋耕免冬灌,春季播种前随耕地施底肥磷酸二铵 225 kg/hm²、尿素 300 kg/hm²、钾肥 150 kg/hm²,深翻、耙糖,4 月 25 日起垄、覆膜、播种,膜宽 145 cm,种植模式 1 膜 2 管 4 行,棉花按行距 30 cm,株距 15 cm,每穴 1~3 粒播种。本试验设计以灌水定额为试验因素,共设 6 个处理,每个处理重复 2 次,共 12 个小区,小区面积 6 m × 17 m。播种后用滴灌灌水,生育期灌水 7 次,灌水时间分别为 4 月下旬、6 月上旬、6 月下旬、7 月上旬、7 月下旬、8 月上旬、8 月下旬,对照处理灌水 4 次,分别为 4 月下旬、6 月上旬、7 月上旬、8 月上旬(表 29-1)。

表 29-1 棉花膜下滴灌试验方案设计结果表(m³/hm²)

处理	4月下旬	6月上旬	6月下旬	7月上旬	7月下旬	8月上旬	8月下旬
T1	120	120	120	120	120	120	120
T2	180	180	180	180	180	180	180
T3	240	240	240	240	240	240	240
T4	300	300	300	300	300	300	300
T5	360	360	360	360	360	360	360
CK	900	900	—	900	—	900	—

1.2 测试内容及方法

用土钻取土烘干法结合 TDR 测定土壤含水量，每隔 10 d 在深度为 0~60 cm 的土层中每 10 cm 取一个土样，降水及灌水前后进行加测。每隔 10 d 用钢卷尺测定一次株高，各小区取固定 10 株测定。每隔 15 d 在每个小区取 3 株棉花采样，测定叶面积及干物质，其中叶面积用长 × 宽 × 系数法测定，系数取 0.75；用电子秤测定棉花鲜重，再用烘干称重法测定其干物质积累。成熟期在每个小区中随机选取两点，每点取样 5 株，将两个点的样品合成一个样，进行考种，按各小区单收，分别计各小区籽棉产量。用全自动气象站记录气象资料，并分别记录每次灌水量、灌水前水表数据、灌水后水表数据，记录灌水日期。

2 试验结果分析

2.1 膜下滴灌棉花土壤水分变化

从图 29-1~3 可以看出，在播种到苗期常规灌溉处理的土壤含水量较大，且远远高于滴灌处理，主要是由于常规灌溉处理安种水定额较大，使其各层含水量都大于膜下滴灌处理。膜下滴灌含水量均呈表层高于深层的趋势，即随着深度的增加，含水量逐渐降低；且随着每次灌水各处理表层含水量均出现峰值，这是由于灌水使上层土壤含水量高于深层，且表层土壤蒸发量大，使得上层土壤含水量较深层降低快。灌水后膜下滴灌处理中各层平均含水量都是 T5 最高，主要是由于膜下滴灌可以有效控制蒸发，当土壤水分蒸发减少时，较大的灌水定额可以维持较高的土壤含水量；各滴灌处理随灌水定额不同，其土壤含水量之间也略有差异，但随着时间的推移及灌水的实施，各处理间差异逐渐减小，到成熟时滴灌处理间表层含水量已无明显差异。

0~20 cm 土层的土壤含水量在整个生育期内变化幅度较大，灌水后迅速增加，随后快速下降。20~40 cm 土层的土壤含水量在整个生育期内变化趋势与 0~20 cm 土层的相同，但其变化幅度较小；各处理土壤含水量变化幅度为 16.9%~32.8%，与

0~20 cm 的变化幅度 29.4%~42.7% 差别较大。总体来说，对照处理和滴灌定额较大处理的土壤含水量高于 T1 处理，且差异明显，以播种后 80 d（7 月 13 日）所测数据为例，T5 和 T1 的土壤平均含水量分别为 8.7% 和 7.5%。在 40~60 cm 处，各处理在灌水后含水量有所上升，但上升幅度不大，总体来说，各处理在全生育期 40~60 cm 土壤含水量均较小，主要是由于滴灌处理灌水量较小，不易下渗到 60 cm 以下。

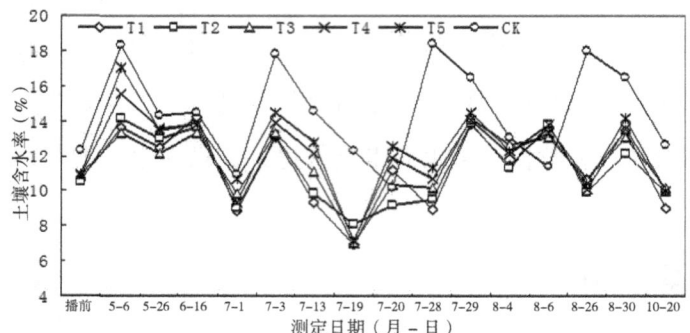

图 29-1　各处理 0~20 cm 全生育期土壤含水量变化

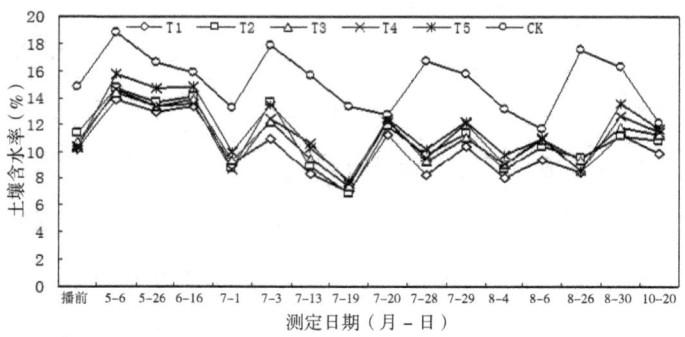

图 29-2　各处理 20~40 cm 全生育期土壤含水量变化

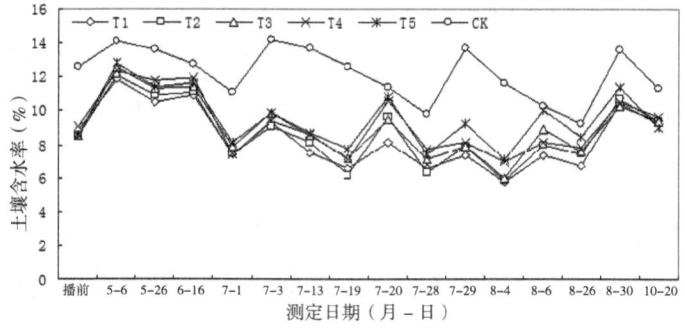

图 29-3　各处理 40~60 cm 全生育期土壤含水量变化

2.2 膜下滴灌棉花产量效应

试验研究结果表明（表29-2），按常规灌溉处理的产量并不是最高的，而产量最高的处理是 T5 和 T4，其产量分别为 4032.0 kg/hm² 和 3959.6 kg/hm²；滴灌定额最小的处理 T1 产量 3036.2 kg/hm² 是最低的；同样 T5 和 T4 的增产率也是最明显的，其增产率为 5.06% 和 3.17%，而 T3、T2 和 T1 较对照是减产的，其减产率分别为 7.92%、19.15% 和 20.89%。对于节水率来说，T1 的节水率是最高的，其节水率为 47.23%，其余滴灌处理的节水率均在 30% 以上。由膜下滴灌条件下各处理产量构成因素分析表可知（表29-2），滴灌灌水定额大的处理其单株铃数、单铃重、单株籽棉重均比对照大，其中 T5 与 T4 的单株铃数较 CK 增加了 1.34 个和 0.34 个，单铃重较 CK 增加了 0.57 g 和 0.12 g，单株籽棉重较 CK 增加 2.28 g 和 1.64 g。说明在水资源比较紧缺地区，采用膜下滴灌技术，可提高棉花单株铃数、单铃重、单株籽棉重等产量构成因素，并且达到节水的效果。

考虑到节水和增产的双重效应，T5、T4 是既增产又节水的最佳处理。因此在实际生产中应采用冬季免储水灌，生育期膜下滴灌，滴灌灌水定额为 30 mm 或 36 mm，生育期灌水 7 次。

表29-2 棉花各处理产量效应分析结果表

处理	灌溉定额（mm）	耗水量（mm）	产量（kg/hm²）	增产率（%）	节水率（%）	株高（mm）	单株铃数（个）	单铃重（g）	单株籽棉重（g）	茎干重（g）
T1	84	253.02	3036.2	−20.89	47.23	66.40	5.67	3.70	26.78	31.00
T2	126	264.90	3103.1	−19.15	44.76	65.80	6.33	4.08	27.37	36.67
T3	168	277.22	3534.0	−7.92	42.19	67.30	6.67	4.13	31.17	35.00
T4	210	295.22	3959.6	3.17	38.43	71.40	7.67	4.38	34.92	35.67
T5	252	312.40	4032.2	5.06	34.85	71.10	8.67	4.83	35.56	36.67
CK	360	479.51	3838.1	—	—	71.30	7.33	4.26	33.28	36.57

2.3 膜下滴灌棉花水分生产效率

表 29-3 表明，常规灌溉处理灌溉水生产效率 0.71 kg/m^3 及农田水分生产效率 0.53 kg/m^3 都是最低的；灌溉水生产效率最高的是 T1 处理，为 3.61 kg/m^3，农田水分生产效率最高的是 T4 和 T5 处理，分别为 0.89 kg/m^3 和 0.86 kg/m^3。不论灌溉水生产效率还是农田总供水生产效率，膜下滴灌处理与 CK 均呈极显著差异（$P<0.01$）。

表 29-3 棉花各处理水分生产效率

处理	灌溉定额（mm）	耗水量（mm）	灌溉水生产效率（kg/m^3）	农田水分生产效率（kg/m^3）
T1	84	253.0	3.61	0.80
T2	126	264.9	2.46	0.78
T3	168	277.2	2.10	0.85
T4	210	295.2	1.89	0.89
T5	252	312.4	1.60	0.86
CK	360	479.5	0.71	0.53

2.4 膜下滴灌棉花耗水规律

由表 29-4 可知，全生育期以常规灌溉 CK 耗水量最大，为 479.5 mm，与膜下滴灌处理达到极显著差异（$P<0.01$）；耗水量最小的是 T1 处理，其耗水量为 253.0 mm。生育期各阶段耗水量以播种-苗期的 T1 处理最小，与其余处理有显著差异（$P<0.05$），且与处理 CK 相差 80.8 mm；苗期-拔节期以 T2 处理的耗水量最小，各处理均与 CK 有显著差异；拔节-开花期灌水量大的处理耗水量反而小，主要是由于灌水量过小使 T1、T2 处理生育期推后，导致后续生育阶段需水量增加；开花-花铃期各处理耗水量随灌水量的增加而增加；花铃-收获期各处理耗水量基本无差异。由此可以看出，对照处理灌水量最大，其耗水量也最大；而滴灌处理比对照处理耗水量小，是因为滴灌处理可减少无效蒸发，具有较好的节水效果。

表 29-4　棉花全生育期耗水量、耗水模数和耗水强度分析结果表

处理	播种 – 苗期			苗期 – 拔节期			拔节 – 开花期			开花 – 花铃期			花铃 – 收获期			全生育期	
	耗水量（mm）	耗水强度（mm/d）	耗水模数（%）	耗水量（mm）	耗水强度（mm/d）	耗水模数（%）	耗水量（mm）	耗水强度（mm/d）	耗水模数（%）	耗水量（mm）	耗水强度（mm/d）	耗水模数（%）	耗水量（mm）	耗水强度（mm/d）	耗水模数（%）	耗水量（mm）	耗水强度（mm/d）
T1	11.7	0.40	4.69	49.8	2.49	19.66	78.8	3.94	31.15	68.1	2.27	26.92	44.5	0.74	17.58	253.0	1.58
T2	12.9	0.43	4.85	45.6	2.28	17.20	84.9	4.24	32.04	78.7	2.62	29.72	42.9	0.71	16.18	264.9	1.66
T3	17.4	0.58	6.26	48.6	2.43	17.52	79.7	3.98	28.74	85.8	2.86	30.93	45.9	0.76	16.55	277.2	1.73
T4	20.4	0.68	6.90	51.1	2.55	17.29	77.0	3.85	26.09	105.6	3.52	35.77	41.2	0.69	13.95	295.2	1.85
T5	13.3	0.44	4.25	50.0	2.50	15.99	86.7	4.34	27.75	111.6	3.72	35.73	50.9	0.85	16.28	312.4	1.95
CK	92.5	3.08	19.28	68.0	3.40	14.18	120.2	6.01	25.06	121.9	4.06	25.42	77.0	1.28	16.05	479.5	3.00

2.5 棉花膜下滴灌经济效益分析

棉花膜下滴灌经济效益见表29-5。由表可知，灌溉定额较小的处理投入也小，由于产量及节水效益的提高，滴灌处理净效益高于对照，其中T5处理有明显增产作用，较对照增收1679.8元/hm²，灌溉定额降低108 mm，生育期耗水降低167.1 mm。

表29-5 膜下滴灌棉花经济效益分析结果表

处理	投入（元/hm²） 种子、化肥、劳力机械费	产出（元/hm²）			净产值 （元/hm²）	增收 （元/hm²）	投产比
		籽棉产出	茎秆产出	总计			
T1	6872	22771.5	0	22771.5	15899.5	−5206.3	1:3.31
T2	7018	23273.3	0	23273.3	16255.3	−4850.5	1:3.32
T3	7164	26505	0	26505	19341	−1764.8	1:3.70
T4	7310	29697	0	29697	22387	1281.3	1:4.06
T5	7456	30241.5	0	30241.5	22785.5	1679.8	1:4.06
CK	7680	28785.8	0	28785.8	21105.8	—	1:3.75

2.6 膜下滴灌棉花技术体系

节水模式：免耕免冬灌 + 深翻覆膜 + 膜下滴灌。

技术要求：在前茬作物收获后，留茬免耕免冬灌，次年播种前深翻、耙磨、碾压，采用机械完成铺滴灌带-覆膜程序，播后采用滴灌灌安种水，生育期采用膜下滴灌。

技术指标：种植模式1膜2管4行，行距30 cm，株距15 cm，滴灌带间距60 cm。

灌水：全生育期灌水7次，采用膜下滴灌，灌水定额30~36 mm，灌溉定额2100~2520 m³/hm²。

追肥：分别在开花期、花铃期结合灌水施肥2次，每次施尿素150 kg/hm²。

[三十]

洋葱膜下滴灌标准化技术体系试验研究

1 试验材料与方法

1.1 试验设计

本试验设计以灌水定额为试验因素,共设6个处理,包括5个膜下滴灌试验处理,1个覆膜小畦灌对照处理,采用随机排列,重复3次,具体设计见表30-1。试验小区面积22.5 m²(1.5 m×15 m),试验地移栽前施底肥磷酸二铵225 kg/hm²、尿素300 kg/hm²、钾肥150 kg/hm²、播前耙糖、起垄覆膜,膜宽145 cm,种植模式1膜3管8行,行距15 cm,株距10 cm,每穴1株移栽。灌溉水源为井水,用水表严格控制灌水量,滴头设计流量2.0 L/h,滴头间距30 cm。试验于5月13日进行移栽,试验地免冬灌,移栽前各处理采用统一灌水定额,灌坐苗水900 m³/hm²。

表30-1 洋葱膜下滴灌试验方案设计结果表(m³/hm²)

处理	灌水总量	灌水时期								
		5-13	5-26	6-16	6-26	7-7	7-16	7-26	8-4	8-13
T1	2160	240	240	240	240	240	240	240	240	240
T2	2430	270	270	270	270	270	270	270	270	270
T3	2700	300	300	300	300	300	300	300	300	300
T4	2970	330	330	330	330	330	330	330	330	330
T5	3240	360	360	360	360	360	360	360	360	360
CK	5400	900	900	900	0	900	0	900	0	900

1.2 测试内容及方法

气象资料由自动气象站获得；移栽立苗后，记录各小区植株密度；采用长宽系数法测定叶面积（叶面积＝叶长×叶宽×校正系数）；分别在立苗后每隔 10~15 d 及立苗期、六叶期、鳞茎膨大期、盛膨大期和收获期采用烘干称重法测定干物质（在 105 ℃烘箱中烘 30 min 杀青，并在 75 ℃下烘至恒重，用 1/100 电子天平称取）；收获时每个小区随即选取 3 株进行考种；分别在立苗后每隔 10~15 d 及立苗期、六叶期、鳞茎膨大期、盛膨大期和收获期使用卷尺、游标卡尺测定株高及茎粗；在定植前、收获后及各生育期转变时，采用 TDR 土壤水分速测仪测定 0~10 cm、10~20 cm、20~30 cm、30~40 cm、40~50 cm、50~60 cm 土层的土壤含水量，灌水前后进行加测；洋葱成熟季节，各小区单独收获，分别测算其地上部分产量和鳞茎鲜重产量，并测定其生物产量。

2 试验结果分析

2.1 膜下滴灌洋葱土壤水分变化

立苗期（5 月 24 日，即 5 月 26 日灌水前两天）土壤水分动态变化见图 30-1。由图可知，常规灌溉 CK 各层土壤含水量均高于膜下滴灌灌水处理，不同处理土壤含水量随土层深度增加均呈增加－减小－增大变化趋势，且两个拐点分别出现在 20 cm 和 50 cm 深处。这主要是因为立苗期洋葱植株叶面积小，植株蒸腾作用较弱，土层的水分受地表蒸发的影响较大，土壤水分主要用于棵间蒸发，导致水分散失主要集中在 0~20 cm 土层。地膜的保墒作用把水分储存在了地表土层 20 cm 以下，导致 20 cm 以下土壤水分相对较高。此外，由于膜下滴灌各处理灌水量较小，水分无法再渗透到 30 cm 以下土层，导致土壤水分不断降低，而 60 cm 土层土壤水分又有所增加则是因为前期底墒水分保持较高水平导致的。

六叶期（6 月 22 日，即 6 月 21 日有效降雨 10.4 mm 后）土壤水分动态变化见图 30-2。不同处理土壤含水量随土层深度增加呈增加－减小－增大变化趋势。

相对立苗期，此阶段土壤含水量第一个拐点出现在 30 cm 深处。地膜能够提高灌溉水保蓄率，前一天的有效降雨相当于又灌了一次水，所以在六叶期 0~20 cm 的土壤含水率高于 20 cm 以下土层的含水率。

鳞茎膨大期（7 月 14 日，即 7 月 16 日灌水前两天）土壤水分动态变化见图 30-3。常规灌溉 CK 各层土壤含水量均高于其他膜下滴灌处理，且不同水分处理土壤含水量随土层深度增加呈先增加再减小的变化趋势。由图可知，10~60 cm 各处理不同土层土壤含水量比六叶期均有所减少，其中 10 cm、20 cm、30 cm、40 cm、50 cm、60 cm 深处各处理最大减少量分别为 29.56%、24.89%、22.41%、27.02%、12.65%、28.21%。其原因可能是鳞茎膨大期是洋葱枝叶茂盛、根系最发达的需水关键时期，洋葱对水分需求量加大。

鳞茎盛膨大期（8 月 19 日，即 8 月 17 日有效降雨 11.4 mm 后）土壤水分动态变化见图 30-4。常规灌溉 CK 各层土壤含水量均高于其他膜下滴灌处理，且不同水分处理土壤含水量随土层深度增加呈先减小后增大的变化趋势。不同水分处理各土层土壤含水量比鳞茎膨大期有所增加，其原因可能与 8 月 15 日和 8 月 17 日的两次有效降雨有关。

从洋葱立苗期到鳞茎盛膨大期，常规灌溉 CK 各层土壤含水量均高于其他处理，且常规灌溉 CK 与滴灌处理各层土壤含水量差异显著（$P<0.05$），由于膜下滴灌灌水量少，0~60 cm 土层的土壤含水率始终低于常规灌溉。

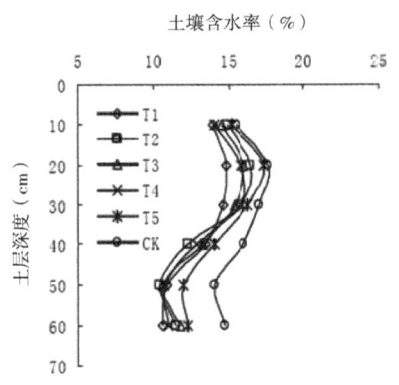 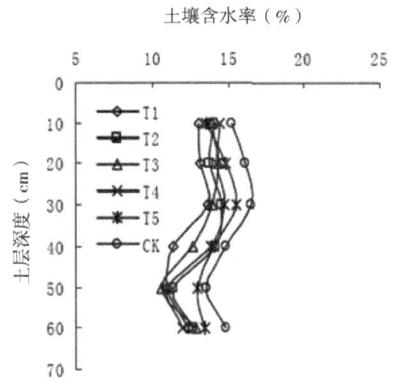

图 30-1　立苗期洋葱土壤水分分布　　　　图 30-2　六叶期洋葱土壤水分分布

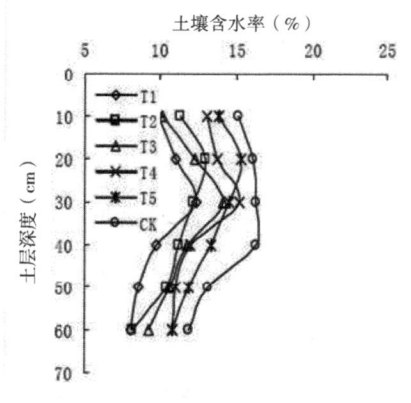
图30-3 鳞茎膨大期（7-14）洋葱土壤水分分布

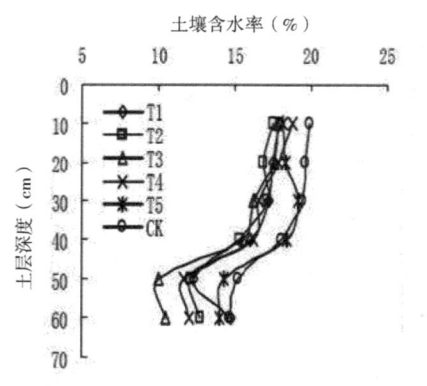
图30-4 鳞茎盛膨大期（8-19）洋葱土壤水分分布

2.2 膜下滴灌洋葱产量效应

不同灌水处理洋葱产量及构成要素见表30-2。就单株重和横径及纵径来看，各处理之间存在显著或极显著差异。一方面，产量最高的T4处理具有最高的单株重，为0.37 kg/株，而产量最小的T1处理其单株重也最小，为0.16 kg/株，且与其他处理之间都有显著或极显著差异；另一方面，T4处理不但具有最高的单株重，横径也表现为最高，为9.27 cm，分别比T1、T2、T3、T5和CK提高34.93%、21.34%、12.64%、7.04%和7.17%，各处理之间表现为显著或极显著差异。由此可见，水分处理明显影响了洋葱营养生长，各处理单株重和横径随着灌溉量的增加而增加，单株重和横径差异明显大于纵径差异，也就是说，单株重和横径对水分反应敏感，洋葱产量主要由单株重和横径决定。

表30-2 膜下滴灌洋葱产量效应

处理	产量（kg/hm²）	单株重（kg/株）	横茎（cm）	纵茎（cm）	灌水量（mm）	耗水量（mm）
T1	66619.7	0.16	6.87	6.90	216	337
T2	95568.4	0.23	7.64	7.95	243	367
CK	137106.0	0.33	8.65	9.35	540	654

续表 30-2

处理	产量（kg/hm²）	单株重（kg/株）	横茎（cm）	纵茎（cm）	灌水量（mm）	耗水量（mm）
T3	122845.6	0.32	8.23	9.35	270	403
T4	151018.5	0.37	9.27	9.37	297	421
T5	141285.5	0.34	8.66	8.79	324	442
CK	137106.0	0.33	8.65	9.35	540	654

2.3 膜下滴灌洋葱水分生产效率

由图 30-5 可以看出，灌水量最多的对照处理 CK 水分生产效率最小，为 20.34 kg/m³；T4 处理最高，为 35.87 kg/m³；T5 处理次之，为 31.97 kg/m³；表明在一定范围内，适当减小灌水量可以提高水分生产效率。从整个生育期来看，水分生产效率呈单峰曲线，随灌水量增加呈先增加后减小的趋势，各处理间存在较大差异。就灌水量最大的 CK 处理来说，当土壤水分含量过高时，光合速率不再增加，而蒸腾速率持续增长，必然导致作物耗水过多，这是灌溉导致水分生产效率下降的重要原因之一。

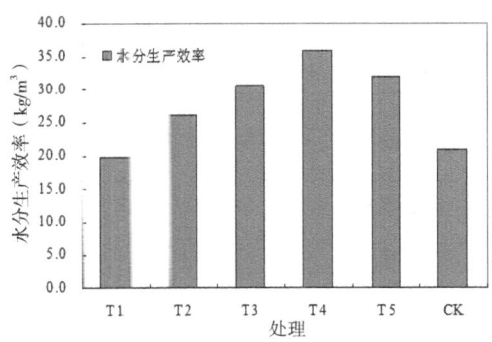

图 30-5 不同处理洋葱水分生产效率

2.4 膜下滴灌洋葱耗水规律

膜下滴灌洋葱耗水规律分析结果见表 30-3。将洋葱整个生育期按四个生育阶段划分，不同生育期需水量明显不同。常规灌溉 CK 各生育期耗水量均高于膜下滴灌处理，且常规灌溉与膜下滴灌各处理间以及膜下滴灌各处理间均存在显著性差异。各生育期耗水量随灌水定额的增加而增加。在鳞茎膨大期，灌水定额对植株的生长发育有很大的影响，灌水定额的不足导致洋葱矮小，使得耗水量减少。在鳞茎盛膨大期，随着营养生长的逐渐减弱和气温的降低，日均耗水量开始下降，但由于该生育期时段较长，阶段需水量达到第二高峰值。从洋葱整个生育期来看，洋葱阶段耗水量与阶段灌水量有密切关系，即阶段耗水量大小完全由阶段灌水量大小决定。

2.5 膜下滴灌洋葱经济效益

由表30-4可知，灌水量最高的常规灌溉CK处理并没有获得最高的净收入，而是膜下滴灌T4处理净收入最高，为98 333.8元/hm²，与常规灌溉CK相比净收入多11 809元/hm²，增加13.6%。灌水最少的膜下滴灌T1处理净收入最低，为31 087.8元/hm²，分别比T2、T3、T4、T5、CK低42.6%、59.0%、68.4%、65.6%、64.1%。T4处理洋葱灌溉定额较对照降低243 mm，生育期耗水降低233 mm，由此可以看出，并不是灌水越多收益越多，适当灌水不仅能提高产量，而且净收入也明显提高。

表30-4 膜下滴灌洋葱经济效益分析结果表

处理	投入（元/hm²） 种子、化肥劳力机械费	产出（元/hm²） 洋葱产出	茎秆产出	总计	净产值（元/hm²）	增收（元/hm²）	投产比
T1	22208	53295.8	0	53295.8	31087.8	−55440	1∶2.40
T2	22289	76454.7	0	76454.7	54165.7	−32362.1	1∶3.43
T3	22400	98276.5	0	98276.5	75876.5	−10651.3	1∶4.39
T4	22481	120814.8	0	120814.8	98333.8	11806	1∶5.37
T5	22562	113028.4	0	113028.4	90466.4	3938.6	1∶5.01
CK	23160	109684.8	0	109684.8	86524.8	—	1∶4.74

2.6 膜下滴灌洋葱技术体系

节水模式：秋耕免冬灌＋深翻覆膜＋灌安种水移栽＋膜下滴灌。

表 30-3　膜下滴灌洋葱耗水规律分析结果表

处理	立苗期			六叶期			鳞茎膨大期			鳞茎盛膨大期			全生育期	
	耗水量(mm)	耗水强度(mm/d)	耗水模数(%)	耗水量(mm)	耗水强度(mm/d)	耗水模数(%)	耗水量(mm)	耗水强度(mm/d)	耗水模数(%)	耗水量(mm)	耗水强度(mm/d)	耗水模数(%)	耗水量(mm)	耗水强度(mm/d)
T1	75.2	23	2.6	92.1	28.2	4.6	78.1	23.9	3.3	81.7	25	2.3	327	3
T2	82.4	22.4	2.8	101.4	27.6	5.1	90	24.5	3.7	93.3	25.4	2.7	367	3.4
T3	86	21.3	3	109.5	27.2	5.5	98	24.3	4.1	109.5	27.2	3.1	403	3.7
T4	90.8	21.6	3.1	112.4	26.7	5.6	101.7	24.2	4.2	116.1	27.6	3.3	421	3.9
T5	94.8	21.5	3.3	117.4	26.6	5.9	105.4	23.8	4.4	124.4	28.2	3.6	442	4.1
CK	141.5	21	4.9	183	27.1	9.1	164	24.3	6.8	185.6	27.5	5.3	674	6.2

技术要求：前茬作物收获后，秋耕、免冬灌，次年播前深翻、耙磨、碾压，采用机械完成铺滴灌带、覆膜程序，播后灌安种水，按 1 膜 8 行移栽，生育期膜下滴灌。

技术指标：1 膜 3 管 8 行，行距 15 cm，株距 10 cm，滴灌带间距 45 cm。

灌水：洋葱生育期灌水 10 次（包括安种水一次），灌水定额 330 m^3/hm^2，灌溉定额 2970 m^3/hm^2。

追肥：分别在六叶期、膨大期结合灌水施肥 2 次，每次施尿素 75 kg/hm^2。

[三十一]

向日葵膜下滴灌标准化技术体系试验研究

1 试验材料与方法

1.1 试验设计

本试验以灌水定额为试验因素,共设 5 个处理,包括 4 个膜下滴灌和 1 个常规灌溉对照处理。试验地休闲期深耕、免冬灌,播前施底肥磷酸二铵 225 kg/hm²、尿素 300 kg/hm²、钾肥 150 kg/hm²,深翻、耙耱、起垄覆膜,膜宽 145 cm。种植模式 1 膜 3 管 3 行,行距 45 cm,株距 30 cm,每穴 1~2 粒。全生育期灌水 7 次,灌水时间分别为 4 月下旬、6 月上旬、6 月下旬、7 月上旬、7 月中旬、7 月下旬、8 月中旬。对照处理全生育期灌水 4 次,灌水时间分别为 4 月下旬、6 月中旬、7 月上旬、7 月下旬(表31-1)。

表 31-1 膜下滴灌向日葵试验方案设计结果表

处理	种植方式		灌水定额（mm）	面积（m²）	单区灌水量（m³）	灌水时间（min）
T1	1 膜 3 行	1 膜 3 管	18	126	2.27	90
T2	1 膜 3 行	1 膜 3 管	24	126	3.02	120
T3	1 膜 3 行	1 膜 3 管	30	126	3.78	150
T4	1 膜 3 行	1 膜 3 管	36	126	4.53	180
CK	1 膜 3 行	常规膜上灌	90	126	11.34	—

1.2 测试内容及方法

在向日葵（也叫葵花）播种前 2 d、整个生育期内每隔 10 d 以及葵花收获后，采用 TDR 土壤水分速测仪测定作物根区土壤水分，并用土钻取土烘干法矫正，测定深度为 0~10 cm、10~20 cm、20~40 cm、40~60 cm，灌水前后及降雨前后进行加测。采用膜下滴灌，灌水量用水表量测，记录每次灌水时间、灌水量，并在葵花生育期内观测记载温度、降水、蒸发、风速等气象因素，收获后按各小区自然晒干后考种并测定产量。

2 试验结果分析

2.1 膜下滴灌葵花土壤水分变化

由于各处理均未冬（春）储水灌，播前含水量无差别。播种后，由于各处理灌水量不同，含水量出现了差异，虽然滴灌处理灌水后含水量较低，但仍可满足葵花出苗及苗期生长；此外，对照处理灌水后含水量有较大提高，但由于棵间蒸发较大，其含水量在短期内就会下降到与滴灌处理一致。各处理在生育旺盛期因耗水量的增大，土壤含水量降低很快；到收获期，随着降水量的增多，土壤含水量有所提高。

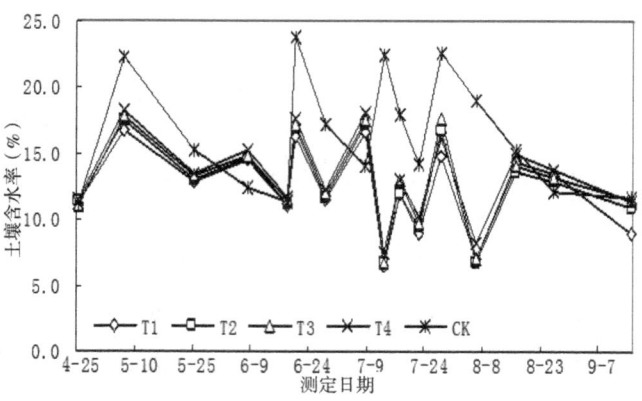

图 31-1　膜下滴灌葵花全生育期土壤水分变化过程

2.2 膜下滴灌葵花产量效应

免储水灌膜下滴灌葵花各处理产量效应及水分生产效率见表 31-2。由表可知，单盘粒重是构成产量的主要因素。T3 处理较对照是增产的，产量为 6904.5 kg/hm²，增产率为 2.13%，而其他滴灌处理较对照是减产的，其减产率最大的 T1 为 25.89%。对于节水率来说，T1 最高，为 49.16%。就水分生产效率而言，CK 处理最低，为 1.43 kg/m³；水分生产效率最高的是 T3 处理，为 2.29 kg/m³。

表 31-2 膜下滴灌葵花产量效应分析结果表

处理	株高(cm)	盘直径(cm)	单盘粒重(g/盘)	单盘粒数(粒)	盘二重(g)	百粒重(g)	灌水量(mm)	耗水量(mm)	产量(kg/hm²)	增产率(%)	节水率(%)	水分生产效率(kg/m³)
T1	144.0	18.6	83.5	659.0	58.0	14.0	126.0	240.09	5010.0	-25.89	49.16	2.09
T2	149.0	20.5	90.6	731.0	69.9	16.6	168.0	270.85	5737.5	-15.13	42.65	2.12
T3	148.0	20.8	115.0	864.0	71.7	16.5	210.0	294.36	6904.5	2.13	37.67	2.29
T4	149.0	18.9	105.1	936.0	67.7	15.3	252.0	334.97	6754.5	-0.09	29.07	2.06
CK	145.0	19.3	112.6	908.0	53.2	13.6	360.0	472.26	6760.5	—	—	1.43

2.3 膜下滴灌葵花耗水规律

由表 31-3 可知，全生育期耗水量最大的是常规灌溉处理 CK，为 472.26 mm，最小的是 T1 处理，为 240.09 mm，较 CK 减少 232.17 mm。各生育期不同处理耗水量因灌水定额的不同而不同，灌水量越大，耗水量也越大。各生育期 T1 处理耗水量最小，除成熟期外，与 CK 相差均在 35 mm 以上，且日耗水强度比 CK 低 1.50 mm/d 以上；拔节-开花期是葵花耗水高峰期，日耗水量均在 4.90 mm 以上，且 CK 较 T1 处理高 56.7%；葵花进入生长后期后，随着生长发育功能和各器官的衰退，对水分的需求逐渐降低，田间耗水量也随之减少。

2.4 膜下滴灌葵花经济效益分析

由表 31-4 可见，滴灌处理中 T3 处理净收入最高，为 16 019.3 元/hm²，与常规灌溉 CK 相比，净收入多 865.6 元/hm²，增加 5.7%；而灌水最少的膜下滴灌 T1 处理净收入最低，为 9861.0 元/hm²，分别比 T2、T3、T4、CK 低 19.1%、

表 31-3 膜下滴灌葵花全生育期耗水规律分析结果表

处理	播种-苗期			苗期-拔节期			拔节-开花期			开花-灌浆期			灌浆-成熟期			全生育期
	耗水量(mm)	耗水模数(%)	耗水强度(mm/d)	耗水量(mm)	耗水模数(%)	耗水强度(mm/d)	耗水量(mm)	耗水模数(%)	耗水强度(mm/d)	耗水量(mm)	耗水模数(%)	耗水强度(mm/d)	耗水量(mm)	耗水模数(%)	耗水强度(mm/d)	耗水量(mm)
T1	28.95	12.06	0.67	32.18	13.40	2.68	73.83	30.75	4.92	58.2	24.24	1.94	46.92	19.54	1.56	240.09
T2	36.06	13.32	0.84	38.18	14.10	3.18	84.88	31.34	5.66	64.0	23.64	2.13	47.70	17.61	1.59	270.85
T3	33.86	11.50	0.79	44.18	15.01	3.68	99.53	33.81	6.64	68.3	23.21	2.28	48.46	16.46	1.62	294.36
T4	42.89	12.81	1.00	50.18	14.98	4.18	104.65	31.24	6.98	82.6	24.67	2.75	54.60	16.30	1.82	334.97
CK	96.87	20.51	2.25	69.05	14.62	5.75	115.62	24.48	7.71	135.3	28.65	4.51	55.40	11.73	1.85	472.26

38.4%、35.9%、34.9%。T3 处理葵花灌溉定额较对照降低 150 mm，生育期耗水降低 178 mm。由此可以看出，并不是灌水越多收益越多，适当灌水不仅能提高产量，而且净收入也明显提高。

表 31-4 膜下滴灌葵花经济效益比较

处理	投入（元/hm²）	产出（元/hm²）			净产值（元/hm²）	增收（元/hm²）	投产比
	种子、化肥劳力机械费	籽粒产出	茎秆产出	总计			
T1	7478	17034	305	17339	9861	−5292.7	1∶2.32
T2	7634	19507.5	311	19818.5	12184.5	−2969.2	1∶2.60
T3	7780	23475.3	324	23799.3	16019.3	865.6	1∶3.06
T4	7926	22965.3	335	23300.3	15374.3	220.6	1∶2.94
CK	8160	22985.7	328	23313.7	15153.7	—	1∶2.86

2.5 膜下滴灌葵花技术体系

节水模式：秋耕免冬灌 + 深翻覆膜 + 播种灌安种水 + 膜下滴灌。

技术要求：在前茬作物收获后，秋耕、免冬灌，次年播种前深翻、耙磨、碾压，采用机械完成铺滴灌带、覆膜程序，播后灌安种水，生育期采用膜下滴灌。

技术指标：按 1 膜 3 管 3 行播种，行距 45 cm，株距 30 cm，滴灌带间距 45 cm。

灌水：生育期灌水 7 次（包括安种水 1 次），灌水定额 300 m³/hm²，灌溉定额 2100 m³/hm²。

追肥：分别在孕蕾期、开花期结合灌水施肥 2 次，每次施尿素 75 kg/hm²。

[三十二]

制种玉米膜下滴灌标准化技术体系试验研究

1 试验材料与方法

1.1 试验设计

本试验设计以灌水定额为试验因素，共设5个处理，包括4个膜下滴灌和1个常规灌溉对照处理。试验地休闲期深耕、免冬灌，播前施底肥磷酸二铵225 kg/hm²、尿素300 kg/hm²、钾肥150 kg/hm²，深翻、耙糖、起垄覆膜，膜宽145 cm，种植模式1膜2管4行，行距35 cm，株距20 cm，每穴2~3粒种植，灌水量1500 m³/hm²，设计滴头流量2.0 L/h，生育期灌水9次，灌水时间分别为4月下旬、6月上旬、6月下旬、7月上旬、7月中旬、7月下旬、8月上旬、8月中旬、8月下旬。常规灌溉处理灌水6次，灌水时间分别为4月下旬、6月上旬、6月下旬、7月上旬、7月下旬、8月中旬（表32-1）。

表32-1 制种玉米膜下滴灌试验方案设计结果表

处理	种植方式		灌水定额（mm）
T1	1膜4行	1膜2管	18
T3	1膜4行	1膜2管	24
T3	1膜4行	1膜2管	30
T4	1膜4行	1膜2管	36
CK	1膜4行	常规膜上灌	75

1.2 测试内容及方法

制种玉米成熟后，按各小区单打单收，分别计各小区籽粒产量；气象资料由试验站全自动气象站获得；在每个小区中随机选取两点，每点取样 5 株，测定项目为：株高、穗重、穗长、穗粒重、穗粒数、百粒重、总干物质等；分别在苗期、拔节期、大喇叭口期、抽穗期、灌浆期、乳熟期、收获期测定叶面积指数（取 5~10 株，采用长宽系数法或叶面积仪测定）；分别在出苗后及每个生育期测定干物质量（烘干，80 ℃，48 h），样本大小为 5 株；在播种前 2 d、作物整个生育期内每隔 10 d 以及作物收获后共分 4 层：0~10 cm、10~20 cm、20~40 cm、40~60 cm 测定土壤含水量，灌水前后进行加测，测定方法用烘干称重法（105 ℃，12 h）或 TDR 水分测定仪；分别记录每次灌水量、灌水前水表数据、灌水后水表数据，并记录灌水日期。

2 试验结果分析

2.1 膜下滴灌制种玉米产量效应

膜下滴灌制种玉米产量效应分析结果见表 32-2。就产量而言，最高的是 T4 处理，为 15 689.55 kg/hm^2，其次是 T3 处理，为 15 263.10 kg/hm^2，最低的是 T1 处理，为 13 868.10 kg/hm^2；就增产率而言，T4 也是最明显的，为 4.04%，T3 处理次之，为 1.21%，而 T1 和 T2 处理则减产，减产率分别为 8.04%、2.38%。对于节水率来说，T1 处理最高，为 48.23%，T4 最低，为 29.08%。由此可见，采用节水灌溉措施较常规灌溉均能显著节水，其节水率均在 25% 以上，但过低的灌水定额会造成减产。因此，制种玉米膜下滴灌灌水定额 36 mm 是较为合理的选择。

表 32-2 膜下滴灌制种玉米产量效应分析结果表

处理	株高(mm)	穗长(cm)	穗行数(行/穗)	秃尖长(cm)	穗粒数(粒/穗)	穗粒重(g)	穗重(g)	百粒重(g)	灌水量(mm)	耗水量(mm)	产量(kg/hm²)	增产率(%)	节水率(%)
T1	144.38	12.38	12.00	1.42	220.34	98.54	115.51	39.86	162	296.32	13868.1	-8.04	48.23
T2	147.33	12.07	12.00	1.13	216.67	90.12	120.34	41.18	216	335.82	14721.0	-2.38	41.33
T3	145.00	13.57	12.00	1.53	224.00	102.46	122.61	46.12	270	373.42	15263.1	1.21	34.76
T4	146.33	12.50	13.33	1.33	224.00	102.32	128.13	48.38	324	405.92	15689.55	4.04	29.08
CK	144.33	13.63	11.67	1.13	204.33	99.80	125.60	45.34	450	572.4	15079.95	—	—

表 32-4 膜下滴灌制种玉米各处理耗水规律分析结果表

处理	播种-苗期		苗期-拔节期		拔节-抽穗期		抽穗-灌浆期		灌浆-成熟期		全生育期	
	耗水量(mm)	耗水强度(mm/d)	耗水量(mm)	耗水强度(mm/d)	耗水量(mm)	耗水强度(mm/d)	耗水量(mm)	耗水强度(mm/d)	耗水量(mm)	耗水强度(mm/d)	耗水量(mm)	耗水强度(mm/d)
T1	24.90	0.83	62.43	1.56	66.05	3.30	71.06	2.37	71.88	2.05	296.32	1.91
T2	30.03	1.00	64.27	1.61	73.56	3.68	85.55	2.85	82.41	2.35	335.82	2.17
T3	35.07	1.17	71.28	1.78	78.92	3.95	91.11	3.04	97.04	2.77	373.42	2.41
T4	36.24	1.21	77.81	1.95	92.93	4.65	99.11	3.30	99.83	2.85	405.92	2.62
CK	71.55	2.39	107.97	2.70	136.75	6.84	140.45	4.68	115.68	3.31	572.40	3.69

2.2 膜下滴灌制种玉米水分生产效率

表32-3表明，无论灌溉水生产效率，还是农田水分生产效率，CK处理都是最低的，而T1则是最高的。由此可见，制种玉米膜下滴灌灌溉水生产效率、农田水分生产效率均与灌水量呈负相关，且膜下滴灌各处理与CK处理均呈极显著差异（$P<0.01$）。

表32-3 制种玉米各处理水分生产效率

处理	灌水量（mm）	耗水量（mm）	灌溉水生产效率（kg/m³）	农田水分生产效率（kg/m³）
T1	162	296.32	8.56	4.68
T2	216	335.82	6.82	4.38
T3	270	373.42	5.65	4.09
T4	324	405.92	4.84	3.87
CK	450	572.40	3.35	2.63

2.3 膜下滴灌制种玉米耗水规律

表32-4表明，全生育期CK处理耗水量最大，为572.40 mm，T1处理最小，为296.32 mm，较CK减少275.08 mm。随着灌水定额的不同，各生育期耗水量各不相同，各阶段T1处理耗水量最小，与CK相差均在30 mm以上，耗水强度比CK低1.78 mm/d；其中拔节－抽穗期耗水量最大，日耗水量均在3.3 mm以上；进入生长后期，随着生长发育功能和各器官的衰退，对水分的需求逐渐降低，田间耗水量也随之减少。

2.4 膜下滴灌制种玉米棵间蒸发规律

制种玉米膜下滴灌各生育阶段棵间土壤蒸发量及阶段耗水量比例见表32-5。由于各处理间土壤水分存在差异，播种－苗期耗水量与棵间土壤蒸发量差异较大，土壤蒸发量最大为CK处理，最小为T1处理。苗期－拔节阶段，由于膜下滴灌，其棵间蒸发与苗期无差别，各处理棵间土壤蒸发量占阶段耗水量比例明显减小，但各处理间棵间土壤蒸发耗水量差异仍较大，CK仍然明显高于其他处理。

这主要是由于 CK 裸地面积较大所致。在制种玉米抽穗期，田间耗水转向以植物蒸腾耗水为主，各水分处理棵间土壤蒸发量占阶段耗水量的比例进一步减小，介于 11.7%~17.2% 之间。从全生育期来看，各处理制种玉米棵间土壤蒸发占总耗水量的比例大小顺序为：CK>T2>T1>T3>T4，其比例分别为 24.2%、13.0%、12.8%、12.7%、12.2%。

表 32-5 制种玉米各生育阶段棵间土壤蒸发量及其占阶段耗水量的比例

处理	生育阶段	播种-苗期	苗期-拔节期	拔节-抽穗期	抽穗-灌浆期	灌浆-成熟期	全生育期
T1	E（mm）	3.7	8.4	8.8	8.3	8.7	37.9
	ET（mm）	24.9	62.4	66.1	71.1	71.9	296.3
	E/ET（%）	14.9	13.5	13.3	11.7	12.1	12.8
T2	E（mm）	4.9	8.7	8.9	10.2	10.8	43.5
	ET（mm）	30.0	64.3	73.6	85.6	82.4	335.8
	E/ET（%）	16.3	13.5	12.1	11.9	13.1	13.0
T3	E（mm）	5.7	9.2	10.4	11.4	10.6	47.3
	ET（mm）	35.1	71.3	78.9	91.1	97.0	373.4
	E/ET（%）	16.3	12.9	13.2	12.5	10.9	12.7
T4	E（mm）	5.6	9.2	12.3	12.0	10.2	49.4
	ET（mm）	36.2	77.8	92.9	99.1	99.8	405.9
	E/ET（%）	15.6	11.8	13.2	12.1	10.2	12.2
CK	E（mm）	13.9	34.4	48.2	24.2	17.9	138.5
	ET（mm）	71.6	108.0	136.8	140.5	115.7	572.4
	E/ET（%）	19.4	31.8	35.3	17.2	15.5	24.2

2.5 膜下滴灌制种玉米经济效益

由表 32-6 可知，T4 处理净收入最高，为 28 587.9 元 /hm^2，与 CK 处理相比增加 1774.2 元 /hm^2，增长率 6.6%；而 T1 处理净收入最低，为 24 888.2 元 /hm^2，分别比 T2、T3、T4、CK 处理低 6.5%、10.4%、12.9%、7.2%。T4 处理灌溉定额较对照降低 126 mm，生育期耗水降低 166.48 mm。由此可见，适当灌水

不仅能提高玉米产量,还能明显提高净收入。

表 32-6 膜下滴灌制种玉米经济效益分析结果表

处理	投入(元/hm²) 种子、化肥、劳力机械费	产出(元/hm²) 籽粒产出	茎秆产出	总计	净产值(元/hm²)	增收(元/hm²)	投产比
T1	8046	30509.8	2424.4	32934.2	24888.2	−1925.5	1∶4.09
T2	8233	32386.2	2451.1	34837.3	26604.3	−209.4	1∶4.23
T3	8425	33578.8	2622.5	36201.3	27776.3	962.6	1∶4.30
T4	8617	34517	2687.9	37204.9	28587.9	1774.2	1∶4.32
CK	8890	33175.9	2527.8	35703.7	26813.7	—	1∶4.02

2.6 膜下滴灌制种玉米技术体系

节水模式:秋耕免冬灌+覆膜播种+膜下滴灌。

技术要求:在前茬作物收获后,秋耕免冬灌,次年播种前深翻、耙磨、碾压,采用机械完成铺滴灌带、覆膜程序,生育期采用膜下滴灌。

技术指标:种植模式1膜2管4行,行距35 cm,株距20 cm,滴灌带间距70 cm。

灌水:生育期灌水9次,灌水定额360 m³/hm²,灌溉定额3240 m³/hm²。

追肥:分别在大喇叭口期、灌浆期结合灌水施肥2次,每次施尿素75 kg/hm²。

[三十三]

辣椒膜下滴灌标准化技术体系试验研究

1 试验材料与方法

1.1 试验设计

本试验设计以灌水定额为试验因素,共设 5 个处理,包括 4 个膜下滴灌和 1 个常规灌溉对照处理。试验地休闲期深耕免冬灌。播前施底肥磷酸二铵 225 kg/hm²、尿素 300 kg/hm²、钾肥 150 kg/hm²,耙糖、铺滴灌带、覆膜,膜宽 145 cm,种植模式 1 膜 3 管 3 行,行距 45 cm,株距 20 cm,每穴 2~3 粒种植,播后灌安种水 750 m³/hm²。生育期灌水 8 次,灌水时间分别为播种后、6 月上旬、6 月下旬、7 月上旬、7 月中旬、7 月下旬、8 月上旬、8 月下旬。对照处理全生育期灌水 5 次,分别为播种后、6 月上旬、6 月下旬、7 月中旬、8 月上旬。各处理试验设计见表 33-1。

表 33-1 辣椒膜下滴灌试验方案设计结果表

处理	种植方式		灌水定额 (m³/hm²)	灌水次数	灌溉定额 (m³/hm²)
T1	1 膜 3 行	1 膜 3 管	750/180	8	2010
T3	1 膜 3 行	1 膜 3 管	750/225	8	2430
T3	1 膜 3 行	1 膜 3 管	750/300	8	2850
T4	1 膜 3 行	1 膜 3 管	750/360	8	3270
CK	1 膜 3 行	常规膜上灌	750	5	3750

1.2 测试内容及方法

播前埋设土壤水分测定传感器，分 0~20 cm、20~40 cm、40~60 cm 实时测定土壤含水量，在每个生育期利用烘干称重法（105℃，12 h）进行测定。记录每次灌水量，灌水前、灌水后水表数据，各试验小区灌水累计时间，灌水日期。在辣椒生育期内观测记载温度、降水、蒸发、风速等气象因素。采摘时在每个小区中随机选取两点，每点取样 5 株，测定项目为：株高、分支数、单果重、单株果数、总干物质等；分别在苗期、现蕾期、挂果期、收获期测定叶面积指数（取 5~10 株，采用长宽系数法或叶面积仪测定）；分别在出苗后及每个生育期测定干物质量（烘干，80℃，48 h），样本大小为 5 株。辣椒成熟后，按各小区单收，分别计各小区辣椒产量。

2 试验结果分析

2.1 膜下滴灌辣椒土壤水分变化

从图 33-1~3 可以看出，播种－苗期各处理含水量变化一致，主要是由于各处理播后安种水定额均一致。此后各处理含水量变化明显，膜下滴灌含水量均为中间层高于表层和深层，这主要是由于表层水分蒸发强烈，深层水分不易到达所致。随着每次灌水，各处理各层含水量均出现峰值。灌水后膜下滴灌处理中各层平均含水量都是 T4 最高，主要是由于灌水定额较大，维持了较高的含水量；各滴灌处理随灌水定额不同，其土壤含水量之间也有差异，但差异较小。20~40 cm 土层的土壤含水量在整个生育期内变化趋势与 0~20 cm 土层相同，但其变化幅度较小；总体来看，对照处理和滴灌定额较大处理的土壤含水量显著高于 T1 处理。在 40~60 cm 处，各处理在灌水后含水量有所上升，但上升幅度不大；总体来看，各处理在全生育期 40~60 cm 土壤含水量均较小，这主要是由于滴灌灌水量较小，不易下渗到 60 cm 以下。

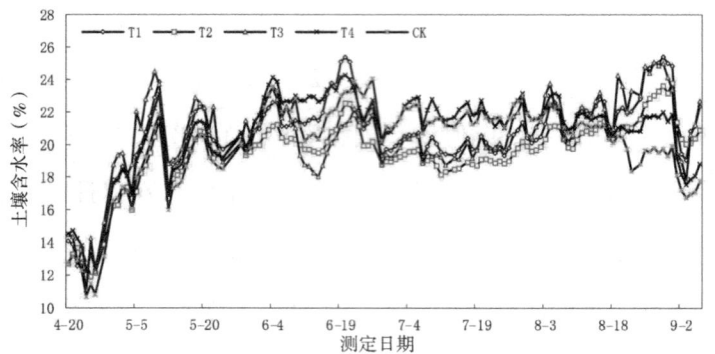

图 33-1　膜下滴灌辣椒 0~20 cm 土壤水分变化过程

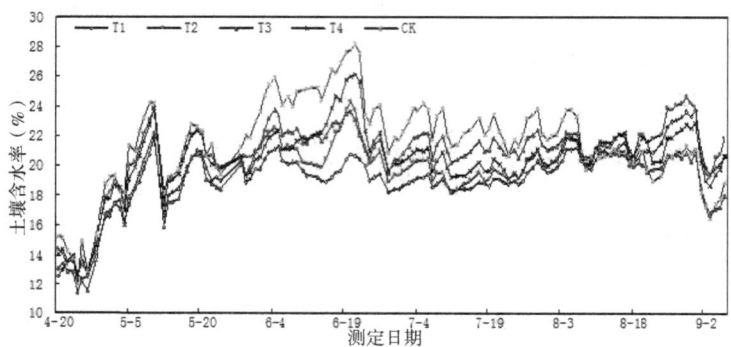

图 33-2　膜下滴灌辣椒 20~40 cm 土壤水分变化过程

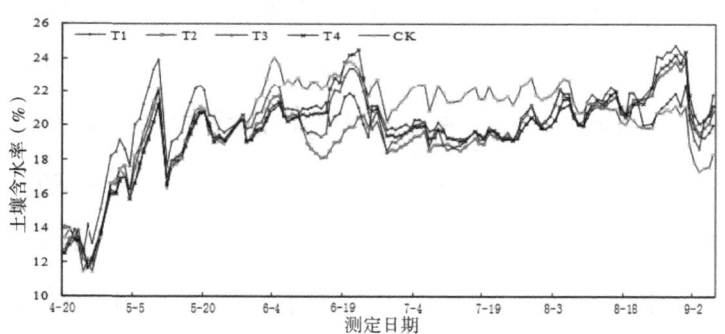

图 33-3　膜下滴灌辣椒 40~60 cm 土壤水分变化过程

2.2 膜下滴灌辣椒产量效应

由表 33-2 可知，T3、T4 处理分别较对照增产 18.57% 和 25.29%，产量分别为 6718.3 kg/hm² 和 7098.6 kg/hm²，而 T1、T2 处理较对照减产，T1 处理减产率最大达 18.96%。对于节水率来说，T1 处理最高，为 32.56%。就水分利用效率

表33-2 膜下滴灌辣椒产量构成因素

处理	单株总重(t)	单株果数(个)	单株果鲜重(g)	单株茎鲜重(g)	单株果干重(g)	单株茎干重(g)	鲜产量(kg/hm²)	干产量(kg/hm²)	耗水量(mm)	灌水量(mm)	增产率(%)	节水率(%)	水分利用效率(kg/m³)
T1	326.8	15.1	212.5	114.3	45.9	26.6	21260.6	4591.9	361.3	201	-18.96	32.56	1.27
T2	381.0	16.2	257.5	123.5	55.6	28.7	25762.9	5564.3	403.1	243	-1.79	24.75	1.38
T3	448.1	18.4	310.9	137.2	67.1	31.9	31105.5	6718.3	445.6	285	18.57	16.82	1.51
T4	473.8	20.2	328.5	145.3	71.0	33.8	32866.4	7098.6	472.6	327	25.29	8.94	1.46
CK	400.9	18.4	262.2	138.7	56.6	32.3	26233.1	5665.9	550.9	375	0.00	0.00	1.06

表33-3 膜下滴灌辣椒耗水规律分析结果表

处理	播种-现蕾期 耗水量(mm)	耗水模数(%)	耗水强度(mm/d)	现蕾-开花期 耗水量(mm)	耗水模数(%)	耗水强度(mm/d)	开花-结果期 耗水量(mm)	耗水模数(%)	耗水强度(mm/d)	结果-收获期 耗水量(mm)	耗水模数(%)	耗水强度(mm/d)	全生育期 耗水量(mm)	耗水模数(%)
T1	69.33	19.19	1.98	116.66	32.29	2.78	122.99	34.04	3.15	52.32	14.48	2.09	361.3	2.56
T2	78.60	19.50	2.25	128.71	31.93	3.06	134.19	33.29	3.44	61.59	15.28	2.46	403.1	2.86
T3	87.96	19.74	2.51	153.15	34.37	3.65	131.76	29.57	3.38	72.72	16.32	2.91	445.6	3.16
T4	87.10	20.98	2.92	178.78	36.65	4.26	140.88	28.88	3.61	65.80	13.49	2.63	472.6	3.48
CK	102.34	16.26	2.49	191.08	35.67	4.55	186.91	34.89	4.79	70.61	13.18	2.82	550.9	3.74

而言，CK 处理最低，为 1.06 kg/m³，而 T3 处理最高，为 1.51 kg/m³。

2.3 膜下滴灌辣椒耗水规律

由表 33-3 可知，全生育期耗水量以 CK 处理最大，为 550.9 mm，T1 处理最小，为 361.3 mm，较 CK 减少 189.6 mm。各生育期不同处理耗水量因灌水定额的不同而不同，各阶段耗水量均以 T1 处理均最小，与 CK 相差基本在 10 mm 以上，平均日耗水强度比 CK 低 1.18 mm/d；其中开花 - 结果期是辣椒耗水高峰期，日耗水量均在 3.0 mm 以上；辣椒进入生长后期，随着生长发育功能和各器官的衰退，对水分的需求逐渐降低，田间耗水量也随之减少。

2.4 膜下滴灌辣椒经济效益

由表 33-4 可知，T4 处理净收入最高，为 26 442.9 元 /hm²，与 CK 相比增加 7254.8 元 /hm²，增长率为 37.8%；而 T1 处理净收入最低，为 14 378.4 元 /hm²，分别比 T2、T3、T4、CK 低 25.7%、41.6%、45.6%、25.1%。T4 处理灌溉定额较对照降低 48 mm，生育期耗水降低 78.3 mm。由此可见，适当灌水不仅能提高产量，而且净收入也明显提高。

表 33-4　膜下滴灌辣椒经济效益分析结果表

处理	投入（元/hm²）种子、化肥、劳力机械费	产出（元/hm²）籽粒产出	茎秆产出	总计	净产值（元/hm²）	增收（元/hm²）	投产比
T1	8408	21260.6	1525.8	22786.4	14378.4	-4809.7	1∶2.71
T2	8549	25762.9	2142.5	27905.4	19356.4	168.3	1∶3.26
T3	8710	31105.6	2241.5	33347.0	24637.0	5448.9	1∶3.83
T4	8871	32866.4	2447.5	35313.9	26442.9	7254.8	1∶3.98
CK	8910	26233.1	1865.0	28098.1	19188.1	—	1∶3.15

2.5 膜下滴灌辣椒技术体系

节水模式：秋耕免冬灌 + 春季深翻覆膜 + 播种灌安种水 + 膜下滴灌。

技术要求：在前茬作物收获后，秋耕免冬灌，次年播种前深翻、耙磨、碾压，采用机械完成铺滴灌带、覆膜程序，播后灌安种水，全生育期采用膜下滴灌。

技术指标：种植模式 1 膜 3 管 3 行，行距 45 cm，株距 20 cm，滴灌带间距 50 cm。

灌水：辣椒生育期灌水 8 次（加安种水一次，定额 750 m^3/hm^2），灌水定额 360 m^3/hm^2，灌溉定额 3270 m^3/hm^2。灌溉定额较对照降低 48 mm，生育期耗水降低 78.3 mm。

追肥：分别在挂果期、盛果期结合灌水施肥 2 次，每次施尿素 75 kg/hm^2。

[三十四]

辣椒垄作沟灌标准化技术体系试验研究

1 试验材料与方法

1.1 试验设计

供试辣椒品种为美国红,试验采用穴盘育苗,4月1日播种,5月15日移栽,9月2日收获。试验共设5个处理,分别为T1灌水量300 m^3/hm^2,T2灌水量375 m^3/hm^2,T3灌水量450 m^3/hm^2,T4灌水量525 m^3/hm^2,以常规灌水量900 m^3/hm^2为对照(CK)。试验田免冬(春)季储水灌,移栽前先起垄覆膜,垄顶宽50 cm,垄底宽60 cm,垄高30 cm,沟宽40 cm,灌水量600 m^3/hm^2,灌后7~10 d按行距40 cm,株距30 cm移栽。全生育期灌水5次,灌水定额依据试验设计进行,各处理重复3次,小区面积3 m×15 m。

1.2 测试内容及方法

在辣椒地起垄、移栽前2 d、整个生育期内每隔10 d以及辣椒收获后,采用土钻取土烘干法测定作物根区及垄顶、垄沟土壤水分,深度分别为0~10 cm、10~20 cm、20~40 cm、40~60 cm、60~80 cm、80~100 cm,灌水前后及降雨前后进行加测。采用管道输水垄沟灌溉,灌水量用水表量测,记录每次灌水时间、灌水量,并观测记载温度、降水、蒸发、风速等气象因素。试验收获后按各小区测定辣椒鲜产量,自然晒干后测定干产量。

2 试验结果分析

2.1 垄作沟灌辣椒生育期土壤水分变化规律

一方面,由于覆膜抑制了土壤蒸发,移栽后辣椒各生育阶段根区土壤均能维持较高含水量;另一方面,沟灌可减少水面蒸发面积,增加入渗水量,在辣椒移栽后保水作用较为明显,并且灌水量越大保水效果越显著。由图34-1可知,各处理在移栽前土壤含水量基本一致,移栽后受灌水量影响,各处理土壤含水量差距明显,其中CK处理由于移栽后灌水定额较大,其含水量增幅较明显,较T1、T2处理分别提高23.9%和22.3%。随着灌水的进一步实施各处理含水量逐渐一致,含水量之间的差距也逐渐消除。生育旺盛期不同处理土壤含水量均大幅降低,其原因可能与耗水量增大有关;到收获期,随着降雨量的增多,土壤含水量有所提高。

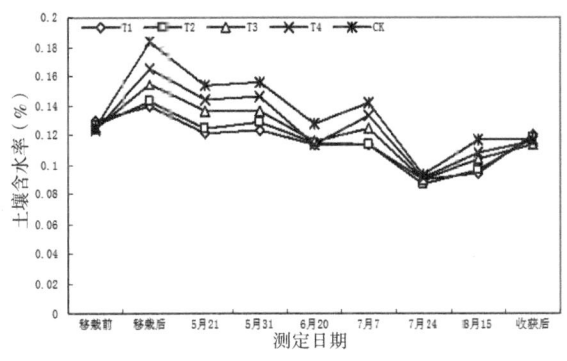

图 34-1 垄作沟灌辣椒土壤水分变化过程

2.2 垄作沟灌辣椒产量及水分生产效率

垄作沟灌辣椒产量及水分生产效率见表34-1。结果表明,处理T4的产量及其构成因素均高于其他处理,其干辣椒产量为6775.2 kg/hm², 比CK增产7.91%, 较CK节水30.79%, 水分利用效率提高40%。考虑到节水、增产和提高水分生产效率的综合效应, 覆膜垄作沟灌辣椒采用灌水定额35 m³是既增产又节水的最佳处理。因此, 在实际生产中应采用全膜垄作沟灌技术, 同时采用适宜的灌水定额及灌溉制度。

表34-1 垄作沟灌辣椒产量效应分析结果表

处理	单株总重（t）	单株果数（个）	单株果鲜重（g）	单株茎鲜重（g）	单株果干重（g）	单株茎干重（g）	鲜产量（kg/hm²）	灌水量（mm）	耗水量（mm）	干产量（kg/hm²）	节水率（%）	增产率（%）	灌溉水生产率（kg/m³）	水分利用效率（kg/m³）
T1	368	14.78	253.58	116.25	60.05	28.54	24634.4	210	378.0	5183.6	22.96	-17.44	2.47	1.37
T2	373	15.25	258.25	114.75	58.45	28.25	23242.5	247.5	396.5	5260.5	26.84	-16.21	2.13	1.33
T3	472	18.00	336.25	135.50	66.56	29.35	30262.5	285	399.6	6276.1	27.41	-0.04	2.20	1.57
T4	538	23.25	399.50	138.00	68.32	32.75	35955	322.5	420.8	6775.2	30.79	7.91	2.10	1.61
CK	315	13.25	247.00	115.25	57.06	28.50	30230	450	546.2	6278.3	—	—	1.40	1.15

表34-2 垄作沟灌辣椒耗水规律分析结果表

处理	移栽-现蕾期			现蕾-开花期			开花-结果期			结果-收获期			全生育期	
	耗水量（mm）	耗水模数（%）	耗水强度（mm/d）	耗水量（mm）	耗水模数（%）	耗水强度（mm/d）	耗水量（mm）	耗水模数（%）	耗水强度（mm/d）	耗水量（mm）	耗水模数（%）	耗水强度（mm/d）	耗水量（mm）	耗水强度（mm/d）
T1	69.44	18.37	4.08	123.72	32.73	3.34	123.56	32.69	3.17	61.28	16.21	3.40	378.00	3.44
T2	74.06	18.68	4.36	128.34	32.37	3.47	126.64	31.94	3.25	67.46	17.01	3.75	396.50	3.60
T3	75.60	18.92	4.45	139.12	34.81	3.76	112.78	28.22	2.89	72.10	18.04	4.01	399.60	3.63
T4	84.84	20.16	4.99	156.06	37.09	4.22	115.86	27.53	2.97	64.04	15.22	3.56	420.80	3.83
CK	82.69	15.44	4.89	197.25	36.11	5.33	183.21	33.54	4.70	83.05	15.21	4.61	546.20	4.97

2.3 垄作沟灌辣椒耗水规律

由表 34-2 可知，各处理耗水量均呈现前期小、中期大、后期小的变化规律，且整个生育期各处理耗水量与灌水量成正相关关系，各处理耗水量分别为：CK 处理 546.20 mm、T1 处理 420.80 mm、T2 处理 399.60 mm、T3 处理 396.50 mm、T4 处理 378.00 mm，T4 全生育期耗水量比 CK 减少 168.2 mm。辣椒移栽－开花期耗水强度最大，以开花期 CK 处理 5.33 mm/d 最大，与 CK 相比最小的 T4 处理耗水强度较 CK 处理降低 37.34%；T4 处理全生育期耗水强度 3.83 mm/d，较对照低 22.9%。

2.4 垄作沟灌辣椒经济效益

垄作沟灌辣椒生产成本计算结果见表 34-3。由表可知，灌水定额较小的处理其投入小于对照处理，其中 T1 处理投入较对照减少 10.2%。此外，由于适宜的沟灌定额，T4 处理产量有所提高，其产出（包括干辣椒产出和秸秆产出）为 26 149.2 元 /hm²，净产值为 18 736.7 元 /hm²，投入产出比为 1∶3.53，比 CK 增收 14.6%。T4 处理辣椒灌溉定额较对照降低 127.5 mm，生育期耗水降低 125.4 mm，灌溉水生产效率提高 0.7 kg/m²。

表 34-3 垄作沟灌辣椒经济效益分析结果表

处理	投入（元/hm²） 种子、化肥、劳力机械费	产出（元/hm²） 干果产出	产出（元/hm²） 茎产出	产出（元/hm²） 总计	净产值（元/hm²）	增收（元/hm²）	投产比
T1	7005	18142.6	1432	19574.6	12569.6	−3774.3	1∶2.79
T2	7143	18411.8	1924	20335.8	13193.3	−3150.6	1∶2.85
T3	7280	21966.4	2115	24081.4	16801.4	457.5	1∶3.31
T4	7413	23713.2	2436	26149.2	18736.7	2392.8	1∶3.53
CK	7805	21973.9	2175	24148.9	16343.9	—	1∶3.09

2.5 垄膜沟灌辣椒技术体系

节水模式：秋耕 + 免冬灌 + 起垄覆膜播种 + 垄作沟灌。

技术要求：前茬作物收割后深翻耕作层，免冬灌，次年播种前耙磨平整，利用农用拖拉机起垄、覆膜，最后利用穴播机播种，灌安种水。

技术指标：辣椒垄顶宽 50 cm，垄底宽 60 cm，垄高 30 cm，沟宽 40 cm，行距 40 cm，株距 30 cm 移栽。

灌水：生育期灌水 6 次（包括安种水），起垄后灌坐床水 600 m^3/hm^2，灌水定额 525 m^3/hm^2，灌溉定额 3225 m^3/hm^2。

追肥：分别在分支期、盛果期结合灌水施肥 2 次，每次施尿素 225 kg/hm^2。

[三十五]

小麦垄作沟灌标准化技术体系试验研究

1 试验材料与方法

1.1 试验设计

小麦垄作沟灌试验设 3 个处理，重复 3 次，共 9 个小区，各小区随机布置，在试验地四周按地形和小区布置情况留有保护行，小区面积 3 m×15 m。一般垄埂底宽 30 cm，垄埂高 15~20 cm，两垄埂之间 30~33 cm，种两行小麦，小麦行距 15 cm 左右。灌水方法采用沟灌法，处理 XT1 灌溉定额 3000 m^3/hm^2，每次灌水 600 m^3/hm^2；XT2 灌溉定额 3750 m^3/hm^2，每次灌水 750 m^3/hm^2；XCK 灌溉定额 4500 m^3/hm^2，每次灌水 900 m^3/hm^2；灌水时间分别为拔节期、抽穗期、开花期、灌浆期、成熟期。

1.2 测试内容及方法

在小麦播种前 2 d、整个生育期内每隔 10 d 以及收获后，采用 TDR 土壤水分测定仪测定作物根区土壤水分，测定深度为 0~20 cm、20~40 cm、40~60 cm、60~80 cm、80~100 cm，灌水前后及降雨前后进行加测。小麦成熟期在每个小区中随机选取三点，每点取样 1.0 m^2，将两个点的样品合成一个样，进行考种；采用管道输水地面灌溉，灌水量用水表量测，灌水次数、灌水定额按试验设计进行，记录每次灌水时间、灌水量，在作物生育期内观测记载温度、降水、蒸发、风速等气象因素。

2 试验结果分析

2.1 垄作沟灌小麦全生育期土壤储水量变化

表35-1分析了不同土层内不同处理对储水量动态变化的影响，不同灌溉处理土壤储水量变化不同，灌水对0~20 cm影响最大，对100 cm以下土层储水量影响较小，观察发现不同土层储水量的变化动态非常相似，但随着土层深度的增加，处理间土壤储水量的变化幅度逐渐变小。在拔节－成熟期土壤水量消耗较多，其中变化最大的时期是孕穗到灌浆期，这一时期小麦耗水量最大。收获期土壤水分有所回升，是该生育阶段表层土壤中小麦根系大部分死亡，对水分吸收较少，加上降水补充，显出回升趋势。

表35-1 不同处理下各生育期土壤储水量（0~100cm）变化（mm）

处理	播种	苗期	拔节期	抽穗期	灌浆期	成熟期	收获后
XT1	245.0	221.6	231.8	205.8	214.6	143.1	225.4
XT2	245.0	216.7	230.8	231.8	204.3	163.2	226.87
XCK	254.8	221.6	237.2	201.4	215.6	162.2	234.7

2.2 垄作沟灌春小麦耗水规律

由表35-2可知，各处理耗水量均呈前期小、中期大、后期小的变化规律，且随着灌水量的增加，小麦耗水量明显增加。拔节－灌浆期是小麦群体结构最大、植株生长最旺盛、叶面积最大、蒸发和蒸腾都最大的时期，因而决定了该时期耗水强度最大，各处理均在5 mm/d以上；其次为苗期－拔节期，耗水强度均在4 mm/d以上。由于灌水定额较小，XT1处理各生育阶段耗水量、耗水强度均小于XCK及XT2，其最大耗水强度为5.24 mm/d，较XCK及XT2降低38.4%和23.5%。

表35-2 垄作沟灌小麦全生育期耗水规律分析结果表

处理	播种－苗期			苗期－拔节期			拔节－灌浆期			灌浆－成熟期		
	耗水量(mm)	耗水模数(%)	耗水强度(mm/d)	耗水量(mm)	耗水模数(%)	耗水强度(mm/d)	耗水量(mm)	耗水模数(%)	耗水强度(mm/d)	耗水量(mm)	耗水模数(%)	耗水强度(mm/d)
XT1	89.40	0.25	2.55	49.80	0.14	4.53	167.70	0.46	5.24	57.90	0.16	1.61
XT2	109.30	0.25	3.12	60.90	0.14	5.54	207.00	0.47	6.47	60.50	0.14	1.68
XCK	129.20	0.25	3.69	74.40	0.14	6.76	232.10	0.45	7.25	79.00	0.15	2.19

2.3 垄作沟灌小麦产量效应

垄作沟灌条件下小麦产量分析结果见表35-3。结果表明，XT2处理产量最高，为6987.8 kg/hm²，XCK处理次之，为6828.1 kg/hm²，XT2处理比XCK处理增产2.34%；同时，XT2处理较XCK处理节水14.96%，XT1处理虽较XCK处理节水29.12%，但却减产13.19%。由此表明，XT2处理是小麦垄作沟灌节水的最佳处理。进一步分析表明，XCK处理除千粒重外，其他产量构成因素均与XT1和XT2处理间有极显著差异（$P<0.01$），而XT1和XT2间无差异，就千粒重而言，三个处理间均无差异，且以XT2最高，为51.18 g。

表35-3 垄作沟灌小麦各处理产量效应分析结果表

处理	株高(cm)	穗长(cm)	单株重(g/株)	小穗数(个/株)	穗粒数(粒/穗)	穗粒重(g)	穗重(g)	千粒重(g)	灌水量(m³/hm²)	耗水量(m³/hm²)	产量(kg/hm²)	增产率(%)	节水率(%)
XT1	53.37	7.41	2.42	10.03	25.23	1.25	1.78	49.73	3000	3648	5927.7	-13.19	29.12
XT2	54.37	7.91	2.52	10.43	25.19	1.33	1.85	51.18	3750	4377	6987.8	2.34	14.96
XCK	64.57	8.74	3.22	12.56	35.93	1.73	2.43	49.35	4500	5147	6828.1	—	—

2.4 垄作沟灌小麦水分生产效率

由表35-4可知，灌溉水生产效率、农田水生产效率最高的均为XT1处理，分别为1.98 kg/m³、1.62 kg/m³；其次为XT2处理，分别为1.86 kg/m³、1.60 kg/m³。

处理 XCK 不论灌溉水生产效率还是农田水生产效率都是最低的。

表 35-4 垄作沟灌小麦各处理水分生产效率分析结果表

处理	灌水量 （m³/hm²）	耗水量 （m³/hm²）	产量 （kg/hm²）	灌溉水生产效率 （kg/m³）	农田水生产效率 （kg/m³）
XT1	3000	3648	5927.7	1.98	1.62
XT2	3750	4377	6987.8	1.86	1.60
XCK	4500	5147	6828.1	1.51	1.33

2.5 垄作沟灌小麦经济效益分析

由表 35-5 可知，各处理投资 8076 元 /hm²~8856 元 /hm²，净增产值 7771.5 元 /hm²~10 579.7 元 /hm²，投产比为 1∶1.96~2.26。处理 XT2 净产值最大，比 XCK 增加收入 817.3 元 /hm²，较 XCK 节水 14.96%。XT2 处理灌溉定额较对照降低 75 mm，生育期耗水降低 77 mm。

表 35-5 垄作沟灌小麦经济效益分析结果表

处理	投入（元/hm²） 种子、化肥、劳力机械费	产出（元/hm²）			净产值 （元/hm²）	增收 （元/hm²）	投产比
		籽粒产出	秸秆产出	总计			
XT1	8076	14226.5	1621	15847.5	7771.5	−1991	1∶1.96
XT2	8391	16770.7	2200	18970.7	10579.7	817.3	1∶2.26
XCK	8856	16387.4	2231	18618.4	9762.4	—	1∶2.10

2.6 垄膜沟灌小麦技术体系

节水模式：秋耕冬灌 + 起垄播种 + 垄作沟灌。

技术要求：前茬作物收割后深翻耕作层，冬灌，灌水定额 1200 m³/hm²，次年播种前耙磨平整，利用起垄播种机一次完成起垄、播种。

技术指标：小麦垄埂底宽 30 cm，垄埂高 15~20 cm，两垄埂之间 30~33 cm，种两行小麦，行距 15 cm。

灌水：小麦生育期灌水 5 次，灌水定额 750 m³/hm²，灌溉定额 3750 m³/hm²。

追肥：分别在拔节期、灌浆期结合灌水施肥 2 次，每次施尿素 225 kg/hm²。

[三十六]

南瓜垄作沟灌标准化技术体系试验研究

1 试验材料与方法

1.1 试验设计

供试品种为甜美南瓜,试验根据不同垄沟坡度及灌水定额设 7 个处理,每个处理设 2 个重复,小区面积 5 m×17 m。以常规垄沟种植为对照,试验地休闲期深耕、免冬灌。播前耙耱、平整、开沟覆膜,垄沟坡度为 1/1000 及 1/1500 两种方式,播前施底肥磷酸二铵 225 kg/hm²、尿素 300 kg/hm²、钾肥 150 kg/hm²。覆膜后按一垄 2 行播种,行距 250 cm,株距 30 cm,沟宽 40 cm,起垄覆膜后在垄沟灌安种水。生育期灌水 4 次。灌水时间分别为播种后、5 月下旬、6 月下旬、7 月中旬。

表 36-1 垄作沟灌南瓜试验方案设计结果表

处理	地块几何尺寸			设计纵坡	灌水技术要素设计		
	长度(m)	宽度(m)	面积(m²)		单宽流量[L/(m·s)]	灌水定额(mm)	单区灌水量(m³)
T1	17	5.0	85	1/1500	5	22.5	1.27
T2	17	5.0	85	1/1500	5	33.8	1.91
T3	17	5.0	85	1/1500	5	45.0	2.55
T4	17	5.0	85	1/1000	5	22.5	1.27
T5	17	5.0	85	1/1000	5	33.8	1.91
T6	17	5.0	85	1/1000	5	45.0	2.55
CK	17	5.0	85	1/500	5	54.0	4.6

1.2 测试内容及方法

在南瓜地起垄前、播种前 2 d、整个生育期内每隔 10 d 以及南瓜收获后，结合 TDR 土壤水分速测仪和土钻取土烘干法，测定作物根区及垄沟土壤水分，测定深度为 0~10 cm、10~20cm、20~40 cm、40~60 cm、60~80 cm、80~100 cm，灌水前后及降雨前后进行加测。采用管道输水垄沟灌，灌水量用水表量测，记录每次灌水时间、灌水量，并观测记载温度、降水、蒸发、风速等气象因素。试验收获后按各小区测定南瓜鲜产量，在每个小区中随机选取两点，每点取样 5 株，测定项目为：秧长、瓜数、瓜重、瓜直径等。

2 试验结果分析

2.1 垄作沟灌南瓜生育期土壤水分变化规律

一方面，由于播种前灌了安种水，且覆膜抑制了土壤水分蒸发，种位及垄沟内土壤均能维持较高的含水量；另一方面，沟灌减少了水面蒸发面积，增加了入渗水量，在南瓜播种后保水作用较为明显，并且灌水定额越大效果越显著。由图 36-1 可知，各处理在起垄前土壤含水量基本一致，起垄后由于灌水量的影响，T3 及 T6 处理土壤含水量较 T1、T4 处理分别提高 7.7% 和 9.5%。随着灌水的实施各处理含水量变化趋势均一致，含水量之间的差距在生育旺盛期逐渐消除，且土壤含水量迅速降低，耗水量增大；到收获期，随着作物需水量的减少，各处理

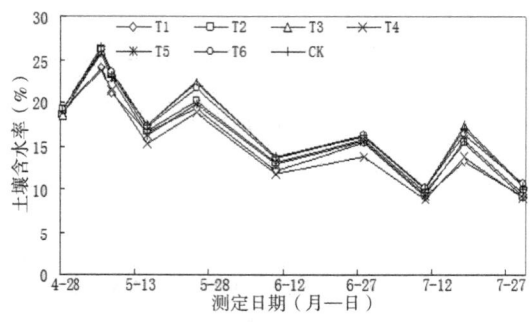

图 36-1　各生育期不同处理土壤水分变化过程

土壤含水量随灌水定额的差异再次出现。

2.2 垄作沟灌南瓜产量及水分生产效率

由表36-2可知，T6处理的产量及构成因素均高于其他处理，其鲜瓜产量为23 459.0 kg/hm²，较对照增产9.33%；其次为T3处理，鲜瓜产量为22 027.7 kg/hm²，较对照增产2.66%。虽然T1、T4处理水分生产效率较高，但其产量远低于T3、T6，不利于增产增收。南瓜生长周期较短，垄作沟灌条件下较玉米、小麦等作物节水100 mm以上，水分生产效率处在较高水平。考虑到增产和经济效益，覆膜垄作沟灌南瓜采用45 mm的灌水定额是既增产又节水的方案。

表36-2 垄作沟灌南瓜产量效应及水分生产效率分析结果表

处理	蔓长（m）	单株瓜数（个）	瓜直径（cm）	瓜重（g）	产量（kg/hm²）	灌水量（m³/hm²）	耗水量（m³/hm²）	灌溉水生产效率（kg/m³）	农田水分生产效率（kg/m³）
T1	4.05	1	12.3	1322.2	20348.7	900	2587.8	22.6	7.9
T2	4.11	1	13.1	1371.0	21099.7	1350	2841.6	15.6	7.4
T3	3.87	1	15.0	1431.3	22027.7	1800	2941.4	12.2	7.5
T4	4.16	1	12.2	1298.7	19987.0	900	2618.6	22.2	7.6
T5	3.85	1	14.3	1401.5	21569.1	1350	2872.4	16.0	7.5
T6	4.20	1	16.2	1524.3	23459.0	1800	3018.4	13.0	7.8
CK	4.17	1	15.8	1410.3	21457.6	2250	3171.0	11.9	7.5

2.3 垄作沟灌南瓜耗水规律

由表36-3可知，垄作沟灌南瓜各处理耗水量均呈前期小、中期大、后期小的变化规律，各处理灌水量越小，整个生育期耗水量越小。耗水量分别为T1：258.8 mm、T2：284.2 mm、T3：294.1 mm、T4：261.9 mm、T5：287.2 mm、T6：301.8 mm。沟底坡度较平缓处理灌水均匀度较高，且耗水量小。南瓜开花-果实生长期耗水强度最大，除T4处理外，其他各处理均在4 mm/d以上；其次为吐蔓-开花期，除T4处理外，其他各处理均在3 mm/d以上。

表36-3 垄作沟灌南瓜耗水规律分析结果表

处理	播种－吐蔓期			吐蔓－开花期			开花－果实缓慢生长期			果实快速生长－成熟期			全生育期	
	耗水量（mm）	耗水模数（%）	耗水强度（mm/d）	耗水量（mm）	耗水模数（%）	耗水强度（mm/d）	耗水量（mm）	耗水模数（%）	耗水强度（mm/d）	耗水量（mm）	耗水模数（%）	耗水强度（mm/d）	耗水量（mm）	耗水强度（mm/d）
T1	49.1	19.0	1.6	103.6	40.0	3.3	79.6	30.8	4.0	26.5	10.3	1.3	258.8	2.53
T2	50.4	17.7	1.7	100.3	35.3	3.2	94.8	33.4	4.7	38.7	13.6	1.9	284.2	2.80
T3	50.2	17.1	1.7	106.2	36.1	3.4	103.8	35.3	5.2	33.8	11.5	1.7	294.1	2.92
T4	72.2	27.6	2.4	88.2	33.7	2.8	78.1	29.8	3.9	23.5	9.0	1.2	261.9	2.59
T5	65.8	22.9	2.2	95.7	33.3	3.1	94.8	33.0	4.7	31.0	10.8	1.5	287.2	2.83
T6	61.0	20.2	2.0	106.2	35.2	3.4	100.8	33.4	5.0	33.8	11.2	1.7	301.8	2.97
CK	75.6	23.8	2.4	101.3	31.9	3.3	107.7	34.0	5.4	32.5	10.2	1.6	317.1	3.11

2.4 垄作沟灌南瓜经济效益

由表 36-4 可知，灌水定额较小的处理，其投入小于对照，其中 T1、T4 处理投入较对照减少 4.0%，由于适宜沟灌沟底纵坡和沟灌定额可提高灌水均匀度、作物产量，所以 T6 产出（包括鲜瓜和瓜秧产出）为 33 000.8 元/hm²，净产值为 25 180.8 元/hm²，投入产出比为 1∶4.22，较对照每公顷增收 2730.4 元，具有较高的经济效益。南瓜生育期耗水较对照降低 15.3 mm。

表 36-4 垄作沟灌南瓜经济效益分析结果表

处理	投入（元/hm²）	产出（元/hm²）			净产值（元/hm²）	投产比
	种子、化肥、劳力机械费	瓜产出	茎产出	总计		
T1	7510	27470.7	1153.7	28624.4	21114.4	1∶3.81
T2	7665	28484.6	1202.1	29686.7	22021.7	1∶3.87
T3	7820	29737.4	1258.5	30995.9	23175.9	1∶3.96
T4	7510	26982.5	1136.8	28119.2	20609.2	1∶3.74
T5	7665	29118.3	1228.5	30346.8	22681.8	1∶3.96
T6	7820	31669.7	1331.2	33000.8	25180.8	1∶4.22
CK	7820	28967.8	1302.6	30270.4	22450.4	1∶3.87

2.5 南瓜垄膜沟灌技术体系

节水模式：秋耕免冬灌 + 起垄覆膜播种 + 垄作沟灌。

技术要求：前茬作物收割后深翻耕作层，免冬灌，次年播种前耙磨平整，利用农用拖拉机起垄、覆膜，沟底坡度 1/1500，沟宽 40 cm，沟深 25 cm，灌安种水后人工点播。

技术指标：播种时 1 垄 2 行，行距 250 cm，株距 30 cm，每穴 1~2 粒。播前灌安种水 450 m³/hm²，生育期灌水 4 次。

灌水：管道输水垄沟灌溉，灌水定额 450 m³/hm²，灌溉定额 1800 m³/hm²。

追肥：分别在果实快速生长期结合灌水施肥 2 次，每次施尿素 225 kg/hm²。

[三十七]

向日葵垄作沟灌标准化技术体系试验研究

1 试验材料与方法

1.1 试验设计

本试验设计以灌水定额、种植方式为试验因素，共设5个处理，每个处理重复3次，以常规膜上灌为对照（CK）。垄沟试验地大小为2.8 m×8.3 m，休闲期深翻免冬灌，播前耙糖，起垄覆膜，1垄2行，行距40 cm，株距35 cm，垄沟设计为垄幅100 cm，垄面宽60 cm，沟宽40 cm，沟深20 cm，设计灌水沟沟底比降1/1000，边坡系数1.0。对照处理试验地大小为3.0 m×8.3 m，按行距45 cm，株距35 cm，一膜3行播种，播后灌水750 m³/hm²，垄沟处理播后灌安种水450 m³/hm²，生育期灌水4次，灌水时间为6月下旬、7月中旬、8月上旬、8月下旬（表37-1）。

表37-1 垄作沟灌向日葵试验方案设计结果表

处理	种植方式	安种水（m³/hm²）	灌水定额（m³/hm²）	灌水次数	灌溉定额（含安种水）（m³/hm²）
T1	覆膜垄作沟灌	450	300	5	1650
T2	覆膜垄作沟灌	450	375	5	1950
T3	覆膜垄作沟灌	450	450	5	2250
T4	覆膜垄作沟灌	450	525	5	2550
CK	覆膜平种	750	750	5	3750

1.2 测试内容及方法

在向日葵(也叫葵花)播种前 2 d、整个生育期内每隔 10 d 以及葵花收获后,采用 TDR 土壤水分测定仪测定作物根区及垄顶、垄沟土壤水分,测定深度为 0~20 cm、20~40 cm、40~50 cm、60~80 cm、80~100 cm,灌水前后及降雨前后进行加测。管道输水垄沟灌溉,灌水量用水表量测,记录每次灌水时间、灌水量,并在葵花生育期内观测记载温度、降水、蒸发、风速等气象因素。收获并自然晒干后按各小区测定籽粒产量。

2 试验结果分析

2.1 垄作沟灌葵花生育期土壤水分变化规律

由于试验地冬季储水灌水定额一致,播种前各处理土壤含水率无差别,但播后常规处理和沟灌处理安种水定额不同,其含水量有明显差别,最大相差 13.5%,沟灌处理间无差别。播后各生育阶段,由于灌水定额不同,灌水后含水量差异较大,但由于常规处理与沟灌处理地膜覆盖度不同,含水量下降速率也不同,甚至有个别时间段沟灌处理含水率还高于常规处理,如 7 月 10 日、7 月 30 日 T4 处理含水率高于 CK 处理。另外,沟灌可减少水面蒸发面积,增加入渗水量,使得灌水后作物根区土壤均能维持较高的含水量。

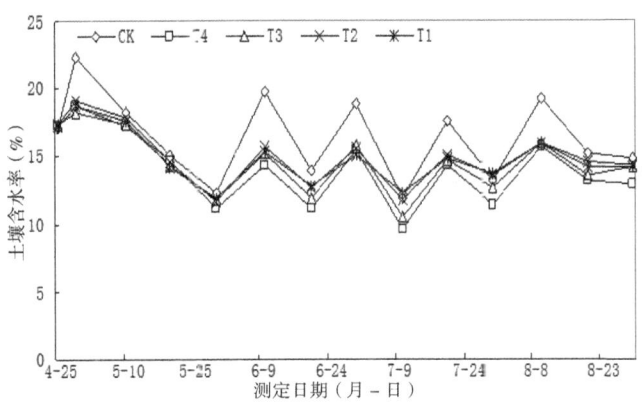

图 37-1 葵花各生育期不同处理土壤水分变化过程

表 37-2 垄作沟灌葵花产量效应及水分生产效率分析结果表

处理	株高(cm)	盘直径(cm)	单盘粒重(g/盘)	单盘粒数(粒)	盘干重(g)	百粒重(g)	灌水量(mm)	耗水量(mm)	产量(kg/hm²)	增产率(%)	节水率(%)	水分生产效率(kg/m³)
T1	169	18.9	113.8	1580.6	69.3	6.8	165	296.2	5913.0	-8.2	40.3	2.31
T2	168	18.6	111.7	1618.8	66.5	7.0	195	331.6	6261.0	-2.8	33.1	2.02
T3	169	17.8	104.3	1490.0	54.5	7.0	225	363.9	6705.0	4.1	26.6	1.72
T4	164	16.7	98.5	1448.5	54.8	6.9	255	407.1	6831.0	6.1	17.9	1.45
CK	168	17.8	107.3	1532.9	62.2	7.2	375	495.8	6441.0	—	—	1.30

表 37-3 垄作沟灌葵花耗水规律分析结果表

处理	播种-苗期			苗期-孕蕾期			孕蕾-开花期			开花-灌浆期			灌浆-成熟期			全生育期	
	耗水量(mm)	耗水模数(%)	耗水强度(mm/d)	耗水量(mm)	耗水模数(%)	耗水强度(mm/d)	耗水量(mm)	耗水模数(%)	耗水强度(mm/d)	耗水量(mm)	耗水模数(%)	耗水强度(mm/d)	耗水量(mm)	耗水模数(%)	耗水强度(mm/d)	耗水量(mm)	耗水强度(mm/d)
T1	101.6	34.3	2.4	42.8	14.5	2.9	63.9	21.6	4.3	35.9	12.1	1.4	52.0	17.6	1.5	296.2	2.24
T2	107.7	32.5	2.5	50.5	15.2	3.4	77.7	23.4	5.2	43.6	13.2	1.7	52.0	15.7	1.5	331.6	2.49
T3	104.6	28.8	2.4	53.6	14.7	3.6	100.8	27.7	6.7	51.3	14.1	2.1	53.5	14.7	1.5	363.9	2.72
T4	112.3	27.6	2.6	52.1	12.8	3.5	108.5	26.7	7.2	65.2	16.0	2.6	68.9	16.9	2.0	407.1	3.07
CK	92.3	18.6	2.1	94.3	19.0	6.3	127.3	25.7	8.5	88.3	17.8	3.5	93.6	18.9	2.7	495.8	3.71

2.2 垄作沟灌葵花产量及水分生产效率

由表37-2可知，单盘籽粒重是构成葵花产量的主要因素，并决定了葵花的最终产量。产量最高的是T4处理，其产量为6831.0 kg/hm²，比CK增产6.1%，节水17.9%，水分生产效率提高11.5%；其次为T3处理，其产量为6705.0 kg/hm²，比CK增产4.1%，节水26.6%，水分生产效率提高32.3%。

2.3 垄作沟灌葵花耗水规律

由表37-3可知，各处理耗水量均呈前期小、中期大、后期小的变化规律，各处理灌水量越小，整个生育期耗水量越小，全生育期T4处理耗水量比CK减少88.7 mm。孕蕾-开花期耗水强度最大，各处理中以CK处理的8.5 mm/d最大，与CK处理相比，耗水强度最小的T1处理较CK处理降低51.8%。

2.4 垄作沟灌葵花经济效益

由表37-4可知，常规灌溉处理投入大于沟灌处理，主要是减少了水费投入，由于适宜沟灌定额处理产量有所提高，其中T4产出（包括籽粒产出和秸秆产出）为27 632元/hm²，净产值为19 752元/hm²，投入产出比为1∶3.51，比CK增收1843元/hm²。T4处理葵花灌溉定额较对照降低120 mm，生育期耗水降低88.7 mm。

表37-4 垄作沟灌葵花经济效益分析结果表

处理	投入（元/hm²） 种子、化肥、劳力机械费	产出（元/hm²） 籽粒产出	产出（元/hm²） 秸秆产出	产出（元/hm²） 总计	净产值（元/hm²）	增收（元/hm²）	投产比
T1	8150	23652	331	23983	15833	-2076	1∶2.94
T2	8060	25044	324	25368	17308	-601	1∶3.15
T3	7970	26820	315	27135	19165	1256	1∶3.40
T4	7880	27324	308	27632	19752	1843	1∶3.51
CK	8180	25764	325	26089	17909	—	1∶3.19

2.5 垄膜沟灌葵花技术体系

节水模式：秋耕免冬灌+起垄覆膜播种+沟灌。

技术要求：前茬作物收割后深翻耕作层，免冬灌，次年播种前耙磨平整，利用农用拖拉机起垄、覆膜，最后利用穴播机播种，灌安种水。

技术指标：垄幅 100 cm，垄面宽 60 cm，沟宽 40 cm，沟深 20 cm，1 垄 2 行，行距 40 cm，株距 35 cm。

灌水：生育期灌水 5 次（包括安种水），安种水定额 450 m^3/hm^2，生育期灌水定额 525 m^3/hm^2，灌溉定额 2550 m^3/hm^2。

追肥：分别在孕蕾期、开花盛期结合灌水施肥 2 次，每次施尿素 225 kg/hm^2。

[三十八]

温室辣椒膜下滴灌标准化技术体系试验研究

1 试验材料与设计

1.1 试验设计

试验从定植后开始,按作物生长状况将辣椒生育期分为苗期、开花坐果期、果实采摘前期和果实采摘后期。试验设计为单阶段二水平水分亏缺,每种灌水方式设3灌水水平,7处理,14小区(表38-1)。小区南北走向,长5.6 m,宽2.3 m,各小区分辖二垄二沟。小区垄宽75 cm,沟宽40 cm,株距50 cm,覆膜宽为120 cm。通过膜下滴灌系统进行灌溉,施肥采用施肥罐,滴灌带按一管两行方式布置,压力补偿式滴头布置在两株辣椒之间,距离50 cm,流量2.3 L/h。

表38-1 膜下滴灌辣椒水分亏缺试验设计表

处理	水分亏缺程度		
	开花坐果期	果实采摘前期	果实采摘后期
T1	1/3标准	标准	标准
T2	2/3标准	标准	标准
T3	标准	1/3标准	标准
T4	标准	2/3标准	标准
T5	标准	标准	1/3标准
T6	标准	标准	2/3标准
T7(CK)	标准	标准	标准

1.2 测试内容及方法

将试验站内地下水作为灌溉水源，利用潜水泵将地下水抽至水塔，然后通过管网接入温室进行灌溉。在 PVC 管管口安装水表以记录灌水量。各小区于垄侧和沟底设置两根测管，测定深度均为 1.0 m，测点垂向间距 10 cm，采用 Diviner 2000 土壤水分廓线仪每 5 d 测定土壤体积含水率 1 次，测定结果用取土烘干法测定，灌水前后加测。每次采摘均按小区进行，采摘时用 YP20KN 型电子天平称重，得到各小区产量，再计算出各处理产量并折合出总产量。

2 试验结果分析

2.1 辣椒产量及水分利用效率

表 38-2 列出了不同水分条件下的滴灌辣椒产量和水分利用效率。滴灌辣椒 T4 和 T5 处理的产量与对照处理 T7 间达到显著性差异，产量最高的为对照处理 T7，产量最低的为果实采摘后期重度亏水的 T5 处理，与充分灌水的对照处理 T7 相比，降幅达 15.5%。图 38-1 表明，不同水分亏缺条件下辣椒产量与耗水量均存在正相关关系，产量随耗水量的减小而减小，表明水分亏缺不利于温室辣椒产量的提高，尤其在果实采摘期进行重度亏水会造成较为严重的产量下降。

水分利用效率方面，滴灌能显著提高辣椒耗水利用效率和灌水利用效率，与沟灌处理相比，各处理的耗水利用效率增幅均超过 50%，最高达 65%，灌水利用效率，增幅达 70% 以上，最高达 109%，说明滴灌对于提高温室辣椒水分利用效率具有显著效果。

表 38-2 不同水分亏缺条件下滴灌辣椒产量与水分利用效率分析结果表

处理	产量 （t/hm^2）	耗水量 ET （mm）	灌水量 I （mm）	WUEET （kg/m^3）	WUEI （kg/m^3）
T1	88.1ab	323.5	246.9	27.2	35.7
T2	88.8a	326.9	260.9	27.2	34.0

续表 38-2

处理	产量 （t/hm²）	耗水量 ET （mm）	灌水量 I （mm）	WUEET （kg/m³）	WUEI （kg/m³）
T3	85.2*ab*	290.8	200.3	29.3	42.5
T4	83.3*b*	314.0	237.6	26.5	35.1
T5	76.1*c*	294.1	218.9	25.9	34.8
T6	87.8*ab*	333.2	246.9	26.4	35.6
T7	90.1*a*	361.6	274.8	24.9	32.8

注：a，b，c，d 表示在 $P=0.05$ 水平下的显著性差异，从 a 到 d 表示差异逐渐增加。

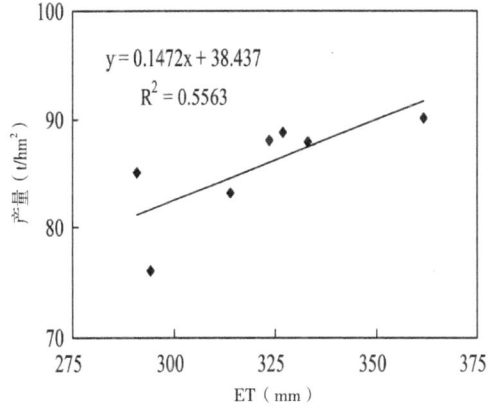

图 38-1　滴灌辣椒产量与耗水量关系

2.2 辣椒耗水规律

表 38-3 和图 38-2 显示滴灌辣椒不同生育期耗水量顺序为果实采摘前期＞果实采摘后期＞苗期＞开花坐果期，但 T3 和 T4 处理果实采摘前期耗水量小于果实采摘后期耗水量，尤其 T3 处理更为明显，这是由于两个处理在果实采摘前期均进行了水分亏缺，且 T3 亏水程度最大的缘故。滴灌辣椒开花坐果期各处理耗水量均小于苗期，这是由于苗期未进行水分亏缺处理，并且只存在缓苗水和定植水，其灌水量与开花坐果期灌水量相比明显偏大，这也是苗期各处理耗水量未存在明显差异的原因。而在进行了水分亏缺处理的开花坐果期、果实采摘前期和

果实采摘后期，存在水分亏缺处理的耗水量均小于其他处理，尤其是亏水程度较大的处理表现最为显著，也就是说，水分亏缺明显导致了耗水量的下降。对于全生育期而言，果实采摘前期亏水程度较大的 T3 处理耗水量最小，为 290.8 mm，充分灌水的对照处理 T7 耗水量最大，为 361.6 mm。

表 38-3　不同水分亏缺条件下滴灌辣椒耗水量和耗水强度分析结果表

处理	苗期		开花坐果期		果实采摘前期		果实采摘后期		全生育期	
	耗水量（mm）	耗水强度（mm/d）	耗水量（mm）	耗水强度（mm/d）	耗水量（mm）	耗水强度（mm/d）	耗水量（mm）	耗水强度（mm/d）	耗水量（mm）	耗水强度（mm/d）
T1	77.5	15	17.5	0.3	126.5	1.2	102.0	1.5	323.5	1.1
T2	69.3	1.3	24.1	0.4	130.1	1.2	103.4	1.5	326.9	1.1
T3	71.5	1.4	36.2	0.6	73.3	0.7	109.7	1.6	290.8	1.0
T4	68.4	1.3	43.5	0.7	96.2	0.9	106.0	1.6	314.0	1.1
T5	62.8	1.2	42.7	0.7	134.2	1.3	54.4	0.8	294.1	1.0
T6	67.1	1.3	37.6	0.6	143.2	1.4	85.4	1.3	333.2	1.2
T7	79.5	1.5	37.1	0.6	131.9	1.3	113.2	1.7	361.6	1.3

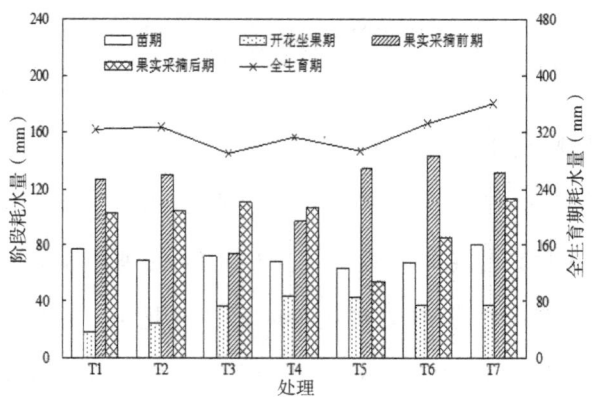

图 38-2　不同生育期水分亏缺条件下滴灌辣椒耗水量变化过程

[三十九]

温室辣椒膜下调亏沟灌技术试验研究

1 试验一

1.1 试验设计

试验作物为当地主栽品种陇椒 1 号，种植方式为高垄地膜覆盖，垄侧种植，垄宽 75 cm，沟宽 40 cm，株距 50 cm，覆膜宽 120 cm。每穴内植入两株幼苗，每公顷保苗 69 566 株。根据当地温室种植习惯，9 月 22 日定植，11 月 17 日进入开花坐果期，次年 1 月 27 日进入果实成熟期，6 月 27 日收获完毕，灌溉方式为膜下沟灌。试验期间灌水量用土壤含水率上下限控制，即当土壤含水率降到下限时灌水至上限，根据不同生育期的计划湿润层深度，取平均计划湿润层，深度为 60 cm。根据土壤特性和单沟灌水量，将最高灌水上限设定为田间持水量的 90%，最低灌水下限设定为田间持水量的 45%，试验设 7 个水分处理（表 39-1），3 次重复，共 21 个小区。小区为南北走向，小区面积 6.5 m×3.45 m，随机布置。每个小区种植 6 行陇椒，为了防止水分侧渗对试验的影响，选取小区中间 4 行作物作为观测对象，除水分处理外，温室内各小区日常管理和农艺措施均相同。

表 39-1 温室沟灌辣椒水分－品质响应试验处理结果表

处理	占田间持水量的比例（%）		
	苗期（%）	开花坐果期（%）	果实成熟期（%）
T1	45~60	80~90	80~90
T2	60~80	80~90	80~90

续表 39-1

处理	占田间持水量的比例（%）		
	苗期（%）	开花坐果期（%）	果实成熟期（%）
T3	80~90	45~60	80~90
T4	80~90	60~80	80~90
T5	80~90	80~90	45~60
T6	80~90	80~90	60~80
T7（CK）	80~90	80~90	80~90

1.2 测试内容及方法

采用 Diviner 2000 土壤水分廓线仪测定土壤含水量，并用烘干法进行分层（每 10 cm）修正，每个小区分别在沟底和垄上各埋设一根土壤水分观测管，监测深度为 100 cm，每层 10 cm。间隔 3~5 d 测 1 次，灌水前后加测，当土壤含水量降至控水下限时，立即灌水。辣椒果实干物质含量采用烘干法测定。

1.3 试验结果分析

一般说来，作物产量受光、温、水、肥等多种因子影响，水分是作物获得高产不可缺少的重要媒介。表 39-2 中的耗水量采用水量平衡法计算获得，通过 Diviner 2000 土壤水分廓线仪和取土法测定土壤水分，辣椒产量由每个小区中间 4 行产量换算得到，由于定植之前进行了一次泡田，使土壤含水量较高，所以不同处理的耗水量都大于其灌水量。在本试验范围内，辣椒产量随灌水量的增加而增加，不同生育期减少灌水都会导致不同程度的减产，但与对照 T7 相比，T1、T2、T3、T4 处理的减产效应不显著，而 T5 和 T6 处理产量差异达显著水平（$P<0.05$）。从耗水量来看，与对照相比，T1 和 T2 处理节水较少，T3、T4、T5、T6 分别节水 11.36%、7.71%、26.99%、21.51%。综合以上分析可见，虽然 T5 和 T6 处理节水效果较好，但会导致严重减产，说明温室辣椒产量对果实成熟期的灌溉调控最为敏感，在该生育期不宜实施水分亏缺处理。

表 39-2　不同灌溉调控处理对温室辣椒产量影响分析结果表

处理	灌水量（m³/hm²）	耗水量（m³/hm²）	产量（kg/hm²）	WUE（kg/m³）
T1	3474.25	3653.84	64527.66ab	17.66
T2	3525.08	3678.30	63707.77abc	17.32
T3	3243.81	3452.35	55185.58abc	15.98
T4	3340.02	3594.66	54013.29abc	15.03
T5	2227.42	2843.52	49737.81c	17.49
T6	2626.09	3056.93	50386.22bc	16.48
T7（CK）	3621.40	3894.79	67800.00a	17.41

注：a, b, c, d 表示在 $P=0.05$ 水平下的显著性差异，从 a 到 d 表示差异逐渐增加。

2 试验二

2.1 试验设计

试验从定植后开始，按作物生长状况将辣椒生育期划分为苗期、开花坐果期、果实采摘前期和果实采摘后期。采用覆膜沟灌和单阶段二水平水分亏缺设计，每种灌水方式设置3种灌水水平，7个处理，设14个小区（表39-3）。小区南北走向，长5.6 m，宽2.3 m，各小区分辖二垄二沟。小区垄宽75 cm，沟宽40 cm，株距50 cm，覆膜宽120 cm；番茄小区垄宽75 cm，沟宽40 cm，株距40 cm，覆膜宽120 cm。用PVC管道输水到温室，采用沟灌方式灌溉，施肥伴随灌水一同进行。

表 39-3　沟灌辣椒水分亏缺试验设计结果表

处理	水分亏缺程度		
	开花坐果期	果实采摘前期	果实采摘后期
T1	1/3 标准	标准	标准
T2	2/3 标准	标准	标准

续表 39-3

处理	水分亏缺程度		
	开花坐果期	果实采摘前期	果实采摘后期
T3	标准	1/3 标准	标准
T4	标准	2/3 标准	标准
T5	标准	标准	1/3 标准
T6	标准	标准	2/3 标准
T7（CK）	标准	标准	标准

沟灌辣椒标准灌水量以充分灌水对照处理为准，将其计划湿润层（0~50 cm）内平均土壤含水率始终控制在 75% 田间持水量以上，当土壤含水率低于 75% 田间持水量时，即视为水分亏缺，其他处理则分别在不同生育期按 1/3 标准灌水量和 2/3 标准灌水量进行灌溉。根据辣椒的实际耗水规律，确定每次标准灌水量的土壤含水率上限为田间持水量的 90%，当对照试验的土壤含水率接近田间持水量的 75% 时，各处理同时灌水。

2.2 测试内容及方法

本试验采用试验站内井水为灌溉水源，利用潜水泵将井水抽至水塔，然后通过管网接入温室采用沟灌灌溉。在 PVC 管管口安装水表用以记录灌水量。各小区于垄测和沟底设置两根测管，测定深度均为 1.0 m，测点垂向间距为 10 cm，每 5 d 采用 Diviner 2000 土壤水分廓线仪测定土壤体积含水率，测定结果用取土烘干法测定，灌水前后加测。每次采摘均按小区进行，用 YP20KN 型电子天平称重，得到各小区产量，再计算出各处理产量并折合出总产量。

2.3 试验结果分析

2.3.1 膜下沟灌辣椒产量效应及水分利用效率（WUE）

表 39-4 列出了不同水分亏缺条件下沟灌辣椒产量和水分利用效率。从中可以看出，T3 和 T5 处理的产量与对照处理 T7 间达到显著性差异（$P<0.05$），果实采摘前期重度亏水的 T3 处理产量最低，果实采摘后期重度亏水的 T5 处理产量

也有大幅下降,与充分灌水的对照处理T7相比,降幅达到20.6%。由图39-1可知,不同水分亏缺条件下沟灌辣椒产量与耗水量均存在正相关关系,产量随耗水量的增大而增加,表明水分亏缺不利于温室辣椒产量的提高,尤其在果实采摘期重度亏水,会造成较为严重的产量下降。

表39-4 不同水分亏缺条件下沟灌辣椒产量与水分利用效率分析结果表

处理	产量 (t/hm²)	耗水量ET (mm)	灌水量I (mm)	WUEET (kg/m³)	WUEI (kg/m³)
T1	89.6ab	511.2	456.5	17.5	19.6
T2	93.1a	534.2	484.5	17.4	19.2
T3	73.9d	412.7	363.4	17.9	20.3
T4	81.0bcd	494.9	437.9	16.4	18.5
T5	77.3cd	457.4	400.6	17.0	19.3
T6	84.2abc	525.0	456.5	16.0	18.4
T7	87.8ab	562.3	512.4	15.6	17.1

注:a,b,c,d表示在P=0.05水平下的显著性差异,从a到d表示差异逐渐增加。

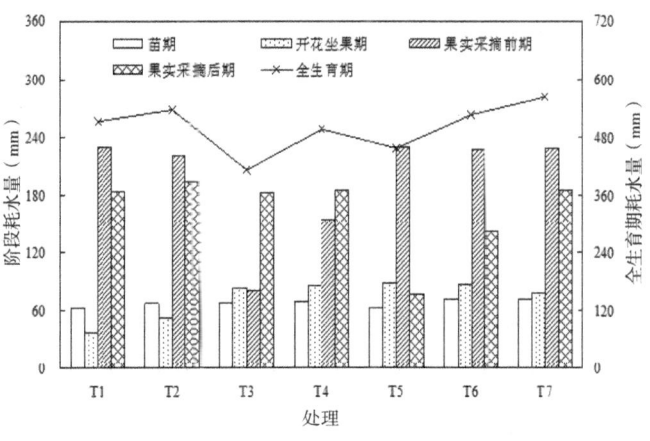

图39-1 辣椒产量与耗水量关系

2.3.2 膜下沟灌辣椒耗水规律

由表 39-5 和图 39-2 可知，沟灌辣椒不同生育期耗水量顺序为：果实采摘前期＞果实采摘后期＞开花坐果期＞苗期，但 T3 处理果实采摘前期耗水量明显小于果实采摘后期耗水量，这是由于 T3 处理在果实采摘前期亏水程度较大；而 T1 和 T2 处理，开花坐果期耗水量小于苗期耗水量，这和 T1、T2 处理在开花坐果期进行了亏水处理有关。因本试验未对苗期进行水分亏缺处理，所以图中各处理苗期耗水量没有明显差异，而在进行了水分亏缺处理的开花坐果期、果实采摘前期和果实采摘后期，水分亏缺处理的耗水量均小于其他处理，其中果实采摘前期和果实采摘后期表现尤为显著，这可能和果实采摘期果实大量形成，造成需水量加大以及气温回升导致蒸发蒸腾量加大有关。水分亏缺明显导致了耗水量的下降，对于全生育期而言，果实采摘前期亏水程度较大的 T3 处理耗水量最小，为 412.7 mm，充分灌水的对照处理 T7 耗水量最大，为 562.3 mm。

表 39-5 不同水分亏缺条件下沟灌辣椒耗水量和耗水强度分析结果表

处理	苗期		开花坐果期		果实采摘前期		果实采摘后期		全生育期	
	耗水量（mm）	耗水强度（mm/d）	耗水量（mm）	耗水强度（mm/d）	耗水量（mm）	耗水强度（mm/d）	耗水量（mm）	耗水强度（mm/d）	耗水量（mm）	耗水强度（mm/d）
T1	62.0	1.2	37.0	0.6	229.3	2.2	183.0	2.7	511.2	1.8
T2	67.4	1.3	52.5	0.9	220.8	2.1	193.4	2.9	534.2	1.9
T3	66.8	1.3	83.1	1.4	80.5	0.8	182.3	2.7	412.7	1.5
T4	69.2	1.3	85.8	1.5	154.8	1.5	185.2	2.8	494.9	1.8
T5	62.1	1.2	88.7	1.5	229.7	2.2	76.9	1.2	457.4	1.6
T6	70.7	1.4	86.8	1.5	226.5	2.2	140.9	2.1	525.0	1.9
T7	71.4	1.4	78.4	1.3	228.2	2.2	184.4	2.8	562.3	2.0

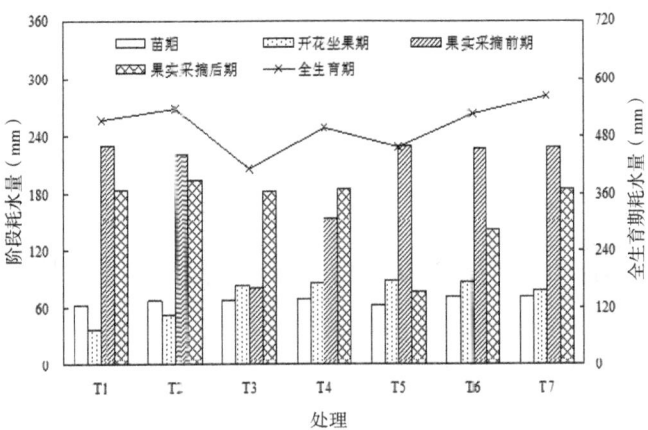

图 39-2 不同生育期水分亏缺条件下沟灌辣椒耗水

[四十]

温室番茄膜下调亏沟灌技术试验研究

1 试验一

1.1 试验设计

温室番茄试验以不同灌水量作为处理因子，设高、中、低三个水平，以对照灌水量作为标准，灌水前测定土壤含水率，以田间持水量的90%为上限，这样所计算的水量为标准灌水量。具体为：高水分处理为标准（对照处理），低水分处理为1/3标准，中水分处理为2/3标准，采用单阶段二水平缺水试验设计，从番茄苗期开始设计水分亏缺，具体处理设计见表40-1。每个处理重复3次，小区布置采用完全随机设计，共设21个小区，小区为南北走向，面积20.7 m²（长×宽=6 m×3.45 m）。各小区分辖三垄三沟，小区中间的四行作物为小区代表作物，小区之间设有一垄作为分界保护区，以防小区之间水分的侧渗。

表40-1 沟灌温室番茄节水调质试验设计结果表

处理	苗期	开花坐果期	果实成熟期
T1	1/3 标准	标准	标准
T2	2/3 标准	标准	标准
T3	标准	1/3 标准	标准
T4	标准	2/3 标准	标准
T5	标准	标准	1/3 标准
T6	标准	标准	2/3 标准
T7（CK）	标准	标准	标准

1.2 测试内容及方法

试验采用井水为灌溉水源，用水表计量灌水量，每次灌水都详细记录灌水时间与灌溉水量。为了结合当地农民的种植习惯，本试验灌水时间与当地一致，为了确定标准灌水量，同时防止深层渗漏，灌水前测定土壤含水率，以田间持水量的90%为上限，将所计算的水量作为标准灌水量。在温室定植前，采用体积为100 cm^3 的环刀分层测定土壤干容重，测深为1.0 m，每10 cm测一次。在温室定植前，采用威尔科克斯法（或环刀法）分层测定田间持水量，每10 cm测一次，测定深度为1.0 m。采用Diviner 2000土壤水分廓线仪测定土壤含水量，并用烘干法进行分层修正（每10 cm），分别在小区中部沟底和垄上各埋设一根土壤水分观测管，监测深度为100 cm，每层10 cm，每3~5 d测1次，灌水前后加测。每个生育期用烘干法对Diviner 2000测定的数据进行校正，取土深度为100 cm，每10 cm取一层。温室内温度、湿度和太阳辐射等参数用便携式自动气象站（Portable Weather Station，Hobo Ltd.U.S.A）观测。收获时，每个小区取中间两行测定产量，其中每个小区选取6株重点观测，在每次采摘时测定单株果实数、果实重量、横径、纵径。单株果实重量采用电子天平称量计重。

1.3 试验结果分析

1.3.1 番茄膜下沟灌土壤水分变化

图40-1是温室番茄全生育期内土壤计划湿润层体积含水量动态变化过程。由图可见，初始土壤含水量差异不大，水分亏缺处理从苗期开始（2月23日至3月19日），在这段时间内，除了定植水外只灌一次水，同时由于番茄苗期耗水量较小，所以在苗期不同处理间的土壤含水量差异不大，而进入开花坐果期（3月19日至5月17日）后，随灌水次数和耗水量的增加，各处理土壤水分差异逐渐变大。与其他处理相比，开花坐果期进行水分亏缺处理的T3和T4含水量逐渐降低，与其他处理之间的差异也逐渐增大，而其他各处理之间的差异较小。进入果实成熟期后（5月17至7月19日），随灌水量的增加，T3和T4处理土壤含水量与对照T7（CK）处理的差异逐渐减小，而果实成熟期水分亏缺处理的T5

和T6含水量与对照之间的差异增大。6月30日以后，进入番茄采收后期，停止灌水，土壤含水量逐渐减小，并维持在一个较低的水平，同时不同处理间的差异也逐渐减小。

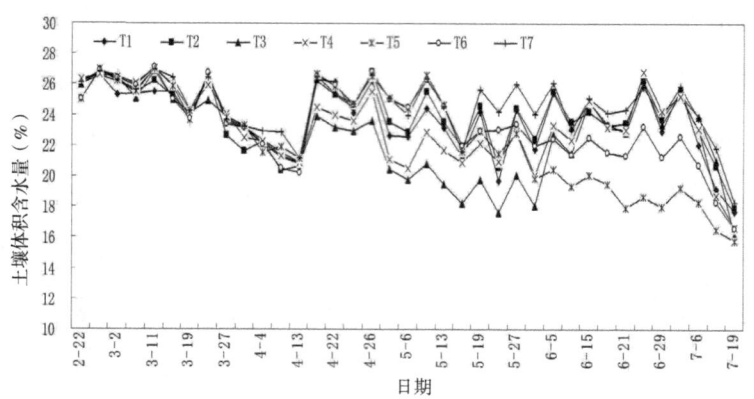

图40-1　不同生育期水分亏缺条件下土壤水分动态变化过程

1.3.2 膜下沟灌番茄产量和水分利用率（WUE）

表40-2列出了不同处理温室番茄的产量与水分利用效率。由表可知，不同阶段水分亏缺都会导致温室番茄产量下降，但与对照相比，只有果实成熟期重度水分亏缺的T5处理产量降低达极显著水平（$P<0.01$），其他处理之间产量差异不显著。这是由于果实成熟期是番茄发育成型以及成熟的关键时期，该生育期番茄对水分需求量较大，过多的水分亏缺会造成番茄果实难以成型，最终导致畸形果和坏果的产生，从而降低经济价值。由表可知，苗期或开花坐果期水分亏缺提高了水分利用效率，而果实成熟期水分亏缺与其相反，但各处理间差异未达显著水平。

表40-2　不同水分处理沟灌温室番茄产量和水分利用效率分析结果表

处理	总灌水量（m³/hm²）	总耗水量（m³/hm²）	产量（t/hm²）	WUE（kg/m³）
T1	2082.13	2396.01	167.05a	69.72a
T2	2140.10	2424.18	166.91a	68.85a
T3	1750.24	2156.47	150.04ab	69.57a

续表 40-2

处理	总灌水量（m³/hm²）	总耗水量（m³/hm²）	产量（t/hm²）	WUE（kg/m³）
T4	1973.43	2351.75	165.48a	70.37a
T5	1432.85	1830.80	117.48b	64.17a
T6	1815.46	2142.20	138.87ab	64.83a
T7（CK）	2198.07	2463.01	167.8a	68.13a

注：a，b，c，d 表示在 P=0.05 水平下的显著性差异，从 a 到 d 表示差异逐渐增加。

1.3.3 膜下沟灌番茄耗水规律

图 40-2 为不同处理的温室番茄各生育期及全生育期耗水量。由图可知，各生育期耗水量大小顺序是：果实成熟期 > 开花坐果期 > 苗期，但果实成熟期重度水分亏缺 T5 处理，果实成熟期耗水量小于开花坐果期，水分亏缺对苗期耗水量影响较小，但对开花坐果期和果实成熟期影响较大，在开花坐果期对照 T7（CK）处理的耗水量为 76.76 mm，而水分亏缺的 T3、T4 处理分别为 53.62 mm 和 60.34 mm；在果实成熟期，T7（CK）处理的耗水量为 124.84 mm，而水分亏缺的 T5、T6 分别为 67.99 mm 和 100.96 mm。同时，水分亏缺显著降低了番茄耗水强度，在开花期，T3、T4 和 T7（CK）处理耗水强度分别为 1.00 mm/d、1.13 mm/d 和 1.43 mm/d；在果实成熟期，T5、T6 和 T7 处理日均耗水强度分别为 1.15 mm/d、1.71 mm/d 和 2.11 mm/d。从总耗水量来看，果实成熟期重度水分亏缺处理的 T5 总耗

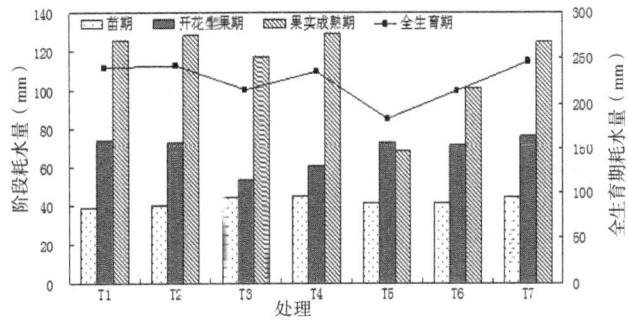

图 40-2 不同生育期水分亏缺条件下土壤水分动态变化过程

水量最小，为 183.08 mm；对照处理 T7（CK）最大，为 246.3 mm。这说明水分亏缺在一定程度上可以抑制作物耗水量和耗水强度，但不同生育期水分亏缺对其影响的程度有所不同。

2 试验二

2.1 试验设计

试验采用不同生育阶段灌水定额做处理因子，采用随机方式布置小区，设 7 个处理，3 重复，21 小区。试验番茄从移栽后 3~4 d 开始，当充分灌水处理（CK）计划湿润层（0~50 cm）内的平均土壤含水量达到田间持水量的 75% 时开始灌水，灌水上限为田间持水量的 90%，灌水方式为膜下沟灌，灌水量用水表控制。为防止水分侧渗，小区间用深度 1.0 m 的防渗膜进行隔离。亏水处理分别在苗期（移栽至第一花序坐果）、开花和果实膨大期（第一花序坐果至第一次采摘）、果实成熟与采摘期（第一次采摘至拉秧）采用 1/3 或 2/3 充分灌水量（CK）处理，灌水时间与 CK 相同。拉秧前 20 d，对所有处理停止灌水。

2.2 测试内容及方法

在定植前，采用环刀法和威尔科克斯法分别测定土壤干容重和田间持水量，测深 1.0 m，每 10 cm 为一层。土壤含水量用土壤水分廓线仪（Diviner 2000，Sentek Pty Ltd，Australia）测定，测定时每 10 cm 为 1 层，间隔 5 d 测定 1 次，灌水前后加测，用烘干法测定的土壤水分进行校准。作物耗水量 ETc 用水量平衡法计算。在每次采摘时均对番茄产量进行测定，测定时为消除边际效应，每小区仅选择中间两行作物内的中心 30 株番茄作为产量观测株，用电子天平测量单果质量。

2.3 试验结果分析

2.3.1 番茄膜下沟灌土壤水分变化

两个生长周期内不同灌水处理 0~50 cm 土层平均含水量动态变化见图 40-3 和图 40-4。结果表明，无论冬春茬或越冬茬，各处理的初始土壤含水量差异不大,但随着生育进程的不断推移和各灌水处理的开始,在相应各生育阶段,亏水处理与对照处理土壤水分差异逐渐明显。

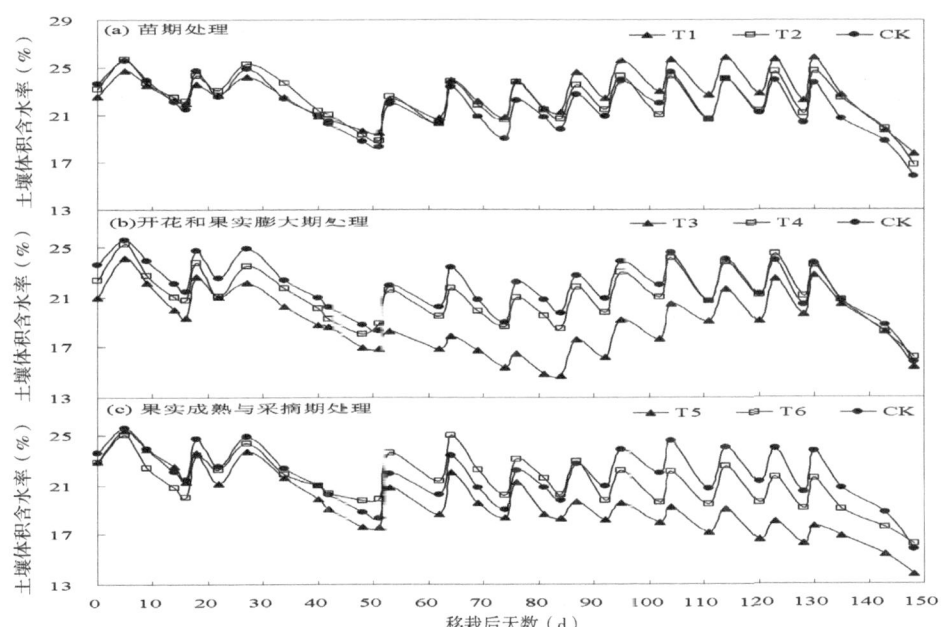

图 40-3　不同生育期各灌水处理沟灌冬春茬番茄 0~50 cm 土壤平均含水量变化过程

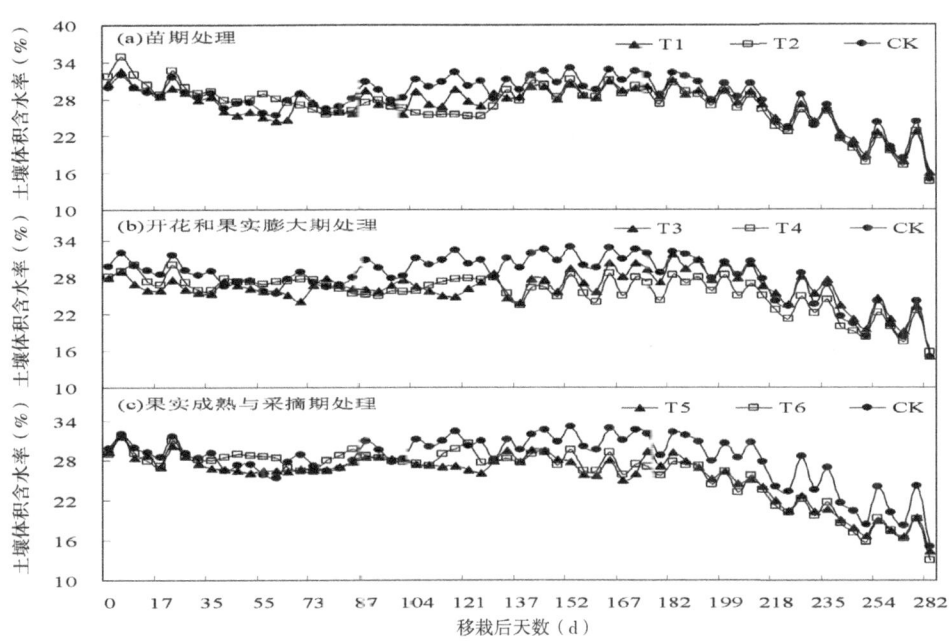

图 40-4　不同生育期各灌水处理沟灌越冬茬番茄 0~50 cm 土壤平均含水量变化过程

2.3.2 膜下沟灌番茄产量效应

两个生长周期内不同灌水处理的番茄总产量如图40-5所示。结果表明，冬春茬番茄T1、T2、T3、T4和T6处理的总产量与CK差异不显著（$P>0.05$），而T5处理的总产量为107.2 t/hm^2，较CK处理降低40.9%，差异显著（$P<0.05$）；越冬茬番茄T1、T2和T4处理的总产量与CK差异不显著（$P>0.05$），而T3、T5和T6处理与CK差异显著（$P<0.05$），三者总产量分别较CK降低18.8%、35.2%和23.0%。说明无论是冬春茬番茄还是越冬茬番茄，苗期采用1/3或2/3充分灌水量对总产量影响不大，在果实成熟与采摘期采用1/3或2/3充分灌水量均显著降低番茄总产量，在开花和果实膨大期采用2/3充分灌水量对产量影响不明显；但在越冬茬开花和果实膨大期采用1/3充分灌水量时，则显著降低番茄总产量，而在冬春茬影响不显著。因此，番茄种植可减少苗期灌水，但应尽量保证果实成熟与采摘期的灌水。

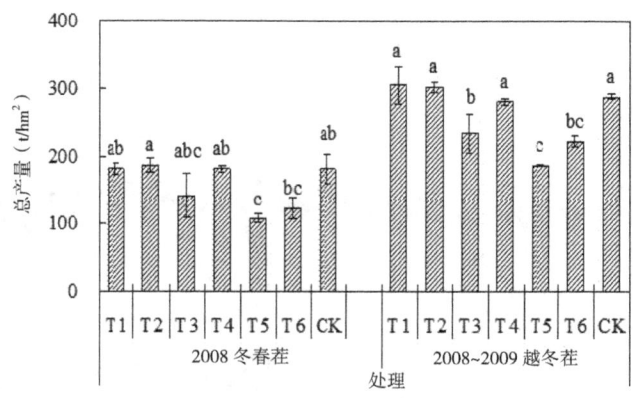

图40-5 不同灌水处理沟灌温室番茄总产量对比图

2.3.3 膜下沟灌番茄水分利用效率（WUE）

不同灌水处理的水分利用效率见图40-6。结果表明，虽然冬春茬番茄的T5和T6处理耗水量较低，但其WUE并没有较CK处理显著增加，反而分别降低19.1%和18.3%（$P>0.05$）。T1、T2、T4处理的WUE分别较CK增加11.8%、8.90%和14.2%（$P>0.05$）。越冬茬番茄T5处理的WUE最高，为57.2 kg/m^3，较 CK 处理增加 15.9%；T3 处理最低，为 45.3 kg/m³，较 CK 处理降低 8.35%；与冬春茬相似，各亏水处理的 WUE 与对照差异不显著。造成 WUE 差异不显著的原因可能与产量对不同生育阶段水分亏缺的敏感度有关。此外，某些处理的重复小区位于温室出入通道附近，气温相对内部略低 1℃~2℃，对作物长势和产量有一定影响，结果导致个别重复处理的 WUE 误差均方过大，从而掩盖了水分亏缺的影响。

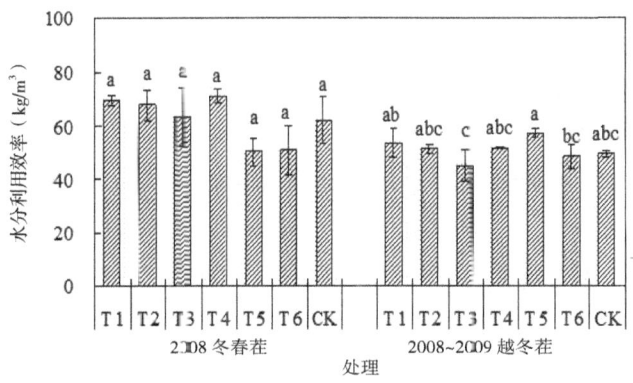

图 40-6　不同灌水处理沟灌温室番茄水分利用效率对比图

2.3.4 膜下沟灌番茄耗水规律

两个生长周期、不同灌水处理的番茄耗水量和耗水强度见表 40-3 和表 40-4。结果表明，番茄耗水受灌水处理影响很大，不论是总耗水量或是阶段耗水量，均随灌水量的增加而增大，充分灌水处理的总耗水量最高。各生育阶段耗水量表现为果实成熟与采摘期 > 开花和果实膨大期 > 苗期。

表 40-3　不同灌水处理沟灌冬春茬番茄耗水量和耗水强度分析结果表

处理	苗期		开花和果实膨大期		果实成熟与采摘期		全生育期	
	耗水量（mm）	耗水强度（mm/d）	耗水量（mm）	耗水强度（mm/d）	耗水量（mm）	耗水强度（mm/d）	耗水量（mm）	耗水强度（mm/d）
T1	27.4	1.2	89.6	1.6	144.8	2.1	261.8	1.8
T2	35.6	1.6	92.0	1.6	149.3	2.2	276.9	1.9

续表40-3

处理	苗期		开花和果实膨大期		果实成熟与采摘期		全生育期	
	耗水量（mm）	耗水强度（mm/d）	耗水量（mm）	耗水强度（mm/d）	耗水量（mm）	耗水强度（mm/d）	耗水量（mm）	耗水强度（mm/d）
T3	41.5	1.9	59.0	1.0	123.0	1.8	223.5	1.5
T4	48.2	2.2	63.9	1.1	142.7	2.1	254.8	1.7
T5	50.9	2.3	96.6	1.7	65.9	1.0	213.3	1.4
T6	44.8	2.0	87.5	1.5	110.6	1.6	242.9	1.6
CK	47.3	2.1	92.7	1.6	150.9	2.2	290.9	2.0

表40-4　不同灌水处理沟灌越冬茬番茄耗水量与耗水强度分析结果表

处理	苗期		开花和果实膨大期		果实成熟与采摘期		全生育期	
	耗水量（mm）	耗水强度（mm/d）	耗水量（mm）	耗水强度（mm/d）	耗水量（mm）	耗水强度（mm/d）	耗水量（mm）	耗水强度（mm/d）
T1	56.1	1.6	61.8	0.8	451.2	2.6	569.1	2.0
T2	42.1	1.2	83.9	1.1	462.0	2.7	588.0	2.1
T3	52.2	1.5	40.2	0.5	425.6	2.5	518.0	1.8
T4	58.3	1.6	64.7	0.9	417.3	2.4	540.4	1.9
T5	53.0	1.5	74.1	1.0	199.9	1.2	326.9	1.2
T6	71.7	2.0	59.4	0.8	327.8	1.9	458.9	1.6
CK	65.2	1.8	63.4	0.8	455.7	2.7	584.4	2.1

3 试验三

3.1 试验设计

试验从番茄定植后开始，按作物生长状况把生育期划分为苗期、开花坐果期、果实采摘前期和果实采摘后期。采用覆膜沟灌灌水方式。试验采用单阶段二水平水分亏缺设计，每种灌水方式设置3种灌水水平，7个处理，21个小区（表40-5）。小区南北走向，长5.6 m，宽2.3 m，各小区分辖二垄二沟。番茄小区垄宽75 cm，沟宽 40 cm，株距 40 cm，覆膜宽 120 cm。使用 PVC 管道输水进入大棚后采用沟灌灌溉，施肥伴随灌水一同进行。

表 40-5　番茄水分亏缺试验设计结果表

处理	开花坐果期	果实采摘前期	果实采摘后期
T1	1/3 标准	标准	标准
T2	2/3 标准	标准	标准
T3	标准	1/3 标准	标准
T4	标准	2/3 标准	标准
T5	标准	标准	1/3 标准
T6	标准	标准	2/3 标准
T7（CK）	标准	标准	标准

标准灌水量以充分灌水的对照处理为准，将其计划湿润层（0~50 cm）内平均土壤含水率始终控制在田间持水量的 75% 以上，当土壤含水率低于田间持水量的 75% 时，即视为发生了水分亏缺，其他处理则分别在不同生育期按 1/3 标准灌水量和 2/3 标准灌水量进行灌水。根据番茄的实际耗水规律，确定每次标准灌水量的土壤含水率上限为田间持水量的 90%，当对照处理的土壤含水率接近田间持水量的 75% 时，各处理同时灌水。

3.2 测试内容及方法

本试验采用试验站内井水为灌溉水源，利用潜水泵将井水抽至水塔，然后通过管网接入温室进行灌溉。在 PVC 管管口安装水表用以记录灌水量。各小区于垄侧和沟底设置两根测管，测定深度均为 1.0 m，测点垂向间距为 10 cm，每 5 d 采用 Diviner 2000 土壤水分廓线仪测定土壤体积含水率，测定结果用取土烘干法校准，灌水前后加测。根据水量平衡原理计算作物耗水量。每次采摘均按小区进行，采摘时用 YP20KN 型电子天平称重，得到各小区产量，再计算出各处理产量并折合出总产量。

3.3 试验结果分析

3.3.1 膜下沟灌番茄产量和水分利用效率 WUE

表 40-6 列出了不同水分亏缺条件下番茄的产量和水分利用效率。由表可知，T1 至 T4 处理的产量与对照处理 T7 间达到显著性差异（$P<0.01$），其中对照处理 T7 产量最高，为 232.7 t/hm^2，果实采摘前期重度亏水的 T3 处理产量最低，为 180.3 t/hm^2，对比减产 22.5%。由此可见，在果实采摘前期进行重度的水分亏缺会严重影响番茄的产量，而其他生育期的水分亏缺处理也不同程度地降低了番茄产量，表明水分亏缺对番茄产量具有明显的负面效应。

由图 40-7 可知，在试验处理范围内，各处理产量与耗水量呈正相关关系，表明水分亏缺，尤其是果实采摘前期的水分亏缺不利于温室番茄产量的提高。水分利用效率方面，由表 41-6 可知，果实采摘后期进行重度亏水的 T5 处理的水分利用效率最高，这主要是由于 T5 处理灌水量较少，水分消耗减小的幅度大于产量减小的效应，表明在果实采摘后期进行水分胁迫，一定程度上能够提高番茄水分利用效率，而其他水分亏缺处理也不同程度地提高了番茄的水分利用效率。

表 40-6 不同水分亏缺条件下沟灌番茄产量与水分利用效率分析结果表

处理	产量（t/hm^2）	耗水量 ET（mm）	灌水量 I（mm）	WUEET（kg/m^3）	WUEI（kg/m^3）
T1	199.7*bc*	498.7	456.5	40.0	43.7
T2	202.9*bc*	539.0	484.5	37.6	41.9
T3	180.3*c*	444.7	382.0	40.6	47.2
T4	200.1*bc*	512.3	447.2	39.1	44.7
T5	211.1*ab*	449.9	382.0	46.9	55.3
T6	212.9*ab*	501.7	447.2	42.4	47.6
T7	232.7*a*	562.3	512.4	41.4	45.4

注：*a*，*b*，*c*，*d* 表示在 $P=0.05$ 水平下的显著性差异，从 *a* 到 *d* 表示差异逐渐增加。

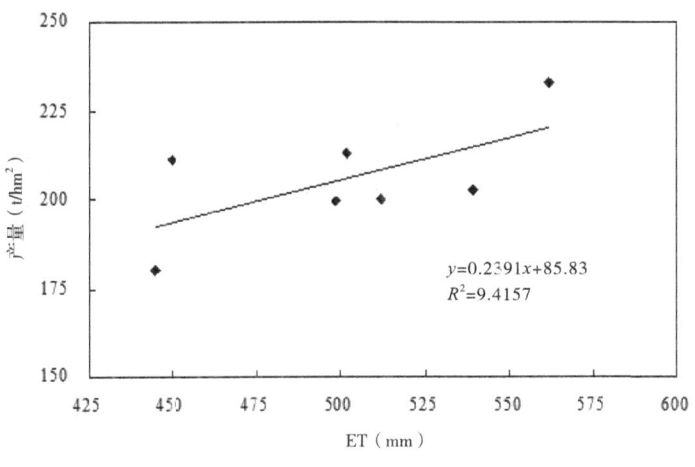

图 40-7 番茄产量与耗水量关系

3.3.2 膜下沟灌番茄耗水规律

由表 40-7 可知,番茄不同生育期耗水量顺序为:果实采摘后期 > 果实采摘前期 > 开花坐果期 > 苗期,但 T5 和 T6 处理果实采摘后期耗水量小于果实采摘前期耗水量,尤其 T5 处理更为明显,这是由于这两个处理在果实采摘后期均进行了水分亏缺,且 T5 亏水程度最高;而 T1 和 T2 处理开花坐果期耗水量小于苗期耗水量,尤其是 T1 处理更为明显,这与 T1、T2 处理在开花坐果期进行了亏水处理有关。

因本试验未对苗期进行水分亏缺处理,因此图 40-8 中各处理苗期耗水量差异并不明显,而进行了水分亏缺处理的开花坐果期、果实采摘前期和果实采摘后期,水分亏缺处理的耗水量均小于其他处理,其中果实采摘前期和果实采摘后期表现尤为显著。其中,开花坐果期 1/3 标准灌水量的 T1 处理耗水量为 39.8 mm,2/3 标准灌水量的 T2 处理耗水量为 66.6 mm,而对照处理 T7 同期耗水量为 78.9 mm;果实采摘前期 1/3 标准灌水量的 T3 处理耗水量为 75.2 mm,2/3 标准灌水量的 T4 处理耗水量为 136.0 mm,而对照处理 T7 同期耗水量为 185.6 mm;果实采摘后期 1/3 标准灌水量的 T5 处理耗水量为 114.6 mm,2/3 标准灌水量的 T5 处理耗水量为 167.1 mm,对照处理 T7 同期耗水量为 230.7 mm;水分亏缺明显导致了耗水量的下降。对于全生育期而言，果实采摘前期亏水程度较大的 T3 处理耗水量最小，为 444.7 mm，充分灌水的对照处理 T7 耗水量最大，为 562.3 mm。

表 40-7　不同水分亏缺条件下沟灌番茄耗水量和耗水强度分析结果表

灌水处理	苗期		开花坐果期		果实采摘前期		果实采摘后期		全生育期	
	耗水量（mm）	耗水强度（mm/d）	耗水量（mm）	耗水强度（mm/d）	耗水量（mm）	耗水强度（mm/d）	耗水量（mm）	耗水强度（mm/d）	耗水量（mm）	耗水强度（mm/d）
T1	68.8	1.5	39.8	0.7	180.1	2.0	209.9	2.4	498.7	1.8
T2	67.9	1.5	66.6	1.1	188.0	2.1	216.5	2.2	539.0	1.9
T3	69.3	1.5	82.2	1.4	75.2	0.8	218.0	2.5	444.7	1.6
T4	71.2	1.6	80.1	1.3	136.0	1.5	224.9	2.6	512.3	1.8
T5	68.1	1.5	84.2	1.4	183.0	2.0	114.6	1.3	449.9	1.6
T6	69.8	1.5	83.3	1.4	181.4	2.0	167.1	1.9	501.7	1.8
T7	67.1	1.5	78.9	1.3	185.6	2.0	230.7	2.7	562.3	2.0

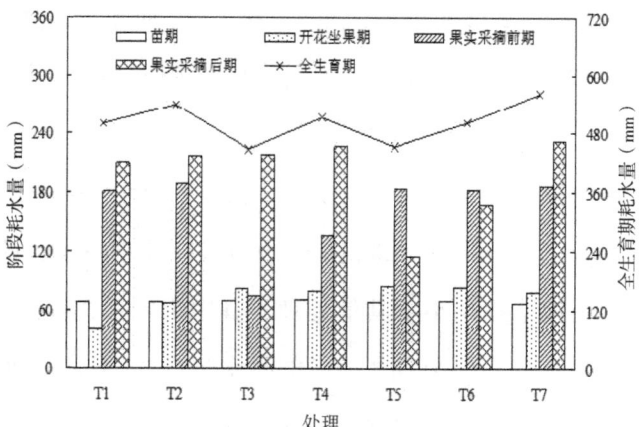

图 40-8　不同生育期水分亏缺条件下土壤水分动态变化过程

4 试验四

4.1 试验设计

本试验于 2009 年 10 月底育苗，12 月中旬定植，2010 年 3 月 1 日番茄进入开花坐果期。从 4 月 1 日番茄第一次结果采收起进行灌水处理，灌水方式为膜下沟灌。种植方式采用适合当地的宽窄垄布置，宽垄行距 70 cm，窄垄行距 50 cm，株距 40 cm，定植株数 33 300 株/hm²，整个垄宽 1.20 m，长 7.0 m。为便于推广，试验期间实际灌水时间参照当地农民温室番茄灌溉时间，取当地农民温室番茄结果期灌水定额作为对照处理的标准灌水量（CK）。试验设 3 个灌水水平，其灌水定额分别为 255.3 m³/hm²（CK）、170.25 m³/hm²（2/3 CK）、127.65 m³/hm²（1/2 CK），各水平重复 3 次，灌水时间自 4 月 11 日首次灌水至 7 月 15 日最末次灌水，平均 10 d 灌 1 次水，各处理灌水时间一致，截至 7 月 28 日番茄完全收获，试验结束，时间为初次开花坐果后 147 d，期间总计灌水 11 次，总计采收 39 批果实。

4.2 测试内容及方法

采用井水为灌溉水源，用水表计量每次灌水量，详细记录灌水日期与灌溉水量。在水分处理过程中，每次灌水前用烘干法测定灌水沟、非灌水沟及垄上土壤含水量，每 10 cm 为一土层，取土深度为 60 cm。每 3 d 测定小区产量及果实总个数，结合市场行情记录每次采收完出售的实际单价（该单价自 4 月 1 日首次采摘 3.3 元/kg 至 7 月 26 日最后采摘 0.4 元/kg 不等）。

4.3 试验结果分析

4.3.1 膜下沟灌番茄产量效应

自 4 月 10 日番茄进入采收期后，按小区采收，每 3 d 分别统计各个小区采收量，计算累计采收量（平均每 10 d 计算 1 次）。表 40-8 为不同灌溉方法处理的番茄平均单果质量。结果表明，当灌水定额从 CK 减小到 2/3 CK 时，果实数减少 1.50%，单果重降 4.76%，总产量降 6.13%；而当灌水定额从 CK 减小到 1/2 CK 时，果实数减 1.74%，单果重降 8.16%，总产量降 9.46%。由此可见，灌水定额的减少对平均单果重的影响较大,进而影响到了果实的总产量。

表 40-8　不同处理沟灌番茄平均单果质量分析结果表

灌水处理	果实产量		果实数量		平均果重	
	总产量（kg/hm²）	减少（%）	个数（个/hm²）	减少（%）	单果重（kg/个）	减少（%）
CK	194038	—	1324160	—	0.147	—
2/3 CK	182146	6.13	1304310	1.50	0.140	4.76
1/2 CK	175674	9.46	1301130	1.74	0.135	8.16

4.3.2 膜下沟灌番茄水分利用效率 WUE 与收益

由表 40-9 可看出,番茄水分亏缺处理 2/3 CK 和 1/2 CK 的番茄水分利用率分别比 CK 提高了 38.65% 和 77.81%,灌溉水利用效率也较 CK 提高了 40.80%、81.08%,而产量仅比 CK 降低了 6.13% 和 9.46%。根据收获时单价计算结果表明,亏缺处理收益较 CK 分别减少 0.91% 和 2.30%,而产量收益除去水费成本后所得的净收益 2/3 CK 比 CK 只减少 0.02%,几乎没有变化,而 1/2 CK 仅比 CK 降低了 0.99%。

表 40-9　不同灌水处理沟灌番茄水分利用效率分析结果表

灌水处理	灌溉水量（m³/hm²）	耗水量（m³/hm²）	水分利用效率（kg/m³）	灌溉水利用效率（kg/m³）	产量收益（万元/hm²）	净收益（万元/hm²）
CK	4207.5	4319.5	41.86	42.97	31.6427	30.8012
2/3 CK	2805	2924.0	58.04	60.50	31.3548	30.7938
1/2 CK	2103.75	2199.4	74.43	77.81	30.9155	30.4948

[四十一]

温室番茄膜下沟灌水氮耦合技术试验研究

1 试验一

1.1 试验设计

试验设 3 个水平灌水量（W）和 3 个水平施氮量（N）双因素处理，即 W1N1、W1N2、W1N3（CK）、W2N1、W2N2、W2N3、W3N1、W3N2、W3N3 共 9 种处理。其中，W1、W2、W3 分别为常规灌水水平、花期减少 1/3 灌水量、果实膨大期减少 1/3 灌水量；N1、N2、N3 分别为常规施氮量基础上增氮 50%、增氮 30%、常规施氮量（就番茄整个生育期而言，每次施肥均做如上处理）；N1、N2、N3 之间除氮肥施用量不同外，其他所有养分供应量均完全相同。按当地农民常规灌水、施肥方式，每 8~10 d 灌水、施肥一次，定植后 78 d 开始施肥，每次灌水、施肥均做如上处理，各处理灌水、施肥时间和次数均相同。拉秧前 24 d 对所有处理停止施肥，前 10 d 对所有处理停止灌水，灌水方式为膜下沟灌，施肥随水同步进行。各处理施氮量、灌水定额见表 41-1。

表 41-1 日光温室沟灌番茄水氮耦合试验方案设计结果表

处理	总施氮量 （kg/hm²）	总灌水量 （m³/hm²）	灌溉定额			
			苗期	花期	膨大期	成熟期
W1N1	520	3.197	21	21	21	21
W1N2	460	3.197	21	21	21	21

续表 41-1

处理	总施氮量 （kg/hm²）	总灌水量 （m³/hm²）	灌溉定额			
			苗期	花期	膨大期	成熟期
W1N3（CK）	350	3.197	21	21	21	21
W2N1	520	3.13	21	14	21	21
W2N2	460	3.13	21	14	21	21
W2N3	350	3.13	21	14	21	21
W3N1	520	2.93	21	21	14	21
W3N2	460	2.93	21	21	14	21
W3N3	350	2.93	21	21	14	21

1.2 测试内容及方法

依据果实成熟状况进行人工采收，为消除侧渗影响，采收时将每个小区中间 4 垄的 56 株作为代表株进行定位跟踪监测。产量和单果重在每次收获时均测定，单果重用精度为 1 g 的电子秤测量，总产量采用 56 株番茄单果重总和按面积进行折算。市场产量为总产量减去弃果产量（W<60 g），市场价以不同时期当地实际收购价格为准。

1.3 试验结果分析

番茄经济效益除取决于产量外，更受不同采收时期市场价格波动的影响。图 41-1 为试验期间，当地番茄市场价格随时间的波动状况。各处理不同采收阶段产量及其占总产量百分比见表 41-2。由表可知，W2N3 处理和 W3N1 处理前期产量及其占总产量比例较高，分别为 73.29 t/hm²、36.86% 和 69.35 t/hm²、37.09%，且总产量较高，分别为 198.85 t/hm² 和 186.99 t/hm²。由图 42-1 可知，前期（2011 年 3~4 月）番茄市场价格较高，到中期价格逐渐下降，至 7 月中旬价格略有回升。

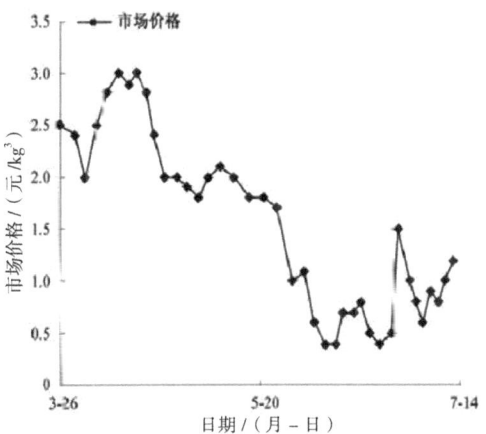

图 41-1 番茄市场价格变化过程图

表 41-2 温室番茄水氮处理不同收获阶段产量及其占总产量比例分析结果表

处理	前期（2011年3~4月）		中期（2011年5~6月）		后期（2011年7月）		总产量（t）
	产量（t/hm²）	占总产量比例（%）	产量（t/hm²）	占总产量比例（%）	产量（t/hm²）	占总产量比例（%）	
W1N1	58.69	37.42	82.12	52.36	16.04	10.23	156.68
W1N2	43.13	37.33	60.17	52.08	12.23	10.59	115.54
W1N3（CK）	57.44	35.19	89.57	54.87	16.23	9.94	163.24
W2N1	63.60	36.58	92.88	53.34	17.36	9.98	173.84
W2N2	66.57	35.51	102.41	54.64	18.50	9.87	187.49
W2N3	73.29	36.86	103.93	52.26	21.63	10.88	198.85
W3N1	69.35	37.09	96.25	51.48	21.39	11.44	186.99
W3N2	65.30	36.39	91.83	50.41	24.05	13.20	182.18
W3N3	58.89	32.93	79.78	44.62	40.14	22.45	178.81

各处理总经济效益见表 41-3。由此可知，W2N3 处理的经济产量和总经济效益最高，分别为 195.59 t/hm²、31.58 万元/hm²，其次为 W2N2 处理和 W3N1 处理，分别为 184.24 t/hm²、29.96 万元/hm² 和 184.92 t/hm²、29.84 万元/hm²，二者相差不大；而 W1N1 处理和 W1N2 处理经济产量和经济效益均最低，分别为 153.14 t/hm²、25.26 万元/hm² 和 112.88 t/hm²、18.50 万元/hm²。综上所述，

花期和果实膨大期亏水与常规灌水相比，均能提高温室番茄经济效益；与常规施肥相比，常规施氮量基础上增氮50%和增氮30%均为不理想方案。因而从水肥资源高效利用的目标出发，W2N3处理（花期亏水、常规施肥）为最佳经济产量和经济效益水氮耦合种植模式。

表41-3 日光温室番茄各水氮处理的总经济效益

处理	W1N1	W1N2	W1N3（CK）	W2N1	W2N2	W2N3	W3N1	W3N2	W3N3
经济产量（t/hm^2）	153.14	112.88	160.10	169.77	184.24	195.59	184.92	178.98	176.45
经济效应（万元/hm^2）	25.26	18.50	25.83	27.73	29.96	31.58	29.84	29.38	28.36

2 试验二

2.1 试验设计

试验设灌水量和施氮量2个因素。灌水量设置2个水平：低水灌溉，生育期总灌水量1485 m^3/hm^2；高水灌溉，生育期总灌水量2080 m^3/hm^2。施氮量设置225 kg/hm^2、410 kg/hm^{2}和630 kg/hm^{2}共3个水平。试验采用完全随机区组设计，组配成低水低氮（W1485N225）、低水中氮（W1485N410）、低水高氮（W1485N630）和高水低氮（W2080N225）、高水中氮（W2080N410）、高水高氮（W2080N630）6个处理，每处理重复3次，具体见表41-4。试验施用的氮、钾、磷肥分别为尿素、硫酸钾和过磷酸钙。钾肥和磷肥各处理用量相同，分别为P$_2$O$_5$ 225 kg/hm^{2}和K$_2$O 195 kg/hm^2。整地时腐熟有机肥（30000 kg/hm^2）和过磷酸钙（按照试验设计）作为基肥均匀施入耕作层，尿素和硫酸钾（按照试验设计）的2/5作为基肥施入耕作层，其余3/5在番茄第一穗果膨大期、第二穗果膨大期、第三穗果膨大期分3次等量随水追施。试验番茄于2011年9月22日定植，2012年2月27日拉秧。番茄生育阶段划分为苗期（2011年9月22日至10

月26日)、开花坐果期(10月27日至11月22日)、果实膨大期(11月23日至2012年1月16日)和成熟采摘期(1月17日至2月27日)。

表41-4 膜下沟灌水氮耦合对番茄生长影响试验设计结果表

处理	总施氮量 (kg/hm²)	总灌水量 (m³/hm²)	苗期	开花期	膨大期	成熟期
W1485N225	225	1485	260	350	525	350
W1485N410	410	1485	260	350	525	350
W1485N630	630	1485	260	350	525	350
W2080N225	225	2080	260	350	780	520
W2080N410	410	2080	260	350	780	520
W2080N630	630	2080	260	350	780	520

2.2 测试内容及方法

留3穗果后摘心,用电子天平记录整个种植期间的果实产量。番茄成熟收获后,用直径20 cm根钻取根,每10 cm土层取1个土样,取样深度60 cm,每层9个点,取样后立即用孔径0.5 mm筛子冲洗,去除杂物。采用EPSON Perfection 4990进行根系扫描并分析,得到相应土层的根系长度、表面积、体积等各项特征参数值。水分利用效率WUE按下式计算:

$$WUE = Y/ET \tag{41-1}$$

式中:Y 为作物产量,kg/hm²;ET 为作物生育期耗水量。

ET=播种前1.0 m土层水量+灌水量+播种到收获期降水量-收获后1.0 m土层水量。

2.3 试验结果分析

不同水氮耦合对番茄产量及水分利用效率影响分析结果见表41-5。由表41-5可以看出,在相同灌水量(W1485或W2080)条件下,当施氮量增加到410 kg/hm²时,番茄产量最高;之后继续增加施氮量,产量下降。在施氮量相同条件下,高灌水(W2080)处理番茄产量均显著大于低灌水(W1485)处理（$P<0.05$），其中 W2080N410 处理番茄产量最大，表明灌水量对番茄产量有显著影响。同时，不同水氮耦合处理下土壤水分利用效率 WUE 以 W1485N410 处理最高，为 54.9 kg/m³。当灌水量较低（W1485）时，水分利用效率表现为 W1485N410 > W1485N630 > W1485N225，且各处理间差异显著；当灌水量较高时（W2080），W2080N410 处理的水分利用效率显著高于 W2080N630 和 W2080N225 处理（$P<0.05$），而 W2080N630 与 W2080N225 处理之间无显著差异。表明灌水量相同时，中氮（N410）处理的水分利用效率显著高于低氮（N225）和高氮（N630）处理，适当增加施氮量能显著提高水分利用效率，但施氮量过高时，继续增加施氮量会使水分利用效率降低。当施氮量相同时，低灌水（W1485）处理的水分利用效率均显著高于高灌水（W2080）处理。表明施氮量相同时，较高的灌水量将显著降低水分利用效率。从水分利用效率看，低水中氮（W1485N410）处理水分利用效率显著高于其他各处理；从番茄产量看，高水中氮（W2080N410）处理产量显著高于其他各处理。说明并不是灌水量和施氮量越多，产量和水分利用效率就越高，而是在一定范围内，产量和水分利用效率有一个最佳值，要获得这个最佳产量和水分利用效率，必须适当控制灌水量和施氮量。因此，如果以产量最大为目标时，高水中氮（W2080N410）处理为较理想的水氮耦合模式；如果以水分利用效率最高为目标时，低水中氮（W1485N410）处理为较理想的水氮耦合模式。考虑到西北地区水资源短缺的实际情况，故水分利用效率最高，产量也相对较高的低水中氮（W1485N410）处理为推荐的最佳水氮耦合模式。

表 41-5 不同水氮耦合对番茄产量及水分利用效率影响分析结果表

处理	产量（kg/hm²）	WUE（kg/m³）	处理	产量（kg/hm²）	WUE（kg/m³）
W1485N225	52054	42.9	W2080N225	72387	32.6
W1485N410	68118	54.9	W2080N410	86716	37.4
W1485N630	64285	45.8	W2080N630	74361	32.2

3 试验三

3.1 试验设计

本试验除对照处理外的其他处理在苗期和开花坐果期的灌水定额相同，苗期为充分灌水定额，开花坐果期为2/3充分灌水定额；在果实成熟期开始进行处理，综合考虑番茄果实穗数和采摘时间，将果实成熟期分为成熟Ⅰ期和成熟Ⅱ期，分别在成熟Ⅰ期、成熟Ⅱ期和整个成熟期进行亏水处理（2/3充分灌水定额）；设置两氮素处理：N1（当地推荐施氮量）和 N2（2/3 N1）；设置一个充分灌水定额、当地推荐施氮量作为对照处理；共7个处理，1个处理两个重复，14个小区（表41-6）。灌水方式采用膜下沟灌，施肥方式为随水冲施。垄宽75 cm，沟宽40 cm，沟深15 cm，沟长5.6 m，每个小区有两沟两垄，即小区面积为：5.6 m×2.3 m=12.88 m^2。

表41-6 温室番茄沟灌水肥耦合试验方案设计结果表

处理	总施氮量（kg/hm^2）	灌溉定额（mm）				灌溉定额（mm）
		苗期	花期	成熟Ⅰ期	成熟Ⅱ期	
W2W1N1				18.7	28	242
W1W2N1	574.35	28	18.7	28	18.7	252
W2W2N1				18.7	18.7	214
W2W1N2				18.7	28	242
W1W2N2	382.38	28	18.7	28	18.7	252
W2W2N2				18.7	18.7	214
W1W1N1	574.35	28	28	28	28	307

3.2 测试内容及方法

温室内气象因子由 Hobo 气象站（Hobo, Onset Computer Crop., USA）和净辐射仪监测。土壤含水率用 Diviner 2000 便携式土壤水分廓线仪（Sentek Pty Ltd., Australia）测定，每7 d 测一次，灌水前后加测一次，用土壤水分温度电导率测量仪（TC-EM50，USA）监测，定期下载数据，并检查仪器运行状态，EM50 探头埋在垄侧根区附近。作物耗水量根据水量平衡原理计算。每次采摘时，对每个小区进行测产，并记录果实数量，计算平均单果重。

3.3 试验结果分析

3.3.1 不同水氮处理对温室番茄产量的影响

本研究中，不同水氮处理的番茄总产量为 163.44~187.23 t/hm^2，W2W2N1 处理和对照处理 W1W1N1 处理的总产量显著最高；与对照处理相比，W2W2N1 处理的总产量提高 0.26%，其他处理的总产量降低 8.64%~12.47%。表明适当地减少灌水定额和施氮量对番茄产量有一定影响，但降幅不大；进一步分析得到，产量的大幅度降低主要表现在成熟Ⅱ期，成熟Ⅰ期进行充分灌溉（W1W2）处理在成熟Ⅱ期的产量降低幅度较小，而成熟Ⅱ期进行充分灌溉（W2W1）处理在成熟Ⅱ期的产量没有明显增大，即在成熟Ⅱ期进行充分灌溉，不会使番茄产量增加。因此，在成熟Ⅰ期进行充分灌溉，可以减小番茄产量的降低幅度；在成熟Ⅱ期进行充分灌溉，产量没有显著提高。当地推荐施氮量（N1）水平下，产量随灌溉定额的变化无显著差异；减少 1/3 施氮量（N2）水平下，在成熟Ⅱ期进行充分灌溉处理的产量显著较低。除对照处理 W1W1N1 和 W2W2N1 处理外，其他处理的番茄总产量相近。由于实验温室种植年限较长，土壤肥力较好，造成其他处理的番茄总产量差异不大。综上，在当地推荐施氮量（N1）水平下，减少 1/3 灌水定额对番茄产量的影响不显著；但减少 1/3 施氮量（N2）水平下，减少 1/3 灌水定额处理的产量有所降低，但降低幅度不大。

3.3.2 不同水氮处理对温室番茄水分利用效率的影响

图 41-2 反映不同处理间水分利用效率的差异。各处理的水分利用效率为 53.01~71.21 kg/m^3。与对照处理 W1W1N1 相比，W1W2N1 处理的 WUE 减小 2.02%，其余处理的 WUE 提高了 0.63%~31.62%。W2W2N1 处理的耗水较小，且产量较高，其 WUE 为 71.21 kg/m^3，较对照处理提高 31.62%。由图 41-2 看出，当地推荐施氮量（N1）条件下，成熟期亏缺灌溉处理（W2W2）的 WUE 显著最

大，其他处理的 WUE 间无显著差异。综上，适当减少灌水量，可以提高水分利用效率；而相同灌溉定额条件下，减少 1/3 施氮量（N2）处理与当地推荐施氮量（N1）处理间的水分利用效率无显著差异。

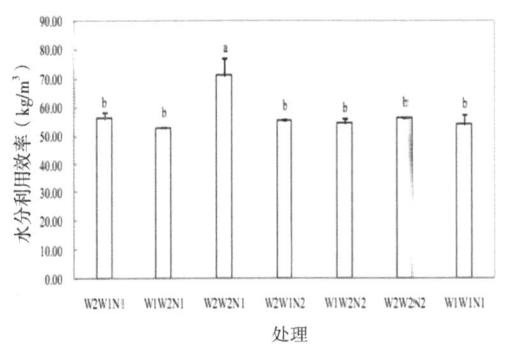

图 41-2　不同水氮处理温室沟灌番茄水分利用效率图

3.3.3 不同水氮处理对温室番茄耗水规律的影响

表 41-7 反映了不同水氮处理在各个生育期的耗水情况。由于苗期未进行灌水处理，故苗期内各处理耗水差异不大；除苗期外，各生育期对照处理的耗水均显著最大。灌溉定额增大引起土壤水分下渗，造成耗水增大，故应适当减少灌水定额，以减少灌溉水的浪费，提高水分利用效率。

表 41-7　不同水氮处理温室沟灌番茄耗水分析结果表

处理	苗期（21 d）		花期（44 d）		成熟 I 期（37 d）		成熟 II 期（27 d）		全生育期（129d）	
	总耗水（mm）	日耗水（mm）	总耗水（mm）	日耗水（mm）	总耗水（mm）	日耗水（mm）	总耗水（mm）	日耗水（mm）	总耗水（mm）	日耗水（mm）
W2W1N1	37.7	1.8	94.7	2.2	81.7	2.2	82.4	3.1	296.5	2.3
W1W2N1	48.1	2.3	96.7	2.2	93.2	2.5	83.8	3.1	321.8	2.5
W2W2N1	34.4	1.6	86.8	2	80.9	2.2	61.3	2.3	263.4	2
W2W1N2	34.2	1.6	95	2.2	81.1	2.2	84.7	3.1	295	2.3
W1W2N2	41.2	2	91.1	2.1	110.9	3	67.3	2.5	310	2.4
W2W2N2	44.3	2.1	103.7	2.4	84.3	2.3	60.9	2.3	293.2	2.3
W1W1N1	29.4	1.4	110.4	2.5	113.7	3.1	91.6	3.4	345.1	2.7

由于苗期植株小，需水量少，故苗期耗水较小。开花坐果期植株生长旺盛，且果实开始膨大，需水量较大，此生育期的耗水较苗期增大。果实成熟期内，植株营养生长速度减慢，水分和养分主要供给果实膨大和果实成熟，此时气温升高，温室内蒸发增强，故耗水较开花坐果期继续增大。本研究中，各处理的全生育期总耗水量在 263.4~345.1 mm 范围之内；对照处理 W1W1N1 的总耗水显著最大，为 345.1 mm，其他处理的总耗水较对照处理降低 6.75%~23.69%，其中 W2W2N1 处理的总耗水显著最小，为 263.4 mm，较对照处理降低 23.69%，由于该处理的灌溉定额最小，故由灌溉引起的深层渗漏较少，灌溉水利用效率较高；而相同灌溉定额条件下的 W2W2N2 处理的总耗水量为 293.2 mm，显著高于 W2W2N1 处理。本研究中，相同施氮量条件下，总耗水随着灌溉定额的增加而增加；而相同灌溉定额条件下，土壤水分情况不同，总耗水量随施氮量的变化规律不同：W2W1 和 W1W2 灌溉定额处理中，由于施氮量增加有利于促进作物生长及其对水分的吸收，总耗水量随施氮量增加有增加的趋势，但 W2W2N2 处理的总耗水量显著高于 W2W2N1 处理。上述结论表明，水分和氮肥之间相互影响，各处理耗水量同时受灌溉水量和氮肥施用量的影响。

由表 41-7 可以看出，不同处理间各生育期日均耗水情况与总耗水的变化规律相近。除苗期外，对照处理的日均耗水均较高。各处理开花坐果期内的日均耗水量在 2.0~2.5 mm/d 之间，成熟 I 期的日均耗水量在 2.2~3.1 mm/d 之间，成熟 II 期的日均耗水量在 2.3~3.4 mm/d 之间。各生育期内，其他处理的日均耗水量较对照处理降低百分比与总耗水量降低比例相同。苗期到成熟期，受作物需水量增大和气温增高的影响，日均耗水量逐渐增大。同时，相同施氮量条件下，灌溉定额增加，日均耗水量增加；相同灌溉定额条件下，土壤含水量不同，日均耗水量随施氮量的变化规律不同。土壤含水量充足时，日均耗水量随施氮量增加而增加；土壤水分亏缺时，日均耗水量随施氮量增加而减少。

[四十二]

温室番茄膜下沟灌种植密度试验研究

1 试验材料与方法

1.1 试验设计

试验设 5 个密度处理，每处理 3 重复，小区采用完全随机区组布置，共设 15 小区，小区南北走向，长 5.6 m，宽 2.3 m，各小区分二垄二沟，垄宽 75 cm，沟宽 40 cm，垄顶至沟底高 15 cm。试验中设置各行行距相同，各处理株距不同，在南北走向 5.6 m 的长度内，最低密度处理 LD 种植 10 棵番茄，其他处理以两棵的增幅递增，换算结果见表 42-1。中密度处理即为当地种植密度。定植后 10~15 d 开始，当中密度处理 MD 0~0.5 m 内平均土壤含水量达到田间持水量的 75%±2% 时，即开始灌水，灌水上限为田间持水量的 90%，灌水方式为膜下沟灌，灌水量由水表控制。所有密度处理的灌水量、灌水时间一致。

表 42-1 日光温室沟灌番茄不同密度试验方案设计结果表

处理	LD	RLD	MD	RHD	HD
密度（株/hm^2）	31056	37257	43478	49689	55901

试验中两茬番茄分别于 2010 年 12 月 26 日和 2011 年 9 月 21 日定植，定植当天和定植后 10~15 d 均分别灌水 16 mm 和 18.6 mm。定植后 3~10 d，铺设宽 1.2 m 地膜，以增加地温，减少棵间蒸发，保证幼苗成活。

2010~2011年冬春茬番茄留10穗果摘心，2011年3月26日开始采摘，至2011年6月26日结束；2011~2012年秋冬茬番茄留6穗果摘心，于2011年12月26日开始采摘，至2012年2月19日结束。

试验期间各处理的施肥、喷药、吊蔓、整枝及疏叶等措施均参照当地常规进行，各处理完全相同。

1.2 测试内容及方法

土壤体积含水率用土壤水分廓线仪（Diviner 2000, Sentek Pty Ltd., Australia）测定。分别在每个小区中间垄床和沟底距离垄端1.5 m处各埋设一根PVC水分观测管，每0.1 m深度采集一个数据，7~10 d测定一次，并用取土烘干法对Diviner 2000测得的土壤体积含水率进行校正。果实产量分为小区产量、处理产量和总产量。

2 试验结果分析

2.1 种植密度对番茄产量和水分利用效率的影响

表42-2列出了不同种植密度下温室番茄的产量和水分利用效率。由表可知，总产量大体随种植密度的增大而增大，而后趋于平稳。2010~2011年冬春茬，LD处理产量最低，为224.61 t/hm²，与其他处理达到显著性差异（$P<0.05$）。2011~2012年秋冬茬，LD处理产量最低，为144.71 t/hm²，与其他处理达到显著性差异（$P<0.05$），HD处理产量为165.00 t/hm²，比LD处理高出20.29 t/hm²。综合上述两个生长周期的产量结果，可知种植密度过低会使温室番茄产量降低，增大种植密度有利于提高温室番茄的产量，但是提高幅度有限。以往研究表明：作物单位面积生物质产量与辐射截获直接相关。番茄种植密度越大，LAI越大，可利用的光能截获比例更高，增加了番茄冠层的光合作用，从而产生了更高的生物量，增加了总的同化物向果实的分配。然而，当LAI达到一个临界值时，再增加LAI，冠层辐射截获不会增加，这可能是种植密度超过临界值时，产量不会快

速增加的原因。同时，LD 处理番茄总产量显著低于其他处理（$P<0.05$），与 MD 处理相比，两个生长季 LD 产量分别降低了 18.2% 和 11.5%。由此可见，LD 处理不适宜在该地区日光温室内种植。

两个生长周期对比，2011~2012 年秋冬茬温室番茄产量是 2010~2011 年冬春茬的 59.6%~64.4%。一方面，可以解释为两个生长季所受的太阳辐射不同，温室番茄的生产受作物上方总辐射的影响较大；2011~2012 年秋冬茬由于番茄生产于冬季，全生育期温室接收的日均总辐射仅为 2010~2011 年冬春茬的 62.6%，平均日照时数减少 1.4 h，且季节改变导致光合作用持续时间降低，减少了温室番茄产量。另一方面，果穗出现率与空气温度线性相关，2011~2012 年秋冬茬在开花坐果期和果实成熟期温室内空气温度比 2010~2011 年冬春茬分别低 1.9℃ 和 7.7℃，从而使番茄所留果穗明显少于 2010~2011 年冬春茬，这也导致了产量的降低。此外，2011~2012 年秋冬茬番茄采摘期比 2010~2011 年冬春茬少 1 个月，这也导致了产量的降低。

水分利用效率方面，两个生长周期，LD 和 HD 处理 WUE 较低，MD 处理 WUE 最高，为 64.72 kg/m³。除 2010~2011 年冬春茬温室番茄 LD 处理显著降低了 WUE 外，其他处理的 WUE 差异不明显。2011~2012 年秋冬茬的 WUE 高于 2010~2011 年冬春茬，主要与 2010~2011 年冬春茬温室番茄的 ET 较大有关。

表 42-2　不同种植密度对温室番茄产量和水分利用效率影响分析结果表

生长季	处理	产量（t/hm²）	单株产量（kg/株）	ET（mm）	WUE（kg/m³）
2010~2011	LD	224.61b	7.97a	404.2d	58.46b
	RLD	266.03a	7.14b	412.3c	64.53a
	MD	274.69a	6.32c	424.4b	64.72a
	RHD	266.44a	5.36d	427.2b	62.37a
	HD	273.20a	4.89e	436.8a	62.54a

续表 42-2

生长季	处理	产量（t/hm^2）	单株产量（kg/株）	ET（mm）	WUE（kg/m^3）
2011~2012	LD	144.71b	4.66a	175.5d	82.47a
	RLD	159.11a	4.27b	183.2c	86.86a
	MD	163.60a	3.76c	186.5bc	87.71a
	RHD	164.94a	3.32d	188.9b	87.30a
	HD	165.00a	2.95e	194.2a	84.95a

2.2 不同种植密度下温室番茄耗水量与耗水强度

由表 42-3 可知，2011~2012 秋冬茬不同种植密度下的温室番茄各个生育期耗水量顺序与 2010~2011 冬春茬顺序相同。2011~2012 秋冬茬不同密度处理在 3 个生育期的耗水量分别为 38.6~47.3 mm、62.5~68.3 mm 和 74.4~78.6 mm，耗水强度分别为 1.33~1.63 mm/d、0.99~1.08 mm/d、1.26~1.33 mm/d。耗水量和耗水强度均随着种植密度的增加而增大。苗期 HD、RHD 和 MD 处理耗水均显著大于 RLD 和 LD 处理（$P<0.05$），开花坐果期各处理耗水没有显著性差异，果实成熟与采摘期各处理间均存在显著性差异（$P<0.05$）。全生育期而言，各处理也均有显著性差异，HD 处理比 LD 处理高出 18.7 mm，增幅为 10.66%。全生育期平均耗水强度 1.23 mm/d。

综合两个生长周期分析可知，除开花坐果期外，LD 和 HD 处理的 ET 均有显著性差异（$P<0.05$）。全生育期，番茄 ET 随着种植密度的增加而增加，两个生长周期的温室番茄 ET 在 LD 和 HD 处理间相差最大，分别为 32.6 mm 和 18.7 mm。不同生育期，两个生长周期内不同种植密度番茄 ET 相差最大的是果实成熟期的 20.1 mm 和苗期的 8.7 mm，主要是由于此时温室内接收的辐射较大，温度较高，VPD 较大，因此 ET 较大，而高密度产生了较大的 LAI，虽然其降低了土壤表面辐射，但植株冠层吸收的总辐射能量的增加导致土壤水分消耗的加速。2011~2012 年秋冬茬不同种植密度温室番茄全生育期 ET 为 2010~2011 年冬春茬

的 43.4%~44.5%，主要与 2011~2012 年秋冬茬温室内辐射、空气温度和 VPD 较低有关，2011~2012 年秋冬茬的 ET0 仅为 2010~2011 年冬春的 44.5%。

表 42-3　不同种植密度下的温室番茄耗水量和耗水强度

生长季	处理	苗期		开花坐果期		果实成熟与采摘期		全生育期	
		耗水量（mm）	耗水强度（mm/d）	耗水量（mm）	耗水强度（mm/d）	耗水量（mm）	耗水强度（mm/d）	耗水量（mm）	耗水强度（mm/d）
2010~2011	LD	19.0	0.6	90.4	1.25	294.9	3.15	404.2	2.08
	RLD	21.4	0.63	94.1	1.28	296.7	3.17	412.3	2.1
	MD	23.1	0.7	97.5	1.3	303.8	3.20	424.4	2.14
	RHD	23.8	0.68	98.6	1.31	304.8	3.24	427.2	2.16
	HD	23.4	0.66	98.5	1.36	315.0	3.27	436.8	2.19
2011~2012	LD	38.6	1.33	62.5	0.99	74.4	1.26	175.5	1.16
	RLD	38.7	1.33	67.9	1.08	76.6	1.30	183.2	1.21
	MD	45.5	1.57	64.1	1.02	76.9	1.30	186.5	1.24
	RHD	45.9	1.58	66.4	1.05	76.7	1.30	188.9	1.25
	HD	47.3	1.63	68.3	1.08	78.6	1.33	194.2	1.29

[四十三]

温室西瓜膜下沟灌技术试验研究

1 试验材料与方法

1.1 试验设计

试验分为越冬茬（2011/9/23~2012/1/15，C1）、冬春茬（2012/2/26~2012/5/10，C2）和秋茬（2012/7/6~2012/9/13，C3）三个茬口。试验以日光温室西瓜为研究对象，基于西瓜不同生育期需水规律和已有同科属作物研究成果，共设置三个处理［传统灌水处理（CK）、优化灌水处理1（T1）、优化灌水处理2（T2），均为膜下沟灌］，具体试验处理设计见表43-1。

表43-1 温室沟灌西瓜不同灌溉方案设计结果表

处理	相对含水率				
	定植前	缓苗期	伸蔓期	坐果-膨大期	成熟期
CK	传统灌水量	传统灌水量	传统灌水量	传统灌水量	传统灌水量
T1	传统灌水量	传统灌水量	70%~90%	75%~100%	65%~85%
T2	传统灌水量	传统灌水量	90%	100%	85%

1.2 测试内容及方法

土壤体积含水率用土壤水分廓线仪（Diviner 2000, Sentek Pty Ltd., Australia）测定。分别在每个小区中间垄床和沟底距离垄端1.5 m处各埋设一根PVC水分观测管，每0.1 m深度采集一个数据，7~10 d测定一次，并用取土烘干法对 Diviner 2000 测得的土壤体积含水率进行校正。果实产量分为小区产量、处理产量和总产量。每次采摘均利用电子天平记录各小区果实个数和产量，最终获得不同处理的总个数和总产量。作物耗水量采用水量平衡法计算，灌溉量由水表控制。

2 试验结果分析

2.1 对节水效果的影响分析

不同处理日光温室西瓜栽培总灌水量与耗水量见表43-2。从灌水量来看，T1 灌水量 469 mm，T2 灌水量 470 mm，CK 灌水量 606 mm，T1 和 T2 较 CK 处理分别节水 22.61%、22.44%。从灌水情况来看，这两种灌水方式比当地传统经验灌水有显著节水效果。

表 43-2 不同处理日光温室西瓜栽培总灌水量与耗水量（mm）

处理	灌水量	蒸发量
T1	469	483.6
T2	470	493
CK	606	617.3

不同处理日光温室不同茬口西瓜灌水量与耗水量见表43-3。由表可知，C1、C2、C3 栽培中，T1 和 T2 处理较对照 CK 都有显著的节水效果。C1 中，T1 和 T2 较 CK 处理分别节水 17.59%、15.74%；C2 中，T1 和 T2 较 CK 处理分别节水 23.93% 和 28.83%；C3 中，T1 和 T2 较 CK 处理分别节水 35.16% 和 31.96%。

表43-3　不同处理日光温室不同茬口西瓜灌水量与耗水量（mm）

处理	苗期		伸蔓期		坐果-膨大期		成熟期		全生育期	
	灌水量	耗水量	灌水量	耗水量	灌水量	耗水量	灌水量	耗水量	灌水量	耗水量
C1T1	25	25.16	17	43.55	24	59.97	21	8.58	89	137.3
C1T2	25	24.96	16	42.91	30	64.32	18	6.85	91	139.1
C1CK	25	26.09	30	60.24	27	64.38	24	9.14	108	159.9
C2T1	25	20.07	15	39.1	62	77.01	20	27.3	124	163.5
C2T2	25	19.28	12	42.97	62	75.9	15	21.82	116	159.9
C2CK	25	19.3	30	70.07	76	84.12	30	37.38	163	210.9
C3T1	22	19.83	0	22.56	120	126.6	0	13.8	142	182.8
C3T2	22	21.3	14	44.16	113	110.5	0	18.06	149	194
C3CK	22	18.99	30	64.64	144	141.8	23	21.06	219	246.5

2.2 对干物质累积的影响分析

从表43-4可知，一年三茬栽培中，CK处理干物质量和根冠显著高于T1和T2，并且在越冬茬栽培中，该趋势更加明显，说明在寒冷气候下植物对水分更加敏感。

表43-4　不同灌水量对日光温室不同茬西瓜干物质累积与分配分析结果表（g/株）

处理	C1T1	C1T2	C1CK	C2T1	C2T2	C2CK	C3T1	C3T2	C3CK
根系（g）	0.689 a	0.693 a	0.983 b	0.434 a	0.457 a	0.581 b	1.17 a	1.178 ab	1.21 b
植株（g）	80.207 a	84.721 a	96.33 b	62.764 a	63.669 ab	70.027 b	66.066 a	68.972 ab	76.613 b
根冠比	0.00859 a	0.00818 a	0.0102 b	0.0069 a	0.0071 a	0.0083 b	0.0167 a	0.0173 ab	0.0184 b

2.3 对产量和灌溉水利用效率的影响分析

从图43-1可以看出，三茬栽培中，T1和T2处理都一定程度地降低了西瓜的产量，但差异都没有达到显著水平，越冬茬栽培中产量降低程度最大，T1、

T2较对照分别降低了13.64%和12.57%，这是因为越冬茬栽培植物遭受极端寒冷天气，对植物有一定的寒冷胁迫，在这种胁迫下灌水量的确定还需要进一步研究。水分利用效率（WUE）方面，T1、T2处理都显著高于对照CK，分别较CK提高了17.91%和18.92%，这说明优化灌水方式对单方水的利用价值更高。

因而，按照西瓜需水规律并结合土壤相对含水率的上下限进行水分管理，优化灌水处理1和优化灌水处理2方案，均在确保产量没有下降的同时，提高了西瓜的水分利用效率，改善了西瓜品质。

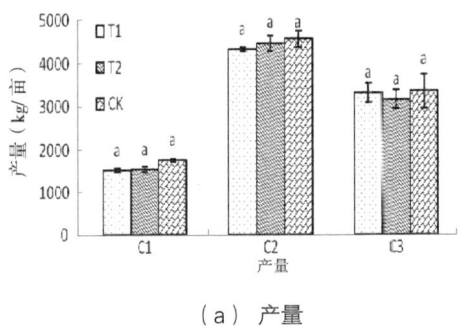
（a）产量

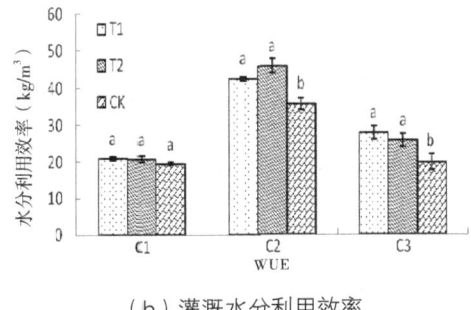
（b）灌溉水分利用效率

图43-1

[四十四]

温室黄瓜膜下调亏沟灌技术试验研究

1 试验材料与方法

1.1 试验设计

试验分冬春茬（2010年2~6月）和秋冬茬（2010年9~12月），宽窄行垄作（宽行80 cm，窄行50 cm），株距30 cm。根据栽培季节和黄瓜生育阶段设定动态灌水量，以当地经验灌水量（W1）为基本值，下浮25%（W2）和下浮50%（W3）作为另外两个灌水处理。每个小区有5个栽培畦，面积33.8 m²，3次重复，随机区组排列。为防止水分侧渗，不同处理小区之间用垂直埋深50 cm的薄膜隔开，三种灌水量同时灌水，灌水量用精确度为0.001 m³的水表计量。具体灌水时间及每次灌水量见表44-1。冬春茬3月17日开始进行不同灌水量处理，秋冬茬从9月30日开始进行不同灌水量处理，之前均采用当地经验进行灌溉。

根据实际，冬春茬黄瓜初花期为2月12日至3月16日共32 d，初瓜期为3月17日至4月19日共34 d，盛瓜期为4月20日至6月9日共51 d，末瓜期为6月10~30日共20 d，全生育期137 d；秋冬茬黄瓜初花期为9月6~29日共23 d，初瓜期为9月30日至10月18日共19 d，盛瓜期为10月19日至12月2日共46 d，末瓜期为12月3~23日共21 d，全生育期109 d。

表44-1 温室沟灌黄瓜灌水时间及每次灌水量设计结果表

季节	日期	不同处理方案灌水量（mm）		
		W1	W2	W3
冬春茬	2月12日	62.6	62.6	62.6
	2月24日	83.3	83.3	83.3
	3月8日	89.7	89.7	89.7
	3月17日	94.9	75.6	56.4
	4月3日	67.9	51.3	33.3
	4月20日	67.9	51.3	33.3
	5月1日	67.9	51.3	33.3
	5月9日	67.9	51.3	33.3
	5月19日	67.9	51.3	33.3
	5月29日	67.9	51.3	33.3
	6月10日	67.9	51.3	33.3
秋冬茬	9月6日	92.3	92.3	92.3
	9月15日	93.6	93.6	93.6
	9月30日	103.6	78.4	51.8
	10月19日	62.1	47.3	31.1
	11月9日	59.2	44.4	29.6
	12月3日	44.4	34.0	22.2

1.2 测试内容及方法

土壤体积含水率用土壤水分廓线仪（Diviner 2000，Sentek Pty Ltd.，Australia）测定。分别在每个小区中间垄床和沟底距离垄端1.5 m处各埋设一根PVC水分观测管，每0.1 m深度采集一个数据，7~10 d测定一次，并用取土烘干法对Diviner 2000测得的土壤体积含水率进行校正。果实产量分为小区产量、处理产量和总产量。每次采摘均利用电子天平记录各小区果实个数和产量，最终获得不同处理的总个数和总产量。作物耗水量采用水量平衡法计算，灌溉量由水表控制。

2 试验结果分析

2.1 不同灌水量对灌溉水水分分配的影响

由表44-2可知，灌溉水在渗漏、蒸发、蒸腾和土壤储水的分配比例因处理而有所差异，其中，渗漏占灌溉水的34%~50%，蒸发占11%~17%，蒸腾占24%~54%，土壤储变占 -3%~16%。蒸腾是蔬菜作物重要的生理过程，与生长发育密切相关，土壤储水量相对较小，因此节水的重要环节应集中在降低深层渗漏和土面蒸发上。减少灌水量使水分深层渗漏、土面蒸发及土壤储水量下降，而植株蒸腾量不同处理差异不显著。

表44-2 温室沟灌黄瓜不同灌水量对灌溉水水分分配影响分析结果表

季节	处理	灌水 I (mm)	渗漏 D (mm)	蒸发 E (mm)	蒸腾 T (mm)	土壤储变 W0 (mm)
冬春茬	W1	806.2	400.6a	86.3a	295.7a	23.5a
	W2	670.3	284.4b	80.9ab	302.3a	2.7b
	W3	525.4	179.0c	75.6b	286.0a	−15.1c
秋冬茬	W1	455.1	217.9a	57.6a	108.2a	71.5a
	W2	390.0	172.4b	56.5a	109.1a	52.0b
	W3	320.5	124.9c	55.5a	104.6a	35.5c

注：①表中数据采用 LSD 方差分析方法，同一行不含相同字母表示差异显著，小写字母表示不同处理间的差异显著性（$P<0.05$），下同。②定植及缓苗水所有处理相同，冬春茬为235.7 mm，秋冬茬为185.9 mm。

2.2 不同灌水量对黄瓜经济产量和水分利用效率的影响

由表44-3可知，随着灌水量的减少，黄瓜经济产量不但没有减少，反而增加。冬春茬 W2、W3 分别比 W1 增产9.9%和16.3%，秋冬茬分别增产12.1%和13.0%。水分利用效率冬春茬 W2、W3 分别比 W1 提高32.2%和78.4%，秋冬茬分别提高30.9%和60.4%。

因而，在本实验设定的灌水量范围内，灌水量减少有增产趋势，下浮25%

和下浮 50%分别比常规灌溉增产 10.5%和 15.4%，水分利用效率提高 31.7%和 71.4%，并减少了硝态氮的淋洗量，促使养分更多的分布于根层，对节水和保护地下水环境具有重要意义。但同时也可以看出，本试验确定的最低灌水量同时具有最高的产量和最大的水分利用效率，还不能确定黄瓜的最佳灌溉方案，尚需继续开展相关研究工作。

表 44-3 温室沟灌黄瓜不同灌水量对黄瓜经济产量和水分利用效率影响分析结果表

季节	处理	经济产量（kg/hm²）	WUEY（kg/m³）
冬春茬	W1	116105b	14.4c
	W2	127588ab	19.0b
	W3	134985a	25.7a
秋冬茬	W1	41663a	9.2c
	W2	46718a	12.0b
	W3	47073a	14.7a

[四十五]

棉花基于 ET 的膜下滴灌灌溉制度试验研究

1 试验材料与方法

1.1 试验设计

试验设置 6 个处理,其中 5 个滴灌处理,1 个对照常规膜上灌处理,试验于 2011 年 4 月 25 日开始,2012 年 9 月 30 日结束,连续开展两年试验。试验地休闲期免耕免冬灌,春季深翻、耙糖、铺滴灌带(一膜二管、滴头流量 2 L/s,滴头间距 30 cm)、覆膜,膜宽 145 cm,两年均于 4 月 25 日播种,播种后用滴灌灌水,播种时 1 膜 4 行,棉花按行距 30 cm、株距 15 cm、每穴 1~2 粒播种,播种前随耕地施底肥磷二铵 15 kg/亩,尿素 20 kg/亩,钾肥 10 kg/亩。生育期随水追肥 2 次,滴灌处理每次施尿素 5 kg/亩,对照处理施尿素 15 kg/亩。棉花全生育期滴灌灌水 7 次,灌水时间分别为 4 月下旬、6 月上旬、6 月下旬、7 月上旬、7 月下旬、8 月上旬、8 月下旬,对照处理灌水 4 次,分别为 4 月下旬、6 月下旬、7 月上旬、8 月上旬(表 45-1)。

表 45-1 棉花膜下滴灌节水型灌溉制度试验设计

处理	种植方式		灌水定额(m^3/亩)	面积(m^2)	单区灌水量(m^3)	灌水时间
T1	1 膜 4 行	1 膜 2 管	16	102	2.45	3 小时
T2	1 膜 4 行	1 膜 2 管	18	102	2.75	3 小时 24 分
T3	1 膜 4 行	1 膜 2 管	20	102	3.06	3 小时 48 分

续表 45-1

处理	种植方式		灌水定额（m³/亩）	面积（m²）	单区灌水量（m³）	灌水时间
T4	1膜4行	1膜2管	22	102	3.36	4小时12分
T5	1膜4行	1膜2管	24	102	3.67	4小时36分
CK	1膜4行	常规膜上灌	60	102	9.17	31分

1.2 测试内容及方法

用土钻取土烘干结合土壤墒情监测系统及便携式 TDR 土壤水分速测仪测定土壤含水量，滴灌处理每隔 10 d 在深度为 0~60 cm 的土层中每 10 cm 取一个土样，对照处理每隔 10 d 在深度为 0~100 cm 的土层中每 10 cm 取一个土样，降水及灌水前后进行加测；成熟期在每个小区中随机选取两点，每点取样 5 株，将两个点的样品合成一个样，进行考种，按各小区单收，分别计各小区鲜产量；在棉花播种前、开花期、收获后利用环刀法分别测定 0~20 cm、20~40 cm、40~60 cm 深度的土壤容重，用全自动气象站测定计算 ET0 所需气象资料。分别记录每次灌水量、灌水前水表数据、灌水后水表数据，记录灌水日期。

2 试验结果分析

2.1 膜下滴灌棉花耗水规律分析

通过田间土壤含水量的测定，利用水量平衡方程计算各个阶段和全生育期棉花的耗水量，结果如表 45-2 所示。各处理在全生育期以常规灌溉处理 CK 耗水量最大，为 479.51 mm，和膜下滴灌处理达到极显著差异（$P<0.01$），耗水量最小的是 T1，其耗水量为 253.02 mm。在各个生育期，第一阶段 T1 处理耗水量最小，与其余处理有显著差异（$P<0.05$），且最小与最大相差 80.6 mm；第二阶段以 CK 最大为 68.01 mm，T2 最小为 45.57 mm，只有 CK 与其余处理有显著差异；第三阶段以 CK 最大，为 120.17 mm，T4 最小为 77.03 mm，这个阶段滴灌灌水

45-2 膜下滴灌棉花耗水规律

处理	播种-苗期			苗期-拔节期			拔节-开花期			开花-花铃期			花铃-收获期			全生育期	
	耗水量(mm)	耗水强度(mm/d)	阶段耗水模数(%)	耗水量(mm)	耗水强度(mm/d)	阶段耗水模数(%)	耗水量(mm)	耗水强度(mm/d)	阶段耗水模数(%)	耗水量(mm)	耗水强度(mm/d)	阶段耗水模数(%)	耗水量(mm)	耗水强度(mm/d)	阶段耗水模数(%)	耗水量(mm)	耗水强度(mm/d)
T1	11.86	0.40	4.69	49.75	2.49	19.66	78.81	3.94	31.15	68.11	2.27	26.92	44.49	0.74	17.58	253.02	1.58
T2	12.85	0.43	4.85	45.57	2.28	17.20	84.89	4.24	32.04	78.73	2.62	29.72	42.87	0.71	16.18	264.90	1.66
T3	17.36	0.58	6.26	48.57	2.43	17.52	79.67	3.98	28.74	85.75	2.86	30.93	45.87	0.76	16.55	277.22	1.73
T4	20.36	0.68	6.90	51.05	2.55	17.29	77.03	3.85	26.09	105.61	3.52	35.77	41.17	0.69	13.95	295.22	1.85
T5	13.29	0.44	4.25	49.95	2.50	15.99	86.70	4.34	27.75	111.61	3.72	35.73	50.85	0.85	16.28	312.40	1.95
CK	92.46	3.08	19.28	68.01	3.40	14.18	120.17	6.01	25.06	121.91	4.06	25.42	76.96	1.28	16.05	479.51	3.00

量大的处理耗水量反而小于灌水量小的处理,主要是由于滴灌灌水量过小使 T1、T2 处理生育期推后,导致后续生育阶段需水量增加;第四阶段各处理耗水量随灌水量的增加而增加;第五阶段各处理耗水量无差异。可以看出,对照处理灌水量越大,其耗水量也越大;正滴灌处理比对照耗水量小,是因为滴灌处理可减少无效蒸发,具有较好的节水效果。

2.2 膜下滴灌棉花产量及 WUE

试验研究结果表明(表 45-3),产量最高的处理是 T5 和 T4,其产量分别为 268.81 kg/亩和 263.97 kg/亩;滴灌定额最小的处理 T1 产量(202.41 kg/亩)最低;同样 T5 和 T4 的增产率也最明显,其增产率为 5.06% 和 3.17%,而其他处理的产量比对照低,其减产率分别为 7.92%、19.15% 和 20.89%。就节水率来说,T1 的最高,达到 47.23%,其余处理均在 30% 以上。由上所述,膜下滴灌棉花较常规灌溉均有节水效应,其节水率均在 30% 以上。就水分利用效率来说,对照处理 0.53 kg/m^3 最低,T4 处理 0.89 kg/m^3 最高,T5 次之,推荐 T4、T5 处理。

表 45-3　棉花各处理产量、增产率和节水率

处理	灌水量 (mm)	耗水量 (mm)	产量 (kg/亩)	增产率 (%)	节水率 (%)	水分利用效率 (kg/m^3)
T1	168	253.02	202.41	−20.89	47.23	0.80
T2	189	264.90	206.87	−19.15	44.76	0.78
T3	210	277.22	235.60	−7.92	42.19	0.85
T4	231	295.22	263.97	3.17	38.43	0.89
T5	252	312.40	268.81	5.06	34.85	0.86
CK	360	479.51	255.87	—	—	0.53

3 膜下滴灌棉花基于 ET 的高效灌溉定额

根据 2011~2013 年参考作物蒸发量 ET_0 及相关计算公式,结合试验实测资料

计算所得棉花膜下滴灌条件下的作物系数见表45-4。

表45-4 参照作物腾发量和棉花滴灌条件下实际腾发量及对应的作物系数

月份	5月			6月			7月			8月			9月		
旬	上	中	下	上	中	下	上	中	下	上	中	下	上	中	下
ET_0	3.11	3.46	3.87	4.06	4.16	4.27	5.37	6.08	5.70	4.41	4.26	4.21	3.97	3.78	3.55
（CK）ET_m	1.97	2.03	2.09	3.02	3.11	3.20	4.12	4.36	4.60	3.61	3.46	3.31	2.42	2.02	1.62
（CK）K_c	0.63	0.59	0.54	0.74	0.75	0.75	0.77	0.72	0.81	0.82	0.81	0.79	0.61	0.53	0.46
（T1）ET_m	0.84	0.91	0.98	1.92	2.01	2.10	2.13	2.24	2.35	1.98	2.12	2.26	0.93	0.89	0.85
（T1）Kc_0	0.27	0.26	0.25	0.47	0.48	0.49	0.40	0.37	0.41	0.45	0.50	0.54	0.23	0.24	0.24
（T2）ET_m	0.88	0.96	1.04	2.06	2.11	2.16	2.18	2.22	2.26	2.17	2.13	2.09	1.05	0.97	0.89
（T2）Kc_0	0.28	0.28	0.27	0.51	0.51	0.51	0.41	0.37	0.40	0.49	0.50	0.50	0.26	0.26	0.25
（T3）ET_m	0.92	1.02	1.12	2.15	2.19	2.23	2.26	2.28	2.30	2.37	2.24	2.11	1.10	1.03	0.96
（T3）Kc_0	0.30	0.29	0.29	0.53	0.53	0.52	0.42	0.38	0.40	0.54	0.53	0.50	0.28	0.27	0.27
（T4）ET_m	0.98	1.17	1.36	2.13	2.25	2.37	2.41	2.45	2.49	2.42	2.34	2.26	1.21	1.16	1.11
（T4）Kc_0	0.31	0.34	0.35	0.52	0.54	0.55	0.45	0.40	0.44	0.55	0.55	0.54	0.31	0.31	0.31
（T5）ET_m	1.22	1.31	1.40	2.23	2.35	2.47	2.49	2.51	2.53	2.47	2.41	2.35	1.25	1.19	1.13
（T5）Kc_0	0.39	0.38	0.36	0.55	0.56	0.58	0.46	0.41	0.44	0.56	0.57	0.56	0.32	0.31	0.32

3.1 利用试验资料计算棉花缺水敏感指数

利用Jensen模型求解敏感指数，棉花膜下滴灌试验以灌水定额不同设五个处理，以常规灌溉处理作为对照处理（即CK）。

棉花分5个生长阶段，6个处理（包括对照），产量记为Y_a，各阶段蒸发蒸腾量记为ET_i，将充分灌溉时的对照处理产量作为Y_m，各阶段蒸发蒸腾量作为ET_m，其统计结果如表45-5所示。利用表45-5中所示的试验结果，以其他处理的产量与充分灌溉处理的产量比值记为相对产量，其他处理的蒸发蒸腾量与充分灌溉处理的蒸发蒸腾量的比值记为相对蒸发蒸腾量，计算结果如表45-6所示。

表45-5 棉花各生育阶段耗水量与产量

处理	阶段耗水量（mm）					产量（kg/亩）
	播种-苗期	苗期-拔节期	拔节-开花期	开花-花铃期	花铃-收获期	
T1	11.86	49.75	78.81	68.11	44.49	202.41
T2	12.85	45.57	84.89	78.73	42.87	206.87
T3	17.36	48.57	79.67	85.75	45.87	235.60
T4	20.36	51.05	77.03	105.61	41.17	263.97
T5	13.29	49.95	86.70	111.61	50.85	268.81
CK	92.46	68.01	120.17	121.91	76.96	255.87

表45-6 棉花相对腾发量和相对产量

处理	ET_i/ET_m					Y_a/Y_m
	播种-苗期	苗期-拔节期	拔节-开花期	开花-花铃期	花铃-收获期	
T1	0.1283	0.7316	0.6558	0.5587	0.5781	0.7911
T2	0.1389	0.6700	0.7064	0.6458	0.5571	0.8085
T3	0.1877	0.7141	0.6630	0.7034	0.5961	0.9208
T4	0.2202	0.7507	0.6410	0.8663	0.5350	1.0317
T5	0.1437	0.7344	0.7215	0.9155	0.6607	1.0506
CK	1.0000	1.0000	1.0000	1.0000	1.0000	1.0000

将表45-6中相对产量与相对蒸发蒸腾量取自然对数，得到表45-7中的计算结果。

表45-7 棉花相对产量和相对腾发量的自然对数值

处理	$\ln(ET_i/ET_m)$					$\ln(Y_a/Y_m)$
	播种-苗期	苗期-拔节期	拔节-开花期	开花-花铃期	花铃-收获期	
CK	-2.0536	-0.3126	-0.4219	-0.5822	-0.5479	-0.2344
YB0	-1.9737	-0.4005	-0.3476	-0.4373	-0.5850	-0.2126
YB2.5	-1.6728	-0.3367	-0.4110	-0.3518	-0.5174	-0.0825
YBH	-1.5134	-0.2868	-0.4448	-0.1435	-0.6255	0.0312
YB1.5	-1.9398	-0.3087	-0.3265	-0.0882	-0.4145	0.0493
YB0.5	0.0000	0.0000	0.0000	0.0000	0.0000	0.0000

利用式（45-1, 45-2）可求得求解 λ_i 线性方程组中的系数 L_{ij} 和常数项 L_{iz}，即：

$$L_{ij}=\sum_{k=1}^{4}X_{1k}\cdot X_{1k}=\sum_{k=1}^{4}\ln\left(\frac{ET_1}{ET_m}\right)\cdot\ln\left(\frac{ET_1}{ET_m}\right) \tag{45-1}$$

$$L_{iz}=\sum_{k=1}^{4}X_{1k}\cdot X_{2k}=\sum_{k=1}^{4}\ln\left(\frac{ET_1}{ET_{m1}}\right)\cdot\ln\left(\frac{ET_1}{ET_{m2}}\right) \tag{45-2}$$

依次求得 L_{11}=16.964，L_{12}=L_{21}=3.028，L_{13}=L_{31}=3.546，L_{14}=L_{41}=3.036，L_{15}=L_{51}=4.896，L_{22}=0.549，L_{23}=L_{32}=0.638，L_{24}=L_{42}=0.544，L_{25}=L_{52}=0.887，L_{33}=0.772，L_{34}=L_{43}=0.635，L_{35}=L_{53}=1.061，L_{44}=0.682，L_{45}=L_{54}=0.883，L_{55}=1.473。

$$L1z=\sum_{k=1}^{4}X_{1k}\cdot Z_k=\sum_{k=1}^{4}\ln\left(\frac{ET_1}{ET_{m1}}\right)\cdot\ln\left(\frac{Y}{Y_m}\right)=0.896 \tag{45-3}$$

同理 L_{2z}= 0.162，L_{3z}=0.177，L_{4z}= 0.250，L_{5z}=0.256

于是，可得到求解缺水敏感指数的线性方程组：

$$\left.\begin{aligned}&16.964\lambda_1+3.028\lambda_2+3.546\lambda_3+3.036\lambda_4+4.896\lambda_5=0.896\\&3.028\lambda_1+0.549\lambda_2+0.638\lambda_3+0.544\lambda_4+0.887\lambda_5=0.162\\&3.546\lambda_1+0.638\lambda_2+0.772\lambda_3+0.635\lambda_4+1.061\lambda_5=0.177\\&3.036\lambda_1+0.544\lambda_2+0.635\lambda_3+0.628\lambda_4+0.883\lambda_5=0.250\\&4.896\lambda_1+0.887\lambda_2+1.061\lambda_3+0.883\lambda_4+1.473\lambda_5=0.256\end{aligned}\right\}$$

用高斯消去法求解上述联立方程组，即可求得棉花缺水敏感指数 λ_1=0.0092；λ_2=-0.0614；λ_3=-0.8117；λ_4=0.6242；λ_5=0.3840

于是，膜下滴灌棉花水分生产函数模型可表示为下式：

$$Y_a=255.9\times\left(\frac{ET_1}{ET_{m1}}\right)^{0.0092}\left(\frac{ET_2}{ET_{m2}}\right)^{-0.0614}\left(\frac{ET_3}{ET_{m3}}\right)^{-0.8117}\left(\frac{ET_4}{ET_{m4}}\right)^{0.6242}\left(\frac{ET_5}{ET_{m5}}\right)^{0.3480} \tag{45-4}$$

3.2 滴灌条件下棉花经济灌溉定额的确定

利用试验期间 2011~2013 年气象资料，与研究区多年平均降水资料对比分析后得出，试验期间属降水平水年。根据棉花产量与灌水关系，结合棉花缺水敏感情况，拟合回归方程后（图 45-1），得到棉花产量与灌水量的回归方程式为：$Y=-0.0116ET^2+4.5628ET-172.07$。根据公式及棉花生育期降水与土壤储水情况求得棉花高效用水灌溉定额为 196 m³/亩（294 mm）。

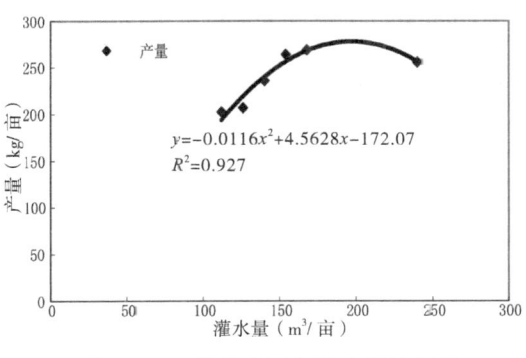

图 45-1 棉花产量与灌水量的关系

4 棉花膜下滴灌节水型灌溉制度

棉花可划分为 5 个生育阶段：播种 – 苗期、苗期 – 拔节期、拔节 – 开花期、开花 – 花铃期、花铃 – 收获期。根据有效降水量资料（$P=75\%$），膜下滴灌棉花生育期计划湿润层深度为 0.6 m，以灌水后不产生深层渗漏为原则，计算得上述线性规划问题及其目标函数如下：

$$\begin{cases} 24 \leqslant X_1 \leqslant 92.5 \\ 24 \leqslant X_2 \leqslant 92.5 \\ 24 \leqslant X_3 \leqslant 92.5 \\ 24 \leqslant X_4 \leqslant 92.5 \\ 24 \leqslant X_5 \leqslant 92.5 \\ X_1+X_2+X_3+X_4+X_5=294 \\ X_1, X_2, X_3, X_4, X_5 \geqslant 0 \end{cases}$$

$f(X) = \text{Max}\left(\dfrac{Y_a}{X}\right) = 0.13298+0.00001X_1-0.00009X_2-0.00675X_3+0.00512X_4+0.00499X_5$

根据作物高效灌溉定额分配模型，结合棉花实际灌水情况，计算了棉花生育期膜下滴灌灌溉制度，并结合冬季储水灌情况提出了平水年棉花膜下滴灌灌溉制度如表 45-8。平水年膜下滴灌棉花推荐灌溉定额为 294 mm（196 m³/亩），冬季免储水灌溉，生育期膜下滴灌灌水定额为 42 mm（28 m³/亩），灌水次数为 7 次，灌水时间为 4 月下旬、6 月上旬、6 月下旬、7 月上旬、7 月下旬、8 月上旬、8 月下旬。

表 45-8　棉花膜下滴灌节水型灌溉制度（mm）

生育阶段		计算所得灌水量	实际灌水量
休闲期	灌水量	—	0
	灌水时间	—	—
苗期	灌水量	38	42
	灌水时间	—	4 月下旬
拔节期	灌水量	47	42
	灌水时间	—	6 月上旬
开花期	灌水量	88	42/2
	灌水时间	—	6 月下旬、7 月上旬
花铃期	灌水量	85	42/2
	灌水时间	—	7 月下旬，8 月上旬
收获期	灌水量	36	42
	灌水时间	—	8 月下旬
生育期灌水次数		7	1/1/2/2/1

根据表 45-8，结合研究区不同降水频率，棉花膜下滴灌推荐灌溉制度为：丰水年灌溉定额 278~285 mm（185~190 m³/亩），免冬季储水灌，生育期灌水定额在平水年基础上适度下调，灌水次数不变；平水年灌溉定额 285~300 mm（190~200 m³/亩），免冬季储水灌，生育期灌溉定额 40.7~42.9 mm，灌水次数为 7 次；枯水年灌溉定额 300~323 mm（200~215 m³/亩），免冬季储水灌，生育期灌水定额在平水年基础上适度上调，灌水次数不变。

[四十六]

棉花基于 ET 的全膜覆盖膜孔灌灌溉制度试验研究

1 试验材料与方法

1.1 试验设计

试验根据生育期灌水定额不同设置 5 个处理,每个处理设 3 个重复,试验于 2012 年 4 月 25 日开始,2013 年 9 月 30 日结束,连续开展两年试验。试验地休闲期深耕、冬灌,灌水量 100 m³/亩,试验地面积为 3.0 m×8.3 m。试验地播前耙糖、平整、对照处理覆半膜,其余处理覆全膜,播种时 1 膜 4 行,膜宽 145 cm,行距 30 cm,株距 20 cm,每穴 2~3 粒种植,开沟前施底肥磷酸二铵 225 kg/hm²、尿素 300 kg/hm²、钾肥 150 kg/hm²,生育期随水追肥 2 次,每次施尿素 15 kg/亩。播后按试验设计灌安种水。生育期灌水 5 次,灌水时间分别为 4 月下旬、6 月上旬、7 月上旬、7 月下旬、8 月下旬。试验灌水参数设计见表 46-1。

表 46-1 棉花膜孔灌节水型灌溉制度试验设计

处理	灌水定额 (m³/亩)	单区灌水量 (m³/亩)	生育期灌水次数	灌溉定额(m³/亩) (包括安种水)
T1	35	1.31	4	175
T2	40	1.50	4	200
T3	45	1.69	4	225
T4	50	1.87	4	250
CK	60	1.87	4	300

1.2 试验方法

用土钻取土烘干结合土壤墒情监测系统及便携式 TDR 土壤水分速测仪测土壤含水量，每隔 10 d 在深度为 0~100 cm 的土层中每 10 cm 取一个土样，降水及灌水前后进行加测；成熟期在每个小区中随机选取两点，每点取样 5 株，将两个点的样品合成一个样，进行考种，按各小区单收，分别计各小区籽棉产量；在棉花播种前、开花期、收获后利用环刀法分别测定 0~20 cm、20~40 cm、40~60 cm 深度的土壤容重，用全自动气象站测定计算 ET 所需气象资料。分别记录每次灌水量、灌水前水表数据、灌水后水表数据，记录灌水日期。

2 试验结果分析

2.1 膜孔灌棉花耗水规律分析

通过田间土壤含水量的测定，利用水量平衡方程计算各个阶段和全生育期棉花的耗水量。由表 46-2 可知，各处理在全生育期以常规灌溉处理 CK 耗水量最大，为 515.5 mm，和膜孔灌处理达到极显著差异，耗水量最小的是 T1，其耗水量为 328.0 mm，两者相差 187.5 mm。各生育阶段均以 CK 最大，T1 最小。可以看出，对照处理灌水量越大，其耗水量也越大；而膜孔灌处理比对照耗水量小，是因为膜孔灌处理既减少了灌水定额，且全膜覆盖，可减少土面蒸发，具有较好的节水效果。

2.2 膜下滴灌棉花产量及 WUE

试验研究结果表明（表 46-3），按常规灌溉处理的产量并不是最高的，产量最高的处理是 T3 和 T4，其产量分别为 3444 kg/hm^2 和 3654 kg/hm^2；膜孔灌定额最小的处理 T1 产量（2722.5 kg/hm^2）是最低的；同样 T3 和 T4 的增产率也是最明显的，其增产率为 1.77% 和 7.98%，而 T2 和 T1 较对照是减产的，其减产率分别为 1.51% 和 19.55%。对于节水率来说，T1 的节水率是最高的，其节水率为 36.37%，其余膜孔灌处理的节水率均在 14% 以上。综上，膜孔灌棉花较常规灌溉均有节

表 46-2 膜孔灌棉花耗水规律

处理	播种-苗期			苗期-拔节期			拔节-开花期			开花-花铃期			花铃-收获期			全生育期		
	耗水量(mm)	耗水强度(mm/d)	阶段耗水模数(%)	耗水量(mm)	耗水强度(mm/d)	阶段耗水模数(%)	耗水量(mm)	耗水强度(mm/d)	阶段耗水模数(%)	耗水量(mm)	耗水强度(mm/d)	阶段耗水模数(%)	耗水量(mm)	耗水强度(mm/d)	阶段耗水模数(%)	耗水量(mm)	耗水强度(mm/d)
T1	53.89	1.80	16.43	59.95	3.00	18.28	66.70	3.34	20.34	79.61	2.65	24.27	67.85	1.13	20.69	328.00	2.05
T2	62.85	2.10	17.20	66.17	3.31	18.10	74.89	3.74	20.49	88.72	2.96	24.27	72.87	1.21	19.94	365.50	2.28
T3	73.36	2.45	18.20	77.57	3.88	19.25	81.67	4.08	20.27	94.53	3.15	23.46	75.87	1.26	18.83	403.00	2.52
T4	80.36	2.68	18.24	86.25	4.31	19.58	87.11	4.36	19.78	105.61	3.52	23.98	81.17	1.35	18.43	440.50	2.75
T5	92.46	3.08	17.94	98.01	4.90	19.01	110.17	5.51	21.37	121.91	4.06	23.65	92.95	1.55	18.03	515.50	3.22
CK	53.89	1.80	16.43	59.95	3.00	18.28	66.70	3.34	20.34	79.61	2.65	24.27	67.85	1.13	20.69	328.00	2.05

水效应，其节水率均在14%以上。常规灌溉处理CK的水分利用效率为0.66 kg/m³，是最低的；水利用效率最高是0.91 kg/m³，为T2处理。由以上分析可得，选择适宜的膜孔灌灌溉定额，可取得较好的增产及节水效益。

表46-3　膜孔灌棉花产量与水分利用效率

处理	灌水量（mm）	耗水量（mm）	产量（kg/hm²）	增产率（%）	节水率（%）	水分利用效率（kg/m³）
T1	262.5	328.0	2722.5	−19.55	36.37	0.83
T2	300	365.5	3333.0	−1.51	29.10	0.91
T3	337.5	403.0	3444.0	1.77	21.82	0.85
T4	375	440.5	3654.0	7.98	14.55	0.83
CK	450	515.5	3384.0	0.00	0.00	0.66

3　全膜覆盖膜孔灌棉花基于ET的高效灌溉定额

根据2011~2013年参考作物蒸发量ET_0及相关计算公式，结合试验实测资料计算所得棉花膜孔灌条件下的作物系数见表46-4。

表46-4　参照作物腾发量和棉花膜孔灌条件下实际腾发量及对应的作物系数

月份	4月	5月			6月			7月			8月			9月		
旬	下	上	中	下	上	中	下	上	中	下	上	中	下	上	中	下
ET_0	3.01	3.11	3.46	3.87	4.06	4.16	4.27	5.37	6.08	5.70	4.41	4.26	4.21	3.97	3.78	3.55
（CK）ET_m	1.95	2.37	2.43	2.69	3.22	3.41	3.64	4.12	4.86	4.52	3.81	3.66	3.31	2.92	2.42	2.22
（CK）K_c	0.65	0.76	0.70	0.70	0.79	0.82	0.85	0.77	0.80	0.79	0.86	0.86	0.79	0.74	0.64	0.62
（T1）ET_m	1.21	1.44	1.61	1.98	2.12	2.40	2.58	2.73	2.94	2.75	2.58	2.32	2.16	1.69	1.26	1.03
（T1）Kc_0	0.40	0.46	0.46	0.51	0.52	0.58	0.60	0.51	0.48	0.48	0.59	0.54	0.51	0.43	0.33	0.29
（T2）ET_m	1.38	1.68	1.86	2.04	2.16	2.61	2.86	2.98	3.42	3.16	3.07	2.53	2.29	1.85	1.47	1.19
（T2）Kc_0	0.46	0.54	0.54	0.53	0.53	0.63	0.67	0.55	0.56	0.55	0.70	0.59	0.54	0.47	0.39	0.33
（T3）ET_m	1.45	1.92	2.02	2.12	2.45	2.79	2.93	3.16	3.68	3.46	3.34	2.81	2.41	2.17	2.03	1.56

续表 46-4

月份	4月	5月			6月			7月			8月			9月		
旬	下	上	中	下	上	中	下	上	中	下	上	中	下	上	中	下
(T3) Kc_0	0.48	0.62	0.58	0.55	0.60	0.67	0.69	0.59	0.61	0.61	0.76	0.66	0.57	0.55	0.54	0.44
(T4) ET_m	1.63	2.18	2.37	2.46	2.63	2.95	3.17	3.31	3.85	3.59	3.42	3.14	2.83	2.41	2.16	1.85
(T4) Kc_0	0.54	0.70	0.68	0.64	0.65	0.71	0.74	0.62	0.63	0.55	0.78	0.74	0.67	0.61	0.57	0.52

3.1 利用试验资料计算棉花缺水敏感指数

利用 Jensen 模型求解敏感指数，棉花膜孔灌试验以灌水定额不同设五个处理，以常规灌溉处理作为对照处理（即 CK）（表 46-5）。

表 46-5 棉花全各生育阶段耗水量与产量

处理	阶段耗水量（mm）					产量 (kg/hm^2)
	播种-苗期	苗期-拔节期	拔节-开花期	开花-花铃期	花铃-收获期	
T1	53.89	59.95	66.70	79.61	67.85	2722.5
T2	62.85	66.17	74.89	88.72	72.87	3333
T3	73.36	77.57	81.67	94.53	75.87	3444
T4	80.36	86.25	87.11	105.61	81.17	3654
CK	92.46	98.01	110.17	121.91	92.95	3384

棉花分 5 个生长阶段，5 个处理（包括对照），产量记为 Y_a，各阶段蒸发蒸腾量记为 ET_i，将充分灌溉时的对照处理的产量作为 Y_n，各阶段蒸发蒸腾量作为 ET_m，其统计结果如表 46-6 所示。利用表 46-6 中所示的试验结果，以其他处理的产量与充分灌溉处理的产量比值记为相对产量，其他处理的蒸发蒸腾量与充分灌溉处理的蒸发蒸腾量的比值记为相对蒸发蒸腾量，计算结果如表 46-7 所示。

表 46-6 棉花相对产量和相对腾发量

处理	ET$_i$/ET$_m$					Y$_a$/Y$_m$
	播种－苗期	苗期－拔节期	拔节－开花期	开花－花铃期	花铃－收获期	
T1	0.5828	0.6117	0.6054	0.6530	0.7300	0.8045
T2	0.6798	0.6751	0.6798	0.7277	0.7840	0.9849
T3	0.7934	0.7914	0.7413	0.7754	0.8162	1.0177
T4	0.8691	0.8800	0.7907	0.8663	0.8733	1.0798
CK	1.0000	1.0000	1.0000	1.0000	1.0000	1.0000

将表 46-6 中相对产量与相对蒸发蒸腾量取自然对数，得到表 46-7 中的计算结果。

表 46-7 棉花相对产量和相对腾发量的自然对数值

处理	ln(ET$_i$/ET$_m$)					ln(Y$_a$/Y$_m$)
	播种－苗期	苗期－拔节期	拔节－开花期	开花－花铃期	花铃－收获期	
T1	-0.5398	-0.4916	-0.5018	-0.4261	-0.3148	-0.2175
T2	-0.3860	-0.3928	-0.3860	-0.3178	-0.2434	-0.0152
T3	-0.2314	-0.2339	-0.2993	-0.2544	-0.2030	0.0176
T4	-0.1403	-0.1278	-0.2349	-0.1435	-0.1355	0.0768
CK	0.0000	0.0000	0.0000	0.0000	0.0000	0.0000

利用式（46-1，46-2）可求得求解 λ_i 线性方程组中的系数 L_{ij} 和常数项 L_{iz}，即：

$$L_{ij} = \sum_{k=1}^{4} X_{1k} \cdot X_{1k} = \sum_{k=1}^{4} \ln\left(\frac{ET_1}{ET_m}\right) \cdot \ln\left(\frac{ET_1}{ET_m}\right) \tag{46-1}$$

$$L_{iz} = \sum_{k=1}^{4} X_{1k} \cdot X_{2k} = \sum_{k=1}^{4} \ln\left(\frac{ET_1}{ET_{m1}}\right) \cdot \ln\left(\frac{ET_1}{ET_{m2}}\right) \tag{46-2}$$

依次求得 L_{11}=0.5137，L_{12}=L_{21}=0.4891，L_{13}=L_{31}=0.5221，L_{14}=L_{41}=0.4317，L_{15}=L_{51}=0.3299，L_{22}=0.4670，L_{23}=L_{32}=0.0.4983，L_{24}=L_{42}= 0.4122，L_{25}=L_{52}=0.3151，L_{33}=0.5456，

$L_{34}=L_{43}=0.4464$，$L_{35}=L_{53}=0.3445$，$L_{44}=0.3679$，$L_{45}=L_{54}=0.2826$，$L_{55}=0.2179$

$$L_{1z}=\sum_{k=1}^{4}X_{1k}\cdot Z_k=\sum_{k=1}^{4}\ln\left(\frac{ET_1}{ET_{m1}}\right)\cdot\ln\left(\frac{Y}{Y_m}\right)=0.1084 \quad (46-3)$$

同理 $L_{2z}=0.0990$，$L_{3z}=0.0917$，$L_{4z}=0.0820$，$L_{5z}=0.0582$

于是，可得到求解缺水敏感指数的线性方程组：

$$\left.\begin{array}{l}0.5137\lambda_1+0.4891\lambda_2+0.5221\lambda_3+0.4317\lambda_4+0.3229\lambda_5=0.1084\\0.4891\lambda_1+0.4670\lambda_2+0.4983\lambda_3+0.4122\lambda_4+0.3151\lambda_5=0.0990\\0.5221\lambda_1+0.4983\lambda_2+0.5456\lambda_3+0.4464\lambda_4+0.3445\lambda_5=0.0917\\0.4317\lambda_1+0.4122\lambda_2+0.4464\lambda_3+0.3679\lambda_4+0.2826\lambda_5=0.0820\\0.3299\lambda_1+0.3151\lambda_2+0.3445\lambda_3+0.2826\lambda_4+0.2179\lambda_5=0.0582\end{array}\right\}$$

用高斯消去法求解上述联立方程组，即可求得棉花缺水敏感指数 $\lambda_1=1.7143$；$\lambda_2=0.1429$；$\lambda_3=-1.1429$；$\lambda_4=0.4286$；$\lambda_5=-1.2857$

于是，膜孔灌棉花水分生产函数模型可表示为下式：

$$Y_a=255.6\times\left(\frac{ET_1}{ET_{m1}}\right)^{1.7143}\left(\frac{ET_2}{ET_{m2}}\right)^{0.1429}\left(\frac{ET_3}{ET_{m3}}\right)^{-1.1429}\left(\frac{ET_4}{ET_{m4}}\right)^{0.4268}\left(\frac{ET_5}{ET_{m5}}\right)^{-1.2857} \quad (46-4)$$

3.2 膜孔灌条件下棉花高效灌溉定额的确定

利用试验期间2011~2013年气象资料，与研究区多年平均降水资料对比分析后得出，试验期间属降水平水年。根据棉花产量与灌水量关系，拟合回归方程后（图46-1），得到棉花产量与灌水量的回归方程式为：$Y=$

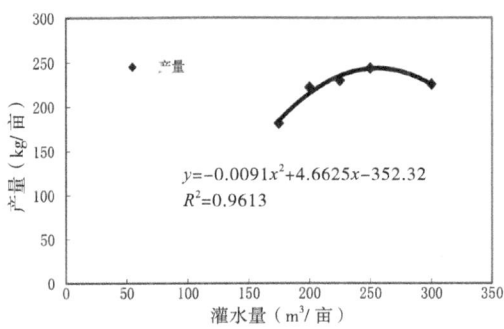

图46-1 棉花产量与灌水量的关系

$-0.0205ET^2+6.9937ET-352.32$。根据公式及棉花生育期降水与土壤储水情况可求得棉花高效用水灌溉定额为 256 m³/亩（384 mm）。

4 棉花全膜覆盖膜孔灌节水型灌溉制度

棉花可划分为 5 个生育阶段：播种－苗期、苗期－拔节期、拔节－开花期、开花－花铃期、花铃－收获期。根据有效降水量资料（P=75%），膜孔灌棉花苗期－拔节期计划湿润层深度为 0.8 m，其余各生育期为 1.0 m，以灌水后不产生深层渗漏为原则，计算得上述线性规划问题及其目标函数如下：

$$\begin{cases} 52.5 \leqslant X_1 \leqslant 92.5 \\ 52.5 \leqslant X_2 \leqslant 98.0 \\ 52.5 \leqslant X_3 \leqslant 110.2 \\ 52.5 \leqslant X_4 \leqslant 121.9 \\ 52.5 \leqslant X_5 \leqslant 92.9 \\ X_1+X_2+X_3+X_4+X_5=384 \\ X_1, X_2, X_3, X_4, X_5 \geqslant 0 \end{cases}$$

$f(X) =\text{Max}\left(\dfrac{Y_a}{Y_m}\right)=-0.4442+0.01853X_1+0.00146X_2-0.0104X_3+0.00352X_4-0.0138X_5$

根据作物高效灌溉定额分配模型，结合棉花实际灌水情况，计算了棉花生育期全膜覆盖膜孔灌灌溉制度，并结合冬季储水灌情况提出了平水年全膜覆盖膜孔灌棉花灌溉制度如表 46-8。平水年全膜覆盖膜孔灌棉花推荐灌溉定额为 384 mm（256 m³/亩），冬季储水灌灌水定额 120 mm（80 m³/亩），生育期全膜覆盖膜孔灌灌水定额为 75 mm（50 m³/亩），灌水次数为 5 次，灌水时间为 4 月下旬（播种后）、6 月上旬、7 月上旬、7 月下旬、8 月下旬。

表 46-8 棉花膜孔灌节水型灌溉制度（mm）

生育阶段		计算所得灌水量	实际灌水量
休闲期	灌水量	—	120
	灌水时间	—	11月下旬
苗期	灌水量	68	75
	灌水时间	—	4月下旬
拔节期	灌水量	87	75
	灌水时间	—	6月上旬
开花期	灌水量	75	75
	灌水时间	—	7月上旬
花铃期	灌水量	92	75
	灌水时间	—	7月下旬
收获期	灌水量	62	75
	灌水时间	—	8月下旬
生育期灌水次数		5	1/1/1/1/1

根据表 46-8 结合研究区不同降水频率，全膜覆盖膜孔灌棉花推荐灌溉制度为：丰水年灌溉定额 360~375 mm（240~250 m³/亩），冬季储水灌灌水定额 120 mm（80 m³/亩），生育期灌水次数不变，灌水定额在平水年基础上适度下调；平水年灌溉定额 375~390 mm（250~260 m³/亩），冬季储水灌灌水定额 120 mm（80 m³/亩），生育期灌水定额 58~62 mm，灌水次数为 5 次；枯水年灌溉定额 390~405 mm（260~270 m³/亩），冬季储水灌灌水定额 120 mm（80 m³/亩），生育期灌水定额在平水年基础上适度上调，灌水次数不变。

[四十七]

棉花精细畦灌技术体系试验研究

1 试验材料与方法

1.1 试验设计

试验根据畦田技术参数研究结果,按不同畦田坡度及单宽流量设置3个处理,以常规畦田坡度及单宽流量作为对照。试验小区规格为 3.0 m×60.0 m,播前耙糖、平整,按试验要求修整畦田坡度,播种时1膜4行,膜宽145 cm,按行距35 cm、株距15 cm、每穴1~2粒种植,播后灌安种水45 m³/亩。生育期灌水4次,灌水定额与安种水定额一致。采用人工控制灌水,由管道出口处水表精确测量灌水量,单宽流量由球阀开启度控制。作物生长发育过程中进行中耕、除草、施肥、防治病虫害,与当地棉花种植管理措施一致。试验设计见表47-1。

表47-1 棉花精细畦灌试验设计

处理	畦田坡度	单宽流量[L/(m·s)]	灌水定额(m³/亩)	小区规格(m²)
T1	1/500	2.0	45	180
T2	1/1000	2.0	45	180
T3	1/1000	3.0	45	180
CK	1/200	3.0	45	180

1.2 测试内容及方法

在棉花播种前2 d、整个生育期内每隔10 d以及棉花收获后，采用TDR土壤水分测定仪结合土钻取土烘干法测定作物根区土壤水分，深度分别为0~10 cm、10~20 cm、20~40 cm、40~60 cm、60~80 cm、80~100 cm，灌水前后及降雨前后进行加测，每个处理在畦首、畦中、畦尾分别测定。每个生育期观测作物株高、叶面积、干物质积累情况，收获后按各小区自然晒干后考种并测定干物质及产量。采用管道输水膜上灌溉，灌水量由水表量测，并在棉花生育期内由TRM-ZS3全自动气象站观测记载温度、降水、蒸发、风速等气象因素。

2 试验结果分析

2.1 土壤水分变化规律

根据试验结果分析各处理土壤水分变化过程（表47-1），播前因各处理均灌了冬春水而含水量无差别；播种后各处理灌水量相同，含水量也无明显差异；在作物生长过程中各处理含水量略有差异，T3含水率略高于其他处理，主要是由于单宽流量适中，灌水均匀度较高所致。在生育旺盛期由作物耗水量增大，导致土壤含水量降低很快，收获期随着降雨量增多，土壤含水量下降较为缓慢。

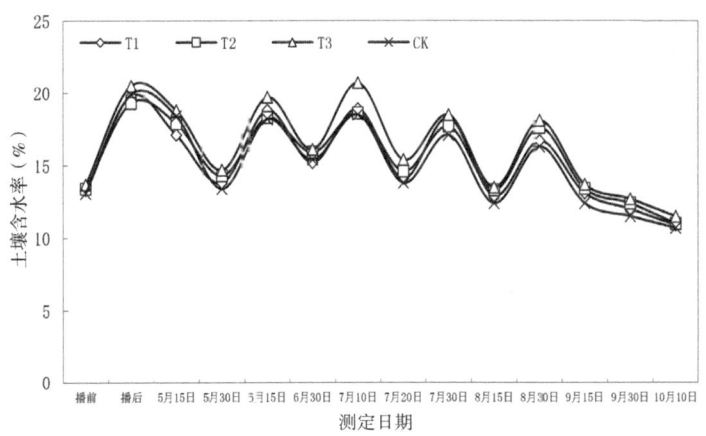

图 47-1 精细畦灌棉花土壤水分变化规律

2.2 作物生长动态分析

由图 47-2 可知，株高变化都是前期缓慢增长，拔节后快速增长，开花后期基本稳定，且棉花生长过程中，精细灌各处理株高均高于常规灌溉。株高随生育期变化是由于苗期当地气温和有效积温都较低，作物生长缓慢，开花期是棉花生长最快的时段，棉花进入花铃期以后生长速率已很小，营养生长基本停止而转向生殖生长，所以株高基本不再增长。由图 47-3 可知，棉花叶面积指数随生育期的推进，呈现出先增加、后稳定、最后又减小的趋势，其中 T3 处理在生长中后期叶面积指数明显高于其他处理。

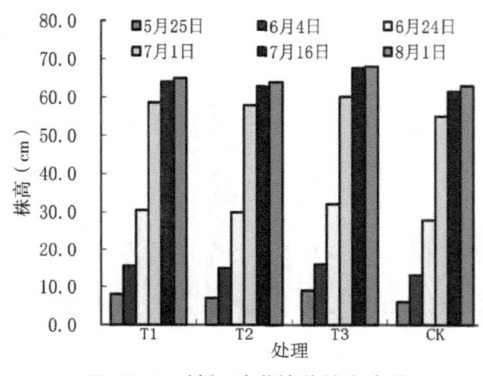

图 47-2　精细畦灌棉花株高变化

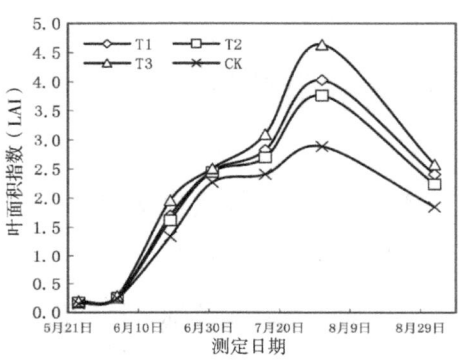

图 47-3　精细畦灌棉花叶面积指数变化

由表 47-2 和 47-3 可知，出苗至拔节，由于气温较低，棉花生长缓慢，所以干物质积累较慢；拔节到开花期，干物质迅速积累，之后积累速率减缓甚至不再增加。干物质积累量在一定范围内与向籽粒转化量、生物学产量和经济产量呈正相关，不同处理间后期的干物质积累量差异显著，说明水分是对棉花干物质的第一影响因子。灌水均匀度好的处理（T1、T3）干物质日增长量在作物生长旺盛期达到最大，而均匀度差的处理没有明显的规律。总体来说，灌水量一定的条件下，可以通过提高灌水均匀度，使作物整体长势提高，进而增加干物质和作物产量。

表47-2 棉花精细畦灌干物质积累分析（g/m²）

处理	苗期	拔节期	开花期	盛开花期	花铃期	收获期
T1	24.9	83.1	207.8	345.3	480.0	618.7
T2	17.8	69.5	168.9	247.9	324.0	567.0
T3	25.4	84.8	211.9	353.1	492.0	629.3
CK	14.3	59.2	148.5	219.2	312.0	524.9

表47-3 棉花精细畦灌干物质日增长量（g/m²）

处理	苗期	拔节期	开花期	盛开花期	花铃期	收获期
T1	0.62	3.88	8.31	9.23	8.91	4.62
T2	0.45	3.45	6.63	5.27	5.07	8.10
T3	0.64	3.95	8.47	9.41	9.26	4.58
CK	0.36	2.99	5.95	4.71	6.19	7.10

2.3 灌水均匀度及水分利用效率分析

根据精细畦灌棉花各次灌水后土壤含水量实测资料，利用公式计算精细畦灌棉花不同处理的灌水均匀度（如表47-4）。各处理在各次灌水后均匀度虽然有所差异，但处理间随着畦田坡度与单宽流量的不同差异较为明显，其中T3、T1处理均匀度较好，平均均匀度较CK提高0.12和0.10，说明通过对畦田坡度修整，加上合理的单宽流量，可提高灌水均匀度。就水分利用效率而言，T3灌溉水利用效率最高，为1.28 kg/m³，灌水均匀度高可使作物对水分高效利用，提高作物产量，进而提高作物对水分的利用率，达到节水高效的目的。

表47-4 棉花精细畦灌灌水均匀度分析

处理	播后	一水后	二水后	三水后	四水后	平均	灌溉水利用效率
T1	0.89	0.90	0.88	0.90	0.91	0.90	1.25
T2	0.87	0.89	0.86	0.89	0.90	0.88	1.22
T3	0.92	0.93	0.90	0.93	0.94	0.92	1.28
CK	0.81	0.78	0.80	0.78	0.83	0.80	1.08

2.4 棉花效益分析

根据本试验及灌区现状，结合当地市场调查对棉花的生产成本进行估算，其投入产出分析见表47-5。从统计结果看出，精细灌溉各处理投入大于对照，主要是平整土地所需投资，产出（包括籽棉产出和秸秆产出）为25 876.5元~30 615.3元/hm^2，净产值16 004.8~20 572.7元/hm^2，投入产出比为1:2.62~1:3.05。虽然精细畦灌处理投入较多，但在合理的畦田坡度及单宽流量条件下其增产效果明显，因此其净产值仍高于对照。

表47-5 精细畦灌棉花投入、产出分析

处理	投入（元/hm^2）种子、化肥、劳力机械费	产出（元/hm^2）			净产值（元/hm^2）	投产比
		籽棉产出	秸秆产出	总计		
CK	9871.7	25522.9	353.6	25876.5	16004.8	1:2.62
T1	10015.1	29442.4	372.2	29814.6	19799.5	1:2.98
T2	10038.3	28785.4	365.4	29150.8	19112.5	1:2.90
T3	10042.6	30241.1	374.2	30615.3	20572.7	1:3.05

以高产、高效为目的，分析精细畦灌棉花的各项技术参数、作物生长指标及效益，可得出精细灌溉能提高水分利用率和作物产量。单宽流量较不覆膜畦灌减小2~3 L/s，并减轻了大流量对田块的冲刷。在实际生产中以畦田坡度1/500~1/1000、单宽流量2~3 L/s为宜，可大力推广。

2.5 棉花精细覆膜畦灌技术体系

体系内容：冬灌+播前深翻+覆膜+膜上灌溉。

技术要求：前茬作物收割后，秋耕、平整，冬灌。次年播种前深翻、耙磨、平整、覆膜。田面坡度1/500或1/1000，单宽流量为2~2.5 L/s，畦田宽度3 m，畦田长度60 m左右。定期监测土壤水分，适时进行第一次灌水，精确控制灌水量。

技术指标：棉花播种后灌安种水一次，灌水定额45 m^3/亩，生育期灌水4

次，灌水定额 45 m³/亩。播种时 1 膜 4 行，膜宽 145 cm，按行距 35 cm、株距 15 cm、每穴 1~2 粒种植。

灌水：采用小畦灌溉，全生育期灌水 5 次，每次灌水量 45 m³/亩，灌溉定额 225 m³/亩。

追肥：分别在开花期、花铃期分两次结合灌水追施尿素 15 kg/（亩·次）。

[四十八]

洋葱精细畦灌技术体系试验研究

1 试验材料与方法

1.1 试验设计

试验根据畦宽、单宽流量及畦田坡度不同设计 6 个处理，每个处理设 2 个重复。播前耙糖，按试验设计平整畦田坡度后覆膜，膜宽 1.45 m，覆膜后按一膜 8 行，行距 15 cm，株距 15 cm，每穴一株移栽；移栽前按试验设计灌安种水，移栽后灌坐苗水，生育期灌水 6 次，灌水定额均为 50 m³/亩。采用人工控制灌水，由管道出口处水表精确测量灌水量，单宽流量由球阀开启度控制。作物生长发育过程中进行中耕、除草、施肥、防治病虫害，与当地洋葱种植管理措施一致。试验设计见表 48-1。

表 48-1 精细畦灌洋葱试验设计

处理	畦长（m）	畦宽（m）	单宽流量 [L/(s·m)]	畦田坡度	灌水定额（m³/亩）
T1	30	3.0	2	1/500	50
T2	30	3.0	2	1/1000	50
T3	30	3.0	3	1/1000	50
T4	30	4.5	3	1/500	50
T5	30	4.5	3	1/1000	50
CK	30	3.0	3	1/200	50

1.2 测试内容及方法

在洋葱移栽前 2 d、整个生育期内每隔 10 d 以及洋葱收获后，测定作物根区土壤水分，深度分别为 0~10 cm、10~20 cm、20~40 cm、40~60 cm、60~80 cm、80~100 cm，采用 TDR 土壤水分测定仪结合土钻取土烘干法测定，灌水前后及降雨前后进行加测，每个处理在畦首、畦中、畦尾分别测定。每个生育期观测作物株高、叶面积、干物质积累情况，收获后按各小区考种并测定鲜产量。采用管道输水膜上灌溉，灌水量由水表量测，记录每次灌水时间、灌水量，并在洋葱生育期内由 TRM-ZS3 全自动气象站观测记载温度、降水、蒸发、风速等气象因素。

2 试验结果分析

2.1 土壤水分变化规律

根据试验结果分析各处理土壤水分的变化过程（图 48-1），播前因各处理均灌了安种水而含水量无差别；播种后各处理灌水量相同，含水量也无明显差异；在作物生长过程中各处理含水量略有差异，T3 含水率略高于其他处理，主要是由于畦田坡度平缓、流量适中，灌水均匀度较高所致，在相同畦田坡度下不同单宽流量对灌水均匀度也有影响，如 CK 均匀度较差就是因为单宽流量过大，使水量集中在畦尾所致。畦田坡度大，单宽流量也大时，可通过增加畦田宽度减小水流速率，进而提高均匀度，如 T4 处理。在生育旺盛期土壤含水量降低很快，耗水量增大，土壤平均含水量较低。收获期随着降雨量增多，土壤含水量下降较为缓慢。

2.2 洋葱生长动态分析

由图 48-2 可知，株高变化都是前期缓慢增长、立苗后快速增长、鳞茎膨大后期基本稳定，精细灌各处理株高均高于常规灌溉。由于立苗期当地气温和有效积温都较低，洋葱生长缓慢，六叶期-鳞茎膨大期是洋葱生长最快的时段，洋葱进入盛膨大期以后株高生长速率已很小，营养生长基本停止而转向生殖生长。由

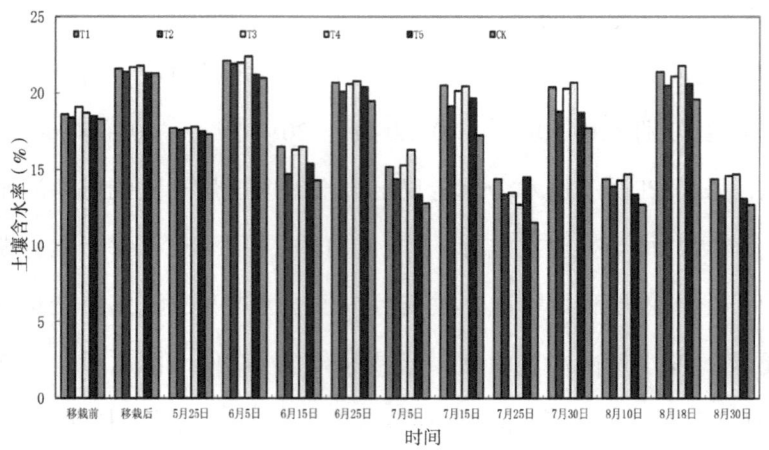

图 48-1 精细畦灌洋葱土壤水分变化规律

图 48-3 可知,洋葱叶面积指数随生育期的推进呈现出先增加、后稳定、最后又减小的趋势,其中 T3、T1 处理在生长中后期叶面积指数明显高于其他处理,而对照处理远远低于精细灌溉处理。

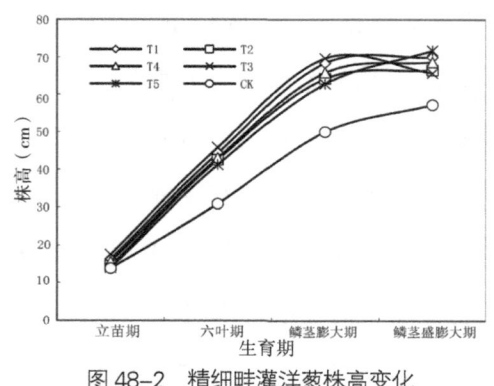

图 48-2 精细畦灌洋葱株高变化

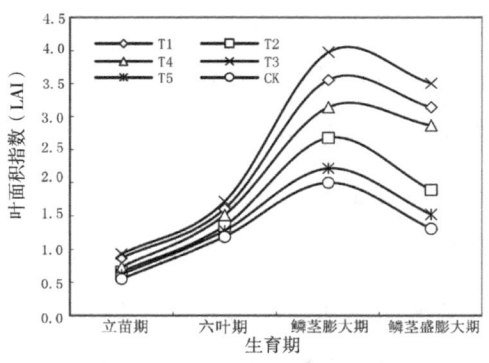

图 48-3 精细畦灌洋葱叶面积指数变化

由表 48-2 和表 48-3 可知,立苗至六叶期,由于气温较低,洋葱生长缓慢,所以干物质积累较慢;六叶期到鳞茎膨大期,干物质迅速积累,之后积累速率减缓。鳞茎膨大期干物质日增长速率达到最大,其中 T3 处理日增长量可达 0.76 g/(株·d),较 CK 增加 0.197 g/(株·d)。由于精细灌溉各处理灌水均匀度较好,其干物质日增长量在作物生长旺盛期达到最大。总体来说。同样灌水量可以通过提高灌水均匀度，使作物整体长势提高，进而增加干物质；灌水不均匀，作物生长层次不齐，平均干物质积累就会减少。

表 48-2　洋葱精细畦灌干物质积累分析（g/株）

处理	立苗期	六叶期	鳞茎膨大期	鳞茎盛膨大期
T1	1.9	5.9	32.1	43.8
T2	1.3	3.2	27.7	37.4
T3	2.1	6.1	32.7	44.1
T4	1.6	5.3	28.8	42.7
T5	1.2	3.0	23.3	36.3
CK	1.0	2.6	22.3	28.7

表 48-3　洋葱精细畦灌干物质日增长量（g/株）

处理	立苗期	六叶期	鳞茎膨大期	鳞茎盛膨大期
T1	0.034	0.154	0.749	0.688
T2	0.023	0.073	0.700	0.571
T3	0.038	0.154	0.760	0.671
T4	0.029	0.142	0.671	0.818
T5	0.021	0.069	0.580	0.765
CK	0.018	0.062	0.563	0.376

2.3 灌水均匀度及灌溉水利用效率

根据精细畦灌洋葱各次灌水后土壤含水量实测资料，计算精细畦灌洋葱不同处理的灌水均匀度（如表 48-4）。各处理在各次灌水后均匀度虽然有所差异，但处理间随着畦田坡度、单宽流量及畦田宽度不同差异较为明显，其中 T3、T1 处理均匀度较好，平均均匀度较 CK 提高 0.15 和 0.12，说明通过修整畦田坡度和合理化单宽流量，可提高灌水均匀度。同样 T4 处理由于适当增加了畦田宽度，也取得了较好的灌水均匀度。到灌水后期各处理均匀度均有所降低，主要是由于作物茎秆阻碍水流推进，使均匀度降低，而 CK 恰好相反，说明坡度过大时，作物茎秆阻碍水流推进有一定好处。就水分利用效率而言，灌水均匀度高可使作物对水分高效利用，提高作物产量，进而提高作物对水分的利用率，达到节水高效的目的。

表 48-4　洋葱精细畦灌灌水均匀度分析

处理	播后	一水后	二水后	三水后	四水后	五水后	六水后	平均	灌溉水利用效率（kg/m³）
T1	0.88	0.91	0.90	0.90	0.89	0.88	0.86	0.89	15.84
T2	0.84	0.85	0.84	0.82	0.79	0.78	0.76	0.81	14.35
T3	0.92	0.96	0.94	0.93	0.91	0.91	0.89	0.92	16.24
T4	0.88	0.91	0.90	0.87	0.87	0.85	0.85	0.88	15.61
T5	0.82	0.83	0.81	0.80	0.78	0.76	0.75	0.79	13.78
CK	0.76	0.84	0.82	0.77	0.75	0.74	0.74	0.77	13.64

2.4 洋葱效益分析

根据本试验及灌区现状，结合当地市场调查对洋葱的生产成本进行估算，其投入产出分析见表 48-5。从统计结果看出，精细灌溉各处理投入大于对照，主要是平整土地所需投资，产出为 71 583.8 元 /hm²~85 242.6 元 /hm²，净产值 35 652.2 元 /hm²~48 895.8 元 /hm²，投入产出比为 1∶1.99~1∶2.35。虽然精细畦灌处理投入较多，但在合理的畦田坡度、单宽流量及畦田宽度条件下其增产效果明显，因此其净产值仍高于对照。

表 48-5　精细畦灌洋葱投入、产出分析

处理	投入（元/hm²）	产出（元/hm²）	净产值（元/hm²）	投产比
T1	36439.6	83141.6	46701.9	1∶2.28
T2	36428.6	75337.7	38909.1	1∶2.07
T3	36346.8	85242.6	48895.8	1∶2.35
T4	36437.7	81940.9	45503.3	1∶2.25

续表 48-5

处理	投入（元/hm²）	产出（元/hm²）	净产值（元/hm²）	投产比
T5	36455.9	72334.8	35878.9	1∶1.98
CK	35931.6	71583.8	35652.2	1∶1.99

以高产、高效为目的，分析精细畦灌洋葱的各项技术参数、作物生长指标及效益，可得精细灌溉可提高水分利用率、提高作物产量，充分利用有限的水资源，单宽流量较不覆膜畦灌减小 2~3 L/s，减小了大流量对田块的冲刷。在实际生产中以畦宽 3 m，畦田坡度 1/500、单宽流量 2 L/(s·m)；畦田坡度 1/1000、单宽流量 3 L/(s·m)；畦宽 4.5 m，畦田坡度 1/500、单宽流量 3 L/(s·m)为宜，可大力推广。

2.5 洋葱精细覆膜畦灌技术体系

体系内容：冬灌+播前深翻+平整覆膜+膜上灌溉。

技术要求：前茬作物收割后，秋耕、平整，冬灌。次年播种前深翻、耙磨、平整、覆膜，畦田宽度 3 m 时，田面坡度 1/500 或 1/1000，单宽流量为 2~3 L/s；畦田宽度 4.5 m 时，田面坡度 1/500，单宽流量为 2.5~3 L/s，畦田长度控制在 60 m 以内。定期监测土壤水分，适时进行第一次灌水，精确控制灌水量。

技术指标：洋葱移栽前灌安种水，移栽后灌坐苗水各一次，灌水定额 50 m³/亩，生育期灌水 5 次，灌水定额 50 m³/亩。移栽时 1 膜 8 行，膜宽 145 cm，按行距 15 cm，株距 15 cm，每穴 1 株移栽。

灌水：灌水时采用管道输水小畦灌溉，全生育期灌水 6 次（不包括安种水），每次灌水量 50 m³/亩，精确控制单宽流量。灌溉定额 300 m³/亩。

追肥：分别在六叶期、盛膨大期分两次结合灌水追施尿素 15 kg/(亩·次)。

[四十九]

辣椒精细畦灌技术体系试验研究

1 试验材料与方法

1.1 试验设计

试验根据畦宽、单宽流量及畦田坡度不同设计 6 个处理，每个处理设 2 个重复。播前耙耱，按试验设计平整畦田坡度后覆膜，膜宽 1.45 m，覆膜后按一膜 3 行、行距 45 cm、株距 25 cm、每穴 2~3 粒播种；播种后按试验设计灌安种水，生育期灌水 5 次，灌水定额均为 50 m³/亩。采用人工控制灌水，由管道出口处水表精确测量灌水量，单宽流量由球阀开启度控制。作物生长发育过程中进行的中耕、除草、施肥、防治病虫害，与当地辣椒种植管理措施一致。试验设计见表 49-1。

表 49-1 精细畦灌辣椒试验设计

处理	畦长（m）	畦宽（m）	单宽流量[L/(s·m)]	畦田坡度	灌水定额（m³/亩）
T1	60	3.0	2	1/500	50
T2	60	3.0	2	1/1000	50
T3	60	3.0	3	1/1000	50
T4	60	4.5	3	1/500	50
T5	60	4.5	3	1/1000	50
CK	60	3.0	3	1/200	50

1.2 测试内容及方法

在辣椒播种前 2 d、整个生育期内每隔 10 d 以及辣椒收获后，测定作物根区土壤水分，深度分别为 0~10 cm、10~20 cm、20~40 cm、40~60 cm、60~80 cm、80~100 cm，采用 TDR 土壤水分测定仪结合土钻取土烘干法测定，灌水前后及降雨前后进行加测，每个处理在畦首、畦中、畦尾分别测定。每个生育期观测作物株高、分枝数、叶面积、干物质积累情况，收获后按各小区考种并测定鲜产量。采用管道输水膜上灌溉，灌水量由水表量测，记录每次灌水时间、灌水量，并在辣椒生育期内由 TRM-ZS3 全自动气象站观测记载温度、降水、蒸发、风速等气象因素。

2 试验结果分析

2.1 土壤水分变化规律

根据试验结果分析各处理土壤水分的变化过程（图 49-1），播前因各处理均灌了安种水而含水量无差别，播种后各处理灌水量相同，含水量也无明显差异，在作物生长过程中各处理含水量略有差异，T3 含水率略高于其他处理，主要是由于畦田坡度平缓、流量适中、灌水均匀度较高所致；在相同畦田坡度下不同单宽流量对灌水均匀度也有影响，如 CK 均匀度较差就是因为单宽流量过大，使水量集中在畦尾所致。畦田坡度大，单宽流量也大时，可通过增加畦田宽度减小水流速率，进而提高均匀度，如 T4 处理。在生育旺盛期土壤含水量降低很快，耗水量增大，土壤平均含水量较低。收获期随着降雨量增多，土壤含水量下降较为缓慢。

2.2 辣椒生长动态分析

由图 49-2 可知，株高变化都是前期缓慢增长，立苗后快速增长，挂果后期基本稳定，且在辣椒生长过程中，精细灌各处理株高均高于常规灌溉。由于立苗期当地气温和有效积温都较低，株高生长缓慢；而拔节到开花期是辣椒生长最快的时段，辣椒进入挂果期以后株高生长速率已很小，营养生长基本停止而转向生

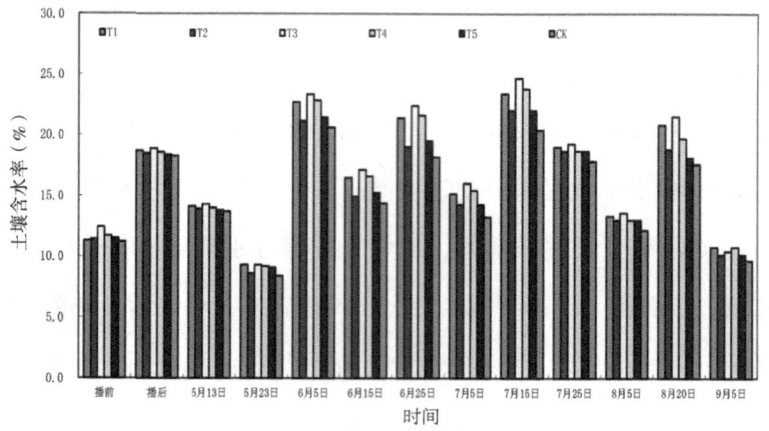

图 49-1 精细畦灌辣椒土壤水分变化规律

殖生长，所以株高基本不再增长。由图 49-3 可知，辣椒叶面积指数随生育期的推进，呈现出先增加、后稳定、最后又减小的趋势，其中 T3、T1 处理在生长中后期叶面积指数明显高于其他处理，而对照处理远远低于精细灌溉处理。

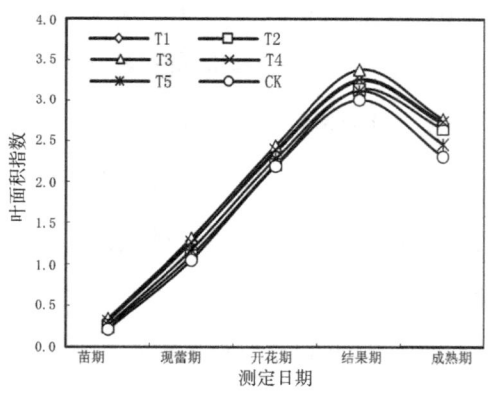

图 49-2 精细畦灌辣椒株高变化

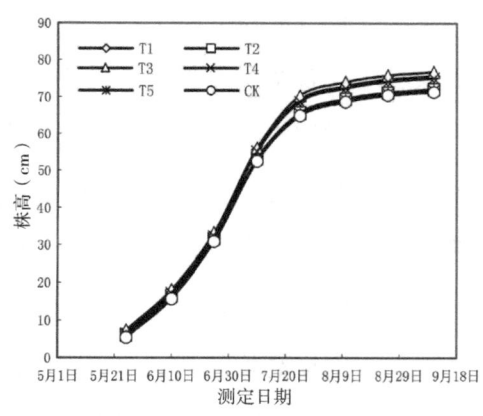

图 49-3 精细畦灌辣椒叶面积指数变化

由表 49-2 和表 49-3 可知，苗期由于气温较低，辣椒生长缓慢，干物质积累较慢；拔节到挂果期干物质迅速积累，之后积累速率减缓；开花期干物质日增长速率达到最大，其中 T3 处理日增长量可达 1.935g/（株·d），较 CK 增加 0.345g/（株·d）。由于精细灌溉各处理灌水均匀度较好，其干物质日增长量在作物生长旺盛期达到最大。总体来说，同样灌水量可以通过提高灌水均匀度，使作物整体长势提高，进而增加干物质；灌水不均匀，作物生长层次不齐，平均干物质积累就会减少。

表 49-2　辣椒精细畦灌干物质积累分析（g/株）

处理	苗期	现蕾期	开花期	结果期	成熟期
T1	3.0	10.2	48.5	68.6	95.9
T2	2.4	7.5	44.1	62.2	88.7
T3	3.2	10.4	49.1	68.9	101.1
T4	2.7	9.6	45.2	67.5	95.1
T5	2.3	7.3	39.7	61.1	86.9
CK	2.1	6.9	38.7	53.5	82.3

表 49-3　辣椒精细畦灌干物质日增长量（g/株）

处理	苗期	现蕾期	开花期	结果期	成熟期
T1	0.086	0.360	1.915	0.670	0.910
T2	0.069	0.255	1.830	0.603	0.883
T3	0.091	0.360	1.935	0.660	1.073
T4	0.077	0.345	1.780	0.743	0.920
T5	0.066	0.250	1.620	0.713	0.860
CK	0.060	0.240	1.590	0.493	0.960

2.3 灌水均匀度及灌溉水利用效率

根据精细畦灌辣椒各次灌水后土壤含水量实测资料，利用公式计算精细畦灌辣椒不同处理的灌水均匀度如表49-4。各处理在各次灌水后均匀度虽然有所差异，但处理间随着畦田坡度、单宽流量及畦田宽度的不同，差异逐渐明显，其中T3、T1处理均匀度较好，平均均匀度较CK提高0.14和0.12，说明通过修整畦田坡度，合理化单宽流量可提高灌水均匀度。同样T4处理由于适当增加了畦田宽度，也取得了较好的灌水均匀度。到灌水后期各处理均匀度均有所降低，主要是由于作物茎秆阻碍水流推进，使均匀度降低，而CK恰好相反，说明坡度过大时，作物茎秆阻碍水流推进有一定好处。就水分利用效率而言，灌水均匀度高，可使作物对水分能够高效利用，提高作物产量，进而提高作物对水分的利用率，达到节水高效的目的。

表49-4 辣椒精细畦灌灌水均匀度分析

处理	播后	一水后	二水后	三水后	四水后	五水后	平均	灌溉水利用效率（kg/m³）
T1	0.89	0.92	0.91	0.90	0.88	0.87	0.90	1.33
T2	0.85	0.86	0.84	0.82	0.80	0.78	0.83	1.22
T3	0.93	0.95	0.92	0.92	0.91	0.90	0.92	1.37
T4	0.87	0.91	0.91	0.88	0.87	0.86	0.88	1.30
T5	0.81	0.83	0.82	0.80	0.77	0.77	0.80	1.17
CK	0.75	0.74	0.73	0.80	0.82	0.83	0.78	1.14

2.4 辣椒效益分析

根据本试验及灌区现状，结合当地市场调查对辣椒的生产成本进行估算，其投入产出分析见表49-5。从统计结果看出，精细灌溉各处理投入大于对照，主要是平整土地所需投资，产出为23 109.3元/hm²~27 669.6元/hm²，净产值15 280.3元/hm²~19 839.6元/hm²，投入产出比为1∶2.95~1∶3.53。虽然精细畦灌处理投入较多，但在合理的畦田坡度、单宽流量及畦田宽度条件下，其增产效果明显，因此其净产值仍高于对照。

表49-5 精细畦灌辣椒投入、产出分析

处理	投入（元/hm²）	产出（元/hm²）	净产值（元/hm²）	投产比
T1	7825	26956.8	19133.8	1∶3.45
T2	7823	24703.2	17000.2	1∶3.21
T3	7830	27669.6	19839.6	1∶3.53

续表 49-5

处理	投入（元/hm²）	产出（元/hm²）	净产值（元/hm²）	投产比
T4	7829	26297.1	18475.1	1∶3.36
T5	7822	23672.3	15847.3	1∶3.03
CK	7703	23109.3	15280.3	1∶2.95

以高产、高效为目的，分析精细畦灌辣椒的各项技术参数、作物生长指标及效益，可得精细灌溉可提高水分利用率、提高作物产量，充分利用有限的水资源。单宽流量较不覆膜畦灌减小 2~3 L/s，减小了大流量对田块的冲刷。在实际生产中以畦宽 3 m，畦田坡度 1/500、单宽流量 2~2.5 L/（s·m）；畦田坡度 1/1000、单宽流量 2.5~3 L/（s·m）；畦宽 4.5 m，畦田坡度 1/500、单宽流量 2.5~3 L/（s·m）为宜，可大力推广。

2.5 辣椒精细覆膜畦灌技术体系

体系内容：冬灌 + 播前深翻 + 平整覆膜 + 膜上灌溉。

技术要求：前茬作物收割后，秋耕、平整、冬灌。次年播种前深翻、耙磨、平整、覆膜，畦田宽度 3 m 时，田面坡度 1/500 或 1/1000，单宽流量为 2~3 L/s；畦田宽度 4.5 m 时，田面坡度 1/500，单宽流量为 2.5~3 L/s，畦田长度控制在 60 m 以内。定期监测土壤水分，适时进行第一次灌水，精确控制灌水量。

技术指标：辣椒播种后灌安种水一次，灌水定额 50 m³/亩，生育期灌水 5 次，灌水定额 50 m³/亩。播种时 1 膜 3 行，膜宽 145 cm，按行距 45 cm，株距 20 cm，每穴 2~3 株播种。

灌水：灌水时采用管道输水小畦灌溉，全生育期灌水 6 次（包括安种水），每次灌水量 50 m³/亩，精确控制单宽流量。灌溉定额 300 m³/亩。

追肥：分别在开花期、盛果期分两次结合灌水追施尿素 15 kg/（亩·次）。

[五十]

油葵精细膜垄沟灌技术体系试验研究

1 试验材料与方法

1.1 试验设计

试验根据垄沟沟底坡度、单沟流量不同设计 8 个处理，每个处理设 2 个重复。播前耙糖、平整、起垄，按试验设计修整灌水沟坡度后覆膜，沟底坡度设两个水平，分别为 1/500 和 1/1000，入沟流量为 0.6 L/s、0.8 L/s、1.0 L/s。覆膜后按一垄 2 行播种，行距 45 cm，株距 30 cm；生育期灌水 5 次，试验小区规格 3 m×30 m。采用人工控制灌水，由管道出口处水表精确测量灌水量，入沟流量由球阀开启度控制（表 50-1）。作物生长发育过程中进行的中耕、除草、施肥、防治病虫害，与当地油葵种植管理措施一致。

表 50-1 油葵精细垄膜沟灌试验设计

处理	地块几何尺寸			灌水技术要素设计		垄沟数量	灌水定额
	长度（m）	宽度（m）	面积（m²）	设计纵坡	入沟流量 [L/(m·s)]		（m³/亩）
T1	30	3.0	90	1/500	0.6	3	35
T2	30	3.0	90	1/500	0.8	3	35
T3	30	3.0	90	1/500	1.0	3	35
T4	30	3.0	90	1/1000	0.6	3	35
T5	30	3.0	90	1/1000	0.8	3	35
T6	30	3.0	90	1/1000	1.0	3	35
CK1	30	3.0	90	1/200	0.6	3	35
CK2	30	3.0	90	1/200	0.8	3	35

1.2 测试内容及方法

采用土钻取土烘干法测定土壤含水量,测定深度 1.0 m,每 20 cm 一层,在垄首、垄中、垄尾,沟首、沟中、沟尾分别设点测定,在播前、灌水前、灌水后及作物生育期每隔 10 d 观测一次。在每个小区中随机选取两点,每点取样约 10 株,出苗后每隔 10 d 测定一次株高;分别在苗期、现蕾期、开花期、灌浆期、收获期测定叶面积指数(取 5~10 株,采用长宽系数法或采用叶面积仪测定)。分别在出苗后及每个生育期测定干物质量(烘干,80℃,48 h),样本大小为 5 株。所需气象资料由试验站全自动气象站获得。分别记录每次单沟流量、水流推进速度、灌水量、灌水前水表数据、灌水后水表数据、各试验小区灌水累计时间及灌水日期。干质量法测生物产量,油葵成熟后,按各小区单打单收,分别计各小区籽粒产量。

2 试验结果分析

2.1 土壤水分变化规律

根据试验结果分析各处理土壤水分的变化过程(图 50-1),播前因各处理均灌了冬水而含水量无差别;播种后各处理灌水量相同,在作物生长过程中各处理含水量略有差异,T6、T2 含水率略高于其他处理,主要是不同垄沟坡度在流量适中的情况下,灌水均匀度较高所致;在相同垄沟坡度下不同入沟流量对灌水均匀度也有影响,如 CK1 均匀度较差就是因为入沟流量过大,而坡度又大,使水量集中在沟尾所致。即使入沟流量与精细沟灌处理一致,但水量过度集中在沟尾却能影响灌水均匀度。在生育旺盛期土壤含水量降低很快,耗水量增大,收获期随着降雨量增多,土壤含水量下降较为缓慢。

2.2 油葵生长动态分析

由图 50-2 可知,在油葵生长过程中,精细灌各处理株高均高于常规灌溉。株高随生育期变化是与苗期当地气温和有效积温都较低有关,所以作物生长缓慢;

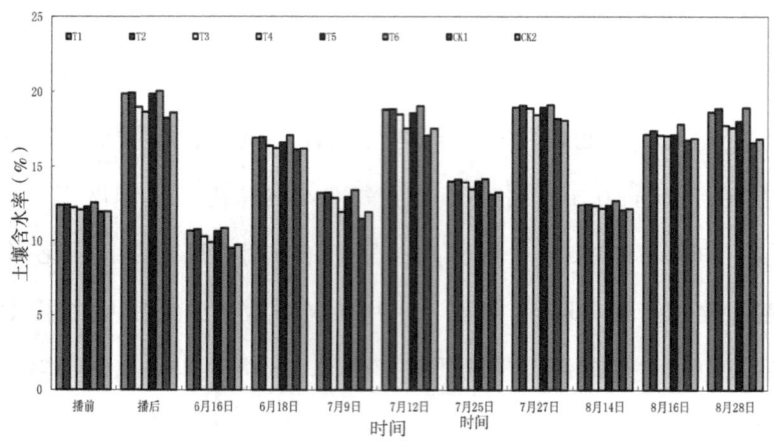

图 50-1 精细沟灌油葵土壤水分变化规律

开花期是油葵生长最快的时段，油葵进入灌浆期以后株高生长速率已很小，营养生长基本停止而转向生殖生长，所以株高基本不再增长。由图 51-3 可知，油葵叶面积指数随生育期的推进呈现出先增加、后稳定、最后又减小的趋势，其中 T6、T2 处理在生长中后期叶面积指数明显高于其他处理，而对照处理远远低于精细灌溉处理。

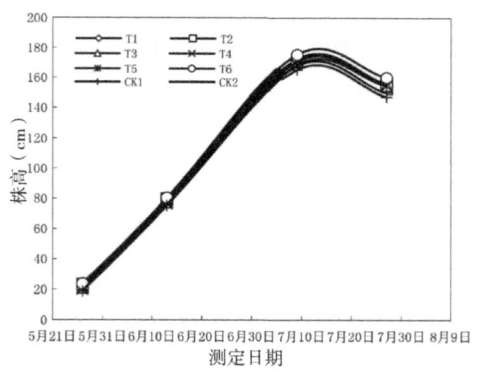

图 50-2 精细沟灌油葵株高变化

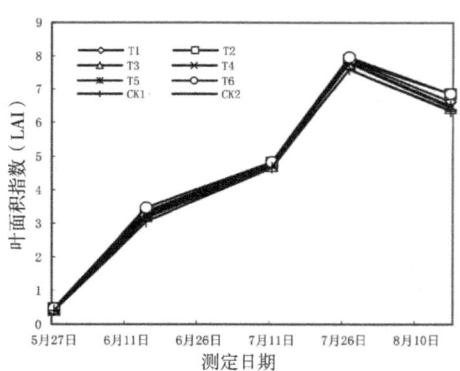

图 50-3 精细沟灌油葵叶面积指数变化

由表 50-2 和表 50-3 可知，出苗至拔节，由于气温较低，所以油葵生长缓慢，干物质积累缓慢；拔节到开花干物质迅速积累，之后积累速率减缓，到成熟期又快速积累。干物质积累量在一定范围内与向籽粒转化量、生物学产量和经济产量呈正相关，不同处理间后期的干物质积累量差异显著，说明水分是影响对油葵干物质的第一因子。灌水均匀度好的处理（T6、T2），干物质日增长量在作物生长旺盛期达到最大。总体来说，同样灌水量可以通过提高灌水均匀度，使作物整体长势提高，进而增加干物质；灌水不均匀，作物生长层次不齐，平均干物质积累就会减少。

表 50-2　油葵精细沟灌干物质积累分析（g/m²）

处理	苗期	拔节期	现蕾期	开花期	灌浆期	成熟期
T1	19.2	359.2	960.5	1343.0	1985.4	3229.8
T2	20.0	360.5	1014.3	1401.0	2049.4	3299.8
T3	17.7	339.2	937.8	1314.7	1950.1	3186.5
T4	17.6	336.5	915.2	1272.2	1900.6	3133.0
T5	18.5	354.5	943.5	1337.3	1975.7	3218.1
T6	20.8	372.5	1014.3	1413.8	2068.2	3326.6
CK1	16.4	307.4	867.0	1153.0	1766.4	2982.8
CK2	17.5	313.6	872.7	1206.5	1828.9	3053.3

表 50-3　油葵精细沟灌干物质日增长量（g/m²）

处理	苗期	拔节期	现蕾期	开花期	灌浆期	成熟期
T1	0.64	17.00	24.05	23.91	42.83	35.55
T2	0.67	17.03	26.15	24.17	43.23	35.73
T3	0.59	16.08	23.94	23.56	42.36	35.33
T4	0.59	15.95	23.15	22.31	41.89	35.21
T5	0.62	16.80	23.56	24.61	42.56	35.50
T6	0.69	17.59	25.67	24.97	43.63	35.95
CK1	0.55	14.55	22.38	17.88	40.89	34.75
CK2	0.58	14.81	22.36	20.86	41.49	34.98

2.3 灌水均匀度及水分利用效率分析

根据精细沟灌油葵各次灌水后土壤含水量实测资料,利用公式计算精细沟灌油葵不同处理的灌水均匀度(如表50-4)。各处理在各次灌水后均匀度虽然有所差异,但处理间随着垄沟坡度与入沟流量的不同差异较为明显,其中T6、T2处理均匀度较好,平均均匀度较CK提高0.171和0.146,说明通过修整垄沟坡度,合理化入沟流量可提高灌水均匀度,同样T1和T5处理也取得了较好的灌水均匀度。由于作物在垄上种植,作物茎秆不会阻碍水流推进,沟灌各处理在全生育期灌水均匀度无明显规律。就水分利用效率而言,灌水均匀度高,可使作物对水分高效利用,提高作物产量,进而提高作物对水分的利用率,达到节水高效的目的,如T6和T2处理灌溉水利用效率较CK1提高了0.09 kg/m^{3}和0.08 kg/m^3。

表50-4 油葵精细沟灌灌水均匀度分析

处理	播后	一水后	二水后	三水后	四水后	平均	灌溉水利用效率(kg/m^3)
T1	0.88	0.91	0.9	0.9	0.89	0.896	2.03
T2	0.92	0.96	0.94	0.93	0.91	0.932	2.06
T3	0.83	0.84	0.82	0.79	0.82	0.820	1.95
T4	0.81	0.79	0.77	0.83	0.85	0.810	1.94
T5	0.88	0.91	0.9	0.87	0.86	0.884	2.01
T6	0.92	0.96	0.94	0.93	0.91	0.932	2.07
CK1	0.74	0.76	0.81	0.77	0.75	0.766	1.92
CK2	0.76	0.84	0.82	0.77	0.74	0.786	1.93

2.4 油葵效益分析

根据本试验及灌区现状,结合当地市场调查对油葵的生产成本进行估算,其投入产出分析见表50-5。从统计结果看出,精细灌溉各处理投入大于对照,主要是平整土地所需投资,产出(包括籽粒产出和秸秆产出)为23 634.0元/hm^2~25 471.0元/hm^2,净产值17 510.0元/hm^2~19 143.0元/hm^2,投入产出比为

1∶3.86~1∶4.03。虽然精细沟灌处理投入较多，但在合理的垄沟坡度及入沟流量条件下其增产效果明显，净产值仍高于对照。

表 50-5 精细沟灌油葵投入、产出分析

处理	投入（元/hm²）	产出（元/hm²）			净产值（元/hm²）	投产比
	种子、化肥、劳力机械费	籽粒产出	秸秆产出	总计		
T1	6318	24550	443.1	24993.3	18675.3	1∶3.96
T2	6324	24868	443.4	25311.0	18987.0	1∶4.00
T3	6335	23529	442.1	23971.1	17636.1	1∶3.78
T4	6325	23481	442.9	23923.6	17598.6	1∶3.78
T5	6332	24281	443.1	24724.2	18392.2	1∶3.90
T6	6328	25026	444.7	25471.0	19143.0	1∶4.03
CK1	6124	23198	436.2	23634.0	17510.0	1∶3.86
CK2	6125	23260	437.6	23697.5	17572.5	1∶3.87

以高产、高效为目的，分析精细沟灌油葵的各项技术参数、作物生长指标及效益，可得精细灌溉能提高水分利用率、提高作物产量、充分利用有限的水资源，减小了大流量对垄沟的冲刷。在实际生产中可采取垄沟坡度 1/500，入沟流量 0.6~0.8 L/s，也可采取垄沟坡度 1/1000，入沟流量 0.8~1.0 L/s，上述处理均可使沟中水深达到沟深的 2/3 以上，满足垄上作物需水要求。

2.5 油葵精细覆膜沟灌技术体系

体系内容：冬灌 + 播前深翻 + 平整覆膜 + 垄沟灌溉。

技术要求：前茬作物收割后，秋耕、平整、冬灌。次年移栽前深翻、耙磨、起垄、覆膜，当垄沟坡度为 1/500 时，入沟流量为 0.6~0.8 L/s；当垄沟坡度 1/1000，入沟流量为 0.8~1.0 L/s，灌水定额为 35 m³/亩。垄沟长度控制在 60 m 以内。定期监测土壤水分，适时进行第一次灌水，精确控制灌水量。

技术指标：油葵播种后灌安种水一次，灌水定额 35 m³/亩，生育期灌水 4

次，灌水定额为 35 m³/亩。播种时 1 垄 2 行，垄顶宽 60 cm，垄底宽 100 cm，垄高 20 cm，沟宽 40 cm，按行距 40 cm，株距 30 cm，每穴 1~2 粒播种。

灌水：灌水时采用管道输水垄沟灌溉，全生育期灌水 5 次（包括安种水），每次灌水量 35 m³/亩，精确控制入沟流量。灌溉定额 175 m³/亩。

追肥：分别在开花期、灌浆期分两次结合灌水追施尿素 15 kg/（亩·次）。

[五十一]

春小麦垄作沟灌技术试验研究

1 试验材料与方法

1.1 试验材料

本试验采用甘肃省民勤县汇农源种业有限责任公司的优质小麦良种,生育期为中熟,在民勤县大田种植时生长期通常为 120 d 左右。

1.2 试验方案

1.2.1 试验区概况

试验于 2018 年 3 月至 2019 年 8 月在甘肃省水利科学研究院民勤试验站进行。试验站位于民勤绿洲和腾格里沙漠交界地带的民勤县大滩乡,地理坐标东经 130°05′,北纬 38°37′,属典型的大陆性荒漠气候,气候干燥,降水稀少,蒸发量大,风沙多,自然灾害频繁。多年平均气温 7.8℃,极端最高气温 39.5℃,极端最低气温 -27.3℃,平均湿度 45%,多年平均降水 110 mm,多年平均蒸发量 2644 mm,全年平均扬沙 59 d,全年沙尘暴日数 37 d,风大沙多。年日照时数 3028 h,光热资源丰富,≥0℃积温 3550℃,≥10℃积温 3145℃,无霜期 150 d,最大冻土深 115 cm。试验区土质 0~60 cm 为黏壤土,60 cm 以下逐渐由黏壤土变为沙壤土,土壤平均容重为 1.54 g/cm³,灌溉水矿化度 0.91 g/L。试验田土壤基础养分含量见表 51-1。

表 51-1　土壤基础养分含量

名称	全磷（g/kg）	全钾（g/kg）	全氮（g/kg）	速效磷（g/kg）	速效钾（g/kg）	碱解氮（g/kg）
含量	0.84	29.93	0.75	50.85	163.2	146.93

试验区地块 0~100 cm 深度平均土壤容重为 1.54 g/cm³，其土壤物理性质见表 51-2。

表 51-2　试验地土壤物理性质

土层深度（cm）	土壤质地	田间持水率（%）	干容重（g/cm³）
0~20	黏壤土	27.77	1.38
20~40	壤土	32.78	1.48
40~60	壤土	35.68	1.56
60~80	壤土	38.14	1.61
80~100	壤土	41.26	1.68

1.3 试验设计

本项目主要采用田间试验方式，设计不同灌水定额共 6 种处理，以传统畦灌春小麦灌溉定额 4500 m³/hm² 为对照（CK），每个处理重复 3 次，共 21 个试验小区。春小麦于每年 2018 年 3 月 20 日播种，7 月 20 日左右收获。试验地休闲期深耕、冬灌，灌水量 100 m³/亩，每个试验小区地块长 60 m，宽 2.55 m，面积为 153 m²，每个处理间设宽度 1 m 的保护带。试验地播种前深翻、耙糖、压实。机械开沟起垄播种，沟深 15 cm，沟口宽 40 cm，沟底宽 15 cm，垄宽 45 cm。垄上种小麦 4 行。试验田间布置见图 51-1。

小麦生育期追肥一次，第一次灌水前施入，灌溉采用管道灌溉方式直接将水注入灌沟内，灌水量采用水表计量，灌水时控制沟内水深低于垄面。小麦生育期灌水 5 次。试验设计灌水量见表 51-3。

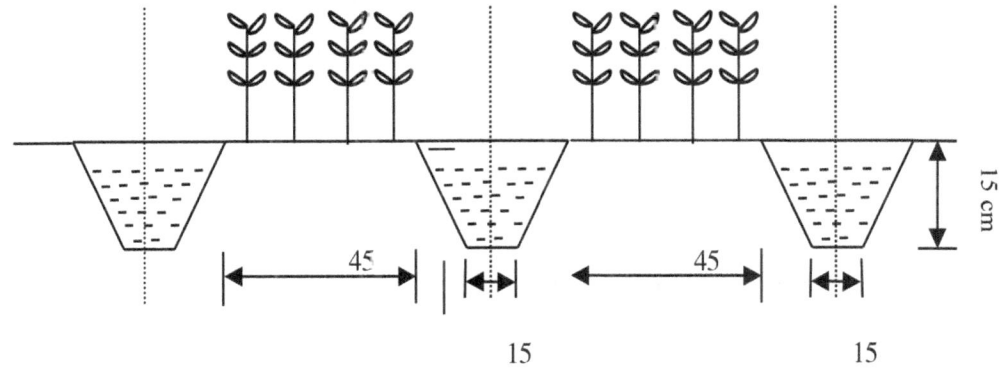

图 51-1 试验布置图

表 51-3　春小麦垄作沟灌灌溉制度试验设计（m³/亩）

处理	出苗分蘖期	拔节抽穗期	抽穗开花期	乳熟期	黄熟期	灌溉定额
LGT1	60	30	30	30	30	180
LGT2	35	35	35	35	35	175
LGT3	40	35	35	35	35	180
LGT4	40	40	40	40	—	160
LGT5	40	40	40	40	40	200
LGT6（沟底覆膜）	40	40	40	40	40	200

本试验主要监测土壤水分变化情况，监测小麦不同生育期群体茎数、株高、叶面积系数、干物质积累和产量情况。

1.4 试验方法

本项目主要采用田间试验方式，设置灌溉定额分别为 200 m³/亩、200 m³/亩、180 m³/亩、180 m³/亩、175 m³/亩、160 m³/亩（表 51-3），共 6 个处理，以传统畦灌春小麦灌水定额 400 m³/亩为对照，每个处理 3 个重复，监测土壤水分变化情况，监测小麦生育期群体茎数、株高、叶面积、干物质积累和产量情况；本试验对气象因子、土壤水分以及作物参数进行测定，其中包括：气象因子用智能化自动气象工作站现场采集；用烘干法和田间土壤墒情自动监测系统测定根系层

0~100 cm 土壤含水量；作物株高和茎粗用钢卷尺测量，干物质自然晾干后采用电子天平称重，每个重复选取长势均匀、有代表性的 10 株供测试；各处理的产量为 3 个重复产量的平均值；作物耗水量采用水量平衡方程计算。

1.5 观测项目与方法

1.5.1 气候资料

所需气象资料由甘肃省水利科学研究院民勤试验基地全自动气象站获得。

1.5.2 土壤水分含量的测定

在播种前 24 h、作物整个生育期每次灌水前 24 h、灌水后 24 h 及作物收获后当天共分 5 层：0~20 cm、20~40 cm、40~60 cm、60~80 cm、80~100 cm 测定土壤含水量，采用烘干称重法（105℃，12 h）测定，同时采用 ECH_2O 土壤水分温度自动监测系统测定。

1.5.3 作物生长指标测定

生育期：观察、记录作物各个重要生育时期特性和该时期高峰出现的时间。在每个主要生育期，每个重复中固定取样 5 株，用钢卷尺测定作物株高，用游标卡尺测定株茎；每个小区随机选取 1 个 1 m² 的样方，人工数小麦茎数；采用长宽系数法测定叶面积系数；将去掉根部（从地表外剪断）的地上部分全部有机物质采用自然晾干法测定干物质。

1.5.4 产量测定

小麦成熟后，每个小区随机选取 1 个 1 m² 的样方，将样方内的所有小麦穗脱粒称重，样本籽粒晾晒达到通常的谷物标准后，除去空、秕粒，采用随机选取 1000 粒小麦籽粒称重，3 次重复（组内差值不大于 3%）取均值为千粒重。各小区内选 5 株取地上部分，风干后称重，测定其干物质量；在每个小区内随机选择 5 株春小麦进行试种，测量其穗长和小穗数，并记录穗粒数。

1.5.5 土壤物理性质的测定

在播种前、拔节期、收获后分三次在 0~20 cm、20~40 cm、40~60 cm、60~80 cm、80~100 cm 各小区取土，用环刀法测定土壤干容重。

1.5.3 水分利用效率

水分利用效率根据产量计算得到。水分利用效率 E= 产量 / ET（播种时土壤含水量 + 生育期灌水量 + 有效降水量 – 收获期土壤含水量）。

1.5.7 灌水资料

分别记录每次灌水量、灌水前水表数据、灌水后水表数据，记录灌水日期。

1.6 田间管理

1.6.1 播前整地

精细整地：为了防止早春的干旱及春寒的气候条件，要深耕整地，冬前完成。基本做法是前茬收获后，立即浅耕茬，深度以 25~30 cm 为宜，并且及时耙糖保墒，一般在立冬前冬溉，以达到蓄水保墒的作用。为防止病虫害，小麦应实行 2~3 年的轮作，并确定好明确的隔离区，隔离区的空间隔离距离 300 m 以上。不宜选择零星地块和垄数不多的地块，地块要集中连片，旱涝保收。

开沟起垄：开沟起垄要求做到沟底平整，清除大土块，坡面平整，垄面耙细，整平压实，沟底铺膜做到膜紧贴地面，无皱折，为防风吹，在膜面每隔 2 m 压土。

1.6.2 施肥管理措施

基肥：播前施农家肥 3000 kg/亩和磷二铵 30~40 kg/亩，农家肥要求均匀摊开，结合春季耕地翻入土中，做基肥的化肥在播种时施入土壤。

追肥：小麦全生育期追肥一次，在第一次灌水前均匀撒入灌水沟内。

2 试验结果分析

2.1 生育期水分时空变化动态

土壤水分状况对春小麦生长发育具有重要作用，其在很大程度上影响了春小麦生长和最终产量形成，因此研究春小麦垄作沟灌各生育期的土壤水分变化情况，对研究春小麦生长响应机制具有十分重要的意义。

2.1.1 生育期水分时空变化动态

小麦全生育期灌水五次，0~100 cm 土层深度内各处理不同土层的土壤含水率随时间变化规律如图 51-2 所示。由图 51-2 可知，各处理春小麦垄作沟灌不

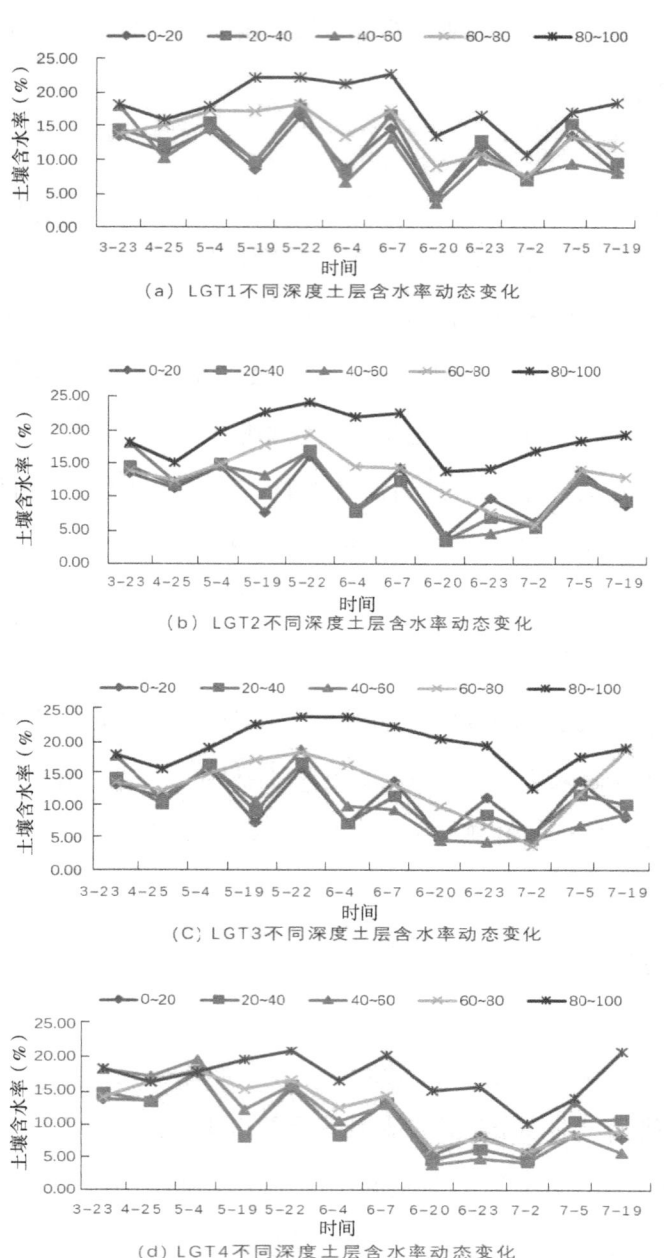

（a）LGT1 不同深度土层含水率动态变化

（b）LGT2 不同深度土层含水率动态变化

（C）LGT3 不同深度土层含水率动态变化

（d）LGT4 不同深度土层含水率动态变化

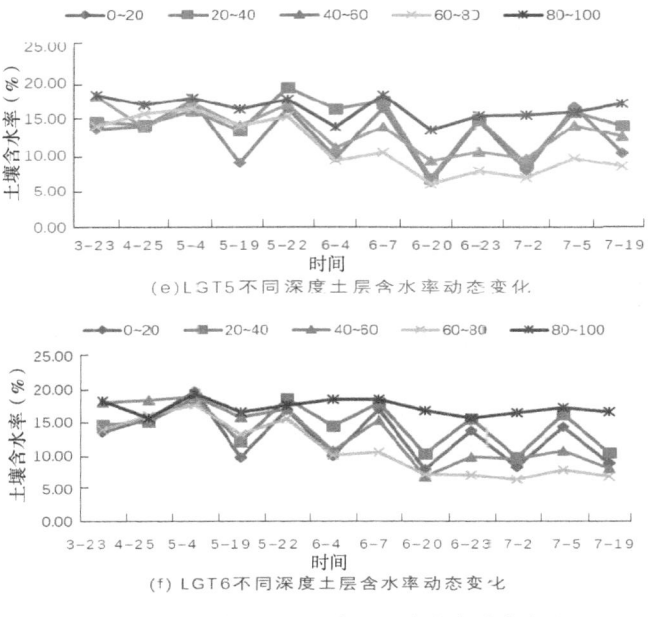

图 51-2 各处理不同深度土层含水率动态变化

同土层土壤含水率有明显差别,不同灌水处理全生育期土壤含水率变化幅度随着土层深度的增加逐渐减小。LGT1 第一次灌水量为 60 m³/亩,较其他处理灌水量大,0~40 cm 土层土壤含水率较其他处理高;LGT6 由于沟底覆膜,相比无覆膜处理受风吹和地表蒸发影响较小,土壤保墒较强,0~40 cm 土层土壤含水率较其他处理高。在整个生育期 0~40 cm 土层土壤含水率由于灌溉的影响波动起伏最大,在每次灌水后,波峰最为明显;60~80 cm 土层土壤含水率有一定的波动,但相对 0~60 cm 土层变化较小;80~100 cm 土层土壤含水率受灌溉影响较小,全生育期变化较小。可见,春小麦垄作沟灌灌溉对土壤水分影响深度基本在 0~80 cm 土层内,80~100 cm 土层土壤含水率基本不受灌溉影响。

2.1.2 生育期土层土壤水分变化

以春小麦各生育期的持续日期为横轴,土壤质量含水率(%)的变化为纵轴,绘制各处理不同深度土层全生育期土壤水分动态变化过程曲线(图 51-3)。从图 51-3 看,春小麦垄作沟灌各处理初始土壤含水率基本接近,0~20 cm 土层不同灌水处理土壤含水率变化趋势基本一致,由于灌溉的影响波动起伏最大,在每次灌水后，波峰最为明显；0~20 cm 土层 LGT6 由于沟底覆膜，相比无覆膜处理受风吹和地表蒸发影响较小，土壤保墒较强，0~20 cm 土层土壤含水率灌前、灌后都较其他处理高。20~40 cm 不同灌水处理土壤含水率波动较 0~20 cm 小，变

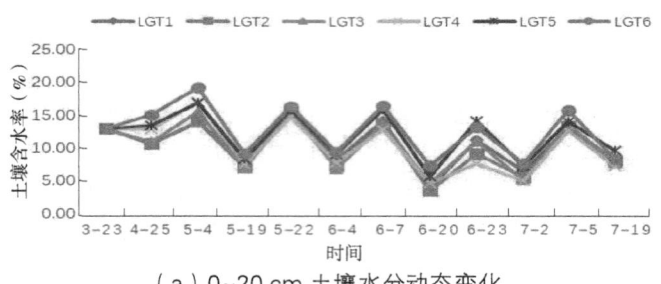

（a）0~20 cm 土壤水分动态变化

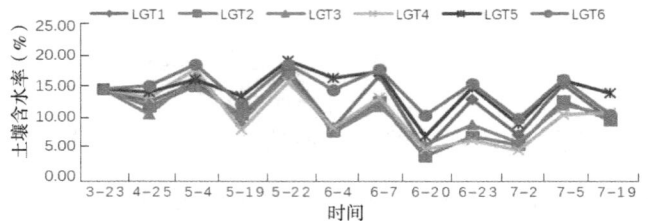

（b）20~40 cm 土壤水分动态变化

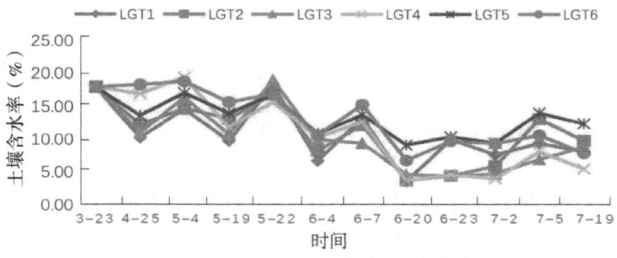

（c）40~60 cm 土壤水分动态变化

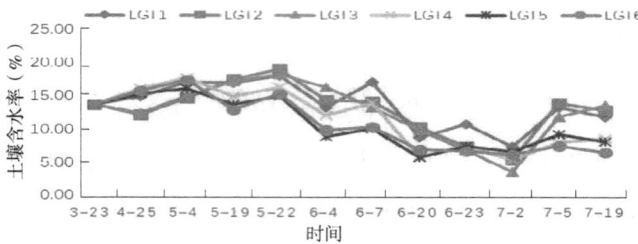

（d）60~80 cm 土壤水分动态变化

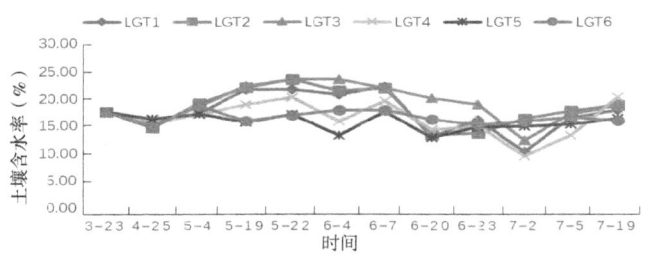

(e) 30~100 cm 土壤水分动态变化

图 51-3 不同深度不同时期土层含水率水分动态变化

化规律与 0~20 cm 相似，LGT6 处理土壤含水率明显高于其他处理。40~60 cm 及 60~80 cm 土层土壤含水率呈缓慢降低趋势，80~100 cm 土层土壤含水率受灌溉影响较小，全生育期土壤含水率波动较小。

2.2 土壤水分变化动态

土壤水分状况对春小麦生长发育具有重要意义，其在很大程度上影响了春小麦生长和最终产量形成，因此研究不同灌水量在春小麦各生育时期的水分变化具有十分重要的意义。

由图 51-4 可知，春小麦播种后出苗 – 分蘖期各处理该时段内不同土层土壤含水率差异不大，仅 LGT4、LGT6 在 60 cm 土层较其他处理土壤含水率波动略大；分蘖 – 拔节期各处理该时段内不同土层土壤含水率差异不大，仅 LGT5、LGT6 在 40~60 cm 土层较其他处理土壤含水率略大，60 cm 时最大；拔节 – 抽穗期各处理该时段内不同土层土壤含水率仅 LGT5、LGT6 在 40 cm 时土层较其他处理土壤含水率波动较大，达到峰值；抽穗 – 灌浆期各处理该时段内不同土层土壤含水率波动较大，LGT1 至 LGT4 在 0~60 cm 土层土壤含水率较低且几乎没有波动，60~100 cm 土层土壤含水率波动较大，呈逐渐增大趋势，LGT5、LGT6 各土层土壤含水率波动不大，较其他处理土壤含水率高；灌浆 – 乳熟期各处理该时段内不同土层土壤含水率波动较小，在 0~60 cm 土层 LGT5、LGT6 较其他处理土壤含水率高，处理 LGT6 由于覆膜，在各生长时期土壤含水率较其他处理高，这主要是由于覆膜使得蒸发较慢。

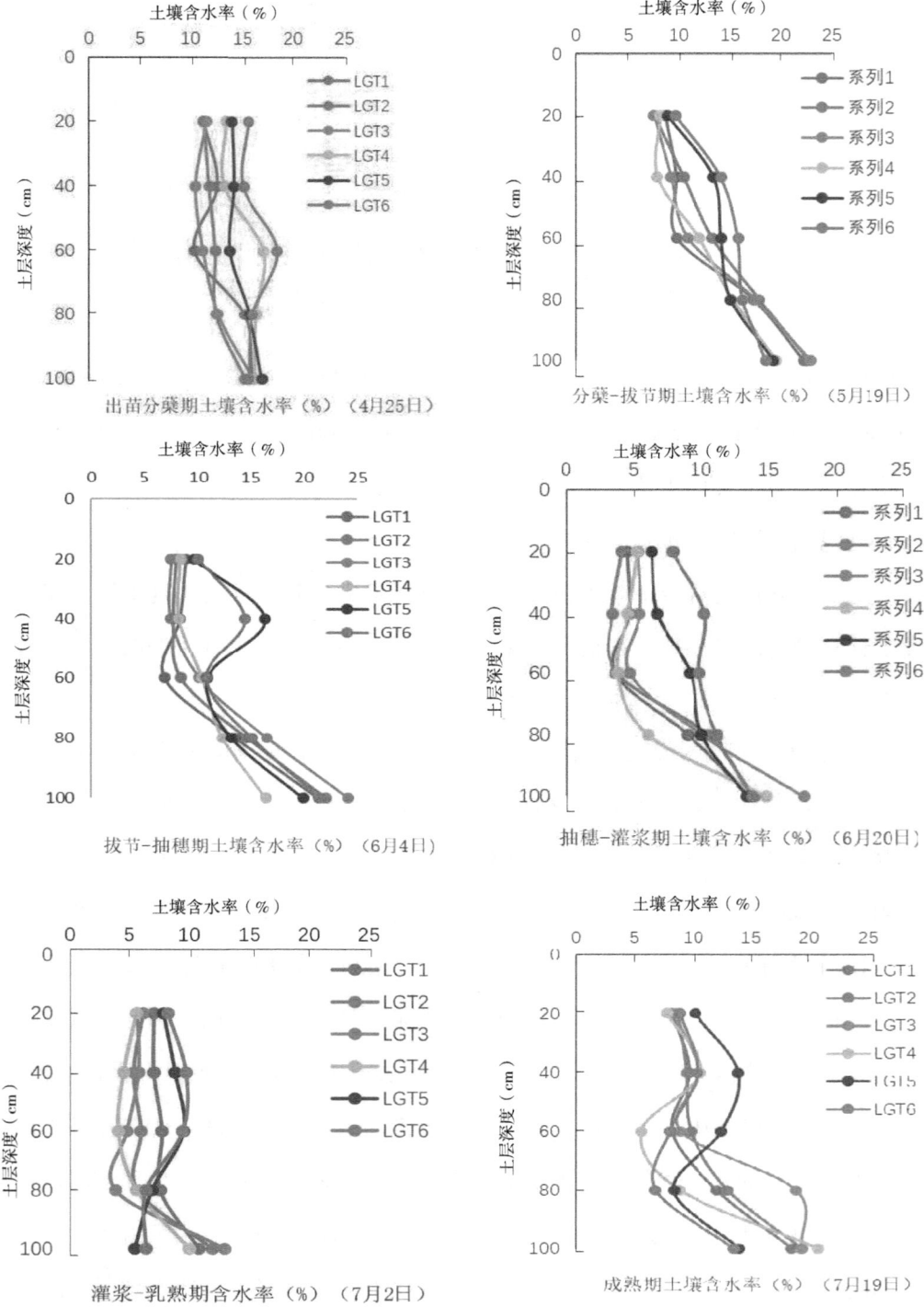

图 51-4 各处理不同生育期土壤水分动态变化图

春小麦垄作沟灌自播种后到出苗这段时间内，0~40 cm 土层的土壤含水率缓慢降低；出苗到分蘖期阶段，0~40 cm 土层土壤含水率变化速率加快，这是因为春小麦出苗后，根系开始吸水，导致土壤中水分下降，在这个阶段由于春小麦根系较浅，土壤含水率变化较小。春小麦进入分蘖到拔节中期阶段，由于灌溉作用及春小麦作物消耗，0~20 cm 土层以及 20~40 cm 土层含水率变化幅度较大，并呈现上下波动的现象，而 40~60 cm 土层土壤含水率虽然有波动，但变化仍然较小，说明春小麦在这个时期，小麦根系还未生长到 40 cm 以下，土壤深层耗水量较少，土壤水分含量降低的原因可能是由于水势的作用向表层运移。拔节期后，0~20 cm 土层内土壤含水率各处理之间差异不明显，而 20~40 cm 土层以及 40~60 cm 土层各处理间土壤含水率变化差异显著，说明在这个阶段作物耗水量增大，这可能是导致小麦作物生长以及产量不同的原因之一。